Applied Multivariate Statistical Analysis

应用多元统计分析

（第二版）

李卫东 ◎编著

图书在版编目(CIP)数据

应用多元统计分析/李卫东编著.—2版.—北京:北京大学出版社,2015.8
ISBN 978—7—301—26177—4

Ⅰ.①应… Ⅱ.①李… Ⅲ.①多元分析—统计分析—研究生—教材 Ⅳ.①O212.4

中国版本图书馆CIP数据核字(2015)第185144号

书　　名 应用多元统计分析(第二版)
著作责任者 李卫东 编著
责任编辑 刘誉阳
标准书号 ISBN 978—7—301—26177—4
出版发行 北京大学出版社
地　　址 北京市海淀区成府路205号 100871
网　　址 http://www.pup.cn
电子信箱 em@pup.cn QQ:552063295
新浪微博 @北京大学出版社 @北京大学出版社经管图书
电　　话 邮购部62752015 发行部62750672 编辑部62752926
印 刷 者 北京大学印刷厂
经 销 者 新华书店
787毫米×1092毫米 16开本 25.75印张 579千字
2008年11月第1版
2015年8月第2版 2019年4月第2次印刷
印　　数 3001—4000册
定　　价 53.00元

前言

在社会经济领域，许多现象是复杂的、多维的。面对多样的社会经济问题，仅从单方面、单指标考虑和分析，无法满足科学、客观地认识现实世界的需要。在当今的信息和知识经济时代，人类研究的科学和社会问题更加高深、更加复杂、更加庞大，有效地收集和分析数据以提取信息与获得知识变得更加须臾不可分离。随着信息技术的发展和网络的逐渐普及，特别是大数据时代的来临，各类数据扑面而来，我们沉浸于数据的海洋之中。然而如何有效地从这些数据中挖掘出有效的信息，为管理、决策服务，是摆在我们面前的挑战和重要任务。而多元统计分析则提供了对多维数据进行分析的理论和方法，是解决此问题的有效工具和手段，因而无疑是大数据时代的重要分析工具和核心内容。

多元统计分析作为数理统计学的一个分支，在自然科学、社会经济、管理等领域得到了广泛的应用。然而综观我国出版的多元统计分析的相关书籍，多数数理味较浓，适合财经、管理类专业的较少。笔者在北京交通大学从事多元统计分析课程的教学已有数年，期间积累了不少的资料和教学经验，多年来一直希望能有一本满足财经类、管理类专业的研究生或高年级本科生所适用的教材，同时也为从事经济、管理实践和实际数据分析的人员提供一本实用的参考书，为此撰写本书。

本书的主要特点为：

第一，系统性。多元统计分析的边界目前尚未有明确的界定，本书力求将相关的内容体现出来。在传统的推断统计原理、回归分析、聚类分析、主成分分析、因子分析、典型相关分析等的基础上，将结合分析、路径分析、结构方程、多维标度法等内容也引入，力求提高内容的完整性。

第二，应用性。根据本人多年来从事本课程的教学经验和体会，对于财经类、管理类专业学生，不宜过多渲染数学原理，而应着重介绍方法的适用条件、基本思想、基本操作流程，并借助于计算机软件的帮助，实现方法的运作，并能够对分析结果进行说明。因此，本书侧重于介绍各种多元统计分析方法的思想，尽可能简化相关数学原理，以讲清楚为原则，避开过多的数学内容和工具，力求深入浅出，使多元统计分析的原理通俗易懂。同时，本书尽可能多地选择鲜活的案例，力求将方法的应用落到实处。其中有些案例就来自本人从事实际课题研究的成果。

第三，可操作性。方法、工具的学习贵在应用。多元统计分析作为一门重要的工具，只有在应用中才能焕发生命力。本书将结合 Stata、SPSS、SAS、EViews 等相关软件，对相关案例做出详细说明，并给出相应的处理程序及输出结果，以促使读者能够增强应用能力。

全书主要由两大部分组成：第一部分包括前四章，简要介绍多元统计分析的基础理论，包括多元描述统计、多元统计推断原理，这是多元统计分析的基础。第二部分包括第五章至第十八章，依次介绍近年来广泛运用的、卓有成效的各种多元统计分析方法及其应用实例，包括回归分析、聚类分析、判别分析、主成分分析、因子分析、对应分析、典型相关分析、偏最小二乘回归分析、结合分析、多维标度法、路径分析、结构方程模型、多元评价分析等。

感谢多年来上过我的“多元统计分析”课程的历届同学，正是他们的需求和想法，促使我不断地思考和探求相关知识。特别感谢北京大学出版社刘誉阳老师对书稿的认真编辑。我的研究生余晶晶、李洁、王倩、甄绍伟、朱浩中、张玥、康春婷等协助我进行了部分案例的搜集和整理工作，妻子刘志英协助进行了书稿的校对工作，在此一并感谢。感谢全家人对我工作的理解和支持。同时谨向对本书的出版有过帮助的师长和朋友表示衷心的感谢。

本书可作为财经类、管理类、社会科学类等有关专业的研究生、高年级本科生教材或参考书，同时也可作为管理咨询、市场研究、数据分析等各个领域的实际工作者使用的一本实用的参考书。根据教学实践，本书讲授 48 课时较为合适。由于本书的内容较多，教师在选用本书为教材时可以灵活地选讲。

由于作者水平有限，书中难免存在不足之处，恳请读者批评指正。

李卫东
2015 年 6 月

目　　录

第一章 绪 论

教学目的

本章是绪论部分，主要介绍社会经济现象的多维特征，多元统计分析的含义、应用及学科的发展简况。通过本章的学习，希望读者能够：

1. 理解社会经济现象的多维特征；
2. 掌握多元统计分析的含义；
3. 领会多元统计分析方法的广泛应用；
4. 掌握多元统计分析的基本流程；
5. 领会 SPSS、SAS、Stata 等统计软件的基本功能和应用。

第一节　引言

一、多元数据的广泛存在

在现实工作、生活中，对社会、经济、技术等各类现象的系统认识，需要搜集和分析大量体现现象特征和状态的多维指标与数据。我们经常碰到需要用多个指标进行刻画的现象，如对一家企业的科学认识，需要了解企业的行业、规模、产量、产值、利润、税收、所在地区、员工数、组织等多方面的信息。如考查一个中学生的学习情况时，需要了解该学生几门主要科目(如语文、数学、英语)的成绩情况。再如，国际竞争力是影响国家或地区发展的重要因素，根据瑞士洛桑国际管理与发展学院的研究，国际竞争力可分为企业管理、国内经济实力、国际化程度、政府作用、金融环境、基础设施、科学技术和国民素质八个方面，每个方面由若干个具体指标组成。企业竞争力反映的是企业生存和发展的能力，可以从资源、能力、知识、环境等多个维度来分析，也可从组织、管理、文化、产品、技术、品牌等多个维度进行分析。

企业文化是促进企业发展的重要因素，同样是多维度、多层次的。多名学者进行了定性研究和定量研究，提出了不同的文化测度模型。荷兰学者霍夫斯坦德(Hofstede)在对大量调查数据统计分析的基础上，总结出权力距离(Power Distance)、风险规避(Uncertainty Avoidance)、个人主义倾向(Individualism)和对抗性(Masculinity)四个文化维度，用来测度群体文化特征。在后来与东方学者的合作研究中，他又发现了第五个维度：时间维度。美国学者奎因(Quinn)、卡迈隆(Cameron)等人通过大量的文献回顾和实证研究发现组织中的主导文化、领导风格、管理角色、人力资源管理、质量管理以及对成功的判断准则都对组织的绩效表现有显著影响。他们在前人的研究基础上提出竞争性文化价值模型，认为组织灵活性-稳定性、外部导向-内部导向这两个维度能够有效地衡量出企业文化的差异对企业效率的影响。国内一些专家学者也总结了具有东方文化特征的企业文化的特征维度，有代表性的是清华大学张德教授提出的企业文化十四个特征维度：领导风格、能力绩效导向、人际和谐、科学求真、凝聚力、正直诚信、顾客导向、卓越创新、组织学习、使命与战略、团队精神、发展意识、社会责任、文化认同。

在人格心理学中，对人格特质分为以下五个方面：外向性、接纳性、责任感、情绪稳定性、开放性。自我价值感，也是一个多维度、多层次的心理结构。自我价值感的内涵十分丰富，包括自我评价、自我感受、自我价值判断、自我体验、人格倾向等成分。这些又可进行细分，区分为不同类型的价值感。应当说，大多数社会经济现象都具有多维特性，需要用多个指标进行测量和分析。

二、多元统计分析的含义及其研究目标

随着网络的普及和迅猛发展，网络上的各种资源异常丰富，人们面临数据量过大的问题。面对数据的海洋，应如何分析这些数据间的关系，如何从这些大数据中把重要信息挖掘出来，进而把握系统的本质属性呢？以多维数据集合为对象，进行统计数据的收集、整理、显示、分析，以揭示各类现象的内在数量规律性的理论和方法，就是多元统计分析。多元统计分析是一元统计学的推广。

对多维数据的处理，用一元统计分析方法，一方面会导致计算量大，另一方面会忽略多个变量之间存在的相关性，导致部分信息的缺失。同时，在一些情况下，仅依靠一元统计分析的结论，我们可能会被误导，其结论是不可靠的。

然而对多元统计分析的界定，大家的看法并不一致。有的书籍中避而不谈，有的书籍中认为是对多变量的处理分析。多元统计分析包括诸多内容，随着实践的发展，不断有新的分析方法和技术出现，这不断丰富着本学科的内容。但将各领域中用到的方法进行全面系统的梳理不太现实，因而笔者选择了较为常用和实用的方法和技术作为本书的主要内容。

多元统计分析主要用于以下研究目标：

第一，数据结构简化或数据压缩。在不损失有价值信息的前提下，尽可能用简单的形式表示所研究的现象，同时又能很好地解释。

第二，分类和组合。在存在先验信息或不存在任何先验信息的情况下，对所考察的对象或指标按照相似程度进行分类或归类，同时给出一定的分组规则。

第三，变量间的关系。变量之间存在怎样的互动关系？它们是如何相互影响的？这些通常是人们所关注的焦点问题。

第四，预测。如何根据变量间的互动关系对其他变量或对未来进行预测？这也是我们经常碰到的问题。

第五，假设的构建与检验。为验证某些观点或假设，对以多元正态总体参数形式陈述的假设进行检验。

第六，信息的提取。从数据到知识需要三个层次：数据—信息—知识。面对海量、复杂的数据，如何从中提取有效的信息和知识，为管理决策服务，这是我们面临的重要问题。多维数据的图示法、主成分分析、因子分析等为此提供了强有力的工具和帮助。

从多元统计分析的理论和本质看，笔者认为，它既是一门科学，同时又是一门艺术。其原因在于，在多元统计分析中，变量的选择、方法工具的选择、检验标准的选取，往往是仁者见仁、智者见智的过程，很多方法的应用成功与否并没有绝对的标准，而在于人们是否在适合的场合或情景下应用。因此，它包含艺术的成分。这一点在一些具体方法的应用中可以得到体现。

第二节　多元统计分析的应用

多元统计分析方法被广泛应用于自然科学、社会科学、经济、管理等诸多领域中，实践表明，多元统计分析方法在处理包括大量实验单元、多个指标的海量、复杂数据方面，是一种很有实用价值的方法，特别是随着实验单元、指标个数的增加，其价值和重要性就越能体现出来。试想一下，我们面对一个包括5 000个个体单位、60个指标的情形，传统的统计学方法显然较难处理此类问题，而多元统计分析则可以帮助我们很好地面对和处理。

近年来，关于多元统计分析应用的出版物很多，因此很难对多元统计分析方法的广泛应用做出全面系统的概括。为简明起见，我们结合多元统计分析的目标和研究内容进行分别说明。

1. 数据结构简化或数据压缩。例如：

(1) 用少数几个因子代表影响消费者购买行为的因素。

(2) 用于体育运动项目的研究，如对田径运动成绩的分析有助于确定各种运动的基本功。Linde于1977年对第八届奥林匹克运动会十项全能成绩用多元统计分析方法确定了四个基本体力因子：短跑速度、臂力、长跑耐力和腿力。

(3) 选择区域主导产业时，基于产业的多个指标数据，用因子分析方法确定若干个主要因子，为主导产业的选择提供参考。

2. 分类和组合。例如：

(1) 根据产业发展的不同情况，将不同产业进行投资领域的分类。

(2) 根据城市发展的情况，将城市进行分类。

(3) 对不同客户，根据其消费信贷情况，对其进行分类。

(4) 对不同企业的经营、生产情况进行分类。

(5) 对作品著作权的归属进行分析。

(6) 利用多元统计分析的方法进行税务识别，在发达国家和地区早已实行，如美国90%以上的税务稽查案件，都是通过计算机分析筛选出来的。美国税务局有一套“货币—银行—企业”的检查系统，它的数据库里储存着来自银行、企业和货币使用者的流动信息。无论是经济实况稽查还是分行业专业稽查，一般都采用电脑计分、选样抽查的方法确定稽查对象。纳税人的纳税申报表根据税务局制定的标准，由电脑来客观打分。一般而言，收入越高、减项越大、错误越多者，分数越高，被选定查税的可能性就越大。美国税务局通常每三年实行一次“衡量纳税人遵法稽查计划”，每次通过电脑选择数万件案例，对每件都彻底稽查，再根据结果改进电脑打分、选样抽查等的标准。

(7) 对不同地质条件的地区是否产油进行监测获得样本，建立模型对新地区是否产油进行判定。

(8) 市场细分。市场细分是指营销人员通过市场调研，依据消费者的需要和欲望、购买行为、购买习惯等方面的特征差异，把某一产品的市场整体划分为若干消费者群的市场分类过程。每一个消费者群就是一个细分市场，每一个细分市场都是由具有类似需求倾向的消费者构成的群体。市场细分是市场定位的基础，是企业制定营销策略的基本依据之一。

3．变量间的关系。例如：

（1）企业绩效与战略之间的关系。

（2）企业文化与企业绩效的关系。

（3）创新与企业环境的关系。

（4）儿童成绩与其家庭环境、身体素质等因素之间的关系。

（5）个人所受教育程度、工作岗位、工作能力对其薪酬水平的影响。

4．预测。例如：

（1）通过对学生情况的连续跟踪，利用高考成绩及几个高中成绩变量与几个大学成绩变量之间的联系，构造用来预测在大学里成功与否的模型。

（2）利用公司会计数据信息，构造识别具有潜在财务危机的上市公司的方法。

（3）根据产品销售状况与企业投放广告情况、价格水平、促销力度、产品质量、竞争产品等因素的关系，对某产品的销售情况进行预测。

5．假设的构建与检验。例如：

（1）利用多个变量数据来确定在新兴工业化国家中不同类型的公司是否呈现出不同的改革模式。

（2）特定城市的空气污染程度在一周时间内是否固定不变，或周末与平时有无显著差异。

（3）股市中是否存在周日效应。

（4）广告方式等因素不同，产品的销量是否有显著差异。

（5）对个人客户信用状况是否良好进行检验。

（6）对企业文化的现状是否适应企业战略发展的需要进行检验。

（7）不同国家或企业的竞争力是否有显著差异。

6．信息的提取。例如：

（1）通过对超市中不同顾客购买日用品、消费品等数据的整理分析，为超市的货物调配、摆放布局、进货品种等管理决策提供基本依据。

（2）客户流失分析是电信运营商用来获取利润最直接最有效的手段之一。在目前竞争激烈的电信市场中，企业和客户之间的关系是经常变动的，如一旦成为电信的客户，电信就要尽力保持这种客户关系。客户关系的最佳境界体现在三个方面：最长时间地保持这种关系；最多次数地和客户交易；保证每次交易的利润最大化。因此，对已有的客户进行流失分析是非常重要的工作。通过对大量客户原始记录数据的分类分析，结合以前拥有的客户流失数据，建立客户属性、服务属性和客户消费数据与客户流失可能性关联的多元统计模型，找出客户属性、服务属性和客户消费数据与客户是否流失的关系，并给出模型，寻找流失客户的主要特征，建立评分模型，按照流失程度，对已有客户进行等级评价。

通过上述例子可以看到，虽然分析的具体内容各不相同，但都会用到多元统计分析方法，这表明多元统计分析应用的极大广泛性。

第三节　多元统计分析的发展

多元统计分析发端于20世纪20年代。1928年，威沙特（Wishart）发表论文《多元正态总体样本协差阵的精确分布》，这是多元统计分析的开端。其后，费希尔（Fisher）、霍特林（Hotelling）、罗伊（Roy）、许宝禄等人做了一系列奠基性的工作，使多元统计分析在理论上得到了迅速发展。40年代，多元统计分析在心理、教育、生物学等领域有不少的应用。但由于该类方法计算量太大，其发展受到影响，甚至停滞了相当长的时间。50年代中期，随着电子计算机的出现和发展，多元统计分析在地质、气象、医学、经济、管理、社会学、图像处理等方面得到了广泛的应用。60年代通过应用和实践又进一步发展和完善了理论，同时由于理论的发展和完善又进一步扩大了它的应用范围。多元统计分析在我国20世纪70年代初才受到关注，特别自改革开放以来，在多元统计分析的理论和应用方面取得了很多进展，并在经济、管理实践中得到了广泛的应用。

例如，中国科学院研究生院陈希孺和中国科学技术大学赵林城比较系统地研究了多元线性回归的LS和M估计的相合性、渐近正态性、线性表示等大样本性质，在一些情况下得到了或几乎得到了充要条件，有的问题得到了精确的阶估计和理想的界限。中国科学院应用数学所方开泰、上海财经大学张尧庭等在椭球总体的多元分析方面，中国科学院系统科学所吴启光、北京理工大学徐兴忠等在多种线性模型估计的容许性和其他统计决策问题方面，北京工业大学王松桂在线性回归的估计方面，以及东北师范大学史宁中在有约束的线性模型方面，中国人民大学何晓群教授在质量管理（六西格玛）方面，也取得了不少成果。

比线性模型复杂的多元模型是非线性参数模型、半参数和非参数模型。在这些模型的理论方面我国统计学者也有许多建树。例如，中国科学院系统科学所成平等在研究半参数模型的渐近有效估计方面，陈希孺、赵林城和安徽大学陈桂景等在研究非参数回归、密度估计和非参数判别方面，东南大学韦博成等在用微分几何方法研究非线性（参数）回归方面，以及南京大学王金德在非线性回归估计的渐近性质方面均有一系列成果。在非参数理论的成果中，陈希孺和赵林城彻底解决了关于U统计量分布的非一致收敛速度问题，有关结果被美国《统计科学百科全书》以及美国和苏联等出版的多本专著引述。东南大学韦博成、中国人民大学吴喜之、云南大学王学仁和石磊等在模型和数据的统计诊断方面有许多成果。云南大学的学者还把他们的成果用于地质探矿的数据分析等实际问题中并取得成功。解决数据与模型这一对矛盾的另一种途径是使用对模型不敏感的统计方法，即当模型与数据吻合或不太吻合时都能给出比较正确的结论，这就是稳健统计方法。中国科学院系统科学所李国英和张健等在多元位置与散布阵的稳健估计及其性质、位置M估计的崩溃性质等方面也取得了一些成果。在多维试验设计方面，中国科学院数学所王元和应用数学所方开泰引进数论方法提出了均匀设计，能用于缺乏使用正交设计条件的情况。该设计方法已在国内的多个实际部门得到应用，效果良好。这一工作在国际上也受到了重视。南开大学张润楚等在研究计算机试验设计方面也有一些好成果。西北工业大学张恒喜等对小样本多元统计分析方法进行了分析，并出版了《小样本多元数据分析方法及应用》(2002)。

可以预计，随着计算机技术的发展，多元统计分析将逐步取代一元统计学，成为人们日常生活和工作中的必要工具。当然，数据量的不断扩大，特别是大数据时代的来临，会给多元统计分析带来极大的机遇与挑战。

由于网络的发展和数据采集技术的进步，时间维度与横截面维度相结合而形成的面板数据越来越多，可以预计，在不久的将来，时间序列分析将和多元统计分析日趋融合，成为人们进行数据处理分析的重要工具。

第四节　多元统计分析流程

利用多元统计分析方法解决实际问题时，通常有以下步骤：

第一，确定问题和目标。在实际问题中，由于涉及变量个数多、变量间的关系复杂以及各种条件的限制，我们不可能面面俱到，因而需要集中精力，抓主要矛盾，从错综复杂的数量关系中确定研究问题和目标。

第二，根据相关理论，设置指标变量。对于实际研究问题，确定了目标后，面临的问题是，在该项研究中应涉及哪些指标变量？这就需要相关领域理论的支持，就面临的问题选择指标体系。指标的选择不宜过多过细，但也不宜遗漏重要变量。

第三，收集、整理统计数据。多元统计分析模型的建立是基于指标变量的样本统计数据，样本数据的质量决定了模型的作用大小。样本数据的取得可采用不同的随机抽样方式，如简单随机抽样、分层抽样、整群抽样等。考虑到推断的可行性，在本书中，若不作特殊说明的话，样本均是按照简单随机抽样方式抽取的。通常，取得的样本数据可分为三类：横截面数据、时间序列数据和面板数据。在整理数据时，应剔除异常值，对变量数据进行规格化、标准化等变换处理，以便于后续的分析。

第四，根据研究目标和数据，选择多元统计分析方法，构造理论模型。按照研究目标的要求，结合数据特性，选择合适的方法工具。如研究多变量之间的关系，可采用回归分析、路径分析、因子分析等方法。若要研究事物的分类，则可采用聚类分析、判别分析等方法。

第五，模型的估计。结合 Stata、SPSS、SAS、EViews 等计算机软件，进行统计计算，估计模型。

第六，模型的检验与调试。建立模型后，要判断模型的效果如何，还需要进行统计检验和模型实际应用的检验。如回归分析模型，需要考虑模型的显著性检验（F 检验），回归系数的显著性检验（t 检验）等。若是因子分析模型，则需检验其因子的信息提取率是否达到一定标准，因子的含义是否容易理解等。若模型没有通过检验，则需要对模型进行调试，以得到相对满意的模型。

第七，模型的应用。在模型通过各种检验后，就可以运用统计模型做进一步的分析研究。在应用时，须注意定量分析与定性分析的有机结合。

第五节　相关统计软件的说明

正是由于计算机软件技术的发展，才使得多元统计分析获得了新生。对于多元统计分析模型，手工计算显然是不可行的，必须要借助计算机软件。适用于多元统计分析的软件很多，有代表性的是 SPSS、SAS、Stata、EViews、R、MATLAB、S-PLUS 软件等。本书中以 SPSS、SAS、Stata 软件为主进行介绍。下面对这三个软件进行简要说明。

一、SPSS 软件简介

SPSS 是“社会科学统计软件包”(Statistical Package for the Social Science)的简称，是一种集成化的计算机数据处理应用软件。1968 年，美国斯坦福大学 H. Nie 等三位大学生开发了最早的 SPSS 统计软件，并于 1975 年在芝加哥成立了 SPSS 公司，至今已有 40 年的成长历史，全球约有 25 万家产品用户，广泛分布于通信、医疗、银行、证券、保险、制造、商业、市场研究、科研、教育等多个领域和行业。SPSS 是世界上公认的三大数据分析软件(SAS、SPSS 和 SYSTAT)之一。1994—1998 年，SPSS 公司陆续并购了 SYSTAT 公司、BMDP 软件公司、ISL 公司等，并将各公司的主打产品纳入 SPSS 旗下，从而使 SPSS 公司由原来的单一统计产品开发与销售转向为企业、教育科研及政府机构提供全面的信息统计决策支持服务，成为走在了最新流行的“数据仓库”和“数据挖掘”领域前沿的一家综合统计软件公司。伴随 SPSS 服务领域的扩大和加深，SPSS 公司已决定将其全称更改为 Statistical Product and Service Solutions(统计产品与服务解决方案)。2009 年下半年，IBM 按全现金方式以每股 50 美元的价格收购了 SPSS 软件公司，交易额大约为 12 亿美元。该交易标的额较 SPSS 股票 2009 年 7 月 27 日的收盘价溢价 42%，相当于 SPSS 当年年销售额预期的 2.6 倍。IBM 原本就是 SPSS 软件公司的合作伙伴，这是它向新兴的数据分析领域迈出的重大一步。

SPSS 软件具有如下特点：

(1) 集数据录入、资料编辑、数据管理、统计分析、报表制作、图形绘制为一体。从理论上说，只要计算机的硬盘和内存足够大，SPSS 可以处理任意大小的数据文件，不论文件中包含多少个变量，也不论数据中包含多少个个案。

(2) 统计功能系统全面，涵盖了各种统计方法。既包括常规的集中趋势统计量和离散程度统计量、相关分析、回归分析、方差分析、卡方检验、t 检验和非参数检验，也包括近期发展的多元统计技术，如多元回归分析、聚类分析、判别分析、主成分分析、因子分析等方法，并能在屏幕(或打印机)上显示(打印)如正态分布图、直方图、散点图等各种统计图表。从某种意义上讲，SPSS软件还可以帮助数学功底不够的使用者学习运用现代统计技术。使用者仅需要关心某个问题应该采用何种统计方法，并初步掌握对计算结果的解释，而不需要了解其具体运算过程，仅在使用手册的帮助下定量分析数据。

(3) 操作界面友好，输出结果美观，操作方便灵活。可使用Windows的窗口展示各种管理和分析数据方法的功能，使用对话框展示各种功能选择项，也可编程使用。只要掌握一定的Windows操作技能，粗通统计分析原理，就可以使用该软件为特定的科研工作服务，是非专业统计人员的首选统计软件。在众多用户对国际常用统计软件总体印象分的统计中，其诸项功能均获得了最高分。

(4) 接口通用，与其他类型数据转换方便，数据通用性强。SPSS采用类似Excel表格的方式输入与管理数据，数据接口较为通用，能方便地从其他数据库中读入数据。其统计过程包括常用的、较为成熟的统计过程，完全可以满足非统计专业人士的工作需要。对于熟悉老版本编程运行方式的用户，SPSS还特别设计了语法生成窗口，用户只需在菜单中选好各个选项，然后按“粘贴”按钮就可以自动生成标准的SPSS程序，极大地方便了中、高级用户。

(5) 模块化处理，便于安装与处理。SPSS由多个模块构成，在SPSS 11.0版中，一共有10个模块，其中SPSS Base为基本模块，其余9个模块为Advanced Models、Regression Models、Tables、Trends、Categories、Conjoint、Exact Tests、Missing Value Analysis和Maps，分别用于完成某一方面的统计分析功能，它们均需要挂接在Base模块上运行。除此之外，SPSS 11.0完全版还包括SPSS Smart Viewer和SPSS Report Writer两个软件，它们并未整合进来，但功能上完全是SPSS的辅助软件。

SPSS软件不断更新，从最初的DOS版本发展到Windows版本，目前已发展到19.0版本。本书中主要使用SPSS 11.0版本。

SPSS主菜单栏中共有9个选项，主要执行：

(1) File：文件管理菜单，包括文件的调入、存储、显示、打印等。

(2) Edit：编辑菜单，包括文本内容的选择、拷贝、剪贴、寻找、替换等。

(3) Data：数据管理菜单，包括数据变量定义、数据格式选定、观察对象的选择、排序、加权、数据文件的转换、连接、汇总等。

(4) Transform：数据转换处理菜单，包括数值的计算、重新赋值、缺失值替代等。

(5) Statistics：统计菜单，包括一系列统计方法的应用。

(6) Graphs：作图菜单，包括统计图的制作。

(7) Utilities：用户选项菜单，包括命令解释、字体选择、文件信息、定义输出标题、窗口设计等。

(8) Windows：窗口管理菜单，包括窗口的排列、选择、显示等。

(9) Help：求助菜单，包括帮助文件的调用、查询、显示等。

二、SAS 软件简介

（一）SAS 软件的发展及其特点

SAS 为“Statistical Analysis System”的缩写，意为统计分析系统。它于 1966 年由美国北卡罗来纳州州立大学开始研制，1976 年由美国 SAS 软件研究所实现商品化。1985 年推出 SAS PC 微机版本，1987 年推出 DOS 下的 SAS 6.03 版，之后又推出 6.04 版。以后的版本均可在 Windows 下运行，目前已发展到 SAS 9.0 版。SAS 集数据存取、管理、分析和展现于一体，为不同的应用领域提供了卓越的数据处理功能。它独特的“多硬件厂商结构”(MVA)支持多种硬件平台，在大、中、小与微型计算机和多种操作系统(如 UNIX、MVS Windows、DOS 等)下均可运行。SAS 采用模块式设计，用户可根据需要选择不同的模块组合。它适用于具有不同水平与经验的用户，初学者可以较快掌握基本操作，熟练者可用此完成各种复杂的数据处理。

目前 SAS 已在全球 100 多个国家和地区拥有 29 000 多个客户群，直接用户超过 300 万人。在我国，国家信息中心、国家统计局、卫生部、中国科学院等都是 SAS 系统的大用户。SAS 已被广泛应用于政府行政管理、科研、教育、生产、金融等不同领域，并且发挥着越来越重要的作用。

SAS 的主要特点如下：

1. 功能强大，统计方法齐、全、新

SAS 提供了从基本统计数的计算到各种试验设计的方差分析、相关回归分析以及多变量分析的多种统计分析过程，几乎囊括了所有最新的分析方法，其分析技术先进、可靠。分析方法的实现通过过程调用完成。许多过程同时提供了多种算法和选项。例如，方差分析中的多重比较提供了包括 LSD、Duncan、Tukey 测验在内的十余种方法；回归分析提供了九种自变量选择的方法(如 Stepwise、Backward、Forward、Rsquare 等)。回归模型中可以选择是否包括截距，还可以事先指定一些包括在模型中的自变量字组(Subset)等。对于中间计算结果，可以全部输出、不输出或选择输出，也可存储到文件中供后续分析过程调用。

2. 使用简便，操作灵活

SAS 以一个通用的数据(data)步产生数据集，其后以不同的过程调用以完成各种数据分析。其编程语句简洁、短小，通常只需很少的几个语句即可完成一些复杂的运算，得到满意的结果。结果输出以简明的英文给出提示，统计术语规范易懂，具有初步的英语和统计基础即可。使用者只要告诉 SAS“做什么”，而不必告诉其“怎么做”。同时 SAS 的设计是任何 SAS 能够“猜”出的东西用户都不必告诉它(即无须设定)，并且能自动修正一些小的错误(例如，将 data 语句的 data 拼写成 date，SAS 将假设为 data 继续运行，仅在 log 中给出注释说明)。对运行时的错误，它尽可能地给出错误原因及改正方法。因而 SAS 将统计的科学、严谨和准确与方便使用有机地结合起来，极大地方便了学习者与使用者。

3. 提供联机帮助功能

使用过程中按下功能键 F1,可随时获得帮助信息,得到简明的操作指导。

(二) SAS 的功能模块简介

SAS 系统是由众多模块组成的系统。其中,Base SAS 模块是 SAS 系统的核心。其他各模块均在 Base SAS 提供的环境中运行。用户可选择需要的模块与 Base SAS 一起构成一个用户化的 SAS 系统。SAS 系统常用的主要模块有:

1. Base SAS

Base SAS 作为 SAS 系统的核心,负责数据管理、交互应用环境管理、进行用户语言处理、调用其他 SAS 模块。Base SAS 为 SAS 系统的数据库提供了丰富的数据管理功能,还支持标准的 SQL 语言对数据进行操作。Base SAS 能够制作简单的列表甚至比较复杂的统计报表。Base SAS 可进行基本的描述性统计及相关系数的计算,进行正态分布检验等。

2. SAS/GHAPH

SAS/GHAPH 可将数据及其包含的深层信息以多种图形生动地呈现出来,如直方图、圆饼图、星形图、散点相关图、曲线图、三维曲面图、等高线图、地理图等。SAS/GHAPH 提供一个全屏幕编辑器,提供多种设备程序,支持广泛的图形输出设备以及标准的图形交换文件。

3. SAS/ASSIST

SAS/ASSIST 为 SAS 系统提供了面向任务的菜单界面,借助它可以通过菜单系统来使用 SAS 系统的其他产品。它自动生成的 SAS 程序既可辅助有经验的用户快速编写 SAS 程序,又可帮助用户学习使用 SAS。

4. SAS/AF

SAS/AF 是一个应用开发工具。用户使用 SAS/AF 可将包含众多功能的 SAS 软件作为方法库,利用 SAS/AF 的屏幕设计能力以及 SCL 语言的处理能力来快速开发各种功能强大的应用系统。SAS/AF 也采用了 OOP(面向对象)技术,使用户可以方便快速地开发各类具有图形用户界面(GUI)的应用系统。

5. SAS/EIS

SAS/EIS 是决策工具,也是一个快速应用开发工具。SAS/EIS 完全采用新兴的面向对象的编程模式(OOP)。EIS 以生动直观的方式(图或表)将关键性或总结性信息呈现给使用者。

6. SAS/ACCESS

为了对众多不同格式的数据进行查询、访问和分析,SAS/ACCESS 提供了与目前许多流行数据库软件的接口,利用 SAS/ACCESS,可建立外部其他数据库组成的一个统一的公共数据界面。SAS/ACCESS 提供的接口是透明的和动态的。用户不必将此文件当作真正存储着数据的 SAS 数据集使用,而只需在 SAS 中建立对外部的描述(即 view)文件，便可将此文件当作真正存储着数据的 SAS 数据集一样使用。对一些经常使用的外部数据，可以利用 SAS/ACCESS 将数据真正提取进入 SAS 数据库。

SAS/ACCESS 提供的接口是双向的，既可将数据读入 SAS，也可在 SAS 中更新外部数据或将 SAS 数据加载到外部数据库中。目前，SAS/ACCESS 支持的数据库主要有：IML-DL/I、SQL/DS、DB2、ORACLE、Sybase、DBF/DIF、ODBC 等。

7. SAS/STAT

SAS/STAT 覆盖了绝大部分的实用数理统计分析方法，是国际统计分析领域的标准软件。SAS/STAT 提供了十多个过程，可进行各种不同模型或不同特点数据的回归分析，如正交回归/面回归、响应面回归、logistic 回归、非线性回归等，且具有多种模型选择方法。可处理的数据有实型数据、有序数据和属性数据，并能产生各种有用的统计量和诊断信息。在方差分析方面，SAS/STAT 为多种试验设计模型提供了方差分析工具。另外，它还有处理一般线性模型和广义线性模型的专用过程。在多变量统计方面，SAS/STAT 为主成分分析、典型相关分析、判别分析和因子分析提供了许多专用过程。SAS/STAT 还包含多种聚类准则的聚类分析方法。本书中主要用的是 SAS/STAT 模块。

8. SAS/QC

SAS/QC 为全面质量管理提供了一系列工具，它也提供了一套全屏幕菜单系统引导用户进行标准的统计过程以及试验设计。SAS/QC 提供了多种不同类型控制图的制作与分析。Pareto 图（排列图）可用于发现需要优先考虑的因素，因果图（鱼骨图）可用于直观地进行因果分析。

9. SAS/ETS

SAS/ETS 提供丰富的计量经济学和时间序列分析方法，是研究复杂系统和进行预测的有力工具。它提供方便的模型设定手段和多样的参数估计方法。

10. SAS/OR

SAS/OR 提供全面的运筹学方法，是一种强有力的决策支持工具。它辅助人们实现对人力、时间以及其他各种资源的最佳利用。SAS/OR 包含通用的线性规划、混合整数规划和非线性规划的求解，也为专门的规划问题提供更为直接的解决办法，如网络流问题、运输问题、分配问题等。

11. SAS/IML

SAS/IML 提供功能强大的面向矩阵运算的编程语言，帮助用户研究新算法或解决 SAS 中没有现成算法的专门问题。SAS/IML 中的基本数据元素是矩阵。它包含大量的数学运算符、函数和例行程序，用户用很少的语句便可执行很复杂的计算过程。

12. SAS/WA

SAS/WA（Warehouse Administrator）是建立数据仓库的集成工具，它在其他 SAS 软件的基础上提供了一个建立数据仓库的管理层，包括定义数据仓库和主题，数据转换和汇总，汇总数据的更新，Metadata 的建立、管理和查询，Data marts 和 Info marts 的实现。

13. SAS/MDDB Server

SAS/MDDB Server 是 SAS 的多维数据库产品，主要用于在线分析处理（OLAP），可将从数据仓库或其他数据源调出的数据以立体阵列的方式存储，以便于用多维数据浏览器等工具快速和方便地访问。

14. SAS/GIS

SAS/GIS 集地理位置系统功能与数据的显示分析于一体。它提供层次化的地理信息，每一层可以是某些地理元素，也可以与用户定义的主题（例如人口、产值等）相关联。用户可交互式地缩小或放大地图，设定各层次是否显示，并利用各种交互式工具进行数据显示与分析。

三、Stata 软件简介

（一）Stata 软件的发展

Stata 是一个用于分析和管理数据的功能强大又小巧玲珑的实用统计分析软件，由美国计算机资源中心（Computer Resource Center）研制。从 1985—2008 年的 20 余年时间里，已连续推出 1.1，1.2，1.3，1.4，1.5，…及 2.0，2.1，3.0，3.1，4.0，5.0，6.0，…，13.0 等多个版本，通过不断更新和扩充，内容日趋完善。它同时具有数据管理软件、统计分析软件、绘图软件、矩阵计算软件和程序语言的特点，又在许多方面别具一格。Stata 融汇了上述程序的优点，克服了各自的缺点，使其功能更加强大，操作更加灵活、简单，易学易用，越来越受到人们的重视和欢迎。Stata 的突出特点是只占用很少的磁盘空间，输出结果简洁，所选方法先进，内容较齐全，制作的图形十分精美，可直接被图形处理软件或文字处理软件（如 Microsoft Word）等直接调用。

Stata 通常包括四种版本：Small（小型版）、IC（标准版）、SE（特殊版）和 MP（多处理器版）。MP 版本的功能最强大。不同版本对样本容量、变量个数、矩阵阶数、宏的长度等均有不同的设定。

（二）Stata 的功能模块简介

1. Stata 的统计功能

Stata 的统计功能很强大，除了传统的统计分析方法外，还收集了近 20 年发展起来的新方法，如 Cox 比例风险回归、指数与 Weibull 回归、多类结果与有序结果的 logistic 回归、Poisson 回归、负二项回归及广义负二项回归、随机效应模型等。具体来说，Stata 具有如下统计分析能力：

（1）数值变量资料的一般分析：参数估计、t 检验、单因素和多因素的方差分析、协方差分析、交互效应模型、平衡和非平衡设计、嵌套设计、随机效应、多个均值的两两比较、缺项数据的处理、方差齐性检验、正态性检验、变量变换等。

（2）分类资料的一般分析：参数估计、列联表分析、流行病学表格分析等。

（3）等级资料的一般分析：秩变换、秩和检验、秩相关等相关分析（简单相关、偏相关、典型相关),以及多达数十种的回归分析方法,如多元线性回归、逐步回归、加权回归、稳健回归、二阶段回归、百分位数(中位数)回归、残差分析、强影响点分析、曲线拟合、随机效应的线性回归模型等。

(4) 其他方法:质量控制、整群抽样的设计效率、诊断试验评价等。

2. Stata 的作图功能

Stata 的作图模块,主要提供如下八种基本图形的制作:直方图、条形图、百分条图、圆形图、散点图、散点图矩阵、星形图、分位数图。这些图形的巧妙应用,可以满足绝大多数用户的统计作图要求。在有些非绘图命令中,也提供了专门绘制某种图形的功能,如在生存分析中可以绘制生存曲线图,回归分析中可以绘制残差图等。

3. Stata 的矩阵运算功能

矩阵代数是多元统计分析的重要工具,Stata 提供了多元统计分析中所需的矩阵基本运算,如矩阵的加、积、逆、Cholesky 分解、Kronecker 内积等;还提供了一些高级运算,如特征根、特征向量、奇异值分解等;在执行完某些统计分析命令后,还提供了一些系统矩阵,如估计系数向量、估计系数的协方差矩阵等。

4. Stata 的程序设计功能

Stata 是一个统计分析软件,但它也具有很强的程序语言功能,这给用户提供了一个广阔的开发应用的天地,用户可以充分发挥自己的聪明才智,熟练应用各种技巧,真正做到随心所欲。事实上,Stata 的 ado 文件(高级统计部分)都是用 Stata 自己的语言编写的。

本章小结

本章讨论了社会经济现象的多维特征,多元统计分析的含义、应用,分析的基本流程,并对相关软件进行了简要说明。读者应了解多元统计分析的含义、分析的基本流程。由于篇幅限制,不可能介绍太细,如希望对相关统计软件做进一步了解,可到相关网站(www. sas. com、www. spss. com 或 www. stata. com)进行查询,或参阅相关软件操作手册以及相关书籍。

练习题

1. 试述多元统计分析的含义。
2. 试述多元统计分析的研究目标。
3. 试述多元统计分析的分析流程。
4. 试述 SPSS 软件的特点。
5. 试述 Stata 软件的特点。

第二章 多元描述统计分析

教学目的

本章讨论的是多元描述统计分析的内容，介绍了数据的组织、样本均值矩阵、协方差阵、相关系数阵等多元描述统计量的计算，讨论了多维散点图、多维箱线图、雷达图、轮廓图、脸谱图等多元数据的图示方法。笔者认为多维数据的图形表示法尚未成为统一的系统体系，是一个有吸引力、值得研究的发展领域。通过本章的学习，希望读者能够：

1. 掌握样本均值矩阵、协方差阵、相关系数阵等多元描述统计量的基本含义及其计算；

2. 掌握多维散点图、多维箱线图、雷达图、轮廓图的基本功能和绘制方法；

3. 了解脸谱图的基本思想。

第一节　多元描述统计量

一、数据的组织

当我们试图去了解一种社会现象或自然现象时，会选择多个变量或事物的特征来进行记录，从而出现了多元数据。对于每个个体单位，不同变量的值都被记录下来。我们用记号 x_{ij} 表示第 i 个样品第 j 个变量的观测值，于是可形成如表 2-1 所示的数据：

表 2-1　数据表

	变量 1	变量 2	…	变量 k	…	变量 p
1	x_{11}	x_{12}	…	x_{1k}	…	x_{1p}
2	x_{21}	x_{22}	…	x_{2k}	…	x_{2p}
…	…	…	…	…	…	…
N	x_{n1}	x_{n2}	…	x_{nk}	…	x_{np}

从表 2-1 中可以看出，横向上，数据表中第 i 行，则是第 i 个样品 p 个变量的观测值。竖向上，数据表中第 j 列，则表示不同样品的第 j 个变量的 n 次观测值。

由于涉及多个个体单位、多个变量，因此可用矩阵形式来表示这些数据，记为 $\boldsymbol{X}$。

$$\boldsymbol{X}=\begin{bmatrix} x_{11} & x_{12} & \cdots & x_{1p} \\ x_{21} & x_{22} & \cdots & x_{2p} \\ \vdots & \vdots & & \vdots \\ x_{n1} & x_{n2} & \cdots & x_{np} \end{bmatrix}$$

在此矩阵中，包括全部变量的所有观测值。

例 2-1　一个数据矩阵

为了解某地区物流企业的基本财务状况，选择了 4 家物流企业，并取得了企业员工人数、产值、利润额几个变量的数据。设定数据如表 2-2 所示：

表 2-2　物流企业的基本财务情况表

	企业员工人数(人)	产值(万元)	利润额(万元)
物流企业 1	38	300	40
物流企业 2	70	400	60
物流企业 3	80	620	90
物流企业 4	95	780	150

通过引入上面对数据矩阵的定义，我们可定义上述数据矩阵为：

$$
\boldsymbol{X} = \begin{bmatrix} 38 & 300 & 40 \\ 70 & 400 & 60 \\ 80 & 620 & 90 \\ 95 & 780 & 150 \end{bmatrix}
$$

用数据矩阵形式组织多元数据，有利于对数据进行变换、处理和计算。这一点在后续的数据分析中将会有所体现。

二、数据的描述统计量

由于现象的复杂性和时间维度、空间维度的广泛性，通常我们采用抽样调查的方式来获取样本数据，进而用样本数据推断总体特征。为了解多元数据的特征，我们可以通过计算被称为描述统计量的概括性数字对数据的基本特征进行分析。对样本数据常用的描述统计量有：样本均值矩阵、样本协方差阵和样本相关系数阵。

（一）样本均值矩阵

样本均值是对单个变量样本数据取值一般水平的描述，由于多元数据中包括多个变量（不妨设为 p 个变量），因而对应的有 p 个样本均值。对应每个变量均值，可用 p 个变量中的每一个变量的 n 个测量值计算出来，其计算公式为：

$$
\bar{x}_j = \frac{1}{n}\sum_{i=1}^{n} x_{ij}, \quad j = 1,2,\cdots,p
$$

这样，我们可以得到多元数据的样本均值矩阵为：

$$
\bar{\boldsymbol{x}} = \begin{bmatrix} \bar{x}_1 \\ \bar{x}_2 \\ \vdots \\ \bar{x}_p \end{bmatrix}
$$

运用例 2-1 中的数据，通过计算，可以求得样本均值矩阵如下：

$$
\bar{\boldsymbol{x}} = \begin{bmatrix} \bar{x}_1 \\ \bar{x}_2 \\ \bar{x}_3 \end{bmatrix} = \begin{bmatrix} 70.75 \\ 525 \\ 85 \end{bmatrix}
$$

（二）样本协方差阵

对多元数据分布情况的程度可由样本协方差阵予以描述。处于样本协方差阵主对角线上的元素是各变量的样本方差。一般地，第 j 个变量的样本方差的计算公式为：

$$
s_j^2 = \frac{1}{n}\sum_{i=1}^{n}(x_{ij} - x_j)^2, \quad j = 1,2,\cdots,p
$$

我们将上式记为 s_{kk}。

考虑到 p 个变量中任意两个变量之间的协方差，可通过下式计算：

$$s_{jk} = \frac{1}{n}\sum_{i=1}^{n}(x_{ik} - \overline{x}_k)(x_{ij} - \overline{x}_j), \quad j = 1,2,\cdots,p, \quad k = 1,2,\cdots,p$$

于是我们可以得到 p 个变量的样本协方差阵为：

$$\boldsymbol{S} = \begin{bmatrix} s_{11} & s_{12} & \cdots & s_{1p} \\ s_{21} & s_{22} & \cdots & s_{2p} \\ \vdots & \vdots & \ddots & \vdots \\ s_{p1} & s_{p2} & \cdots & s_{pp} \end{bmatrix}$$

运用例 2-1 中的数据，通过计算，可以求得样本协方差阵：

$$\boldsymbol{S} = \begin{bmatrix} 436.6875 & 3\,631.25 & 778.75 \\ 3\,631.25 & 35\,075 & 7\,575 \\ 778.75 & 7\,575 & 1\,725 \end{bmatrix}$$

（三）样本相关系数阵

样本相关系数是样本协方差的标准化形式，给定两个变量，我们可以定义两个变量间的样本相关系数为：

$$r_{jk} = \frac{s_{jk}}{\sqrt{s_{jj}}\sqrt{s_{kk}}} = \frac{\sum_{i=1}^{n}(x_{ik} - \overline{x}_k)(x_{ij} - \overline{x}_j)}{\sqrt{\sum_{j=1}^{n}(x_{ij} - \overline{x}_j)^2}\sqrt{\sum_{k=1}^{n}(x_{ik} - \overline{x}_k)^2}}$$

上式中，$j=1,2,\cdots,p,k=1,2,\cdots,p$。

样本相关系数的取值在 -1 与 $+1$ 之间，它测量了两个变量之间线性相关的程度。对 p 个变量中的两个变量分别求样本相关系数，并用矩阵的形式表示出来，可得如下的样本相关系数阵：

$$\boldsymbol{R} = \begin{bmatrix} 1 & r_{12} & \cdots & r_{1p} \\ r_{21} & 1 & \cdots & r_{2p} \\ \vdots & \vdots & \ddots & \vdots \\ r_{p1} & r_{p2} & \cdots & 1 \end{bmatrix}$$

运用例 2-1 中的数据，通过计算，我们可以求得样本相关系数阵：

$$\boldsymbol{R} = \begin{bmatrix} 1 & 0.928 & 0.897 \\ 0.928 & 1 & 0.974 \\ 0.897 & 0.974 & 1 \end{bmatrix}$$

第二节　多元数据的图形表示

俗语说“一图胜千言”。图形是表现多元数据的有效形式和方法，是进行数据分析的重要辅助手段。现在，借助于计算机软件，我们可以很方便地绘制出各种形式的统计图形，为了解数据特征提供了帮助。

对于多元数据，由于每个个体对象有 p 个指标值，每个对象可看作 p 维空间的一个样本点，即高维空间的点。N 个点组成一个样本，是空间中的一个点集。对高维空间点的直观理解通常较为困难，但我们可通过平面图像或低维图形来表示，以揭示高维数据的规律性。对多元数据进行图形表示，可追溯到二百多年前。秘鲁的印加族人，利用“绳结图”来记录一大类的统计数据。该图利用绳子的颜色、位置、数目和结头类型的不同，以表示多维数据。长期以来，通过此方面的研究，人们提出了很多图形表示方法，包括散点图、箱线图、雷达图、星座图、轮廓图、脸谱图等。多元数据的图形表示方法有两种：一种是使高维空间的点与平面上的某种图形对应，以反映高维数据的某些特点或数据间的某些关系；另一种是在尽可能多地保留原数据信息的原则下进行降维，若能使数据维数降至 2 或 1，则可在平面上作图，它主要采用主成分分析法和因子分析法，后面章节我们再进行讨论。这里我们主要讨论前一种表示方法。

一、矩阵散点图

散点图是表示两个变量之间关系的图，又称相关图，用于分析两个变量之间的相关关系，它具有直观简便的优点。通过作散点图对数据的相关性进行直观地观察，不但可以得到定性的结论，而且可以通过观察剔除异常数据，从而提高对相关程度计算的准确性。对于多个变量，我们可以利用矩阵散点图来分析多个变量之间的相关关系。

例 2-2　SPSS 中自带的数据文件 employee data. sav 中，给出的是某商业银行员工的基本情况的数据。该商业银行共有员工 474 名，其中变量有员工编号（id）、性别（gender）、出生日期（bdate）、受教育年限（educ）、工作类别（jobcat）、目前工资水平（salary）、初始工资水平（salbegin）、工作时间（jobtime）、来银行以前时间（prevexp）、是否为少数民族（minority）等。变量中既有定性变量，也有定量变量。这里主要考虑受教育年限、工资水平、初始工资水平、工作时间 4 个变量之间的相关关系。运用 SPSS 可绘制图 2-1。

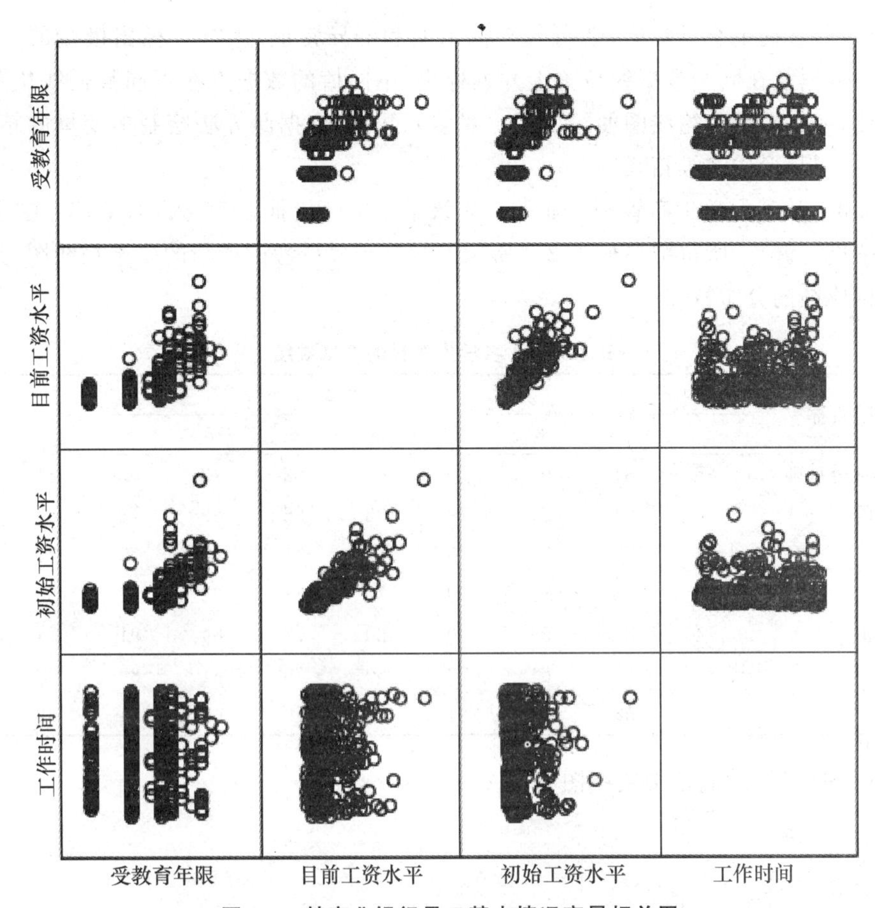

图 2-1　某商业银行员工基本情况变量相关图

从图 2-1 中可以看出，目前工资水平与初始工资水平呈现正相关关系，其他变量的关系模式并不明显。

二、多维箱线图

箱线图(Boxplot)，又称箱须图(Box-whisker Plot)，是利用数据中的 5 个统计量(最小值、下四分位数、中位数、上四分位数与最大值)来描述数据的一种方法，常用于显示未分组的原始数据或分组数据的分布。通过箱线图可粗略地看出数据是否具有对称性、分布的分散程度、数据中的异常值等信息，特别适用于对多个样本的比较。

箱线图由一组数据的 5 个特征值绘制而成，它由一个箱子和两条线段组成。对一组数据的箱线图，其绘制方法是：

首先，找出一组数据的 5 个特征值，即最大值、最小值、中位数 Me 和 2 个四分位数(下四分位数 Q_L 和上四分位数 Q_U)；

其次，连接两个四分位数画出箱子，再将两个极值点与箱子相连接。

最后，若数据中有异常值，则用“○”标出温和的异常值，用“ * ”标出极端的异常值。相同值的数据点在同一数据线位置上并列标出，不同值的数据点在不同数据线位置上标出。至此，一组数据的箱线图便绘出了。对多元数据，依据此方法绘制多变量的箱线图，并组合在一起，形成多维箱线图。

例 2-3 从某大学工商管理专业的二年级学生中随机抽取 10 人，对 7 门主要课程的考试成绩进行调查，所得结果如表 2-3 所示。试绘制各科考试成绩的多维箱线图，并分析各科考试成绩的分布特征。

表 2-3 10 名学生各科的考试成绩

课程名称	学生编号									
	1	2	3	4	5	6	7	8	9	10
计算机应用基础	86	81	95	70	67	82	72	80	81	77
大学英语	80	98	71	70	93	86	83	78	85	81
经济数学	67	51	74	78	63	91	82	75	71	55
管理学	93	76	88	66	79	83	92	78	86	78
市场营销学	74	85	69	90	80	77	84	91	74	70
财务管理	68	70	84	73	60	76	81	88	68	75
统计学	58	68	73	84	81	70	69	94	62	71

利用 SPSS 可绘制多维箱线图如图 2-2 所示。

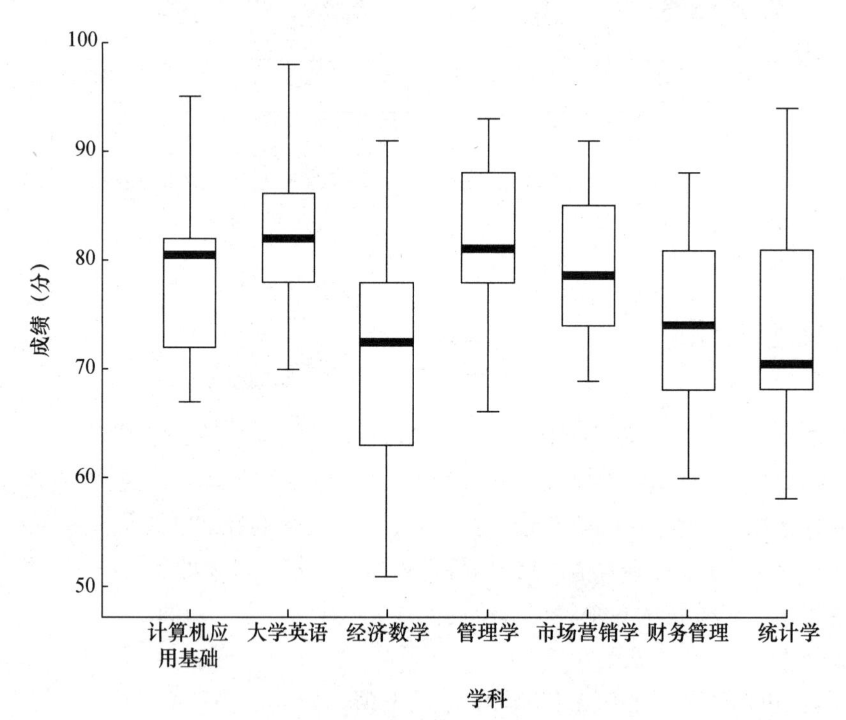

图 2-2 某大学工商管理专业学生成绩的箱线图

从图 2-2 可看出，该专业学生的英语成绩最好，经济数学成绩相对较弱。

箱线图作为描述统计的工具之一，其功能的独特之处主要有以下几点：

第一，可直观明了地识别数据批中的异常值。一批数据中的异常值值得关注，忽视异常值的存在是十分危险的，不加剔除地把异常值包括进数据的计算分析过程中，对数据处理结果会带来不良影响。重视异常值的出现，分析其产生的原因，常常成为发现问题进而改进决策的契机。箱线图为我们提供了识别异常值的一个标准：异常值被定义为小于 $Q_1-1.5\mathrm{IQR}$（IQR 指四分位距，是上四分位数与下四分位数之差）或大于 $Q_3+1.5\mathrm{IQR}$ 的值。虽然这种标准有点随意性，但它来源于经验判断，经验表明它在处理需要特别注意的数据方面表现不错。这与识别异常值的经典方法有些不同。众所周知，基于正态分布的 3σ 法则或 z 分数方法是以假定数据服从正态分布为前提的，但实际数据往往并不严格服从正态分布。它们判断异常值的标准是以数据批的均值和标准差为基础的，而均值和标准差的耐抗性极小，异常值本身会对它们产生较大影响，这样的异常值个数不会多于总数的 0.7%。显然，在非正态分布数据中应用这种方法判断异常值，其有效性是有限的。箱线图的绘制依靠实际数据，不需要事先假定数据服从特定的分布形式，没有对数据做任何限制性要求，它只是真实直观地表现数据形状的本来面貌；另外，箱线图判断异常值的标准以四分位数和四分位距为基础，四分位数具有一定的耐抗性，多达 25%的数据可以变得任意远而不会很大地扰动四分位数，所以异常值不能对这个标准施加影响，箱线图识别异常值的结果也就比较客观。由此可见，箱线图在识别异常值方面有一定的优越性。

第二，利用箱线图判断数据批的偏态和尾重。比较标准正态分布、不同自由度的 t 分布和非对称分布数据的箱线图的特征，可以发现：对于标准正态分布的大样本，只有 0.7%的值是异常值，中位数位于上、下四分位数的中央，箱线图的方盒关于中位线对称。选取不同自由度的 t 分布的大样本，代表对称重尾分布，当 t 分布的自由度越小，尾部越重，就有越大的概率观察到异常值。以卡方分布作为非对称分布的例子进行分析，发现当卡方分布的自由度越小，异常值出现于一侧的概率越大，中位数也越偏离上、下四分位数的中心位置，分布偏态性越强。若异常值集中在较小值一侧，则分布呈现左偏态；若异常值集中在较大值一侧，则分布呈现右偏态。这个规律揭示了数据批分布偏态和尾重的部分信息，尽管它们不能给出偏态和尾重程度的精确度量，但可作为我们粗略估计的依据。

第三，利用箱线图比较几批数据的形状。在同一数轴上，几批数据的箱线图并行排列，几批数据的中位数、尾长、异常值、分布区间等信息可一目了然。在一批数据中，哪几个数据点出类拔萃，哪几个数据点表现得不及一般，这些数据点放在同类其他群体中处于什么位置，可以通过比较各箱线图的异常值看出。各批数据的四分位距的大小，正常值的分布是集中还是分散，观察各方盒和线段的长短便可明了；每批数据分布的偏态性如何，分析中位线和异常值的位置也可估计出来。还有一些箱线图的变种，使数据批间的比较更加直观明白。例如，有一种可变宽度的箱线图，使箱的宽度正比于批量的平方根，从而使批量大的数据批有面积大的箱，面积大的箱有适当的视觉效果。如果对同类群体的几批数据的箱线图进行比较和分析评价，便是进行参照解释方法的可视图示；如果把受测者数据批的箱线图与外在标准数据批的箱线图进行比较，便是标准参照解释的可视图示。结合这些分析方法，箱线图用于质量管理、人事测评、探索性数据分析等统计分析活动，有助于分析过程的简便快捷，其作用显而易见。

箱线图的局限之处在于它不能提供关于数据分布偏态和尾重程度的精确度量；对于批量较大的数据批，箱线图反映的形状信息更加模糊；用中位数代表总体平均水平有一定的局限性；等等。所以，应用箱线图最好结合其他描述统计工具，如均值、标准差、偏度、分布函数等，来描述数据批的分布形状。

三、雷达图

雷达图(Radar Chart)是显示多个变量的常用图示方法，它在显示或对比各变量的数值总和时十分有用。其在应用时假定各变量的取值具有相同的正负号，于是总的绝对值与图形所围成的区域成正比。雷达图可用于研究多个样本之间的相似程度。

假设有 n 组样本 $S_1, S_2, \cdots, S_n$，每个样本测得 P 个变量 $X_1, X_2, \cdots, X_p$。要绘制这 P 个变量的雷达图，具体做法是：先做一个圆，然后将圆 P 等分，得到 P 个点。令这 P 个点分别对应 P 个变量，再将这 P 个点与圆心连线，得到 P 个辐射状的半径，这 P 个半径分别作为 P 个变量的坐标轴，每个变量值的大小由半径上的点到圆心的距离表示。再将同一样本的值在 P 个坐标上的点连线。这样，n 个样本形成的 n 个多边形就是一个雷达图。

例 2-4　我国 2012 年城乡居民家庭平均每人各项生活消费支出的数据如表 2-4 所示：

表 2-4　我国 2012 年城乡居民家庭平均每人各项生活消费支出数据表　　单位：元

	城镇居民	农村居民
食品	6 040.85	1 863.11
衣着	1 823.39	396.14
居住	1 484.26	1054.17
家庭设备及服务	1 116.06	341.42
交通和通信	2 455.47	652.79
文教、娱乐用品及服务	2 033.50	445.49
医疗保健	1 063.68	513.81
其他商品及服务	657.10	147.54

用 Excel 绘制成的雷达图如图 2-3 所示：

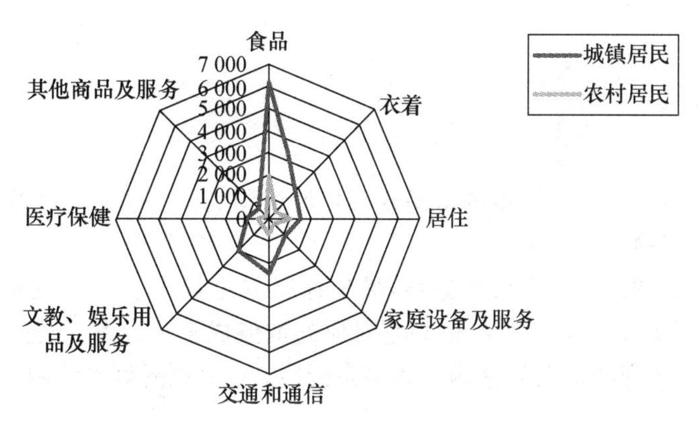

图 2-3　我国 2012 年城乡居民家庭平均每人各项生活消费支出雷达图

雷达图广泛应用在企业分析、企业战略管理等多个领域。雷达图(又可称为戴布拉图、蜘蛛网图)也可用在财务分析上,是一种常见的财务分析图表。将一家公司的各项财务分析所得的数字或比率,就其比较重要的项目集中画在一个圆形的图表上,来表现一家公司各项财务比率的情况,使用者能一目了然地了解公司各项财务指标的变动情形及其好坏趋势。

雷达图也可应用于企业经营状况——收益性、生产性、流动性、安全性和成长性的评价。上述指标的分布组合在一起非常像雷达的形状,因此而得名。该雷达图的绘制方法是:先画 3 个同心圆,把圆分为 5 个区域(每个区为 72 度),分别代表企业的收益性、生产性、流动性、安全性和成长性。同心圆中最小的圆代表同行业平均水平的 1/2 或最差的情况;中间圆代表同行业的平均水平或特定比较对象的水平,称为标准线(区);大圆表示同行业平均水平的 1.5 倍或最佳状态。在 5 个区域内,以圆心为起点,以放射线的形式画出相应的经营比率线。然后,在相应的比率线上标出该企业决算期的各种经营比率。将该企业的各种比率值用线连接起来后,就形成了一个不规则闭环图。它清楚地表示出该企业的经营态势,并把这种经营态势与标准线相比,就可以清楚地看出该企业的成绩和差距。雷达图的分析方法是:如果企业的比率位于标准线以内,则说明企业的比率值低于同行业的平均水平,应认真分析原因,提出改进方法;如果企业的比率值接近或低于小圆,则说明企业经营处于非常危险的境地,急需推出改革措施以扭转局面;如果企业的比率值超过了中间圆或标准线,甚至接近大圆,则表明企业经营的优势所在,应予以巩固和发扬。

如果把雷达图应用于创新战略的评估,就演变成为戴布拉图。实际上戴布拉图与雷达图的绘制与分析方法完全相同,但是,戴布拉图是用企业内部管理责任(包括协作过程、业绩度量、教育与开发、分布式学习网络和智能市场定位)以及外部关系(包括知识产品/服务协作、市场准入、市场形象活动、领导才能、通信技术等)2 个基本方面 10 个具体因素来分析。

随着计算机的发展,雷达图已经不是原始的手工描绘,常见的办公软件都已经具备了雷达图的自动生成功能,如 Microsoft Office、Kingsoft WPS 等。

四、轮廓图

轮廓图是将多个总体或样本的水平或者均值绘制到同一坐标轴里所得的折线图，每个指标由折线图上的一点表示。

其绘制方法是，第一，作平面坐标系，横坐标取 p 个点表示 p 个变量。第二，对给定的一次观测值，在 p 个点上的纵坐标和它对应的取值成正比。第三，连接 p 个高度的顶点成一折线，则一次观测值的轮廓为一条多角折线。n 次观测值可绘制 n 条折线，形成轮廓图。

例 2-5 以我国 2012 年东、中、西部地区农村居民家庭现金消费支出情况为例，数据资料如表 2-5 所示：

表 2-5 2012 年我国东、中、西部地区农村居民家庭现金消费支出数据表 单位：元

	食品	衣着	居住	家庭设备及用品	交通通信	文教娱乐	医疗保健	其他
东部地区	2 671.09	497.79	1 352.94	443.23	965.77	647.13	604.70	196.38
中部地区	1 629.01	354.71	1 080.28	350.00	515.71	385.58	492.45	142.78
西部地区	1 366.41	321.75	847.16	271.61	503.93	306.26	419.04	104.98

用 Excel 绘制轮廓图如图 2-4 所示：

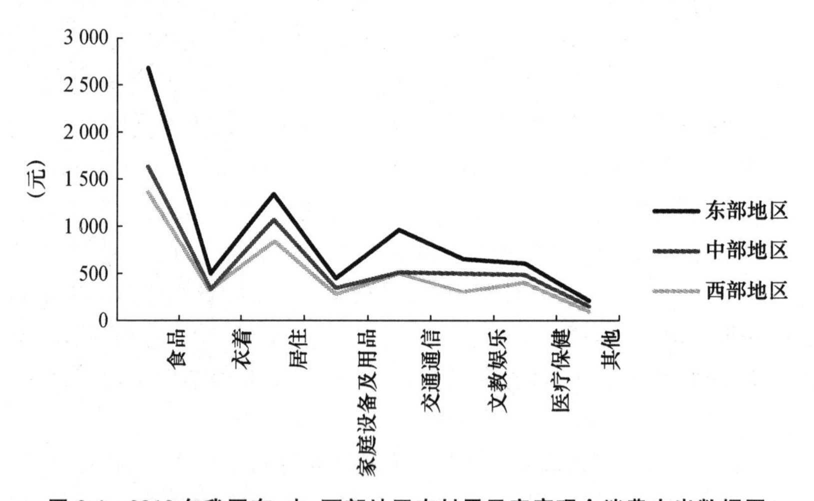

图 2-4 2012 年我国东、中、西部地区农村居民家庭现金消费支出数据图

从图 2-4 可看出，东部地区的农村居民家庭在各方面的现金消费支出都比中部和西部地区高，尤其是在食品上的现金消费支出比中部和西部地区高出很多。中部和西部地区的农村居民家庭现金消费支出结构相似度较高。

若考察的样品较多，轮廓图中可能会出现重复点多的情况，不利于区分哪个样品对应哪条折线，此时最好用几种较深的颜色或长短、虚实等标志来绘制折线。

五、脸谱图

在现实生活中，脸形是人们区分众多对象的重要依据。受此启发，有人考虑将多元数据表示为一张脸谱图，如图 2-5 所示。脸谱图是由美国统计学家 H. Chernoff 于 1970 年首先提出的。他将观测到的多个变量或指标分别用脸的某一部位的形状或大小表示，因此对一个样品可用一个脸谱来表示。脸谱中脸的轮廓是一个椭圆，脸谱中鼻子的长度、宽度，嘴的位置、弯曲度、方向，眼睛的大小，眼珠的位置，眼眉的倾斜度等，均由多元数据中的某些变量来表示。若变量数目多，则可以将脸谱刻画得更细致些；若变量数目不多，则让一部分器官形态固定，只让另一部分器官变化。后来，随着实践的发展，人们在脸谱图上又增加了不少内容，如加上流眼泪表示某些很不好的情况出现，甚至加上体型等。由于脸谱容易给人留下较深刻的印象，通过对脸谱的分析，可以对原始资料进行分类或比较分析。

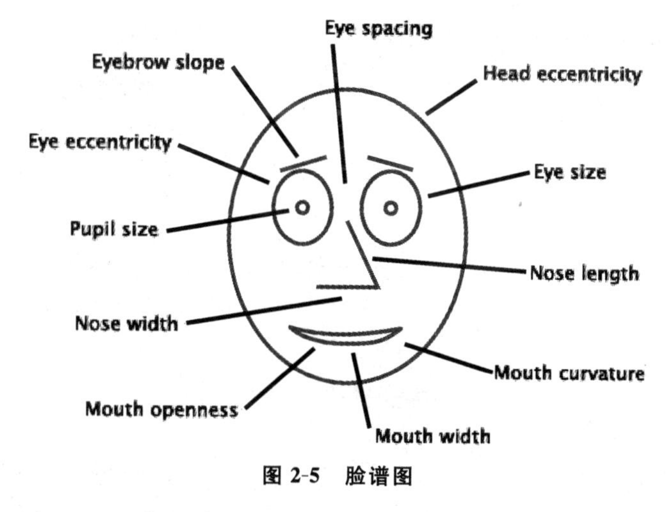

图 2-5　脸谱图

例 2-6　以 Stata 中自带的 auto. dta 数据为例，我们利用脸谱图分析不同型号汽车的特点。在 Stata 中录入如下命令：

```
sysuse auto
drop if rep78 = = .
keep in 1/9
chernoff, isize(mpg) hdark(weight) hslant(length) fline(weight) nose(price)
order(foreign price) ititle(make)
```

运行后可得的脸谱图如图 2-6 所示：

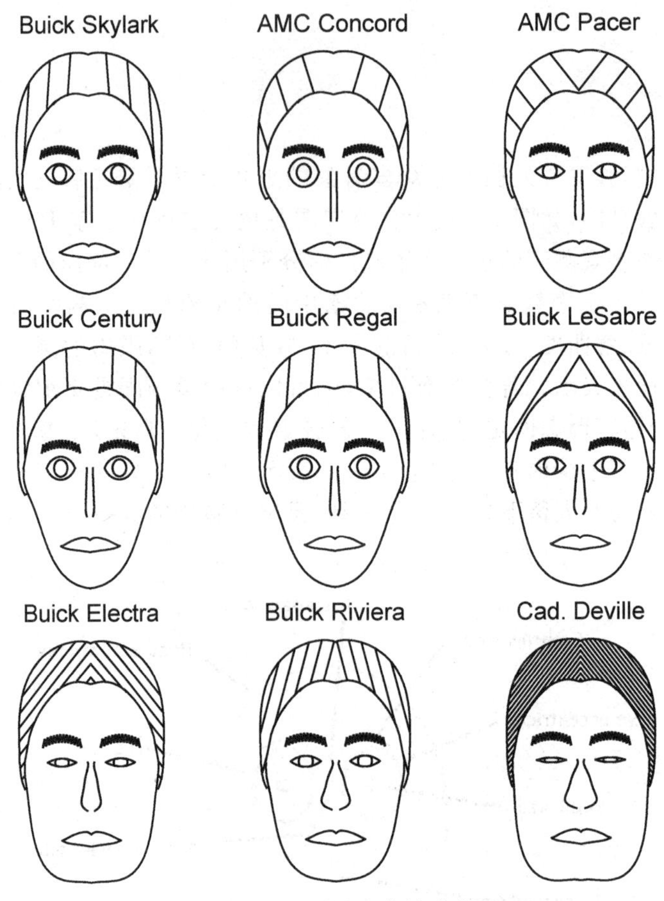

图 2-6　不同型号汽车的脸谱图

除了本章介绍的几种方法外，多维变量的图示法还有星座图、树形图等，有兴趣的读者可参阅方开泰(1989)(参考文献 16)。

近年来，随着数据仓库技术、网络技术、电子商务技术等的发展，可视化技术涵盖了更广泛的内容，并进一步提出了数据可视化的概念。所谓数据可视化(Data Visualization)，是对大型数据库或数据仓库中的数据的可视化，它是可视化技术在非空间数据领域的应用，使人们不再局限于通过关系数据表来观察和分析数据信息，能以更直观的方式看到数据及其结构关系。数据可视化技术的基本思想是将数据库中每一个数据项作为单个图元元素表示，大量的数据集构成数据图像，同时将数据的各个属性值以多维数据的形式表示，这样可以从不同的维度观察数据，从而对数据进行更深入的观察和分析。

数据可视化技术包含以下几个基本概念：

(1) 数据空间：指由 n 维属性和 m 个元素组成的数据集所构成的多维信息空间。

(2) 数据开发：指利用一定的算法和工具对数据进行定量的推演与计算。

(3) 数据分析：指对多维数据进行切片、块、旋转等动作剖析，从而能多角度、多侧面地观察数据。

(4) 数据可视化：指将大型数据集中地以图形图像形式表示出来，并利用数据分析和开发工具发现其中未知信息的处理过程。

目前数据可视化已经提出了许多方法，这些方法根据其可视化的原理不同可以划分为基于几何的技术、面向像素的技术、基于图标的技术、基于层次的技术、基于图像的技术和分布式技术，等等。数据可视化为多元数据的图示方法提供了很好的表现手段。

前面我们讨论了几种常见的多维数据图形表示法。需要指出的是，多维数据的图形表示法目前虽然已有多种，但尚未成为统一的体系，存在较大的研究空间，是一个有吸引力、值得研究的发展领域。在不同的领域，研究者完全可以创造性地发明和利用多维数据的图形表示方法，以完善多维数据的图形表示理论体系。

本章小结

本章主要讨论了样本均值矩阵、样本协方差阵、样本相关系数阵等多元描述统计量的计算，介绍了矩阵散点图、多维箱线图、雷达图、轮廓图、脸谱图等多元数据的图示方法。通过本章的学习，读者应能了解样本均值矩阵、样本协方差阵、样本相关系数阵等多元描述统计量的计算，了解散点图、多维箱线图、雷达图、轮廓图和脸谱图的特点、基本功能等。

进一步阅读材料

1. 洪文学：《基于多元统计图表示原理的信息融合和模式识别技术》。北京：国防工业出版社，2007 年。
2. 李伟明：《多元描述统计方法》。上海：华东师范大学出版社，2001 年。

练习题

1. 现有某年度 30 家上市公司的部分收益性及成长性财务指标数据如下：

股票代码	股票简称	每股收益	净资产收益率	总资产报酬率	销售净利率	主营业务增长率	净利润增长率
		X_1	X_2	X_3	X_4	X_5	X_6
600001	邯郸钢铁	0.148	0.028	0.011	0.011	0.499	0.463
600002	齐鲁石化	−0.399	−0.127	−0.078	−0.079	0.404	1.046
600005	武钢股份	−0.744	−0.335	−0.192	−0.241	4.415	4.628
600006	东风汽车	0.132	0.061	0.037	0.043	0.069	−0.260
600007	中国国贸	0.131	0.041	0.023	0.148	0.087	0.001
600008	首创股份	−1.087	−0.281	−0.167	−3.822	0.306	0.215
600009	上海机场	−0.361	−0.088	−0.085	−0.296	0.419	1.006
600010	钢联股份	1.712	0.435	0.167	0.132	0.024	0.553
600011	华能国际	−0.374	−0.121	−0.063	−0.149	−0.004	−0.012
600018	上港集箱	−0.070	−0.019	−0.010	−0.031	0.115	0.157
600019	宝钢股份	0.776	0.232	0.151	0.166	0.264	0.347

（续表）

股票代码	股票简称	每股收益	净资产收益率	总资产报酬率	销售净利率	主营业务增长率	净利润增长率
		X_1	X_2	X_3	X_4	X_5	X_6
600026	中海发展	0.162	0.063	0.047	0.083	0.675	0.927
600028	中国石化	−0.066	−0.031	−0.012	−0.010	0.427	0.698
600033	福建高速	0.673	0.210	0.119	0.581	0.247	0.288
600037	歌华有线	0.858	0.155	0.079	0.417	0.112	−0.136
600038	哈飞股份	0.218	0.066	0.044	0.075	0.118	0.139
600050	中国联通	0.132	0.062	0.019	0.040	0.124	0.062
600051	宁波联合	0.080	0.028	0.010	0.006	−0.331	0.222
600052	浙江广厦	−0.481	−0.146	−0.046	−0.405	0.051	−0.665
600055	万东医疗	−0.763	−0.260	−0.132	−0.230	0.045	−0.057
600056	中技贸易	−1.922	−0.657	−0.413	−0.184	0.754	−0.846
600057	夏新电子	−2.213	−0.722	−0.222	−0.188	−0.549	−0.974
600058	五矿发展	2.159	0.646	0.098	0.028	1.081	0.949
600059	古越龙山	−0.392	−0.076	−0.040	−0.162	0.001	−0.060
600060	海信电器	0.053	0.011	0.006	0.004	0.229	0.411
600061	中纺投资	−0.075	−0.057	−0.036	−0.032	−0.032	0.235
600062	双鹤药业	0.747	0.214	0.082	0.079	−0.039	−0.927
600063	皖维高新	−0.861	−0.332	−0.107	−0.151	0.026	−0.387

（1）试计算上述数据的样本均值矩阵、样本协方差阵、样本相关系数阵等描述统计量。

（2）试绘制上述多个变量的矩阵散点图。

（3）试用多维箱线图描述上述的数据。

2. 试述箱线图的特征及做法。

3. 试述轮廓图的做法。

4. 试述脸谱图的基本特征。

5. 试述数据可视化的含义及其对多维数据图示的影响。

第三章 多元正态分布及参数估计

教学目的

本章介绍了随机向量及其数字特征、多元正态分布的特征、多元正态分布的参数估计、几种常见的抽样分布等内容，并用实例分析了随机向量样本均值、样本协方差、相关系数阵的估计。通过本章的学习，希望读者能够：

1. 了解随机向量的特征、随机向量的均值、协方差阵；

2. 了解多元分布函数、多元密度函数的特征；

3. 掌握多元正态分布的特征，特别是二元正态分布的特点；

4. 了解维希特分布、霍特林 T^2 分布及维尔克斯分布的含义及特征。

本章的重点在于多元正态分布及其特征，它是多元推断统计的基础。

第一节　基本概念

在众多社会经济现象和实际问题中，经常会遇到多个随机变量的问题。如研究公司的经营情况时，往往会涉及公司的盈利状况、偿债状况、资金周转状况等财务指标变量。显然，多个变量的总体是我们关注的对象。单个指标的研究虽能说明一定的问题，但无法从总体上把握研究问题的状况。因此，需要将这些随机变量作为整体进行研究。

一、随机向量及其特征

随机向量是由多个随机变量组成的向量。记 p 个随机变量的整体称为 p 维随机向量，记为 $\boldsymbol{X}=(X_1,X_2,\cdots,X_p)'$。

在多元统计分析中，定义研究对象的全体为总体，它是由多个个体构成的集合。若构成总体的个体是具有 p 个需要观测指标的个体，则称此总体为 p 维总体（或 p 元总体）。在 p 维总体中抽取一个个体，其 p 个指标的值无法事先知道，它的取值依赖于被抽到的个体，因此 p 维总体可用 p 维随机向量来表示。

二、多元分布函数与密度函数

描述随机变量的基本工具是分布函数，类似地，描述随机向量的最基本工具也是分布函数。

设 $\boldsymbol{X}=(X_1,X_2,\cdots,X_p)'$为 p 维随机向量，它的多元分布函数定义为：

$$F(\boldsymbol{x})=F(x_1,x_2,\cdots,x_p)=P(X_1\leqslant x_1,X_2\leqslant x_2,\cdots,X_P\leqslant x_p)$$

记为 $\boldsymbol{X}\sim F(\boldsymbol{x})$，式中，$\boldsymbol{x}=(x_1,x_2,\cdots,x_p)\in R^p$，$R^p$ 表示 p 维欧氏空间。

多元随机变量的统计特性可用它的分布函数来完整地描述。其有关性质可参阅参考文献 60，此处从略。

多元随机向量可分为离散型随机向量和连续型随机向量。

设 $\boldsymbol{X}=(X_1,X_2,\cdots,X_p)'$为 p 维随机向量，若存在有限个或可列个 p 维列向量 $\boldsymbol{x}_1$，$\boldsymbol{x}_2$，…，记 $P(x=x_i)=p_k(k=1,2,\cdots)$，且满足 $p_1+p_2+\cdots=1$，则称 $\boldsymbol{X}$ 为离散型随机向量，称 $P(x=x_i)=p_k(k=1,2,\cdots)$为 $\boldsymbol{X}$ 的概率分布。

设 $\boldsymbol{X}\sim F(\boldsymbol{x})=F(x_1,x_2,\cdots,x_p)'$，若存在一个非负函数 $f(\cdot)$，使得

$$F(\boldsymbol{x})=\int_{-\infty}^{x_1}\int_{-\infty}^{x_2}\cdots\int_{-\infty}^{x_p}f(t_1,t_2,\cdots,t_p)\mathrm{d}t_1,\mathrm{d}t_2,\cdots,\mathrm{d}t_p$$

对一切 $\boldsymbol{x}=(x_1,x_2,\cdots,x_p)'\in R^p$ 成立，则称 $\boldsymbol{X}$ 有分布密度 $f(\cdot)$，并称 $\boldsymbol{X}$ 为连续型

随机向量。

多元分布密度函数的性质有：

(1) $f(\boldsymbol{x}) \geqslant 0$，对于任意 $\boldsymbol{x}$ 属于 p 维实数空间。

(2) $\int_{R^p} f(\boldsymbol{x}) \mathrm{d}x = 1$。

随机向量的联合分布函数可分解为各自的边缘分布和 Copula 函数的乘积。Copula 函数描述的是变量间的相关性，实际上是一类将联合分布函数与它们各自的边缘分布函数连接在一起的函数，因此也有人将它称为连接函数，在此基础上形成了 Copula 理论。Copula 理论的提出可以追溯到 1959 年，Sklar 将多个随机变量的联合分布分解为两部分：一部分是边缘分布，另一部分是相关结构 Copula。由此我们可以构造各种类型的联合分布函数，特别是对于边缘分布的选择不需要加以限制。同时，在运用 Copula 建立联合分布模型时也可以将问题简化，把边缘分布和相关结构分开来研究。Copula 主要用来研究随机变量之间的相关关系，弥补了线性相关系数刻画变量间相关关系的不足。20 世纪 90 年代后期，相关理论和方法在国外开始迅速发展并应用到金融、保险等领域的相关分析，以及投资组合分析和风险管理等多个方面。

三、多元变量的独立性

两个随机向量 $\boldsymbol{X}$ 和 $\boldsymbol{Y}$ 是相互独立的，若

$$P(\boldsymbol{X} \leqslant \boldsymbol{x}, \boldsymbol{Y} \leqslant \boldsymbol{y}) = P(\boldsymbol{X} \leqslant \boldsymbol{x}) P(\boldsymbol{Y} \leqslant \boldsymbol{y})$$

则对一切 $\boldsymbol{x}, \boldsymbol{y}$ 成立。

若 $F(\boldsymbol{x}, \boldsymbol{y})$ 为 $(\boldsymbol{X}, \boldsymbol{Y})'$ 的联合分布函数，$G(\boldsymbol{x})$ 和 $H(\boldsymbol{y})$ 分别为 $\boldsymbol{X}$ 和 $\boldsymbol{Y}$ 的分布函数，则 $\boldsymbol{X}$ 和 $\boldsymbol{Y}$ 独立当且仅当

$$F(\boldsymbol{x}, \boldsymbol{y}) = G(\boldsymbol{x}) H(\boldsymbol{y})$$

若 $f(\boldsymbol{x}, \boldsymbol{y})$ 为 $(\boldsymbol{X}, \boldsymbol{Y})'$ 的密度函数，$g(\boldsymbol{x})$ 和 $h(\boldsymbol{y})$ 分别为 $\boldsymbol{X}$ 和 $\boldsymbol{Y}$ 的分布密度，则 $\boldsymbol{X}$ 和 $\boldsymbol{Y}$ 独立当且仅当

$$f(\boldsymbol{x}, \boldsymbol{y}) = g(\boldsymbol{x}) h(\boldsymbol{y})$$

类似地，若它们的联合分布等于各自分布的乘积，则 p 个随机向量是相互独立的。

四、随机向量的数字特征

（一）随机向量的均值

设 $\boldsymbol{X} = (X_1, X_2, \cdots, X_p)'$ 有 p 个分量，若 $E(X_i) = \mu_i$ 存在，则定义随机向量 $\boldsymbol{X}$ 的均值为

$$E(\boldsymbol{X})=\begin{bmatrix}E(X_1)\\E(X_2)\\\vdots\\E(X_p)\end{bmatrix}=\begin{bmatrix}\mu_1\\\mu_2\\\vdots\\\mu_p\end{bmatrix}=\boldsymbol{\mu}$$

$\boldsymbol{\mu}$是一个p维向量,$E(\boldsymbol{X})$为均值向量。

均值向量有如下性质:

(1) $E(\boldsymbol{AX})=\boldsymbol{A}E(\boldsymbol{X})$

(2) $E(\boldsymbol{AXB})=\boldsymbol{A}E(\boldsymbol{X})\boldsymbol{B}$

(3) $E(\boldsymbol{AX}+\boldsymbol{BY})=\boldsymbol{A}E(\boldsymbol{X})+\boldsymbol{B}E(\boldsymbol{Y})$

式中,$\boldsymbol{X}$、$\boldsymbol{Y}$为随机向量,$\boldsymbol{A}$、$\boldsymbol{B}$为适合运算的常数矩阵。

(二) 协方差阵

设$\boldsymbol{X}=(x_1,x_2,\cdots,x_p)'$和$\boldsymbol{Y}=(y_1,y_2,\cdots,y_q)'$分别为$p$维和$q$维随机向量,则其协方差阵$\boldsymbol{\Sigma}$为

$$\begin{aligned}\boldsymbol{\Sigma}&=E(\boldsymbol{X}-E\boldsymbol{X})(\boldsymbol{Y}-E\boldsymbol{Y})'\\&=E\left[\begin{pmatrix}x_1-E(x_1)\\x_2-E(x_2)\\\vdots\\x_p-E(x_p)\end{pmatrix}(y_1-E(y_1)\quad y_2-E(y_2)\quad\cdots\quad y_q-E(y_q))\right]\\&=\begin{pmatrix}\mathrm{Cov}(x_1,y_1)&\mathrm{Cov}(x_1,y_2)&\cdots&\mathrm{Cov}(x_1,y_q)\\\mathrm{Cov}(x_2,y_1)&\mathrm{Cov}(x_2,y_2)&\cdots&\mathrm{Cov}(x_2,y_q)\\\vdots&\vdots&&\vdots\\\mathrm{Cov}(x_p,y_1)&\mathrm{Cov}(x_p,y_2)&\cdots&\mathrm{Cov}(x_p,y_q)\end{pmatrix}=\mathrm{Cov}(\boldsymbol{X},\boldsymbol{Y})\end{aligned}$$

若$\mathrm{Cov}(\boldsymbol{X},\boldsymbol{Y})=0$,则$\boldsymbol{X},\boldsymbol{Y}$是不相关的。

当$\boldsymbol{X}=\boldsymbol{Y}$时,协方差阵$\boldsymbol{\Sigma}$即为$D(\boldsymbol{X})$。

$$\begin{aligned}\boldsymbol{\Sigma}&=E(\boldsymbol{X}-E\boldsymbol{X})(\boldsymbol{X}-E\boldsymbol{X})'\\&=D(\boldsymbol{X})=\begin{bmatrix}\mathrm{var}(x_1)&\mathrm{Cov}(x_1,x_2)&\cdots&\mathrm{Cov}(x_1,x_p)\\\mathrm{Cov}(x_2,x_1)&\mathrm{var}(x_2)&\cdots&\mathrm{Cov}(x_2,x_p)\\\vdots&\vdots&&\vdots\\\mathrm{Cov}(x_p,x_1)&\mathrm{Cov}(x_p,x_2)&\cdots&\mathrm{var}(x_p)\end{bmatrix}\end{aligned}$$

对于任意随机向量$\boldsymbol{X}$而言,其协方差阵都是对称阵,且总是非负定的。大多数情况下是正定的。

由定义可推得协方差阵具有如下的性质:

(1) $D(\boldsymbol{AX}+\boldsymbol{b})=\boldsymbol{A}D(\boldsymbol{X})\boldsymbol{A}'=\boldsymbol{A\Sigma A}'$

(2) $\mathrm{Cov}(\boldsymbol{AX},\boldsymbol{BY})=\boldsymbol{A}\mathrm{Cov}(\boldsymbol{X},\boldsymbol{Y})\boldsymbol{B}'$

(3) 设$\boldsymbol{X}$为n维随机变量,期望和协方差阵存在,并记$\boldsymbol{\mu}=E(\boldsymbol{X})$,$\boldsymbol{\Sigma}=D(\boldsymbol{X})$,$\boldsymbol{A}$为

$n\times n$ 阶常数阵,则有

$$E(\boldsymbol{X}'\boldsymbol{A}\boldsymbol{X}) = \mathrm{tr}(\boldsymbol{A}\boldsymbol{\Sigma}) + \boldsymbol{\mu}'\boldsymbol{A}\boldsymbol{\mu}$$

(4) 若$(x_1,x_2,\cdots,x_p)'$和$(y_1,y_2,\cdots,y_q)$相互独立,则 $\mathrm{Cov}(\boldsymbol{X},\boldsymbol{Y})=0$。

(5) 若$(x_1,x_2,\cdots,x_p)'$的各分量相互独立,则协方差阵除主对角线上的元素外均为零,即

$$\boldsymbol{\Sigma} = \mathrm{Var}(\boldsymbol{X}) = \begin{bmatrix} \mathrm{var}(x_1) & 0 & \cdots & 0 \\ 0 & \mathrm{var}(x_2) & \cdots & 0 \\ \vdots & \vdots & & \vdots \\ 0 & 0 & \cdots & \mathrm{var}(x_p) \end{bmatrix}$$

(三) 相关系数阵

若$(x_1,x_2,\cdots,x_p)'$和$(y_1,y_2,\cdots,y_q)$分别是 p 维和 q 维随机向量,则其相关系数阵为

$$\rho(\boldsymbol{X},\boldsymbol{Y}) = \begin{bmatrix} \rho(x_1,y_1) & \rho(x_1,y_2) & \cdots & \rho(x_1,y_q) \\ \rho(x_2,y_1) & \rho(x_2,y_2) & \cdots & \rho(x_2,y_q) \\ \vdots & \vdots & & \vdots \\ \rho(x_p,y_1) & \rho(x_p,y_2) & \cdots & \rho(x_p,y_q) \end{bmatrix}$$

若 $\rho(\boldsymbol{X},\boldsymbol{Y})=\boldsymbol{0}$,则两随机向量相互独立。

若 $\boldsymbol{X}=(x_1,x_2,\cdots,x_p)'$的协方差阵存在,且每个分量的方差大于零,则称随机向量 $\boldsymbol{X}$ 的相关系数阵为$\boldsymbol{R}=(r_{ij})_{p\times p}$,其中

$$r_{ij} = \frac{\mathrm{Cov}(X_i,X_j)}{\sqrt{D(X_i)}\sqrt{D(X_j)}} = \frac{\sigma_{ij}}{\sqrt{\sigma_{ii}\sigma_{jj}}}, \quad i,j=1,2,\cdots,p$$

设标准离差阵

$$\boldsymbol{V}^{\frac{1}{2}} = \begin{bmatrix} \sqrt{\sigma_{11}} & & 0 \\ & \ddots & \\ 0 & & \sqrt{\sigma_{pp}} \end{bmatrix}$$

则有:

$$\boldsymbol{\Sigma} = \boldsymbol{V}^{\frac{1}{2}}\boldsymbol{R}\boldsymbol{V}^{\frac{1}{2}}, \quad 即 \quad \boldsymbol{R} = (\boldsymbol{V}^{\frac{1}{2}})^{-1}\boldsymbol{\Sigma}(\boldsymbol{V}^{\frac{1}{2}})^{-1}$$

上式说明了随机向量相关系数阵与协方差阵之间的关系。

第二节　多元正态分布

多元正态分布在多元统计分析中占有重要的地位,多元统计分析中的许多重要分布、理论和方法都是直接或间接地建立在多元正态分布基础上的。多元正态分布具有良好的性质:一方面,有些现象服从多元正态分布,因而正态分布在一些情况中可充当一个

真实的总体模型；另一方面，按照中心极限效应，许多多元统计分布的抽样分布是近似正态分布的。可以说，多元正态分布是多元统计分布的基础。在实际中，通常假定总体服从多元正态分布或近似多元正态分布。

设变量 x 服从均值为 μ，方差为 σ^2 的正态分布，则其密度函数为：

$$f(x)=\frac{1}{\sqrt{2\pi}\sigma}e^{-\frac{1}{2}\left(\frac{x-\mu}{\sigma}\right)^2}$$

为与多元正态分布比较，将一元正态分布函数记为：

$$f(x)=\frac{1}{(2\pi)^{\frac{1}{2}}(\sigma^2)^{\frac{1}{2}}}e^{-\frac{1}{2}(x-\mu)(\sigma^2)^{-1}(x-\mu)}$$

多元正态分布是一元正态分布的直接推广。设随机向量 $\boldsymbol{X}=(x_1,x_2,\cdots,x_p)'$ 服从 p 维正态分布，则有：

$$f(\boldsymbol{X})=\frac{1}{(2\pi)^{\frac{p}{2}}\,|\boldsymbol{\Sigma}|^{\frac{1}{2}}}e^{-\frac{1}{2}(\boldsymbol{X}-\boldsymbol{\mu})'(\boldsymbol{\Sigma})^{-1}(\boldsymbol{X}-\boldsymbol{\mu})}$$

式中，$\boldsymbol{\Sigma}$ 是变量 $x_1,x_2,\cdots,x_p$ 的协方差阵。$|\boldsymbol{\Sigma}|$ 是 $\boldsymbol{\Sigma}$ 的行列式。则记 $\boldsymbol{X}\sim N_p(\boldsymbol{\mu},\boldsymbol{\Sigma})$。

当 $p=1$ 时，即为一元正态分布密度函数。

可以证明，$\boldsymbol{\mu}$ 是 $\boldsymbol{X}$ 的均值，$\boldsymbol{\Sigma}$ 是 $\boldsymbol{X}$ 的协方差阵。

需要指出的是，当 $\boldsymbol{\Sigma}$ 的行列式取值为零时，$\boldsymbol{\Sigma}$ 的逆矩阵不存在，随机向量 $\boldsymbol{X}$ 也就不存在通常意义上的密度函数。当 $\boldsymbol{\Sigma}$ 的行列式取值为零时，也有正态分布的定义，下面给出多元正态分布的另外定义。

若 $\boldsymbol{X}$ 的特征函数为 $\Phi(\boldsymbol{t})=\exp\left(\mathrm{i}\boldsymbol{t}'\boldsymbol{\mu}-\frac{1}{2}\boldsymbol{t}'\boldsymbol{\Sigma}\boldsymbol{t}\right)$，其中 $\boldsymbol{t}$ 为实向量，则称 $\boldsymbol{X}$ 服从 p 维正态分布。这种用特征函数给出的定义，显然包括了 $\boldsymbol{\Sigma}$ 的行列式取值为零的情况。

下面以二元正态分布为例，设变量 x_1,x_2 的均值分别为 μ_1,μ_2，方差分别为 σ_1^2,σ_2^2（为方便起见，σ_1^2,σ_2^2 分别记为 σ_{11},σ_{22}），变量 x_1 与 x_2 的协方差为 $\sigma_{12}(\sigma_{12}=\sigma_{21})$，$x_1$ 与 x_2 的相关系数为 ρ。则 x_1,x_2 的协方差阵为

$$\boldsymbol{\Sigma}=\begin{bmatrix}\sigma_{11} & \sigma_{12}\\ \sigma_{21} & \sigma_{22}\end{bmatrix}$$

其行列式为：

$$|\boldsymbol{\Sigma}|=\sigma_{11}\sigma_{22}-\sigma_{12}^2=\sigma_{11}\sigma_{22}(1-\rho^2)$$

二元正态分布的密度函数为：

$$f(x_1,x_2)=\frac{1}{2\pi\sqrt{\sigma_{11}\sigma_{22}(1-\rho^2)}}\cdot\exp\left\{-\frac{1}{2(1-\rho^2)}\left[\left(\frac{x_1-\mu_1}{\sqrt{\sigma_{11}}}\right)^2+\left(\frac{x_2-\mu_2}{\sqrt{\sigma_{22}}}\right)^2-2\rho\left(\frac{x_1-\mu_1}{\sqrt{\sigma_{11}}}\right)\left(\frac{x_2-\mu_2}{\sqrt{\sigma_{22}}}\right)\right]\right\}$$

二元正态分布中有 5 个参数，即变量 x_1,x_2 的均值 μ_1,μ_2，方差 σ_1^2,σ_2^2，x_1 与 x_2 的相关系数 ρ。

若随机向量 $\boldsymbol{X}=(x_1,x_2)'$ 服从正态分布，则记 $\boldsymbol{X}\sim N_2(\mu_1,\sigma_1^2;\mu_2,\sigma_2^2;\rho)$。图 3-1、图 3-2 分别给出了二元正态分布的图形。

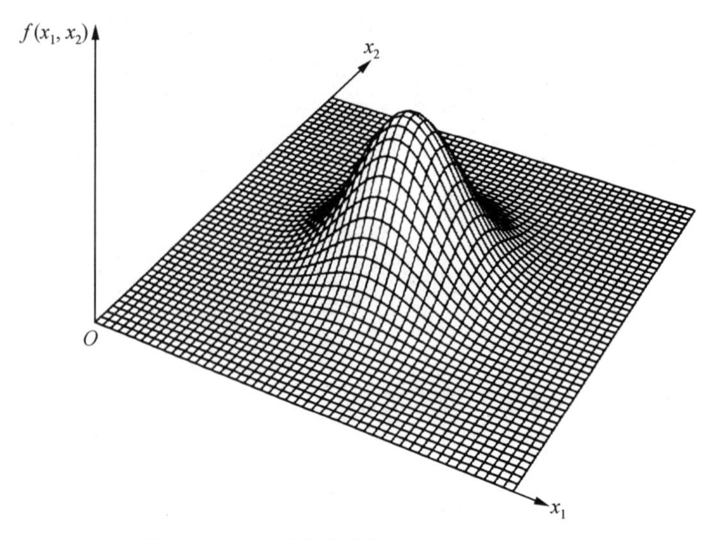

图 3-1　二元正态分布图($\sigma_{11}=\sigma_{22}$，$\rho_{12}=0$)

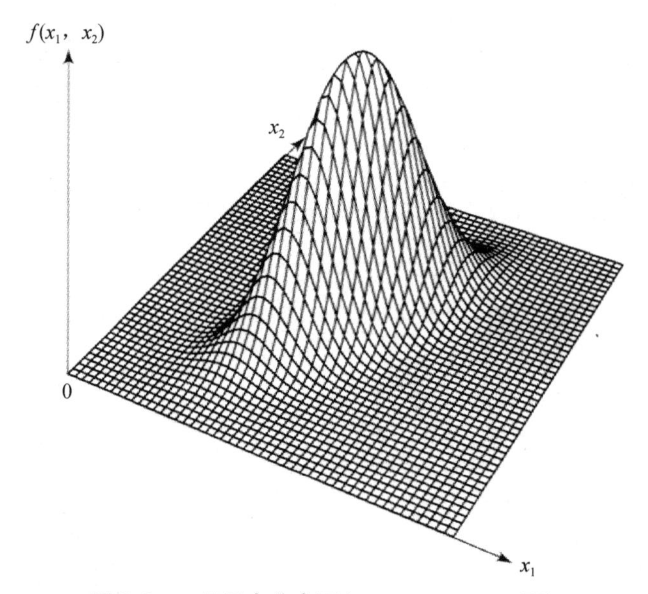

图 3-2　二元正态分布图($\sigma_{11}=\sigma_{22}$，$\rho_{12}=0.75$)

多元正态分布具有如下性质：

第一,正态随机向量中的每一个变量均服从正态分布。多元正态分布中,每个变量的分布均服从正态分布,但反过来不一定如此。

第二,多元正态向量的任意线性变换仍服从多元正态分布。此性质是第一条性质的推广。

设 $\boldsymbol{X} \sim N_p(\boldsymbol{\mu}, \boldsymbol{\Sigma})$,而 m 维随机向量 $\boldsymbol{Z}_{m\times 1}=\mathbf{A}\boldsymbol{X}+\boldsymbol{b}$,其中 $\mathbf{A}$ 是 $m\times p$ 阶的常数矩阵,$\boldsymbol{b}$ 是 m 维的常数向量。则 m 维随机向量 $\boldsymbol{Z}$ 是服从多元正态分布的,且 $\boldsymbol{Z} \sim N_p(\mathbf{A}\boldsymbol{\mu}+\boldsymbol{b}, \mathbf{A}\boldsymbol{\Sigma}\mathbf{A}')$。

第三，p 元正态分布中的任意分量子集(如由 $k(0<k<p)$ 个变量组成的向量集合)服从 k 元正态分布。第一条性质是其特例。

第四，p 元正态分布的条件分布仍服从正态分布。即在某些变量取值固定时，另外一些变量的分析服从多元正态分布。

第五，协方差为零的分量间相互独立分布。对多元正态分布而言，不相关与独立的含义是相同的。

上述多元正态分布的性质在后面的内容中会经常用到。

多元统计分析中的多数统计方法均假定数据来源于多元正态分布总体，对此判断并不是一件容易的事。但反过来要判断数据不是来自多元正态分布总体，则有简单的方法。根据多元正态分布的第一条性质，多元正态分布中的每一个变量均服从正态分布，只需对每个变量的分布是否服从正态分布进行检验即可。只要有一个变量不服从正态分布，则可判断数据不服从多元正态分布。

关于多元正态分布的深入讨论可参见张尧庭、方开泰的著作(见参考文献 60)。

第三节　多元正态分布均值向量和协方差阵的估计

设 p 元正态分布总体 $\boldsymbol{X} \sim N_p(\boldsymbol{\mu}, \boldsymbol{\Sigma})$，它有两组未知参数均值向量和协方差阵。在开展统计分析时，均值向量和协方差阵往往是未知的，因而需要进行参数估计。由于我们通常采用抽样方式获得资料，因而对总体参数的估计往往通过样本数据资料进行估计而取得。

从 p 元正态分布总体 $\boldsymbol{X} \sim N_p(\boldsymbol{\mu}, \boldsymbol{\Sigma})$ 中随机抽取了 n 个样本 $\boldsymbol{X}_1, \boldsymbol{X}_2, \cdots, \boldsymbol{X}_n$，每个样本对 p 个变量进行了测定，得到如下的数据矩阵：

$$\boldsymbol{X} = \begin{bmatrix} x_{11} & x_{12} & \cdots & x_{1p} \\ x_{21} & x_{22} & \cdots & x_{2p} \\ \vdots & \vdots & & \vdots \\ x_{n1} & x_{n2} & \cdots & x_{np} \end{bmatrix} = (\boldsymbol{X}_1, \boldsymbol{X}_2, \cdots, \boldsymbol{X}_p)$$

则对随机均值向量 μ 和协方差阵 $\boldsymbol{\Sigma}$ 的估计有如下结论：

均值向量的极大似然估计为：

$$\hat{\boldsymbol{\mu}} = \bar{\boldsymbol{X}} = (\bar{x}_1, \bar{x}_2, \cdots, \bar{x}_p),$$

式中，$\bar{x}_j = \frac{1}{n}\sum_{i=1}^{n} x_{ij}, j = 1,2,\cdots,p$，此估计量为无偏估计量。

协方差阵 $\boldsymbol{\Sigma}$ 的极大似然估计为：

$$\hat{\boldsymbol{\Sigma}} = \frac{1}{n}\sum_{i=1}^{n}(\boldsymbol{X}_j - \bar{\boldsymbol{X}})(\boldsymbol{X}_j - \bar{\boldsymbol{X}})'$$

其中，上式估计量并不是 $\boldsymbol{\Sigma}$ 的无偏估计。其无偏估计量为：

$$S = \frac{n}{n-1}\hat{\boldsymbol{\Sigma}} = \frac{1}{n-1}\sum_{i=1}^{n}(\boldsymbol{X}_j - \bar{\boldsymbol{X}})(\boldsymbol{X}_j - \bar{\boldsymbol{X}})'$$

它是样本的协方差阵。

关于多元正态分布参数极大似然估计量的证明参见方开泰的著作(见参考文献 16)。

关于多元正态分布参数的区间估计,由于高维数据的特征不易处理,这里以二元正态分布为例进行说明。

设 x_1,x_2 服从二元正态分布,x_1 的均值为 μ_1,方差为 σ_1^2,x_2 的均值为 μ_2,方差为 σ_2^2,x_1 与 x_2 的相关系数为 ρ,则 x_1,x_2 的 $100(1-\alpha)\%$的取值范围为:

$$\frac{1}{1-\rho^2}\left\{\left(\frac{x_1-\mu_1}{\sigma_1}\right)^2 - 2\rho\left(\frac{x_1-\mu_1}{\sigma_1}\right)\left(\frac{x_2-\mu_2}{\sigma_2}\right)+\left(\frac{x_2-\mu_2}{\sigma_2}\right)^2\right\} = \chi^2_{\alpha(2)}$$

该范围是一个椭圆,它是两变量 x_1,x_2 的联合参考值范围。

设

$$z_i = \frac{x_i-\mu_i}{\sigma_i}, \quad i=1,2$$

则 x_1,x_2 的 $100(1-\alpha)\%$的取值范围转化为:

$$z_1^2 - 2\rho z_1 z_2 + z_2^2 = (1-\rho^2)\chi^2_{\alpha(2)}$$

当 $\rho>0$ 时,该椭圆的长轴在过原点的 $45°$线上,长轴长 $2\sqrt{(1+\rho)\chi^2_{\alpha(2)}}$,短轴长 $2\sqrt{(1-\rho)\chi^2_{\alpha(2)}}$;当 $\rho<0$ 时,该椭圆的长轴在过原点的 $135°$线上,长轴长 $2\sqrt{(1-\rho)\chi^2_{\alpha(2)}}$,短轴长 $2\sqrt{(1+\rho)\chi^2_{\alpha(2)}}$。

一般来说,多元正态分布确定的多元参考值范围由于考虑了多个指标之间的相关性,比单独考虑单个指标的置信区间,然后联合起来应用更为合理。

第四节 几种常用的抽样分布

一、维希特分布

与一元统计中的抽样分布类似,首先考察来自多元正态总体的均值向量和协方差阵估计量的分布。

根据多元正态向量的性质,均值向量是服从正态分布的。那么离差阵 S 的分布又是什么呢?为此给出维希特(Wishart)分布,维希特分布是一元卡方分布在多元情况下的推广。

维希特分布是由统计学家维希特在 1928 年推导出来的,该分布的名称由此而来。

定义 设 $\boldsymbol{X}_{(\alpha)}=(X_{\alpha1},X_{\alpha2},\cdots,X_{\alpha p})'(\alpha=1,2,\cdots,n)$分别来自协方差阵相等的 p 维正态总体 $N_p(\mu,\Sigma)$,则 $p\times p$ 维随机矩阵 $\boldsymbol{W}=\sum_{\alpha=1}^{n}\boldsymbol{X}_{(\alpha)}\boldsymbol{X}'_{(\alpha)}$ 的分布称为非中心维希特分布,

记为 $\boldsymbol{W}_p(n,\boldsymbol{\Sigma},\boldsymbol{Z})$。

其中，

$$\boldsymbol{Z}=\sum_{\alpha=1}^{n}(\mu_{\alpha1},\mu_{\alpha2},\cdots,\mu_{\alpha p})(\mu_{\alpha1},\mu_{\alpha2},\cdots,\mu_{\alpha p})'=\sum_{\alpha=1}^{n}\boldsymbol{\mu}_\alpha\boldsymbol{\mu}_\alpha',$$

$\boldsymbol{\mu}_\alpha$ 称为非中心参数；当 $\boldsymbol{\mu}_\alpha=0$ 时，称之为中心维希特分布，记为 $\boldsymbol{W}_p(n,\boldsymbol{\Sigma})$。

当 $n\geqslant p,\boldsymbol{\Sigma}>0$ 时，$\boldsymbol{W}_p(n,\boldsymbol{\Sigma},\boldsymbol{Z})$ 有密度函数存在，其表达式为

$$f(\boldsymbol{W})=\begin{cases}\dfrac{|\boldsymbol{W}|^{\frac{1}{2}(n-p-1)}\exp\left\{-\dfrac{1}{2}\mathrm{tr}\boldsymbol{\Sigma}^{-1}\boldsymbol{W}\right\}}{2^{np/2}\pi^{p(p-1)/4}|\boldsymbol{\Sigma}|^{n/2}\prod\limits_{i=1}^{p}\Gamma\left(\dfrac{n-i+1}{2}\right)}, & \text{当}\boldsymbol{W}\text{为正定阵},\\ 0, & \text{其他}\end{cases}$$

上式中，当 $p=1,\boldsymbol{\Sigma}=\sigma^2$ 时，$f(\boldsymbol{W})$ 就是 $\sigma^2\chi^2(n)$ 的分布密度，此时 $\boldsymbol{W}=\sum_{\alpha=1}^{n}\boldsymbol{X}_{(\alpha)}\boldsymbol{X}_{(\alpha)}'=\sum_{\alpha=1}^{n}\boldsymbol{X}_{(\alpha)}^2$，于是有 $\frac{1}{\sigma^2}\sum_{\alpha=1}^{n}\boldsymbol{X}_{(\alpha)}^2\sim\chi^2(n)$。因此，维希特分布是一元卡方分布在 p 维正态情况下的推广。

维希特分布具有如下的性质：

第一，可加性。即若 $\boldsymbol{A}_1$ 和 $\boldsymbol{A}_2$ 独立，其分布分别为 $W_{m_1}(\boldsymbol{A}_1|\boldsymbol{\Sigma})$ 和 $W_{m_2}(\boldsymbol{A}_2|\boldsymbol{\Sigma})$，则 $\boldsymbol{A}_1+\boldsymbol{A}_2$ 的分布为 $W_{m_1+m_2}(\boldsymbol{A}_1+\boldsymbol{A}_2|\boldsymbol{\Sigma})$。

第二，若 $\boldsymbol{A}$ 的分布为 $W_m(\boldsymbol{A}|\boldsymbol{\Sigma})$，则 $\boldsymbol{CAC}'$ 的分布为 $W_m(\boldsymbol{CAC}'|\boldsymbol{C\Sigma C}')$。

对于多元正态分布的随机样本，有如下结论：

设 $\boldsymbol{X}_1,\boldsymbol{X}_2,\cdots,\boldsymbol{X}_n$ 是来自 p 元正态分布总体 $\boldsymbol{X}\sim N_p(\boldsymbol{\mu},\boldsymbol{\Sigma})$ 中容量为 n 的随机样本，则有：

(1) $\bar{\boldsymbol{X}}\sim N_p(\boldsymbol{\mu},(1/n)\boldsymbol{\Sigma})$。

(2) $(n-1)\boldsymbol{S}$ 的分布为自由度为 $n-1$ 的维希特分布。

(3) $\bar{\boldsymbol{X}}$ 和 $\boldsymbol{S}$ 是相互独立的。

这里简单说明一下随机矩阵的分布，关于它的定义有多种，这里用已知向量分布的定义给出矩阵分布的定义。

设随机矩阵

$$\boldsymbol{X}=\begin{bmatrix}X_{11} & X_{12} & \cdots & X_{1p}\\ X_{21} & X_{22} & \cdots & X_{2p}\\ \vdots & \vdots & & \vdots\\ X_{n1} & X_{n2} & \cdots & X_{np}\end{bmatrix}$$

将该矩阵的列向量(或行向量)一个接一个地连接起来，组成一个长的向量，即拉直向量

$$(X_{11},X_{21},\cdots,X_{n1},X_{12},X_{22},\cdots,X_{n2},\cdots,X_{1p},X_{2p},\cdots,X_{np})$$

的分布定义为该随机矩阵的分布。若 $\boldsymbol{X}$ 为对称阵时，由于 $X_{ij}=X_{ji},p=n$，故取其下三角形部分组成的拉直向量，即$(X_{11},X_{21},\cdots,X_{n1},X_{22},\cdots X_{n2},\cdots,X_{np})$。

二、霍特林 T^2 分布

霍特林(Hotelling)T^2 分布是 t 分布在多维情况下的推广。

定义 设 $\boldsymbol{X}\sim N_p(\boldsymbol{\mu},\boldsymbol{\Sigma})$，$\boldsymbol{S}\sim W_p(n,\boldsymbol{\Sigma})$且 $\boldsymbol{X}$ 与 $\boldsymbol{S}$ 相互独立，$n\geqslant p$，则称统计量 $T^2=n\boldsymbol{X}'\boldsymbol{S}^{-1}\boldsymbol{X}$ 的分布为非中心霍特林 T^2 分布，记为 $T^2\sim T^2(p,n,\mu)$。当 $\mu=0$ 时，称 T^2 服从中心霍特林 T^2 分布，记为 $T^2\sim T^2(p,n)$。

由于上述统计量的分布首先由统计学家哈罗德·霍特林提出，故称为霍特林 T^2 分布。需要说明的是，我国著名统计学家许宝禄先生于 1938 年用不同方法也导出了 T^2 分布的密度函数，因表达式很复杂，故暂略去。

在一元统计学中，若统计量 $t\sim t(n-1)$分布，则 $t^2\sim F(1,n-1)$分布，即将 t 分布的统计量转化为 F 统计量来处理，在多元统计分析中，T^2 统计量也存在类似的性质。

若 $\boldsymbol{X}\sim N_p(\boldsymbol{0},\boldsymbol{\Sigma})$，$\boldsymbol{S}\sim W_p(n,\boldsymbol{\Sigma})$且 $\boldsymbol{X}$ 与 $\boldsymbol{S}$ 相互独立，令 $T^2=n\boldsymbol{X}'\boldsymbol{S}^{-1}\boldsymbol{X}$，则

$$\frac{n-p+1}{np}T^2\sim F(p,n-p+1)$$

此性质在后面会经常用到。

三、维尔克斯分布

定义 若 $\boldsymbol{X}\sim N_p(\boldsymbol{0},\boldsymbol{\Sigma})$，则称协方差阵的行列式$|\boldsymbol{\Sigma}|$为 $\boldsymbol{X}$ 的广义方差，称$\left|\frac{1}{n}\boldsymbol{A}\right|$为样本广义方差。其中，$\boldsymbol{A}=\sum_{\alpha=1}^{n}(\boldsymbol{X}_{(\alpha)}-\bar{\boldsymbol{X}})(\boldsymbol{X}_{(\alpha)}-\bar{\boldsymbol{X}})'$。

定义 若 $\boldsymbol{A}_1\sim W_p(n_1,\boldsymbol{\Sigma})$，$n_1\geqslant p$，$\boldsymbol{A}_2\sim W_p(n_2,\boldsymbol{\Sigma})$，$\boldsymbol{\Sigma}>0$，且 $\boldsymbol{A}_1$ 和 $\boldsymbol{A}_2$ 相互独立，则称 $\boldsymbol{\Lambda}=\dfrac{|\boldsymbol{A}_1|}{|\boldsymbol{A}_1+\boldsymbol{A}_2|}$ 为维尔克斯(Wilks)统计量，$\boldsymbol{\Lambda}$ 的分布称为维尔克斯分布，简记为 $\boldsymbol{\Lambda}\sim\boldsymbol{\Lambda}(p,n_1,n_2)$，其中 n_1,n_2 为自由度。

在实际应用中，通常把维尔克斯 $\boldsymbol{\Lambda}$ 统计量转化为 T^2 统计量进而转化为 F 统计量，从而利用 F 统计量来解决多元统计分析中的相关问题。

第五节 实例分析与计算机实现

例 3-1 以我国主要城市空气质量状况指标(2013 年)为例进行说明(见表 3-1)。反映空气质量的指标主要有可吸入颗粒物(PM10)(单位：ug/m^3)、二氧化硫(SO_2)(单位：ug/m^3)、二氧化氮(NO_2)(单位：ug/m^3)、空气质量达到及好于二级的天数(天)等。我们

对上述四个指标的均值和协方差进行估计。

表 3-1　我国 2013 年主要城市空气质量状况表　　单位:ug/m^3

城市	可吸入颗粒物(PM10)	二氧化硫(SO_2)	二氧化氮(NO_2)	空气质量达到及好于二级的天数(天)
	x_1	x_2	x_3	x_4
北京	108	26	56	167
天津	150	59	54	145
石家庄	305	105	68	49
太原	157	80	43	162
呼和浩特	146	56	40	213
沈阳	129	90	43	215
长春	130	44	44	230
哈尔滨	119	44	56	239
上海	84	24	48	246
南京	137	37	55	198
杭州	106	28	53	212
宁波	86	22	44	277
温州	94	23	51	252
嘉兴	94	30	47	214
湖州	111	29	52	192
绍兴	105	38	49	240
金华	99	34	41	195
衢州	94	36	37	248
舟山	58	10	22	319
台州	82	17	34	266
丽水	69	19	32	297
合肥	115	22	39	180
福州	64	11	43	343
厦门	62	20	44	336
南昌	116	40	40	230
济南	199	95	61	79
青岛	106	58	43	259
郑州	171	59	52	134
武汉	124	33	60	161
长沙	94	33	46	196
广州	72	20	52	259
深圳	61	11	40	325
珠海	59	13	37	319
佛山	83	32	53	247

（续表）

城市	可吸入颗粒物（PM10）	二氧化硫（SO_2）	二氧化氮（NO_2）	空气质量达到及好于二级的天数（天）
	x_1	x_2	x_3	x_4
江门	77	27	33	261
肇庆	85	28	38	249
惠州	59	16	29	310
东莞	65	23	45	263
中山	66	19	42	267
南宁	90	19	38	275
海口	47	7	17	342
重庆	106	32	38	207
成都	150	31	63	139
贵阳	85	31	33	278
昆明	82	28	40	329
拉萨	64	9	22	341
西安	189	46	57	157
兰州	153	33	35	193
西宁	163	48	41	216
银川	118	77	43	249
乌鲁木齐	146	29	61	184

一、均值向量的估计

1. SPSS 软件应用

在 SPSS 中运行如下命令：

```
DESCRIPTIVES
  VARIABLES = x1 x2 x3 x4
      /STATISTICS = MEAN.
```

可求得如表 3-2 中的结果，得样本均值向量为(108.51,35.31,44.20,233.41)′。

表 3-2　描述统计量表

Descriptive Statistics

	N	均值
x1	51	108.51
x2	51	35.31
x3	51	44.20
x4	51	233.41
有效的 N(列表状态)	51	

2. Stata 软件应用

在 Stata 中运行如下命令：

```
mean x1 x2 x3 x4
```

可得到如下结果，在结果中得出样本均值向量，为(108.51,35.31,44.20,233.41)′。

Mean estimation　　　　　　　　　　Number of obs = 51

	Mean	Std. Err.	[95 % Conf.	Interval]
x1	108.5098	6.439911	95.57486	121.4447
x2	35.31373	3.115111	29.05684	41.57061
x3	44.19608	1.497192	41.18888	47.20328
x4	233.4118	9.302	214.7281	252.0954

所以，样本均值向量为(108.51,35.31,44.20,233.41)′。

二、协差阵的估计

1. SPSS 软件应用

在 SPSS 中运行如下命令：

```
CORRELATIONS
   /VARIABLES = x1 x2 x3 x4
   /PRINT = TWOTAIL NOSIG
   /STATISTICS XPROD
      /MISSING = PAIRWISE.
```

可求得如表 3-3 所示的结果：

表 3-3　相关分析结果

Correlations

		x1	x2	x3	x4
x1	Pearson Correlation	1	.808**	.635**	-.872**
	Sig. (2-tailed)		.000	.000	.000
	Sum of Squares and Cross-products	105 754.745	41 340.843	15 619.902	-133 128.706
	Covariance	2 115.095	826.817	312.398	-2 662.574
	N	51	51	51	51
x2	Pearson Correlation	.808**	1	.472**	-.700**
	Sig. (2-tailed)	.000		.000	.000
	Sum of Squares and Cross-products	41 340.843	24 744.980	5 609.863	-51 688.588
	Covariance	826.817	494.900	112.197	-1 033.772
	N	51	51	51	51

（续表）

		x1	x2	x3	x4
x3	Pearson Correlation	.635**	.472**	1	−.727**
	Sig. (2-tailed)	.000	.000		.000
	Sum of Squares and Cross-products	15 619.902	5 609.863	5 716.039	−25 805.118
	Covariance	312.398	112.197	114.321	−516.102
	N	51	51	51	51
x4	Pearson Correlation	−.872**	−.700**	−.727**	1
	Sig. (2-tailed)	.000	.000	.000	
	Sum of Squares and Cross-products	−133 128.706	−51 688.588	−25 805.118	220 644.353
	Covariance	−2 662.574	−1 033.772	−516.102	4 412.887
	N	51	51	51	51

** Correlation is significant at the 0.01 level (2-tailed).

上述分析结果给出了样本的相关系数阵、离差阵和样本协方差阵，其中 Sum of Squares and Cross-products 给出的是样本离差阵，Covariance 给出的是样本协方差阵，Pearson Correlation 给出的是相关系数阵。

$$\boldsymbol{\Sigma} = \begin{bmatrix} 2\,115.095 & 826.817 & 312.398 & -2\,662.574 \\ 826.817 & 494.900 & 112.197 & -1\,033.772 \\ 312.398 & 112.197 & 114.321 & -516.102 \\ -2\,662.574 & -1\,033.772 & -516.102 & 4\,412.887 \end{bmatrix}$$

2. Stata 软件应用

在 Stata 中可以运行如下命令，计算样本协方差阵：

```
correlate x1 x2 x3 x4, c
```

可得如下结果：

	x1	x2	x3	x4
x1	2115.09			
x2	826.817	494.9		
x3	312.398	112.197	114.321	
x4	-2662.57	-1033.77	-516.102	4412.89

所以，样本协方差阵为：

$$\boldsymbol{S} = \begin{bmatrix} 2\,115.09 & 826.817 & 312.398 & -2\,662.57 \\ 826.817 & 494.9 & 112.197 & -1\,033.77 \\ 312.398 & 112.197 & 114.321 & -516.102 \\ -2\,662.57 & -1\,033.77 & -516.102 & 4\,412.89 \end{bmatrix}$$

计算样本相关系数阵，命令如下：

```
correlate x1 x2 x3 x4
```

可得如下结果：

	x1	x2	x3	x4
x1	1.0000			
x2	0.8081	1.0000		
x3	0.6353	0.4717	1.0000	
x4	-0.8715	-0.6995	-0.7266	1.0000

所以，样本相关系数阵为：

$$\boldsymbol{R}=\begin{bmatrix}1.0000 & 0.8081 & 0.6353 & -0.8715\\ 0.8081 & 1.0000 & 0.4717 & -0.6995\\ 0.6353 & 0.4717 & 1.0000 & -0.7266\\ -0.8715 & -0.6995 & -0.7266 & 1.0000\end{bmatrix}$$

在 Stata 中可以运行如下命令，以计算样本标准差：

```
summarize x1 x2 x3 x4
```

可得如下结果：

Variable	Obs	Mean	Std. Dev.	Min	Max
x1	51	108.5098	45.99016	47	305
x2	51	35.31373	22.24634	7	105
x3	51	44.19608	10.69209	17	68
x4	51	233.4118	66.42956	49	343

三、二元正态总体的参数的范围估计

以我国主要城市空气质量状况指标(2013 年)为例，选择反映空气质量的指标二氧化硫(SO_2)(单位：ug/m^3)(记为 x_2)、二氧化氮(NO_2)(单位：ug/m^3)(记为 x_3)两个变量。这两个变量均服从正态分布。根据原始资料，经计算求得 x_2 的均值、方差分别为 35.3137、22.2463^2，x_3 的均值、方差分别为 44.1961、10.6921^2，x_2 与 x_3 的相关系数为 0.4717，则 x_2，x_3 的 95%的参考取值范围为下列方程的解：

$$\frac{1}{1-0.4717^2}\left\{\left(\frac{x_1-35.3137}{22.2463}\right)^2-2\times 0.4717\right.$$

$$\times\left(\frac{x_1-35.3137}{22.2463}\right)\left(\frac{x_2-44.1961}{10.6921}\right)+\left(\frac{x_2-44.1961}{10.6921}\right)^2\Bigg\}=5.9915$$

将上述方程绘制出来,则它是一个椭圆,如图 3-3 所示。

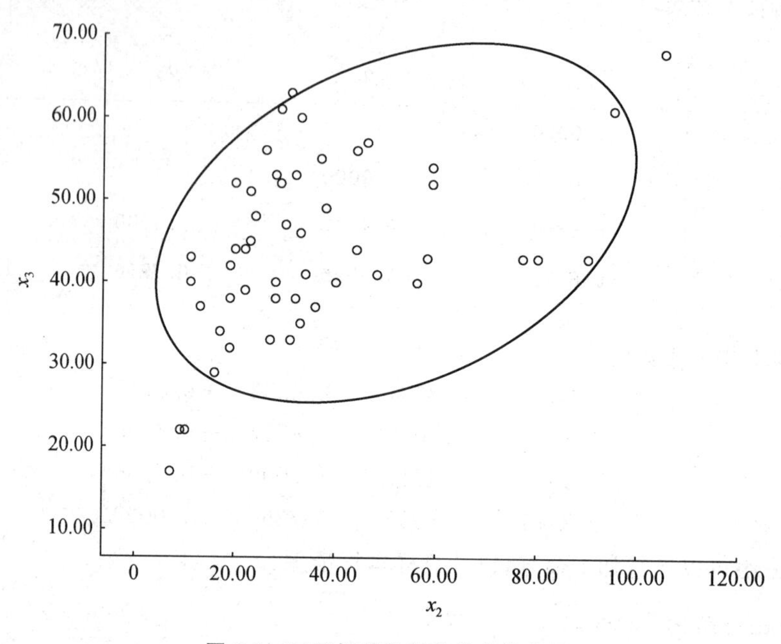

图 3-3　二元相关数据的参考值范围

本章小结

本章系统介绍了随机向量及其数字特征、多元正态分布的特征,多元正态分布的参数估计、几种常见的抽样分布等内容。通过本章的学习,读者应该能够了解:(1) 随机向量的特征、多元分布函数、多元密度函数的特征;(2) 随机向量的均值、协方差阵;(3) 多元正态分布的特征,特别是二元正态分布的特征;(4) 了解维希特分布、霍特林 T^2 分布及维尔克斯分布的含义及特征。在统计理论方面,读者应重点掌握以下基本概念:随机向量、多元密度函数、多元正态分布、维希特分布、霍特林 T^2 分布及维尔克斯分布。

进一步阅读材料

1. 张尧庭、方开泰:《多元统计分析引论》,北京:科学出版社,1982。
2. 方开泰:《实用多元统计分析》,上海:华东师范大学出版社,1989。
3. Dallas E. Johnson:《应用多元统计分析方法》,北京:高等教育出版社,2005。

练习题

1. 试述随机向量的含义。
2. 试述多元正态分布的特征。
3. 试述常见的几种抽样分布及其特征。
4. 试述随机矩阵分布的含义。
5. 试寻找一个符合多元正态分布的实例,并对其均值向量和协方差阵进行估计。

第四章 多元正态分布均值向量和协方差阵的检验

教学目的

本章主要讨论的是多元推断统计分析内容，介绍了多元正态分布均值向量、协方差阵、的检验方法。通过本章的学习，我们希望读者能够：

1. 掌握单个总体均值向量检验的基本原理；

2. 理解两个总体均值向量检验的基本原理；

3. 了解单个总体协方差检验的基本原理；

4. 掌握多元方差分析的基本思想；

5. 了解多个总体协方差检验的基本原理。

本章重点是单个总体均值向量检验和多元方差分析。

假设检验是推断统计中的重要内容。假设检验的基本原理依据的是小概率事件原理。小概率事件原理是指小概率事件（事件发生的概率较小，通常取 $p<0.05$）在一次试验中基本上不会发生。假设检验的基本思想是反证法思想。反证法思想是先提出原假设（假设 H_0），再用适当的统计方法确定假设成立的可能性大小。如可能性小，则认为原假设不成立；若可能性大，则不能拒绝原假设。假设检验实质上是个证伪的过程。假设检验的基本步骤为：第一，提出待检验的原假设和备择假设。原假设（H_0）：样本与总体或样本与样本间的差异是由抽样误差引起的。备择假设（H_1）：样本与总体或样本与样本间存在本质差异。第二，选定适合的检验统计量，计算出检验统计量的大小。第三，根据给定的显著性水平，查统计量的分布表，确定临界值，得到拒绝域。第四，根据样本观测值计算出检验统计量的大小，看其是否落入到拒绝域中，做出统计决策。由于各种检验的计算步骤基本相似，关键在于检验统计量的选择。因此，在本章的内容中，重点介绍检验统计量的选择，并通过实例加以介绍。

第一节　总体均值向量的检验

一、单个总体均值向量的检验

设 $X_1, X_2, \cdots, X_n$ 是来自于 p 元正态分布总体 $\boldsymbol{X} \sim N_p(\boldsymbol{\mu}, \boldsymbol{\Sigma})$ 中容量为 n 的随机样本，$\boldsymbol{\Sigma}>0$，$n>p$，进行单个总体均值向量的检验问题，就是对于给定的常数向量 $\boldsymbol{\mu}_0$，要检验如下的假设：

$$H_0: \boldsymbol{\mu} = \boldsymbol{\mu}_0, \quad H_1: \boldsymbol{\mu} \neq \boldsymbol{\mu}_0$$

若 $p=1$，上述问题就是一元总体均值的假设检验问题。此时，协方差阵 $\boldsymbol{\Sigma}$ 就退化为方差 σ^2，由统计学原理可知，此时检验统计量依据总体方差是否可知的情况有两种选择：若总体方差 σ^2 已知，此时采用标准正态分布下的 Z 检验统计量：

$$Z = \frac{\bar{x} - \mu_0}{\frac{\sigma}{\sqrt{n}}} \sim N(0,1)$$

若总体方差 σ^2 未知，此时采用 t 分布下的 t 检验统计量：

$$t = \frac{\bar{x} - \mu_0}{\frac{s}{\sqrt{n}}} \sim t(n-1)$$

当原假设为真时，上述检验统计量服从相应的分布，$Z \sim N(0,1)$，$t \sim t(n-1)$，在给定的显著性水平之下，由相应分布可确定相应的原假设的拒绝域。

当 $p>1$ 时，为便于与多元情形进行对比，可将上述统计量转化为如下形式：

$$Z = \sqrt{n}\sigma^{-1}(\bar{x} - \mu_0)$$

$$t = \sqrt{n}\boldsymbol{s}^{-1}(\bar{x} - \mu_0)$$

将上面两式平方，可得到两个平方形式的一元统计量，分别为：

$$Z^2 = n(\bar{x} - \mu_0)(\sigma^2)^{-1}(\bar{x} - \mu_0)$$

$$t^2 = n(\bar{x} - \mu_0)(s^2)^{-1}(\bar{x} - \mu_0)$$

由统计学原理可知，上述两个统计量分别服从卡方分布和 F 分布。现将这两个平方统计量推广到多元情形，可得与上述两个一元平方统计量相应的多元平方统计量：

$$Z^2 = n(\bar{\boldsymbol{X}} - \boldsymbol{\mu}_0)'\boldsymbol{\Sigma}^{-1}(\bar{\boldsymbol{X}} - \boldsymbol{\mu}_0)$$

$$T^2 = n(\bar{\boldsymbol{X}} - \boldsymbol{\mu}_0)'\boldsymbol{S}^{-1}(\bar{\boldsymbol{X}} - \boldsymbol{\mu}_0)$$

从而可用这两个多元平方统计量的分布来确定原假设的拒绝域。

若总体协方差阵 $\boldsymbol{\Sigma}$ 已知，则 $(\bar{\boldsymbol{X}}-\boldsymbol{\mu}_0) \sim N_p\left(0,\frac{1}{n}\boldsymbol{\Sigma}\right)$，于是有 $\boldsymbol{Z} = \left(\frac{1}{n}\boldsymbol{\Sigma}\right)^{-\frac{1}{2}}(\bar{x}-\mu_0) \sim N_p(\boldsymbol{0},\boldsymbol{I}_p)$，由卡方分布的定义可知，

$$Z^2 = \boldsymbol{Z}'\boldsymbol{Z} \sim \chi^2(p)$$

在给定的显著性水平 α 之下，可得原假设 H_0 的拒绝域为 $(Z^2 > \chi^2_\alpha(p))$。

若总体协方差阵 $\boldsymbol{\Sigma}$ 未知，则上述 T^2 统计量就是霍特林统计量，当原假设 H_0 为真时，它服从霍特林 T^2 分布，于是有

$$T^2 = n(\bar{\boldsymbol{X}} - \boldsymbol{\mu}_0)'\boldsymbol{S}^{-1}(\bar{\boldsymbol{X}} - \boldsymbol{\mu}_0) \sim T^2(p, n-1)$$

在给定的显著性水平 α 之下，可得原假设 H_0 的拒绝域为 $(T^2 > T^2_\alpha(p,n-1))$。由霍特林分布与 F 分布的关系可知，当原假设 H_0 为真时，有

$$F = \frac{n-p}{(n-1)p}T^2 \sim F(p, n-p)$$

故对原假设的检验，亦可由 F 分布进行。利用此 F 分布，可得原假设的拒绝域为

$$\left(\frac{n-p}{(n-1)p}T^2 > F_\alpha(p, n-p)\right)$$

例 4-1 在企业市场结构的研究中，起关键作用的指标有市场份额 X_1、企业规模(资产净值总额的自然对数)X_2、资本收益率 X_3、总收益增长率 X_4。为了研究市场结构的变动，夏菲尔德(Shepherd，1972)抽取了美国 231 家大型企业，调查了这些企业 1960—1969 年的资料。假设以前企业市场结构指标的均值向量为 $\boldsymbol{\mu}_0 = (20, 7.5, 10, 2)'$，而该次调查所得到的企业市场结构指标的均值向量和协方差阵数据为：

$$\bar{\boldsymbol{x}} = \begin{pmatrix} 20.92 \\ 8.06 \\ 11.78 \\ 1.09 \end{pmatrix}, \quad \boldsymbol{S} = \begin{pmatrix} 0.260 & 0.080 & 1.639 & 0.156 \\ 0.080 & 1.513 & -0.222 & -0.019 \\ 1.639 & -0.222 & 26.626 & 2.233 \\ 0.156 & -0.019 & 2.233 & 1.346 \end{pmatrix}$$

试问企业市场结构是否发生了变化？(本案例引自参考文献 30。)

这是一个均值向量的假设检验问题，检验的原假设和备择假设分别为：

$$\mathrm{H}_0: \boldsymbol{\mu} = \boldsymbol{\mu}_0, \quad \mathrm{H}_1: \boldsymbol{\mu} \neq \boldsymbol{\mu}_0$$

首先，计算出样本协方差阵的逆阵和样本均值向量与假设均值向量的离差向量分别为：

$$\boldsymbol{S}^{-1}=\begin{pmatrix} 6.536 & -0.405 & -0.397 & -0.105 \\ -0.405 & 0.687 & 0.030 & 0.007 \\ -0.397 & 0.030 & 0.068 & -0.066 \\ -0.105 & 0.007 & -0.066 & 0.865 \end{pmatrix}$$

$$\bar{\boldsymbol{x}}-\boldsymbol{\mu}_0=\begin{pmatrix} 20.92-20 \\ 8.06-7.5 \\ 11.78-10 \\ 1.09-2 \end{pmatrix}=\begin{pmatrix} 0.92 \\ 0.56 \\ 1.78 \\ -0.91 \end{pmatrix}$$

其次，计算霍特林 T^2 统计量的值。该统计量的值为：

$$T^2=n(\bar{\boldsymbol{x}}-\boldsymbol{\mu}_0)'\boldsymbol{S}^{-1}(\bar{\boldsymbol{x}}-\boldsymbol{\mu}_0)=231\times 5.40=1\,247.4$$

最后，计算拒绝域。取显著性水平 $\alpha=0.05$，查 T^2 表，得临界值 $T^2_{0.05}(4,230)=9.817$。因此在显著性水平 $\alpha=0.05$ 时，拒绝原假设，认为市场结构已发生了显著的变化。如果用 F 统计量，则有：

$$F=\frac{n-p}{(n-1)p}T^2=\frac{231-4}{230\times 4}\times 1\,247.4=307.78$$

在显著性水平 $\alpha=0.05$ 时，查 F 表，得临界值 $F_{0.05}(4,227)=2.37$，从而也拒绝原假设。

利用霍特林 T^2 统计量，也可给出均值向量的置信区域。回顾一元统计中，利用 t 统计量可得到均值 μ 的置信区间，其做法是利用 t 分布，而给出：

$$P\left[\frac{|\bar{x}-\mu|}{s/\sqrt{n}}\leqslant t_{\alpha/2}(n-1)\right]=1-\alpha$$

从而在给定显著性水平 α 下，得均值 μ 的置信区间为：

$$\bar{x}-t_{\alpha/2}(n-1)s/\sqrt{n}\leqslant\mu\leqslant\bar{x}+t_{\alpha/2}(n-1)s/\sqrt{n}$$

类似地，在多元的情况下，由霍特林 T^2 分布可得：

$$P\{n(\bar{\boldsymbol{x}}-\boldsymbol{\mu})'\boldsymbol{S}^{-1}(\bar{\boldsymbol{x}}-\boldsymbol{\mu})\leqslant T^2(p,n-1)\}=1-\alpha$$

从而在给定的显著性水平 α 下，可求出 μ 的置信区间为：

$$n(\bar{\boldsymbol{x}}-\boldsymbol{\mu})'\boldsymbol{S}^{-1}(\bar{\boldsymbol{x}}-\boldsymbol{\mu})\leqslant T^2_{\alpha}(p,n-1)$$

因为 $\boldsymbol{S}^{-1}>0$，所以上式给出的置信区域是以样本均值点为中心的椭球，通常称为总体均值向量 μ 的置信椭球。

例 4-2 对 20 名健康女性的汗水进行测量和化验，数据列在表 4-1 中。其中，$X_1=$排汗量，$X_2=$汗水中钠的含量，$X_3=$汗水中钾的含量。为了探索新的诊断技术，需要检验原假设 $\mathrm{H}_0:\boldsymbol{\mu}'=(4,50,10)$，备择假设 $\mathrm{H}_1:\boldsymbol{\mu}'\neq(4,50,10)$，取显著性水平 $\alpha=0.10$（本案例引自参考文献 55）。

表 4-1　汗水数据表　　单位:%

试验者	X_1(排汗量)	X_2(钠含量)	X_3(钾含量)
1	3.7	48.5	9.3
2	5.7	65.1	8.0
3	3.8	47.2	10.9
4	3.2	53.2	12.0
5	3.1	55.5	9.7
6	4.6	36.1	7.9
7	2.4	24.8	14.0
8	7.2	33.1	7.6
9	6.7	47.4	8.5
10	5.4	54.1	11.3
11	3.9	36.9	12.7
12	4.5	53.8	12.3
13	3.5	27.3	9.8
14	4.5	40.2	3.4
15	1.5	13.5	10.1
16	8.5	56.4	7.1
17	4.5	71.6	8.2
18	6.5	52.3	10.9
19	4.1	44.1	11.2
20	5.5	40.9	9.4

从数据可以算得：

$$\bar{\boldsymbol{x}} = \begin{pmatrix} 4.640 \\ 45.400 \\ 9.965 \end{pmatrix}, \quad \boldsymbol{S} = \begin{pmatrix} 2.879 & 10.002 & -1.810 \\ 10.002 & 199.798 & -5.627 \\ -1.810 & -5.627 & 3.628 \end{pmatrix},$$

$$\boldsymbol{S}^{-1} = \begin{pmatrix} 0.586 & -0.022 & 0.258 \\ -0.022 & 0.006 & -0.002 \\ 0.058 & -0.002 & 0.402 \end{pmatrix}$$

于是，$T^2=9.74$，而临界值为：

$$\frac{(n-1)p}{(n-p)}F_{0.1}(p,n-p) = \frac{19\times 3}{17}F_{0.1}(3,17) = 8.18$$

可见 $T^2=9.74>8.18$，于是，我们以显著性水平 0.10 拒绝原假设 H_0。

二、两个总体均值向量的假设检验

俗语说：有比较才有鉴别。对两个总体均值向量进行比较，是我们在社会经济生活和工作中经常碰到的问题。例如对两个商品市场，可用产品类别结构等多个指标刻画其基本结构。我们想比较两个商品市场的基本结构是否一致，就是两个总体均值向量的假设检验问题。

设有两个 p 维正态总体 $N_p(\boldsymbol{\mu}_1,\boldsymbol{\Sigma}_1)$ 和 $N_p(\boldsymbol{\mu}_2,\boldsymbol{\Sigma}_2)$，现从两总体中分别抽取一个样本，它们分别为 $(\boldsymbol{x}_{(1)},\boldsymbol{x}_{(2)},\cdots,\boldsymbol{x}_{(n)})$ 和 $(\boldsymbol{y}_{(1)},\boldsymbol{y}_{(2)},\cdots,\boldsymbol{y}_{(m)})$。两个样本的均值向量分别记为：

$$\bar{\boldsymbol{x}}=\frac{1}{n}\sum_{i=1}^{n}\boldsymbol{x}_{(i)}$$

$$\bar{\boldsymbol{y}}=\frac{1}{m}\sum_{i=1}^{m}\boldsymbol{y}_{(i)}$$

要进行两总体均值向量的检验，此时可构造的假设为：

$$\mathrm{H}_0:\boldsymbol{\mu}_1=\boldsymbol{\mu}_2,\quad \mathrm{H}_1:\boldsymbol{\mu}_1\neq\boldsymbol{\mu}_2$$

考虑到不同的情形，需采用不同的检验统计量和检验方法，因而下面我们分不同的情形进行讨论。

（一）协方差阵相等的情形

若两正态总体的协方差阵相等且已知，即 $\boldsymbol{\Sigma}_1=\boldsymbol{\Sigma}_2=\boldsymbol{\Sigma}$。则当原假设 $\boldsymbol{\mu}_1=\boldsymbol{\mu}_2$ 成立时，两个 p 维正态总体实质上为同一个正态总体，即两个样本均来自同一个总体。由多元正态分布的性质可知，两个样本均值向量之差服从多元正态分布，即：

$$\bar{\boldsymbol{x}}-\bar{\boldsymbol{y}}\sim N_p\left(\boldsymbol{0},\left(\frac{1}{n}+\frac{1}{m}\right)\boldsymbol{\Sigma}\right)=N_p\left(\boldsymbol{0},\frac{n+m}{nm}\boldsymbol{\Sigma}\right)$$

对上述向量进行标准化变换，则有：

$$\sqrt{\frac{nm}{n+m}}\boldsymbol{\Sigma}^{-\frac{1}{2}}(\bar{\boldsymbol{x}}-\bar{\boldsymbol{y}})\sim N_p(\boldsymbol{0},\boldsymbol{I}_p)$$

计算上述检验统计量的各分量的平方和，可得如下服从卡方分布的统计量：

$$U^2=\frac{nm}{n+m}(\bar{\boldsymbol{x}}-\bar{\boldsymbol{y}})\boldsymbol{\Sigma}^{-1}(\bar{\boldsymbol{x}}-\bar{\boldsymbol{y}})\sim\chi^2(p)$$

于是给定显著性水平 α，可得到原假设 H_0 的拒绝域为 $\{U^2>\chi^2_\alpha(p)\}$。

若两正态总体的协方差阵未知但相等，即 $\boldsymbol{\Sigma}_1=\boldsymbol{\Sigma}_2$。则当原假设 $\boldsymbol{\mu}_1=\boldsymbol{\mu}_2$ 成立时，可将两样本的协方差阵 $\boldsymbol{S}_1$ 和 $\boldsymbol{S}_2$ 或叉积矩阵 $\boldsymbol{A}_1$ 和 $\boldsymbol{A}_2$ 合并，用此合并的协方差阵或叉积矩阵估计这一共同的协方差阵，即有：

$$\hat{\boldsymbol{\Sigma}}=\boldsymbol{S}=\frac{(n-1)\boldsymbol{S}_1+(m-1)\boldsymbol{S}_2}{n+m-2}=\frac{\boldsymbol{A}_1+\boldsymbol{A}_2}{n+m-2}$$

用上述统计量 $\boldsymbol{S}$ 替代 U^2 统计量中的总体协方差阵 $\boldsymbol{\Sigma}$，可得统计量：

$$T^2=\frac{nm}{n+m}(\bar{\boldsymbol{x}}-\bar{\boldsymbol{y}})'\boldsymbol{S}^{-1}(\bar{\boldsymbol{x}}-\bar{\boldsymbol{y}})\sim T^2(p,n+m-2)$$

在原假设 $\boldsymbol{\mu}_1=\boldsymbol{\mu}_2$ 成立时，有 $\bar{\boldsymbol{x}}-\bar{\boldsymbol{y}}\sim N_p\left(\boldsymbol{0},\frac{n+m}{nm}\boldsymbol{\Sigma}\right)$，$\boldsymbol{A}_1\sim W_p(n-1,\boldsymbol{\Sigma})$，$\boldsymbol{A}_2\sim W_p(m-1,\boldsymbol{\Sigma})$，且 $\boldsymbol{A}_1$ 与 $\boldsymbol{A}_2$ 相互独立，由维希特分布的定义可知，$\boldsymbol{A}_1+\boldsymbol{A}_2\sim W_p(n+m-2,\boldsymbol{\Sigma})$。由于 $\bar{\boldsymbol{x}}$ 与 $\boldsymbol{A}_1$ 相互独立，$\bar{\boldsymbol{y}}$ 与 $\boldsymbol{A}_2$ 相互独立，因而与 $\boldsymbol{A}_1+\boldsymbol{A}_2$ 相互独立。由霍特林 T^2

分布的定义可知，上述统计量服从霍特林分布。

于是给定显著性水平 α，可得到原假设 H_0 的拒绝域为 $\{T^2 > T_\alpha^2(p, n+m-2)\}$。

由霍特林 T^2 分布与 F 分布的关系可知，上述统计量可转化为如下 F 统计量进行检验：

$$F = \frac{n+m-p-1}{(n+m-2)p} T^2 \sim F(p, n+m-p-1)$$

在给定的显著性水平 α 下，可得到原假设 H_0 的拒绝域为 $\{F > F_\alpha(p, n+m-p-1)\}$。

例 4-3 为了研究日本、美国两国在华投资企业对中国经营环境的评价是否存在差异，现从两国在华投资企业中各抽出 10 家，让其对中国的政治、经济、法律、文化等环境进行打分，其结构如表 4-2 所示。

表 4-2 企业环境得分表

序号	政治环境	经济环境	法律环境	文化环境
1	65	35	25	60
2	75	50	20	55
3	60	45	35	65
4	75	40	40	70
5	70	30	30	50
6	55	40	35	65
7	60	45	30	60
8	65	40	25	60
9	60	50	30	70
10	55	55	35	75
11	55	55	40	65
12	50	60	45	70
13	45	45	35	75
14	50	50	50	70
15	55	50	30	75
16	60	40	45	60
17	65	55	45	75
18	50	60	35	80
19	40	45	30	65
20	45	50	45	70

1—10 号为美国在华投资企业的代号，11—20 号为日本在华投资企业的代号。

数据来源：国务院发展研究中心 APEC 在华投资企业情况调查（本案例引自参考文献 55）。

假设两组样本来自各个总体，分别记为

$$\boldsymbol{X}_{(\alpha)} \sim N_4(\boldsymbol{\mu}_1, \boldsymbol{\Sigma}), \quad \alpha = 1, \cdots, 10$$
$$\boldsymbol{Y}_{(\alpha)} \sim N_4(\boldsymbol{\mu}_2, \boldsymbol{\Sigma}), \quad \alpha = 1, \cdots, 10$$

且两组样本相互独立，共同未知协差阵 $\boldsymbol{\Sigma}>0$。

$$\mathrm{H}_0:\boldsymbol{\mu}_1=\boldsymbol{\mu}_2,\quad \mathrm{H}_1:\boldsymbol{\mu}_1\neq\boldsymbol{\mu}_2$$

检验统计量为：

$$F=\frac{(n+m-2)-p+1}{(n+m-2)p}T^2\sim F(p,n+m-p-1)$$

经计算：

$$\bar{\boldsymbol{X}}=(64,43,30.5,63)'$$
$$\bar{\boldsymbol{Y}}=(50.5,51,40,70.5)'$$

$$\boldsymbol{A}_1=\sum_{\alpha=1}^{10}(\boldsymbol{X}_{(\alpha)}-\bar{\boldsymbol{X}})(\boldsymbol{X}_{(\alpha)}-\bar{\boldsymbol{X}})'=\begin{bmatrix}410 & -170 & -80 & 8\\ -170 & 510 & 3 & 422\\ -80 & 3 & 332.5 & 84\\ 8 & 422 & 84 & 510\end{bmatrix}$$

$$\boldsymbol{A}_2=\sum_{\alpha=1}^{10}(\boldsymbol{Y}_{(\alpha)}-\bar{\boldsymbol{Y}})(\boldsymbol{Y}_{(\alpha)}-\bar{\boldsymbol{Y}})'=\begin{bmatrix}512.5 & 60 & 165 & -5\\ 60 & 390 & 140 & 139\\ 165 & 140 & 475 & -52.5\\ -5 & 139 & -52.5 & 252.5\end{bmatrix}$$

$$\boldsymbol{A}=\boldsymbol{A}_1+\boldsymbol{A}_2=\begin{bmatrix}922.5 & -110 & 85 & 3\\ -110 & 900 & 143 & 561\\ 85 & 143 & 807.5 & 31.5\\ 3 & 561 & 31.5 & 762.5\end{bmatrix}$$

$$\boldsymbol{A}^{-1}=\begin{bmatrix}0.0011 & 0.0003 & -0.0002 & -0.0002\\ 0.0003 & 0.0022 & -0.0004 & -0.0016\\ -0.0002 & -0.0004 & 0.0013 & 0.0002\\ -0.0002 & -0.0016 & 0.0002 & 0.0025\end{bmatrix}$$

代入统计量中得：$F=7.6913$

查 F 分布表得：$F_{0.01}(4,15)=4.89$

显然：$F>F_{0.01}(4,15)$

故否定 H_0，即认为日本、美国两国在华投资企业对中国经营环境的评价存在显著差异。

（二）协方差阵不等的情形

两正态总体均值与标准差均未知时的均值差的统计推断问题，称为贝伦斯-费希尔问题(Behrens-Fisher problem)。

设有两个 p 维正态总体 $N_p(\boldsymbol{\mu}_1,\boldsymbol{\Sigma}_1)$ 和 $N_p(\boldsymbol{\mu}_2,\boldsymbol{\Sigma}_2)$，现从两个总体中分别抽取容量为 n 和 m 的样本，它们分别为 $\boldsymbol{X}_{(\alpha)}=(x_{\alpha1},x_{\alpha2},\cdots,x_{\alpha p})'$，$\alpha=1,2,\cdots,n$ 和 $\boldsymbol{Y}_{(\alpha)}=(y_{\alpha1},y_{\alpha2},\cdots,y_{\alpha p})'$，$\alpha=1,2,\cdots,m$。两个样本的均值向量可分别记为：

$$\bar{\boldsymbol{x}}=\frac{1}{n}\sum_{i=1}^{n}\boldsymbol{x}_{(i)}$$

$$\bar{\boldsymbol{y}} = \frac{1}{m}\sum_{i=1}^{m}\boldsymbol{y}_{(i)}$$

下面分两种情况进行讨论。

第一，当 $n=m$ 时。此时，令 $\boldsymbol{Z}_{(i)}=\boldsymbol{X}_{(i)}-\boldsymbol{Y}_{(i)}$，则有 $\boldsymbol{Z}_{(i)} \sim N_p(\boldsymbol{\mu}_1-\boldsymbol{\mu}_2,\boldsymbol{\Sigma}_1+\boldsymbol{\Sigma}_2)$。

记 $\boldsymbol{\mu}_1-\boldsymbol{\mu}_2=\boldsymbol{v}$，则原假设可转化为：

$$\text{原假设 } \mathrm{H}_0:\boldsymbol{v}=0 \quad \text{备择假设 } \mathrm{H}_1:\boldsymbol{v}\neq 0$$

当原假设为真时，此时适用的检验统计量为

$$T^2 = n(n-1)\bar{\boldsymbol{Z}}'\boldsymbol{A}_Z^{-1}\bar{\boldsymbol{Z}} \sim T^2(p,n-1)$$

式中，

$$\bar{\boldsymbol{Z}} = \frac{1}{n}\sum_{i=1}^{n}\boldsymbol{Z}_{(i)} = \bar{\boldsymbol{X}}-\bar{\boldsymbol{Y}}$$

$$\boldsymbol{A}_Z = \sum_{\alpha=1}^{n}(\boldsymbol{Z}_{(i)}-\bar{\boldsymbol{Z}})(\boldsymbol{Z}_{(i)}-\bar{\boldsymbol{Z}})'$$

可以用霍特林分布统计量进行检验。在给定的显著性水平 α 下，可得到原假设 H_0 的拒绝域为 $\{T^2>T_\alpha^2(p,n-1)\}$。

若采用 F 分布进行检验，可将霍特林统计量转化为 F 统计量，此时有：

$$F = \frac{n-p}{(n-1)p}T^2 \sim F(p,n-p)$$

在给定的显著性水平 α 下，可得到原假设 H_0 的拒绝域为 $\{F>F_\alpha(p,n-p)\}$。

第二，当 $n\neq m$ 时，不妨假设为 $n<m$。关于此问题的解法有多种，这里介绍 Scheffe 解法。需要指出的是，北京大学许宝騄先生于 1938 年发表了数理统计学的第一篇论文，其中讨论了贝伦斯-费希尔问题，根据他的结果给出的方法称为“许方法”。直到现在，“许方法”仍被公认为解决贝伦斯-费希尔问题最实用的方法。

若两总体的协方差阵 $\boldsymbol{\Sigma}_1$ 和 $\boldsymbol{\Sigma}_2$ 相差不大，可将原来两样本的各观测向量对应合并，并构造成 n 个新观测向量为：

$$\boldsymbol{z}_{(i)} = \boldsymbol{x}_i-\bar{\boldsymbol{y}}-\sqrt{\frac{n}{m}}\boldsymbol{y}_{(i)}+\frac{1}{\sqrt{nm}}\sum_{j=1}^{n}\boldsymbol{y}_{(j)}, \quad i=1,2,\cdots,n$$

这样我们定义了一个新的指标向量 $\boldsymbol{z}$，上述的 n 个新观测向量就是指标向量 $\boldsymbol{z}$ 的样本观测值。在此向量中，由于：

$$-1-\sqrt{\frac{n}{m}}+\frac{n}{\sqrt{nm}}=-1$$

因此每一个样本观测向量的数学期望都必然等于两总体均值向量之差。从而有：

$$E[\boldsymbol{z}_{(i)}] = \boldsymbol{\mu}_1-\boldsymbol{\mu}_2$$

其中两个观测向量之间的协方差阵为：

$$\mathrm{Cov}(\boldsymbol{z}_{(i)},\boldsymbol{z}_{(j)}) = \begin{cases}\boldsymbol{\Sigma}_1+\dfrac{n}{m}\boldsymbol{\Sigma}_2, & i=j\\ \boldsymbol{0}, & i\neq j\end{cases}$$

从上式中可看出，当 $i\neq j$ 时，$\mathrm{Cov}(\boldsymbol{z}_{(i)},\boldsymbol{z}_{(j)})=\boldsymbol{0}$，表明两个观测向量之间是相互独立

的。表明 $\boldsymbol{z}_{(i)}$ 为独立同分布的正态变量，其分布为：

$$\boldsymbol{z}_{(i)} \sim N_p\left(\boldsymbol{\mu}_1 - \boldsymbol{\mu}_2, \boldsymbol{\Sigma}_1 + \frac{n}{m}\boldsymbol{\Sigma}_2\right)$$

可将 $z_{(1)}, z_{(2)}, \cdots, z_{(n)}$ 看做来自上述正态分布的一个随机样本，记样本均值向量和样本协方差阵分别为：

$$\bar{\boldsymbol{z}} = \frac{1}{n}\sum_{i=1}^{n}\boldsymbol{z}_{(i)} = \bar{\boldsymbol{x}} - \bar{\boldsymbol{y}}$$

$$\boldsymbol{S} = \frac{1}{n-1}\sum_{i=1}^{n}(\boldsymbol{z}_{(i)} - \bar{\boldsymbol{z}})(\boldsymbol{z}_{(i)} - \bar{\boldsymbol{z}})'$$

由此可构造出一个新的霍特林 T^2 检验统计量：

$$T^2 = n\bar{\boldsymbol{z}}\boldsymbol{S}^{-1}\bar{\boldsymbol{z}}$$

当原假设为真时，此统计量服从霍特林 $T^2(p, n-1)$ 分布。

在给定的显著性水平 α 下，可得到原假设 H_0 的拒绝域为 $\{T^2 > T_\alpha^2(p, n-1)\}$。

若采用 F 分布进行检验，可将霍特林统计量转化为 F 统计量，此时有：

$$F = \frac{n-p}{(n-1)p}T^2 \sim F(p, n-p)$$

在给定的显著性水平 α 下，可得到原假设 H_0 的拒绝域为 $\{F > F_\alpha(p, n-p)\}$。

若两总体的协方差阵 $\boldsymbol{\Sigma}_1$ 和 $\boldsymbol{\Sigma}_2$ 相差较大，则有一个近似的方法可以采用。记两样本的协方差为 $\boldsymbol{S}_1$ 和 $\boldsymbol{S}_2$，并将两个协方差阵加权平均得到一个共同的协方差矩阵为：

$$\boldsymbol{S} = \frac{1}{n}\boldsymbol{S}_1 + \frac{1}{m}\boldsymbol{S}_2$$

由此可构造一个类似的 T^2 统计量为：

$$T^2 = n(\bar{\boldsymbol{x}} - \bar{\boldsymbol{y}})'\boldsymbol{S}^{-1}(\bar{\boldsymbol{x}} - \bar{\boldsymbol{y}})$$

上述 T^2 统计量的极限分布为卡方分布，即有：

$$\lim_{n, m \to \infty} T^2 \sim \sigma\chi^2(p)$$

其中，

$$\sigma = 1 + \frac{1}{2}\left[\frac{a}{2} + \frac{b\chi^2(p)}{p(p+2)}\right]$$

$$a = \frac{1}{n}\left[\mathrm{tr}\boldsymbol{S}^{-1}\left(\frac{\boldsymbol{S}_1}{n}\right)\right]^2 + \frac{1}{m}\left[\mathrm{tr}\boldsymbol{S}^{-1}\left(\frac{\boldsymbol{S}_2}{m}\right)\right]^2$$

$$b = a + \frac{2}{n}\mathrm{tr}\left[\boldsymbol{S}^{-1}\left(\frac{\boldsymbol{S}_1}{n}\right)\boldsymbol{S}^{-1}\left(\frac{\boldsymbol{S}_1}{n}\right)\right] + \frac{2}{m}\mathrm{tr}\left[\boldsymbol{S}^{-1}\left(\frac{\boldsymbol{S}_2}{m}\right)\boldsymbol{S}^{-1}\left(\frac{\boldsymbol{S}_2}{m}\right)\right]$$

例 4-4 在对 1958—1967 年美国制造业中垄断作用的经验检验中，阿瑟和赛尼卡(Asch and Seneca，1976)调查了由 45 家消费资料生产企业和 56 家生产资料生产企业组成的样本，被调查指标有 5 个：① 利润率——税后净利润与该时期股票持有者的股票数量之比的平均值；② 产业集中度——四个大企业货运量的比率；③ 风险——关于趋势线的利润率的标准差；④ 企业规模——平均总资产的对数；⑤ 销售增长率——该时期销售收入的平均增长率。消费资料生产企业样本观测矩阵记为 $\boldsymbol{X}$，生产资料生产企业样本观测矩阵记为 $\boldsymbol{Y}$，由这两个样本观测矩阵计算得到两样本各自的均值向量和叉积矩阵，分别为：

$$\bar{\boldsymbol{x}}' = (115.828, 57.933, 23.664, 5.586, 0.078)$$

$$\bar{\boldsymbol{y}}' = (95.533, 61.732, 27.154, 5.540, 0.070)$$

$$\boldsymbol{A}_1 = \begin{pmatrix} 1\,694.310 & 2\,953.721 & 1\,977.249 & -584.067 & 24.815 \\ 2\,953.721 & 12\,204.726 & 4\,575.176 & 239.037 & -11.156 \\ 1\,977.249 & 4\,575.176 & 21\,876.185 & -480.041 & 3.514 \\ -584.067 & 239.037 & -480.041 & 69.256 & -0.791 \\ 24.815 & -11.156 & 3.514 & -0.791 & 0.088 \end{pmatrix}$$

$$\boldsymbol{A}_2 = \begin{pmatrix} 80\,074.285 & 10\,368.309 & 2\,355.126 & 227.307 & 43.657 \\ 10\,368.309 & 14\,916.958 & 5\,654.126 & 331.117 & 0.050 \\ 2\,355.886 & 5\,654.126 & 27\,725.247 & 417.979 & 1.352 \\ 227.307 & 331.117 & 417.979 & 100.822 & -0.285 \\ 43.657 & 0.050 & 1.352 & -0.285 & 0.165 \end{pmatrix}$$

试分析两类企业的相关指标向量均值是否相同(本案例引自参考文献 30)。

解 由于两类企业相关指标的样本协方差阵差异较大，因而由所给出的两样本均值向量和叉积矩阵，可计算得到 T^2 统计量的值为：

$$T^2 = n(\bar{\boldsymbol{x}} - \bar{\boldsymbol{y}})' \left[\frac{\boldsymbol{A}_1}{n(n-1)} + \frac{\boldsymbol{A}_2}{m(m-1)}\right]^{-1} (\bar{\boldsymbol{x}} - \bar{\boldsymbol{y}}) = 8.1731$$

在显著性水平 $\alpha=0.05$ 下，查 χ^2 分布表得 $\chi_\alpha^2(p)=\chi_{0.05}^2(5)=11.07$，并且可计算得：

$$a = (2.67856)^2/45 + (2.32044)^2/56 = 0.25559$$

$$b = 0.25559 + (2/45)(1.574445) + (2/56)(1.215318) = 0.36889$$

$$\sigma = 1 + \frac{1}{2}\left[\frac{0.25559}{2} + \frac{0.36889 \times 11.07}{5 \times (5+2)}\right] = 1.122235$$

由此，可计算出检验的临界值为：

$$\sigma\chi_\alpha^2(p) = 1.122235 \times 11.07 = 12.4238$$

因为 $T^2=8.1731<12.4238$，所以原假设 $H_0:\mu_1-\mu_2=0$ 不能被拒绝。这表明在所考察的 5 个指标组成的向量上，消费资料生产企业和生产资料生产企业的均值没有显著差别。

第二节　协方差阵的检验

对总体的协方差阵进行检验是经常碰到的问题。前面我们在讨论两总体均值向量的检验时，需要了解两个总体的协方差阵是否相同，从而采用不同的检验统计量和检验方法进行检验。下面我们针对单个总体协方差阵的检验问题进行讨论。

一、总体协方差阵是否等于已知常数矩阵的检验

设 $\boldsymbol{x}_{(1)},\boldsymbol{x}_{(2)},\cdots,\boldsymbol{x}_{(n)}$ 是来自 p 元正态分布总体 $\boldsymbol{X}\sim N_p(\boldsymbol{\mu},\boldsymbol{\Sigma})$ 中容量为 n 的随机样本，$\boldsymbol{\Sigma}_0$ 是已知的常数矩阵，则所要检验的原假设和备择假设分别为：

$$\mathrm{H}_0:\boldsymbol{\Sigma}=\boldsymbol{\Sigma}_0,\quad \mathrm{H}_1:\boldsymbol{\Sigma}\neq\boldsymbol{\Sigma}_0$$

对于此假设，使用极大似然比方法可构造检验统计量为：

$$\lambda_1=\left(\frac{e}{n}\right)^{np/2}|\boldsymbol{A}\boldsymbol{\Sigma}_0^{-1}|^{n/2}\exp\left\{\mathrm{tr}\left(-\frac{1}{2}\boldsymbol{A}\boldsymbol{\Sigma}_0^{-1}\right)\right\}$$

上式中，$\boldsymbol{A}$ 是样本的叉积矩阵

$$\boldsymbol{A}=\sum_{i=1}^{n}(\boldsymbol{x}_{(i)}-\bar{\boldsymbol{x}})(\boldsymbol{x}_{(i)}-\bar{\boldsymbol{x}})',$$

$\bar{\boldsymbol{x}}=\frac{1}{n}\sum_{i=1}^{n}\boldsymbol{x}_{(i)}$ 为样本均值向量。

由于检验统计量 λ_1 的精确分布不易确定，可用其近似分布或极限分布。当 n 较大时，如果原假设成立，$-2\ln\lambda_1$ 的极限分布为卡方分布 $\chi^2[p(p+1)/2]$。

当 n 较小时，根据无偏性的要求，将 $\boldsymbol{A}=(n-1)\boldsymbol{S}$ 代入到 λ_1 的上述表达式，然后取对数，可近似地得到 $-2\ln\lambda_1$ 的近似表达式为：

$$-2\ln\lambda_1\approx(n-1)[\ln|\boldsymbol{\Sigma}_0|-p-\ln|\boldsymbol{S}|+\mathrm{tr}(\boldsymbol{S}\boldsymbol{\Sigma}_0^{-1})]$$

柯云(Korin，1968)导出了 $-2\ln\lambda_1$ 的近似分布和极限分布，并计算出上述分布的检验临界值表。无论是使用上述近似分布，还是使用极限分布，当样本统计量 $-2\ln\lambda_1$ 的值大于临界值时，应拒绝原假设，即认为总体协方差阵不等于给定的已知常数矩阵 $\boldsymbol{\Sigma}_0$。

二、总体协方差阵是否等于已知常数矩阵倍数的检验

上面讨论的是对假设 $\mathrm{H}_0:\boldsymbol{\Sigma}=\boldsymbol{\Sigma}_0,\mathrm{H}_1:\boldsymbol{\Sigma}\neq\boldsymbol{\Sigma}_0$ 的检验，是检验总体协方差阵是否与过去或已知的协方差阵一样。但在一些实际问题中，协方差阵的形状一般不变，但数值大小会随时间有所变化。对此问题，需检验的原假设和备择假设分别为：

$$\mathrm{H}_0:\boldsymbol{\Sigma}=\sigma^2\boldsymbol{\Sigma}_0,\quad \mathrm{H}_1:\boldsymbol{\Sigma}\neq\sigma^2\boldsymbol{\Sigma}_0$$

式中 $\boldsymbol{\Sigma}_0>\mathbf{0}$，为已知的正定矩阵，且 σ^2 未知。当给定的正定矩阵 $\boldsymbol{\Sigma}_0$ 为单位阵时，此检验称为球性检验。仍采用似然比方法，可得到检验统计量为：

$$\lambda_2=\frac{|\boldsymbol{\Sigma}_0^{-1}\boldsymbol{A}|^{n/2}}{[\mathrm{tr}(\boldsymbol{\Sigma}_0^{-1}\boldsymbol{A})/p]^{np/2}}$$

或将其变换为：

$$W=(\lambda_2)^{2/n}=\frac{p^p\,|\boldsymbol{\Sigma}_0^{-1}\boldsymbol{A}|}{[\mathrm{tr}(\boldsymbol{\Sigma}_0^{-1}\boldsymbol{A})]^p}$$

卡特瑞(Khatri)和斯里瓦斯塔瓦(Srivastava)于 1971 年导出了 W 的精确分布。在

检验时，若样本的 W 值小于临界值，即若 $W<W_{\alpha}(p,n)$，则应拒绝原假设，即认为总体协方差阵的形状已经发生了显著变化。

第三节　多个正态总体参数的检验

一、多总体均值向量的检验

对多总体均值向量的假设检验实际上是多元方差分析，它是一元方差分析的推广。为此，我们首先对一元方差分析的原理进行回顾，然后再进行多元方差分析的介绍。

在日常生活、科学试验和生产实践中，我们对影响现象结果的因素感兴趣，但这类因素往往有多个。而且，有些因素影响较大，有些因素影响较小，这就有必要寻找出对结果有显著影响的因素。方差分析就是根据试验结果做出分析，判断各因素对试验结果影响程度的一种常用科学方法。

多元方差分析的基本假设有：第一，因变量之间需要一定程度的线性相关。因变量必须是定量变量。第二，各样本组的样本规模应尽量大一些，且各组的样本规模应尽量相近。第三，各因变量为多元正态分布且方差相等。

假设有 k 个协方差阵相同的多元正态总体，它们的分布分别为 $N_p(\boldsymbol{\mu}_1,\boldsymbol{\Sigma}),\cdots,N_p(\boldsymbol{\mu}_k,\boldsymbol{\Sigma})$。现从每个总体中分别独立地随机抽取了一个样本，要根据这 k 个独立的随机样本，对这些总体的均值向量是否相同进行检验。建立原假设和备择假设如下：

$$\mathrm{H}_0:\boldsymbol{\mu}_1=\boldsymbol{\mu}_2=\cdots=\boldsymbol{\mu}_k,\quad \mathrm{H}_1:\boldsymbol{\mu}_i\ \text{不全相等}$$

在一元单因素方差分析中，是将样本数据总离差平方和分解为组内平方和与组间平方和，并用组间平方和与组内平方和在用其自由度调整后的比率来构造检验统计量——F 统计量。与此思想相类似，在多元方差分析中，需要将样本数据的总叉积矩阵分解。

记来自第 r 个总体的第 i 个样品的观测向量为 $\boldsymbol{x}_{(i)}^{(r)}$，记来自该总体的样本的容量为 n_r，总的样本容量为 n，即 $n=\sum_{r=1}^{k}n_r$，记各个样本的均值向量和全部样本的总均值向量为：

$$\bar{\boldsymbol{x}}^{(r)}=\frac{1}{n_r}\sum_{i=1}^{n_r}\boldsymbol{x}_{(i)}^{(r)},\quad r=1,2,\cdots,k$$

$$\bar{\boldsymbol{x}}=\frac{1}{n}\sum_{r=1}^{k}\sum_{i=1}^{n_r}\boldsymbol{x}_{(i)}^{(r)}$$

全部样本的总叉积矩阵 $\boldsymbol{T}$ 及其分解式可表示为：

$$\begin{aligned}\boldsymbol{T}&=\sum_{r=1}^{k}\sum_{i=1}^{n_r}(\boldsymbol{x}_{(i)}^{(r)}-\bar{\boldsymbol{x}})(\boldsymbol{x}_{(i)}^{(r)}-\bar{\boldsymbol{x}})'\\&=\sum_{r=1}^{k}\sum_{i=1}^{n_r}(\boldsymbol{x}_{(i)}^{(r)}-\bar{\boldsymbol{x}}^{(r)})(\boldsymbol{x}_{(i)}^{(r)}-\bar{\boldsymbol{x}}^{(r)})'+\sum_{r=1}^{k}n_r(\bar{\boldsymbol{x}}^{(r)}-\bar{\boldsymbol{x}})(\bar{\boldsymbol{x}}^{(r)}-\bar{\boldsymbol{x}})'\end{aligned}$$

定义各个样本叉积矩阵之和为 $\boldsymbol{A}$，各样本均值向量之间的叉积矩阵为 $\boldsymbol{B}$，则 $\boldsymbol{A},\boldsymbol{B}$ 可表示为：

$$\boldsymbol{A} = \sum_{r=1}^{k}\boldsymbol{A}_r = \sum_{r=1}^{k}\sum_{i=1}^{n_r}(\boldsymbol{x}_{(i)}^{(r)} - \bar{\boldsymbol{x}}^{(r)})(\boldsymbol{x}_{(i)}^{(r)} - \bar{\boldsymbol{x}}^{(r)})'$$

$$\boldsymbol{B} = \sum_{r=1}^{k} n_r(\bar{\boldsymbol{x}}^{(r)} - \bar{\boldsymbol{x}})(\bar{\boldsymbol{x}}^{(r)} - \bar{\boldsymbol{x}})'$$

从而有，$\boldsymbol{T}=\boldsymbol{A}+\boldsymbol{B}$。

在此基础上，可构造出 Λ 统计量为：

$$\Lambda = \frac{|\boldsymbol{A}|}{|\boldsymbol{T}|} = \frac{|\boldsymbol{A}|}{|\boldsymbol{A}+\boldsymbol{B}|}$$

在原假设为真的情况下，所考察的 k 个具有相同协方差阵的正态总体 $N_p(\boldsymbol{\mu}_1,\boldsymbol{\Sigma})$，$\cdots,N_p(\boldsymbol{\mu}_k,\boldsymbol{\Sigma})$ 实际上为同一正态总体。由于各个样本是从各总体中分别独立抽取的，所以各个样本必然相互独立。因此，根据维希特分布的定义，有：

$$\boldsymbol{T} \sim W_p(n-1,\boldsymbol{\Sigma}), \quad \boldsymbol{A} \sim W_p(n-k,\boldsymbol{\Sigma}), \quad \boldsymbol{B} \sim W_p(k-1,\boldsymbol{\Sigma}),$$

且 $\boldsymbol{A}$ 与 $\boldsymbol{B}$ 是相互独立的。根据维尔克斯分布的定义，可知上述 Λ 统计量服从维尔克斯分布，即有：

$$\Lambda = \frac{|\boldsymbol{A}|}{|\boldsymbol{A}+\boldsymbol{B}|} \sim \Lambda(p,n-k,k-1)$$

在给定的显著性水平 α 之下，由维尔克斯分布，可得到原假设 H_0 的拒绝域为 $\{\Lambda<\Lambda_\alpha(p,n-k,k-1)\}$。

例 4-5 为研究不同区域社会经济发展水平是否相同，我们选择了某年度部分国家和地区的社会经济发展情况数据，如表 4-3 所示。其中，反映社会经济发展情况的指标体系包括：URBAN(城市人口比例)、LIFEEXPF(女性平均寿命)、LIFEEXPM(男性平均寿命)、LITERACY(识字率)、POP_INCR(人口增长率)、BABYMORT(婴儿死亡率)。另外，REGION(区域)中的数字表示：1 代表 OECD，2 代表亚洲，3 代表非洲。试分析不同区域的社会经济发展水平是否相同。

显然这是一个关于多总体均值向量检验的问题，可用多元方差分析方法予以验证。

表 4-3 不同区域社会经济发展情况表

COUNTRY	URBAN	LIFEEXPF	LIFEEXPM	LITERACY	POP_INCR	BABYMORT	REGION
Australia	85	80	74	100	1.4	7.3	1
Austria	58	79	73	99	0.2	6.7	1
Belgium	96	79	73	99	0.2	7.2	1
Canada	77	81	74	97	0.7	6.8	1
Denmark	85	79	73	99	0.1	6.6	1
Finland	60	80	72	100	0.3	5.3	1
France	73	82	74	99	0.5	6.7	1
Germany	85	79	73	99	0.4	6.5	1
Greece	63	80	75	93	0.8	8.2	1
Iceland	91	81	76	100	1.1	4	1

(续表)

COUNTRY	URBAN	LIFEEXPF	LIFEEXPM	LITERACY	POP_INCR	BABYMORT	REGION
Ireland	57	78	73	98	0.3	7.4	1
Italy	69	81	74	97	0.2	7.6	1
Netherlands	89	81	75	99	0.6	6.3	1
New Zealand	84	80	73	99	0.6	8.9	1
Norway	75	81	74	99	0.4	6.3	1
Portugal	34	78	71	85	0.4	9.2	1
Spain	78	81	74	95	0.3	6.9	1
Sweden	84	81	75	99	0.5	5.7	1
Switzerland	62	82	75	99	0.7	6.2	1
UK	89	80	74	99	0.2	7.2	1
USA	75	79	73	97	1	8.1	1
Afghanistan	18	44	45	29	2.8	168	2
Bangladesh	16	53	53	35	2.4	106	2
Cambodia	12	52	50	35	2.9	112	2
China	26	69	67	78	1.1	52	2
India	26	59	58	52	1.9	79	2
Indonesia	29	65	61	77	1.6	68	2
Japan	77	82	76	99	0.3	4.4	2
Malaysia	43	72	66	78	2.3	25.6	2
Demoncratic People's Republic of Korea	60	73	67	99	1.8	27.7	2
Pakistan	32	58	57	35	2.8	101	2
Philippines	43	68	63	90	1.9	51	2
Republic of Korea	72	74	68	96	1	21.7	2
Singapore	100	79	73	88	1.2	5.7	2
Thailand	22	72	65	93	1.4	37	2
Vietnam	20	68	63	88	1.8	46	2
Botswana	25	66	60	72	2.7	39.3	3
Burkina Faso	15	50	47	18	2.8	118	3
Burundi	5	50	46	50	2.3	105	3
Cameroon	40	58	55	54	2.9	77	3
Cent. Afri. R	47	44	41	27	2.4	137	3
Ethiopia	12	54	51	24	3.1	110	3
Gabon	46	58	52	61	1.5	94	3
Gambia	23	52	48	27	3.1	124	3
Kenya	24	55	51	69	3.1	74	3
Liberia	45	57	54	40	3.3	113	3
Morocco	46	70	66	50	2.1	50	3
Nigeria	35	57	54	51	3.1	75	3
Rwanda	6	46	43	50	2.8	117	3
Senegal	40	58	55	38	3.1	76	3
Somalia	24	55	54	24	3.2	126	3
South Africa	49	68	62	76	2.6	47.1	3
Tanzania	21	45	41	46	2.5	110	3
Uganda	11	43	41	48	2.4	112	3
Zambia	42	45	44	73	2.8	85	3

1. SAS 软件应用

在 SAS 的编辑器中编写如下程序：

```
data level;
  title1 "economic development level";
  input COUNTRY  $ URBAN  LIFEEXPF  LIFEEXPM  LITERACY  POPINCR  BABYMORT
      REGION $ ;
  datalines;
Australia  85  80  74  100  1.4  7.3  1
Austria  58  79  73  99  0.2  6.7  1
Belgium  96  79  73  99  0.2  7.2  1
Canada  77  81  74  97  0.7  6.8  1
Denmark  85  79  73  99  0.1  6.6  1
Finland  60  80  72  100  0.3  5.3  1
France  73  82  74  99  0.5  6.7  1
Germany  85  79  73  99  0.4  6.5  1
Greece  63  80  75  93  0.8  8.2  1
Iceland  91  81  76  100  1.1  4  1
Ireland  57  78  73  98  0.3  7.4  1
Italy  69  81  74  97  0.2  7.6  1
Netherlands  89  81  75  99  0.6  6.3  1
NewZealand  84  80  73  99  0.6  8.9  1
Norway  75  81  74  99  0.4  6.3  1
Portugal  34  78  71  85  0.4  9.2  1
Spain  78  81  74  95  0.3  6.9  1
Sweden  84  81  75  99  0.5  5.7  1
Switzerland  62  82  75  99  0.7  6.2  1
UK  89  80  74  99  0.2  7.2  1
USA  75  79  73  97  1  8.1  1
Afghanistan  18  44  45  29  2.8  168  2
Bangladesh  16  53  53  35  2.4  106  2
Cambodia  12  52  50  35  2.9  112  2
China  26  69  67  78  1.1  52  2
India  26  59  58  52  1.9  79  2
Indonesia  29  65  61  77  1.6  68  2
Japan  77  82  76  99  0.3  4.4  2
Malaysia  43  72  66  78  2.3  25.6  2
NKorea  60  73  67  99  1.8  27.7  2
Pakistan  32  58  57  35  2.8  101  2
Philippines  43  68  63  90  1.9  51  2
SKorea  72  74  68  96  1  21.7  2
Singapore  100  79  73  88  1.2  5.7  2
Thailand  22  72  65  93  1.4  37  2
```

```
Vietnam  20  68  63  88  1.8  46  2
Botswana  25  66  60  72  2.7  39.3  3
BurkinaFaso  15  50  47  18  2.8  118  3
Burundi  5  50  46  50  2.3  105  3
Cameroon  40  58  55  54  2.9  77  3
CentAfriR  47  44  41  27  2.4  137  3
Ethiopia  12  54  51  24  3.1  110  3
Gabon  46  58  52  61  1.5  94  3
Gambia  23  52  48  27  3.1  124  3
Kenya  24  55  51  69  3.1  74  3
Liberia  45  57  54  40  3.3  113  3
Morocco  46  70  66  50  2.1  50  3
Nigeria  35  57  54  51  3.1  75  3
Rwanda  6  46  43  50  2.8  117  3
Senegal  40  58  55  38  3.1  76  3
Somalia  24  55  54  24  3.2  126  3
SouthAfrica  49  68  62  76  2.6  47.1  3
Tanzania  21  45  41  46  2.5  110  3
Uganda  11  43  41  48  2.4  112  3
Zambia  42  45  44  73  2.8  85  3
  ;
  proc glm data = level;
    class REGION;
    model URBAN LIFEEXPF LIFEEXPM LITERACY POPINCR BABYMORT = REGION;
    manova h = _all_ / printe printh;
  run;
```

运行后可得如下结果：

(1) 类别水平信息。总共分为三类地区，分别为 OECD、亚洲、非洲，共有 55 个国家和地区。

The GLM Procedure

Class Level Information

Class	Levels	Values
REGION	3	1 2 3
Number of observations		55

(2) 每个变量的方差分析。

The GLM Procedure

Dependent Variable：URBAN

Source	DF	Sum of Squares	Mean Square	F Value	Pr>F
Model	2	22 562.80583	11 281.40292	32.46	<.0001
Error	52	18 072.90326	347.55583		
Corrected Total	54	40 635.70909			

R-Square	Coeff Var	Root MSE	URBAN Mean
0.555246	37.68308	18.64285	49.47273

Source	DF	Type I SS	Mean Square	F Value	Pr>F
REGION	2	22 562.80583	11 281.40292	32.46	<.0001

Source	DF	Type III SS	Mean Square	F Value	Pr>F
REGION	2	22 562.80583	11 281.40292	32.46	<.0001

The GLM Procedure

Dependent Variable: LIFEEXPF

Source	DF	Sum of Squares	Mean Square	F Value	Pr>F
Model	2	6 698.118387	3 349.059193	63.02	<.0001
Error	52	2 763.227068	53.138982		
Corrected Total	54	9 461.345455			

R-Square	Coeff Var	Root MSE	LIFEEXPF Mean
0.707946	10.83304	7.289649	67.29091

Source	DF	Type I SS	Mean Square	F Value	Pr>F
REGION	2	6 698.118387	3 349.059193	63.02	<.0001

Source	DF	Type III SS	Mean Square	F Value	Pr>F
REGION	2	6 698.118387	3 349.059193	63.02	<.0001

The GLM Procedure

Dependent Variable: LIFEEXPM

Source	DF	Sum of Squares	Mean Square	F Value	Pr>F
Model	2	5 247.550330	2 623.775165	69.57	<.0001
Error	52	1 961.176942	37.714941		
Corrected Total	54	7 208.727273			

R-Square	Coeff Var	Root MSE	LIFEEXPM Mean
0.727944	9.804607	6.141249	62.63636

Source	DF	Type I SS	Mean Square	F Value	Pr>F
REGION	2	5 247.550330	2 623.775165	69.57	<.0001

Source	DF	Type III SS	Mean Square	F Value	Pr>F
REGION	2	5 247.550330	2 623.775165	69.57	<.0001

The GLM Procedure

Dependent Variable: LITERACY

Source	DF	Sum of Squares	Mean Square	F Value	Pr>F
Model	2	25 397.26124	12 698.63062	41.98	<.0001
Error	52	15 730.08421	302.50162		
Corrected Total	54	41 127.34545			

R-Square	Coeff Var	Root MSE	LITERACY Mean
0.617527	23.78989	17.39257	73.10909

Source	DF	Type I SS	Mean Square	F Value	Pr>F
REGION	2	25 397.26124	12 698.63062	41.98	<.0001

Source	DF	Type III SS	Mean Square	F Value	Pr>F
REGION	2	25 397.26124	12 698.63062	41.98	<.0001

The GLM Procedure

Dependent Variable: POPINCR

Source	DF	Sum of Squares	Mean Square	F Value	Pr>F
Model	2	49.25780725	24.62890362	93.44	<.0001
Error	52	13.70655639	0.26358762		
Corrected Total	54	62.96436364			

R-Square	Coeff Var	Root MSE	POPINCR Mean
0.782312	31.40982	0.513408	1.634545

Source	DF	Type I SS	Mean Square	F Value	Pr>F
REGION	2	49.25780725	24.62890362	93.44	<.0001

Source	DF	Type III SS	Mean Square	F Value	Pr>F
REGION	2	49.25780725	24.62890362	93.44	<.0001

The GLM Procedure

Dependent Variable: BABYMORT

Source	DF	Sum of Squares	Mean Square	F Value	Pr>F
Model	2	77 534.1478	38 767.0739	45.82	<.0001
Error	52	43 997.2057	846.1001		
Corrected Total	54	121 531.3535			

R-Square	Coeff Var	Root MSE	BABYMORT Mean
0.637977	56.33994	29.08780	51.62909

Source	DF	Type I SS	Mean Square	F Value	Pr>F
REGION	2	77 534.14778	38 767.07389	45.82	<.0001

Source	DF	Type III SS	Mean Square	F Value	Pr>F
REGION	2	77 534.14778	38 767.07389	45.82	<.0001

（3）变量的方差分析结果。

The GLM Procedure

Multivariate Analysis of Variance

E=Error SSCP Matrix

	URBAN	LIFEEXPF	LIFEEXPM	LITERACY	POPINCR	BABYMORT
URBAN	18 072.903258	4 100.7223	3 503.8716792	8 015.5508772	−174.9639599	−15 353.17759
LIFEEXPF	4 100.7223058	2 763.227	2 287.8907268	4 546.2842105	−94.14300752	−9 946.333784
LIFEEXPM	3 503.8716792	2 287.890	1 961.1769424	3 457.1192982	−69.90711779	−8 057.507068
LITERACY	8 015.5508772	4 546.284	3 457.1192982	15 730.084211	−262.8915789	−22 313.40807
POPINCR	−174.9639599	−94.143	−69.90711779	−262.8915789	13.706556391	405.31871679
BABYMORT	−15 353.17759	−9 946.334	−8 057.507068	−22 313.40807	405.31871679	43 997.205674

Partial Correlation Coefficients from the Error SSCP Matrix / Prob>|r|

DF=52	URBAN	LIFEEXPF	LIFEEXPM	LITERACY	POPINCR	BABYMORT
URBAN	1.000000	0.580281 <.0001	0.588540 <.0001	0.475394 0.0003	−0.351537 0.0098	−0.544467 <.0001
LIFEEXPF	0.580281 <.0001	1.000000	0.982808 <.0001	0.689577 <.0001	−0.483744 0.0002	−0.902074 <.0001
LIFEEXPM	0.588540 <.0001	0.982808 <.0001	1.000000	0.622430 <.0001	−0.426382 0.0015	−0.867421 <.0001
LITERACY	0.475394 0.0003	0.689577 <.0001	0.622430 <.0001	1.000000	−0.566170 <.0001	−0.848180 <.0001
POPINCR	−0.351537 0.0098	−0.483744 0.0002	−0.426382 0.0015	−0.566170 <.0001	1.000000	0.521939 <.0001
BABY-MORT	−0.544467 <.0001	−0.902074 <.0001	−0.867421 <.0001	−0.848180 <.0001	0.521939 <.0001	1.000000

The GLM Procedure

Multivariate Analysis of Variance

H=Type III SSCP Matrix for REGION

	URBAN	LIFEEXPF	LIFEEXPM	LITERACY	POPINCR	BABYMORT
URBAN	22 562.805833	11 997.714058	10 494.582866	23 181.612759	−1 036.63	−41 315.57877
LIFEEXPF	11 997.714058	6 698.1183869	5 921.927455	13 035.970335	−574.01	−22 743.03167
LIFEEXPM	10 494.582866	5 921.927455	5 247.5503304	11 543.06252	−506.60	−20 046.71111
LITERACY	23 181.612759	13 035.970335	11 543.06252	25 397.261244	−1 115.82	−44 171.96648
POPINCR	−1 036.634222	−574.0097198	−506.6019731	−1 115.815694	49.26	1 953.5760105
BABYMORT	−41 315.57877	−22 743.03167	−20 046.71111	−44 171.96648	1 953.58	77 534.14778

Characteristic Roots and Vectors of: E Inverse * H, where

H=Type III SSCP Matrix for REGION

E=Error SSCP Matrix

	Characteristic	Characteristic Vector V'EV=1					
Root	Percent	URBAN	LIFEEXPF	LIFEEXPM	LITERACY	POPINCR	BABYMORT
5.554	91.61	−0.00069	−0.03934757	0.065	0.00418	−0.204	0.0042
0.509	8.39	−0.0055	−0.05891537	0.0898	0.01125	0.0828	0.00779
0.000	0.00	0.0019	0.01172495	−0.00265	0.0035	0.254	−0.00062
0.000	0.00	0.00049	−0.03310167	0.00597	0.0088	−0.0086	−0.0027
0.000	0.00	0.00295	0.07516539	−0.0563	0.0091	0.0422	0.0132
0.000	0.00	0.0067	−0.06866754	0.064	0.000	0.000	0.000

The GLM Procedure

Multivariate Analysis of Variance

MANOVA Test Criteria and F Approximations for the Hypothesis of No Overall REGION Effect

H=Type III SSCP Matrix for REGION

E=Error SSCP Matrix

S=2 M=1.5 N=22.5

Statistic	Value	F Value	Num DF	Den DF	Pr>F
Wilks' Lambda	0.10114167	16.80	12	94	<.0001
Pillai's Trace	1.18452201	11.62	12	96	<.0001
Hotelling-Lawley Trace	6.06273015	23.40	12	70.091	<.0001
Roy's Greatest Root	5.55421715	44.43	6	48	<.0001

NOTE: F Statistic for Roy's Greatest Root is an upper bound.

NOTE: F Statistic for Wilks' Lambda is exact.

上述分析的原假设为三个区域的社会经济发展水平是相同的。备择假设为三个区域的社会经济发展水平是不同的。从上述分析结果看，Wilks' Lambda 统计量的 Pr>F 值均小于 0.001，远小于显著性水平 0.05，因此拒绝原假设，即不同区域的社会经济发展水平是不同的，有着显著的差异。再从各变量的方差分析结果看，各变量在不同区域间均存在着显著差异。

2. Stata 软件应用

在 Stata 中运行如下命令：

```
Oneway URBAN REGION,t b
```

可得到如下结果：

```
. oneway URBAN REGION, t b
```

REGION	Summary of URBAN Mean	Std. Dev.	Freq.
1	74.714286	14.890073	21
2	39.733333	26.12461	15
3	29.263158	15.062249	19
Total	49.472727	27.431973	55

Analysis of Variance

Source	SS	df	MS	F	Prob>F
Between groups	22562.8058	2	11281.4029	32.46	0.0000
Within groups	18072.9033	52	347.555832		
Total	40635.7091	54	752.513131		

Bartlett′s test for equal variances: chi2 (2) = 7.0359 Prob>chi2 = 0.030

Comparison of URBAN by REGION

(Bonferroni)

Row MeanCol Mean	1	2
2	-34.981 0.000	
3	-45.4511 0.000	-10.4702 0.330

• oneway LIFEEXPF REGION, t b

REGION	Summary of LIFEEXPF		
	Mean	Std. Dev.	Freq.
1	80.095238	1.1791845	21
2	65.866667	10.656096	15
3	54.263158	7.97804	19
Total	67.290909	13.236695	55

Analysis of Variance

Source	SS	df	MS	F	Prob>F
Between groups	6698.11839	2	3349.05919	63.02	0.0000
Within groups	2763.22707	52	53.1389821		
Total	9461.34545	54	175.210101		

Bartlett´s test for equal variances: chi2 (2) = 57.4747 Prob>chi2 = 0.000

Comparison of LIFEEXPF by REGION

(Bonferroni)

Row MeanCol Mean	1	2
2	-14.2286 0.000	
3	-25.8321 0.000	-11.6035 0.000

• oneway LIFEEXPM REGION, t b

REGION	Summary of LIFEEXPM		
	Mean	Std. Dev.	Freq.
1	73.714286	1.146423	21
2	62.133333	8.3910383	15
3	50.789474	7.261611	19
Total	62.636364	11.554001	55

Analysis of variance

Source	SS	df	MS	F	Prob>F
Between groups	5247.55033	2	2623.77517	69.57	0.0000
Within groups	1961.17694	52	37.7149412		
Total	7208.72727	54	133.494949		

Bartlett's test for equal variances: chi2 (2) = 51.0213 Prob>chi2 = 0.000

Comparison of LIFEEXPM by REGION

(Bonferroni)

Row MeanCol Mean	1	2
2	−11.581 0.000	
3	−22.9248 0.000	−11.3439 0.000

• oneway LITERACY REGION, t b

REGION	Summary of LITERACY Mean	Std. Dev.	Freq.
1	97.666667	3.3665016	21
2	71.466667	26.403102	15
3	47.263158	17.86319	19
Total	73.109091	27.597419	55

Analysis of Variance

Source	SS	df	MS	F	Prob>F
Between groups	25397.2612	2	12698.6306	41.98	0.0000
Within groups	15730.0842	52	302.501619		
Total	41127.3455	54	761.617508		

Bartlett's test for equal variances: chi2 (2) = 51.6786 Prob>chi2 = 0.000

Comparison of LITERACY by REGION

(Bonferroni)

Row MeanCol Mean	1	2
2	−26.2 0.000	
3	−50.4035 0.000	−24.2035 0.001

- oneway POP_INCR REGION, t b

REGION	Summary of POP_INCR		
	Mean	Std. Dev.	Freq.
1	.51904762	.33707425	21
2	1.8133333	.7453347	15
3	2.7263158	.4507304	19
Total	1.6345455	1.0798179	55

Analysis of Variance

Source	SS	df	MS	F	Prob>F
Between groups	49.2578072	2	24.6289036	93.44	0.0000
Within groups	13.7065564	52	.263587623		
Total	62.9643636	54	1.16600673		

Bartlett´s test for equal variances: chi2 (2) = 10.7967 Prob>chi2 = 0.005

Comparison of POP_INCR by REGION

(Bonferroni)

Row MeanCol Mean	1	2
2	1.29429 0.000	
3	2.20727 0.000	.912982 0.000

- oneway BABYMORT REGION, t b

REGION	Summary of BABYMORT		
	Mean	Std. Dev.	Freq.
1	6.9095238	1.1717102	21
2	60.34	45.663095	15
3	94.178947	28.653186	19
Total	51.629091	47.440285	55

Analysis of Variance

Source	SS	df	MS	F	Prob>F
Between groups	77534.1478	2	38767.0739	45.82	0.0000
Within groups	43997.2057	52	846.100109		
Total	121531.353	54	2250.58062		

Bartlett's test for equal variances: chi2 (2) = 113.4072 Prob>chi2 = 0.000

Comparison of BABYMORT by REGION

(Bonferroni)

Row Mean Col Mean	1	2
2	53.4305 0.000	
3	87.2694 0.000	-33.8389 0.004

从各变量的方差分析结果看,各变量在不同区域间存在着显著差异。

上述分析的原假设即三个地区的社会经济发展水平是相同的。备择假设是三个地区的社会经济发展水平是不同的。从上述分析结果看,统计量的 Pr>F 值均小于 0.001,远小于显著性水平 0.05,因此说明需拒绝原假设,即不同区域的社会经济发展水平是不同的,有着显著的差异。再从各变量的方差分析结果看,各变量在不同区域间均存在着显著差异。

二、多总体协方差阵相等的检验

对两个或多个正态总体是否相同进行判断时,除需要检验其均值向量是否相同外,还需要检验其协方差阵是否相等。假设有 k 个多元正态总体,它们的分布分别为 $N_p(\boldsymbol{\mu}_1,\boldsymbol{\Sigma}_1),\cdots,N_p(\boldsymbol{\mu}_k,\boldsymbol{\Sigma}_k)$。现从每个总体中随机抽取了一个样本,根据这些样本,对这些总体的协方差阵是否相同进行检验。

首先,列出原假设和备择假设。它们分别为:

$$\mathrm{H}_0:\boldsymbol{\Sigma}_1=\cdots=\boldsymbol{\Sigma}_k,\quad \mathrm{H}_1:\boldsymbol{\Sigma}_i\text{ 不全相等}$$

其次,为构造出检验统计量,记来自第 r 个总体的第 i 个样品的观测向量为 $\boldsymbol{x}_{(i)}^{(r)}$,记来自该总体的样本的容量为 n_r,总的样本容量为 n,即 $n=\sum_{r=1}^{k}n_r$,记各个样本的均值向量为:

$$\bar{\boldsymbol{x}}^{(r)}=\frac{1}{n_r}\sum_{i=1}^{n_r}\boldsymbol{x}_{(i)}^{(r)},\quad r=1,2,\cdots,k$$

各个样本叉积矩阵和全部样本叉积矩阵的总和为:

$$\boldsymbol{A}_r=\sum_{i=1}^{n_r}(\boldsymbol{x}_{(i)}^{(r)}-\bar{\boldsymbol{x}}^{(r)})(\boldsymbol{x}_{(i)}^{(r)}-\bar{\boldsymbol{x}}^{(r)})'$$

$$\boldsymbol{A}=\sum_{r=1}^{k}\boldsymbol{A}_r=\sum_{r=1}^{k}\sum_{i=1}^{n_r}(\boldsymbol{x}_{(i)}^{(r)}-\bar{\boldsymbol{x}}^{(r)})(\boldsymbol{x}_{(i)}^{(r)}-\bar{\boldsymbol{x}}^{(r)})'$$

使用似然比方法,可构造检验统计量为:

$$\lambda_3 = \frac{n^{np/2}\prod_{r=1}^{k} |\boldsymbol{A}_r|^{n_r/2}}{\prod_{r=1}^{k} n_r^{n_r p/2} |\boldsymbol{A}|^{n/2}}$$

根据无偏性的要求，巴特莱特(Bartlett)建议将 λ_3 的计算公式中的 n_r 换成 n_r-1，从而 n 变为 $n-k$。对变化后的 λ_3 取对数，可得一个近似的检验统计量为：

$$-2\ln\lambda_3 \approx (n-k)\ln\left|\frac{\boldsymbol{A}}{n-k}\right| - \sum_{r=1}^{k}(n_r-1)\ln\left|\frac{\boldsymbol{A}_r}{n_r-1}\right|$$

对于给定的显著性水平，若样本观测数据计算出的检验统计量的值大于该统计量的分布的临界值，则应拒绝原假设，即认为各总体的协方差阵不完全相等。

三、多总体互协方差阵的检验

在现实问题的分析中，有时还需要对两个观测指标向量或多个观测指标向量之间的互协方差阵进行检验。由于正态分布变量之间的相互独立与不相关等价，因此为检验两个观测指标向量或多个观测指标向量之间是否相互独立，可对这些观测指标向量之间的互协方差阵是否等于零矩阵进行假设检验。因此，正态随机变量之间的互协方差矩阵是否为零矩阵的检验就等同于它们之间的独立性检验。

为了对多个观测指标向量之间的互协方差阵进行检验，可首先将这些观测指标向量合并组成一个长向量，然后将此长向量按原各观测指标向量进行分块，并将此长向量的均值向量和协方差阵也进行相应的分块，则各观测指标向量之间的互协方差阵的检验转化为对此长向量的协方差阵非对角线各块互协方差阵的检验。假设原观测指标向量的个数为 k，它们所组成的长向量的维数为 p，记此长向量为 $\boldsymbol{X}=(\boldsymbol{X}_1,\boldsymbol{X}_2,\cdots,\boldsymbol{X}_p)'$，则可将此长向量按原各个观测指标向量剖分为 k 块，并对此向量的均值向量和协方差阵也进行同样的剖分，使其成为：

$$\boldsymbol{X} = \begin{bmatrix} \boldsymbol{X}^{(1)} \\ \boldsymbol{X}^{(2)} \\ \vdots \\ \boldsymbol{X}^{(k)} \end{bmatrix} \sim N_p\left[\begin{matrix} \boldsymbol{\mu}_1 \\ \boldsymbol{\mu}_2 \\ \boldsymbol{\mu}_3 \\ \boldsymbol{\mu}_4 \end{matrix}, \begin{pmatrix} \boldsymbol{\Sigma}_{11} & \boldsymbol{\Sigma}_{12} & \cdots & \boldsymbol{\Sigma}_{1k} \\ \boldsymbol{\Sigma}_{21} & \boldsymbol{\Sigma}_{22} & \cdots & \boldsymbol{\Sigma}_{2k} \\ \vdots & \vdots & & \vdots \\ \boldsymbol{\Sigma}_{k1} & \boldsymbol{\Sigma}_{k2} & \cdots & \boldsymbol{\Sigma}_{kk} \end{pmatrix}\right]$$

检验原 k 个观测指标向量之间的互协方差阵是否为零，就是要检验如下的假设：

$$\mathrm{H}_0: \boldsymbol{\Sigma}_{ij} = 0, \quad i \neq j, \quad i,j = 1,2,\cdots,k$$

若对此 p 维观测指标向量进行了 n 次观测，得到了一个容量为 n 的样本 $x_{(1)},x_{(2)},\cdots,x_{(n)}$，并计算出样本叉积矩阵向量，则可将此样本叉积矩阵按原 k 个观测指标向量进行分块，得到分块叉积矩阵为：

$$\boldsymbol{A} = \begin{bmatrix} \boldsymbol{A}_{11} & \boldsymbol{A}_{12} & \cdots & \boldsymbol{A}_{1k} \\ \boldsymbol{A}_{21} & \boldsymbol{A}_{22} & \cdots & \boldsymbol{A}_{2k} \\ \vdots & \vdots & & \vdots \\ \boldsymbol{A}_{k1} & \boldsymbol{A}_{k2} & \cdots & \boldsymbol{A}_{kk} \end{bmatrix}$$

采用似然比方法，可构造检验统计量为：

$$\lambda_4 = \frac{|\boldsymbol{A}|^{n/2}}{\prod_{i=1}^{k} |\boldsymbol{A}_{ii}|^{n/2}}$$

若对上述统计量进行转换，可得到另外一个等价的检验统计量为：

$$v = (\lambda_4)^{2/n} = \frac{|\boldsymbol{A}|}{\prod_{i=1}^{k} |\boldsymbol{A}_{ii}|}$$

安德生(Anderson)已给出了上述统计量的精确分布。在给定的显著性水平 α 下，如果此检验统计量的数值小于其临界值，即 $v<v_\alpha$，则应拒绝原假设，认为原各观测指标向量之间的互协方差阵不全为零，即原各观测指标向量之间是不独立的。

本章小结

本章系统地介绍了多元正态分布条件下均值向量、协方差阵检验的原理和方法。本章内容是多元推断统计中的核心内容。但由于涉及统计量的形式多样，故较为复杂。通过本章的学习，大家在理解假设检验思想的基础上，应重点掌握单个多元正态分布总体均值向量的检验和多总体均值向量的检验方法，对于协方差阵的检验原理和方法有所了解。

进一步阅读材料

1. 张尧庭、方开泰：《多元统计分析引论》，北京：科学出版社，1982。
2. 方开泰：《实用多元统计分析》，上海：华东师范大学出版社，1989。
3. 王学仁、王松桂：《实用多元统计分析》，上海：上海科学技术出版社，1990。
4. Dallas E. Johnson：《应用多元统计分析方法》，北京：高等教育出版社，2005。

练习题

1. 试述假设检验的基本思想。
2. 试述单个总体均值向量检验的基本原理。
3. 试列举可运用多元均值检验的实际问题。
4. 试说明协方差阵检验的应用场合。
5. 试结合某一实际问题进行多元方差分析。

第五章　回归分析

教学目的

回归分析是多元统计中重要的工具和方法。本章介绍了多元线性回归模型的基本原理及应用等内容，并用实例分析了回归分析的应用。通过本章的学习，希望读者能够：

1. 理解回归分析的思想；
2. 理解多元线性回归的假设条件；
3. 理解多元线性回归的参数估计方法及参数估计量的性质；
4. 掌握多元线性回归的假设检验；
5. 掌握多元线性回归的预测；
6. 掌握逐步回归的基本思想；
7. 理解岭回归的基本原理及应用；
8. 掌握多元线性回归的应用。

本章的重点是多元线性回归的原理及应用、逐步回归、岭回归的原理及应用。

第一节　回归分析的基本思想

一、回归分析的含义、分类及应用

回归分析是一种古典而又充满生机的模型，是统计学中最成熟、最常用的统计工具，是一种分析变量间关系的定量技术。从历史上看，“回归”概念是由生物统计学家高尔顿在研究豌豆和人体的身高遗传规律时首先提出的。1887 年，他第一次将“回复”(Reversion)作为统计概念使用，后改为“回归”(Regression)一词。1888 年他又引入“相关”(Correlation)的概念。原来，他在研究人类身高的遗传时发现，不管祖先的身高是高还是低，成年后代的身高总有向平均身高回归的倾向。即高个子父母，其子女一般不像他们那样高，而矮个子父母，其子女一般也不像他们那样矮，因为子女的身高不仅受到父母的影响(程度最强)，还要受其上两代共四个双亲(程度相对弱一些)，上三代共八个双亲(程度更加弱一些)的影响，如此等等，即子女的身高要受到其 2^n(n 趋近于无穷)个祖先的整体(即总体)影响，是遗传和变异的统一结果。

回归分析最基本的分类就是一元回归分析和多元回归分析，前者是指两个变量之间的回归分析，如收入与意愿支出之间的关系；后者则是指三个或三个以上变量之间的关系，如消费支出与收入、商品价格之间的关系。进一步地，一元回归分析还可细分为线性回归分析和非线性回归分析两种，前者是指两个相关变量之间的关系可以通过数学中的线性组合来描述，后者则没有这种特征，即两个相关变量之间的关系不能通过数学中的线性组合来描述，而表现为某种曲线模型。

回归分析广泛地应用于社会、经济、科技、文化、自然科学等各领域，可进行预测、控制分析。

二、总体回归函数与样本回归函数

若能对总体进行全面的观测，则对应于固定的自变量的数值，我们可以观测到一组因变量的值与其对应。由于因变量 Y 的条件平均数随自变量 X 取值的变化而变化，则可以用如下表达式说明这种关系：

$$E(Y \mid X_i) = f(X_i)$$

上述形式的方程即为总体回归函数。

这里函数所取的具体形式是多种多样的。有时可通过理论背景分析，得到具体的函数形式，有时要通过经验观察以识别可能的函数形式。如果是线性形式，则可将总体回归函数写成下式：

$$E(Y \mid X_i) = \beta_0 + \beta_1 X_i$$

其中,β_0 和 β_1 为未知的总体参数,又称其为回归系数。回归分析的目的就是估计出相应的总体回归函数,即在 X 和 Y 的观察值的基础上,估计出参数 β_0 和 β_1 的值。

由于总体的复杂性,获得总体数据的可能性不高,即使能获得,有时需要花费昂贵的成本和大量的时间,因而也是不可取的。通常我们采用抽样调查方法,从总体中抽取样本,根据样本资料来估计总体回归函数。

根据样本数据我们可以估计样本回归函数。样本回归函数的形式为:

$$\hat{Y}_i = \hat{\beta}_0 + \hat{\beta}_1 X_i$$

在上式中,$\hat{Y}_i$ 是 $E(Y|X_i)$ 的估计值,$\hat{\beta}_0$ 是 β_0 的估计量,$\hat{\beta}_1$ 是 β_1 的估计量。所谓的估计量,可以告诉我们如何根据样本资料估计总体参数。在实际运用中,根据估计量计算的一个特定数值就是估计值。

三、一元线性回归模型

总体的简单线性回归模型可表示为:

$$Y = \beta_0 + \beta_1 X + \varepsilon$$

上式中,X 为自变量,Y 为因变量,ε 为随机误差项。

在回归分析中,涉及两类变量。一类是解释变量(自变量),另一类是被解释变量(因变量)。自变量与因变量是不"对等"的。自变量是预测变量,并假定它是可以控制的无测量误差的非随机变量;相反,因变量是被预测变量,是受其他变量影响的变量,它是随机变量,即相同的 Y 可能由不同的 X 产生,或者相同的 X 可能产生不同的 Y,其表现正是随机误差项 ε。随机误差项 ε 是因变量 Y 能被自变量 X 解释后所剩下的值,故又称为残差项,它是随机变量。

β_0 和 β_1 为未知待估的总体参数,又称为回归系数。由此可见,实际观测值 Y 被分割为两个部分:一部分是可解释的肯定项 $\beta_0+\beta_1 X$;另一部分是不可解释的随机项 ε。

与相关分析类似,总体的回归模型 $Y=\beta_0+\beta_1 X+\varepsilon$ 是未知的,如何根据样本资料去估计它就成为回归分析的基本任务。由此可以假设样本的回归方程如下:

$$\hat{Y} = \hat{\beta}_0 + \hat{\beta}_1 x$$

上式中,$\hat{Y}$、$\hat{\beta}_0$ 和 $\hat{\beta}_1$ 分别为 Y、β_0 和 β_1 的估计值。

如果对变量 X 和 Y 联合进行 n 次观察,就可以获得一个样本群$(\boldsymbol{x},\boldsymbol{y})$,据此就可求出 β_0 和 β_1 的值。

求 β_0 和 β_1 的方法有多种,但一般是采用最小二乘法。它要求观察值 y 与估计值 $\hat{Y}$ 的离差平方和为最小值,即 $Q=\Sigma(y-\hat{Y})^2=\Sigma(y-\hat{a}_0-\hat{b}_1 x)^2=$最小值。

根据上述极值条件,可求得:

$$\hat{\beta}_1 = \frac{\Sigma(x-\bar{x})(y-\bar{y})}{\Sigma(x-\bar{x})^2} = \frac{n\Sigma xy - \Sigma x \Sigma y}{n\Sigma x^2 - (\Sigma x)^2}$$

$$\hat{\beta}_0 = \bar{y} - \hat{\beta}_1 \bar{x} = \frac{\Sigma y}{n} - \hat{\beta}_1 \frac{\Sigma x}{n}$$

其中，$\hat{\beta}_0$ 是截距项，其含义是当 X 的值为零时，Y 的取值。$\hat{\beta}_1$ 为斜率项，其含义是当 X 每变动一个单位时，Y 的平均变动量。

例 5-1 广告是影响企业销售额的重要因素。某化妆品公司想了解公司广告费支出与公司销售额之间的关系，以确定广告支出预算。表 5-1 给出了近十年来该公司的广告费支出与公司销售额数据。请建立它们之间的回归分析模型，并分析两者的关系。

表 5-1 某公司的广告费支出与销售额数据表 单位：万元

年份	销售额	广告费支出
2005	300	10
2006	560	30
2007	840	40
2008	1 020	60
2009	1 200	80
2010	1 050	50
2011	1 560	100
2012	1 800	120
2013	2 060	150
2014	2 080	130

为分析两变量间的关系，我们首先绘制两变量的散点图，如图 5-1 所示。

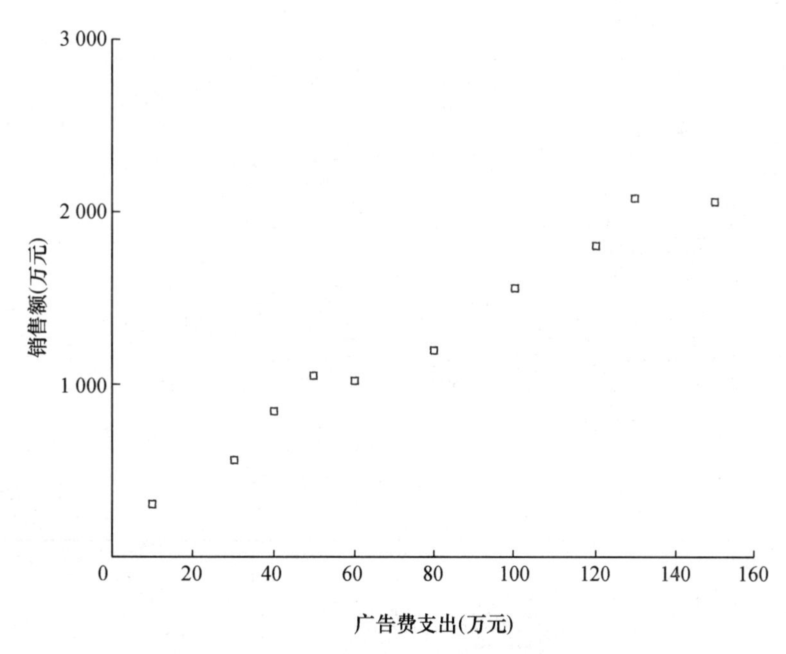

图 5-1 某公司的广告费支出与销售额散点图

从图 5-1 可看出，两变量总体上呈线性关系。因此，以公司销售额为因变量 Y，广告费支出为自变量 X，建立简单线性回归模型。

（1）在 SPSS 中编入如下程序：

```
REGRESSION
  /MISSING LISTWISE
  /STATISTICS COEFF OUTS R ANOVA
  /CRITERIA = PIN(.05) POUT(.10)
  /NOORIGIN
  /DEPENDENT y
  /METHOD = ENTER x.
```

运行后可得如下结果：

Variables Entered/Removed[b]

Model	Variables Entered	Variables Removed	Method
1	X[a]	.	Enter

a. All requested variables entered.

b. Dependent Variable：Y.

Model Summary

Model	R	R Square	Adjusted R Square	Std. Error of the Estimate
1	.987[a]	.974	.971	104.65443

a. Predictors：(Constant)，X.

ANOVA[b]

Model		Sum of Squares	df	Mean Square	F	Sig.
1	Regression	3 297 990	1	3 297 989.602	301.116	.000[a]
	Residual	87 620.40	8	10 952.550		
	Total	3 385 610	9			

a. Predictors：(Constant)，X.

b. Dependent Variable：Y.

Coefficients[a]

Model		Unstandardized Coefficients		Standardized Coefficients	t	Sig.
		B	Std. Error	Beta		
1	(Constant)	248.434	66.383		3.742	.006
	X	12.968	.747	.987	17.353	.000

a. Dependent Variable：Y.

从输出结果看，回归分析结果分为四部分。

第一部分是模型中自变量情况的说明。显然本回归模型中采用的是指定变量法(Enter)，模型中的自变量只有 X。

第二部分是模型总结部分。此部分给出了两变量间的相关系数 R、回归模型的决定(拟合)系数以及校正后的决定系数，并给出了标准误。从分析结果看，模型的决定系数为 0.971，接近于 1，说明回归模型可解释数据变动的 97.1%，表明模型对数据的拟合程度是很好的。

第三部分是模型的方差分析表。此部分内容是对回归模型整体的显著性进行的检验，用的是 F 检验。对应的原假设为：回归模型是不显著的。备择假设为：回归模型是显著的。可通过 p 值进行检验，由于 Sig. 接近于 0，小于 0.05，因而应拒绝原假设，可认为回归模型是显著的。即回归模型通过了 F 检验。

第四部分是模型的系数部分。该部分给出了回归模型的参数估计及相关的 t 检验内容。从输出结果可看出，Unstandardized Coefficients 中第一列给出了两个系数的估计值，$\hat{\beta}_0=248.434$，$\hat{\beta}_1=12.968$。

于是我们得到估计的回归方程：

$$\hat{Y}=248.434+12.968X$$

此式中，截距项代表当广告费支出(X)为 0 万元时，公司销售额(Y)的取值为 248.434 万元。回归系数项 $\hat{\beta}_1=12.968$ 表示当公司广告费支出增加 1 万元时，公司销售额平均增加 12.968 万元，这表明该公司广告费支出的效应还是十分明显的。

从该部分的 t 统计量看，回归系数项 $\hat{\beta}_1=12.968$ 对应的 t 统计量为 17.353，其对应的 Sig. 小于 0.05，因而应拒绝原假设，可认为回归系数是显著的，即自变量 X 对因变量 Y 是有显著影响的。

通过上述分析，可以看出，该回归模型通过了拟合优度检验、t 检验和 F 检验，说明该回归模型的效果是不错的，可以用它进行预测。例如，2015 年预计投入广告费 180 万元，可以预测该公司的销售额为：

$$\hat{Y}=248.434+12.968\times180=2\,582.674(\text{万元})$$

(2) 在 Stata 中可以运行如下命令：

```
regress Y X, noconstant hascons tsscons
```

运行后得到的结果如下：

Source	SS	df	MS
Model	3297989.6	1	3297989.6
Residual	87620.3978	8	10952.5497
Total	3385610	9	376178.889

Number of obs	=	10
F(1, 8)	=	301.12
Prob > F	=	0.0000
R-squared	=	0.9741
Adj R-squared	=	0.9709
Root MSE	=	104.65

Y	Coef.	Std. Err.	t	P>|t|	[95 % Conf.	Interval]
X	12.96838	.747341	17.35	0.000	11.24501	14.69175
_cons	248.4345	66.38307	3.74	0.006	95.35484	401.5141

由上表我们可以得到估计的回归方程：

$$\hat{Y}=248.435+12.968X$$

上式与 SPSS 回归得到的方程基本一致。回归方程中，截距项代表当广告费支出(X)为 0 万元时，公司销售额 Y 的取值为 248.435 万元。回归系数项 $\hat{\beta}_1=12.968$ 表示每当公司广告费支出(X)增加1万元，公司销售额平均增加12.968万元。这表明该公司广告费支出的效应还是十分明显的。

从该部分的t统计量看，回归系数项$\hat{\beta}_1=12.968$对应的t统计量为17.35，其对应的Sig.小于0.05，因而应拒绝原假设，可认为回归系数是显著的。即自变量X对因变量Y是有显著影响的。

第二节　多元线性回归模型

一、多元线性回归模型

在社会经济现象中一个现象的特征往往要受多个因素的影响，如产品的销售额除受产品的广告费支出影响外，还受产品价格、促销方式、促销力度、销售队伍、销售渠道等多种因素的影响。要研究因变量受多个自变量的影响，需要利用多元回归模型。

多元线性回归模型与一元线性回归模型基本类似，只不过自变量由一个增加到两个以上，因变量Y与多个自变量$X_1,X_2,\cdots,X_k$之间存在线性关系。

假定因变量Y与多个自变量$X_1,X_2,\cdots,X_k$之间具有线性关系，是自变量的多元线性函数，也称为多元线性回归模型。即：

$$Y=\beta_0+\beta_1X_1+\beta_2X_2+\cdots+\beta_kX_k+\mu \tag{5-1}$$

其中，Y为因变量，$X_j(j=1,2,\cdots,k)$为k自变量，$\beta_j(j=0,1,2,\cdots,k)$为$k+1$个未知参数，$\mu$为随机误差项。

因变量Y的期望值与自变量$X_1,X_2,\cdots,X_k$的线性方程为：

$$E(Y)=\beta_0+\beta_1X_1+\beta_2X_2+\cdots+\beta_kX_k \tag{5-2}$$

称为多元总体线性回归方程，简称总体回归方程。

对于n组观测值$Y_i,X_{1i},X_{2i},\cdots,X_{ki}(i=1,2,\cdots,n)$，其方程组形式为：

$$Y_i=\beta_0+\beta_1X_{1i}+\beta_2X_{2i}+\cdots+\beta_kX_{ki}+\mu_i,\quad (i=1,2,\cdots,n) \tag{5-3}$$

其矩阵形式为：

$$\begin{bmatrix}Y_1\\Y_2\\\vdots\\Y_n\end{bmatrix}=\begin{bmatrix}1 & X_{11} & X_{21} & \cdots & X_{k1}\\1 & X_{12} & X_{22} & \cdots & X_{k2}\\\vdots & \vdots & \vdots & & \vdots\\1 & X_{1n} & X_{2n} & \cdots & X_{kn}\end{bmatrix}\begin{bmatrix}\beta_0\\\beta_1\\\beta_2\\\vdots\\\beta_k\end{bmatrix}+\begin{bmatrix}\mu_1\\\mu_2\\\vdots\\\mu_n\end{bmatrix}$$

即

$$\boldsymbol{Y}=\boldsymbol{X\beta}+\boldsymbol{\mu} \tag{5-4}$$

其中，

$$\boldsymbol{Y}_{n\times 1} = \begin{bmatrix} Y_1 \\ Y_2 \\ \vdots \\ Y_n \end{bmatrix}$$ 为因变量的观测值向量；

$$\boldsymbol{X}_{n\times(k+1)} = \begin{bmatrix} 1 & X_{11} & X_{21} & \cdots & X_{k1} \\ 1 & X_{12} & X_{22} & \cdots & X_{k2} \\ \vdots & \vdots & \vdots & & \vdots \\ 1 & X_{1n} & X_{2n} & \cdots & X_{kn} \end{bmatrix}$$ 为自变量的观测值矩阵；

$$\boldsymbol{\beta}_{(k+1)\times 1} = \begin{bmatrix} \beta_0 \\ \beta_1 \\ \beta_2 \\ \vdots \\ \beta_k \end{bmatrix}$$ 为总体回归参数向量；

$$\boldsymbol{\mu}_{n\times 1} = \begin{bmatrix} \mu_1 \\ \mu_2 \\ \vdots \\ \mu_n \end{bmatrix}$$ 为随机误差项向量。

总体回归方程表示为：

$$E(\boldsymbol{Y}) = \boldsymbol{X\beta} \tag{5-5}$$

与一元线性回归分析一样，多元线性回归分析仍是根据观测样本数据估计模型中的各个参数，对估计参数及回归方程进行统计检验，从而利用回归模型进行经济预测和分析。多元线性回归模型包含多个自变量，它们同时对因变量 Y 发生作用，若要考察其中一个自变量对 Y 的影响就必须假设其他自变量保持不变来进行分析。因此多元线性回归模型中的回归系数为偏回归系数，即反映了当模型中的其他变量不变时，其中一个自变量对因变量 Y 的均值的影响。

由于参数 $\beta_0,\beta_1,\beta_2,\cdots,\beta_k$ 都是未知的，可以利用样本观测值（$X_{1i},X_{2i},\cdots,X_{ki};Y_i$）对它们进行估计。若计算得到的参数估计值为 $\hat{\beta}_0,\hat{\beta}_1,\hat{\beta}_2,\cdots,\hat{\beta}_k$，用参数估计值替代总体回归函数的未知参数 $\beta_0,\beta_1,\beta_2,\cdots,\beta_k$，则得多元线性样本回归方程：

$$\hat{Y}_i = \hat{\beta}_0 + \hat{\beta}_1 X_{1i} + \hat{\beta}_2 X_{2i} + \cdots + \hat{\beta}_k X_{ki} \tag{5-6}$$

其中，$\hat{\beta}_j(j=0,1,2,\cdots,k)$为参数估计值，$\hat{Y}_i(i=1,2,\cdots,n)$为 Y_i 的样本回归值或样本拟合值、样本估计值。

其矩阵表达形式为：

$$\hat{\boldsymbol{Y}} = \boldsymbol{X}\hat{\boldsymbol{\beta}} \tag{5-7}$$

其中，

$$\hat{\boldsymbol{Y}}_{n\times 1} = \begin{bmatrix} \hat{Y}_1 \\ \hat{Y}_2 \\ \vdots \\ \hat{Y}_n \end{bmatrix}$$ 为因变量样本观测值向量 $\boldsymbol{Y}$ 的 $n\times 1$ 阶拟合值列向量；

$$\boldsymbol{X}_{n\times(k+1)}=\begin{bmatrix}1 & X_{11} & X_{21} & \cdots & X_{k1}\\ 1 & X_{12} & X_{22} & \cdots & X_{k2}\\ \vdots & \vdots & \vdots & & \vdots\\ 1 & X_{1n} & X_{2n} & \cdots & X_{kn}\end{bmatrix}$$ 为自变量 $\boldsymbol{X}$ 的 $n\times(k+1)$ 阶样本观测矩阵；

$$\hat{\boldsymbol{\beta}}_{(k+1)\times 1}=\begin{bmatrix}\hat{\beta}_0\\ \hat{\beta}_1\\ \hat{\beta}_2\\ \vdots\\ \hat{\beta}_k\end{bmatrix}$$ 为未知参数向量 $\boldsymbol{\beta}$ 的 $(k+1)\times 1$ 阶估计值列向量。

样本回归方程得到的实际观测值 Y_i 与因变量估计值 $\hat{Y}_i$ 之间的偏差称为残差 e_i。

$$e_i = Y_i - \hat{Y}_i = Y_i - (\hat{\beta}_0 + \hat{\beta}_1 X_{1i} + \hat{\beta}_{2i} + \cdots + \hat{\beta}_{ki} X_{ki}) \tag{5-8}$$

二、多元线性回归模型的假定

与一元线性回归模型相同，多元线性回归模型利用普通最小二乘法对参数进行估计时，有如下假定：

假定 1 零均值假定：$E(\mu_i)=0, i=1,2,\cdots,n$，即

$$E(\boldsymbol{\mu}) = E\begin{bmatrix}\mu_1\\ \mu_2\\ \vdots\\ \mu_n\end{bmatrix} = \begin{bmatrix}E(\mu_1)\\ E(\mu_2)\\ \vdots\\ E(\mu_n)\end{bmatrix} = 0$$

假定 2 同方差假定（μ 的方差为同一常数）：

$$\mathrm{Var}(\mu_i) = E(\mu_i^2) = \sigma_\mu^2, \quad (i = 1,2,\cdots,n)$$

假定 3 无自相关性：

$$\mathrm{Cov}(\mu_i,\mu_j) = E(\mu_i\mu_j) = 0, \quad (i \neq j, i,j = 1,2,\cdots,n)$$

$$E(\boldsymbol{\mu}\boldsymbol{\mu}') = E\left[\begin{bmatrix}\mu_1\\ \mu_2\\ \vdots\\ \mu_n\end{bmatrix}(\mu_1,\mu_2,\cdots,\mu_n)\right] = E\begin{bmatrix}\mu_1^2 & \mu_1\mu_2 & \cdots & \mu_1\mu_n\\ \mu_2\mu_1 & \mu_2^2 & \cdots & \mu_2\mu_n\\ \vdots & \vdots & & \vdots\\ \mu_n\mu_1 & \mu_n\mu_2 & \cdots & \mu_n^2\end{bmatrix}$$

$$= \begin{bmatrix}E(\mu_1^2) & E(\mu_1\mu_2) & \cdots & E(\mu_1\mu_n)\\ E(\mu_2\mu_1) & E(\mu_2^2) & \cdots & E(\mu_2\mu_n)\\ \vdots & \vdots & & \vdots\\ E(\mu_n\mu_1) & E(\mu_n\mu_2) & \cdots & E(\mu_n^2)\end{bmatrix} = \begin{bmatrix}\sigma_\mu^2 & 0 & \cdots & 0\\ 0 & \sigma_\mu^2 & \cdots & 0\\ \vdots & \vdots & & \vdots\\ 0 & 0 & \cdots & \sigma_\mu^2\end{bmatrix} = \sigma_u^2\boldsymbol{I}_n$$

假定 4 随机误差项 μ 与自变量 X 不相关（这个假定自动成立）：

$$\mathrm{Cov}(X_{ji},\mu_i) = 0, \quad (j = 1,2,\cdots,k, i = 1,2,\cdots,n)$$

假定 5　随机误差项 μ 服从均值为零、方差为 σ^2 的正态分布：

$$\mu_i \sim N(0,\sigma_\mu^2)$$

假定 6　自变量之间不存在多重共线性：

$$\text{rank}(\boldsymbol{X}) = k+1 \leqslant n$$

即各自变量的样本观测值之间线性无关，自变量的样本观测值矩阵 $\boldsymbol{X}$ 的秩为参数个数 $k+1$，从而保证参数 $\beta_0,\beta_1,\beta_2,\cdots,\beta_k$ 的估计值唯一。

三、多元线性回归模型的参数估计

（一）参数的最小二乘估计

由于多元回归模型参数的复杂性，用向量表示较为简单。因此，下面用向量来进行多元回归模型的参数估计。

样本回归模型 $\boldsymbol{Y}=\boldsymbol{X}\hat{\boldsymbol{\beta}}+\boldsymbol{e}$ 两边同乘样本观测值矩阵 $\boldsymbol{X}$ 的转置矩阵 $\boldsymbol{X}'$，则有

$$\boldsymbol{X}'\boldsymbol{Y} = \boldsymbol{X}'\boldsymbol{X}\hat{\boldsymbol{\beta}} + \boldsymbol{X}'\boldsymbol{e}$$

由最小二乘法知：

$$\boldsymbol{X}'\boldsymbol{e} = \boldsymbol{X}'(\boldsymbol{Y}-\boldsymbol{X}\hat{\beta}) = \boldsymbol{X}'\boldsymbol{Y}-\boldsymbol{X}'\boldsymbol{X}\hat{\beta} = \boldsymbol{0}$$

得正规方程组：

$$\boldsymbol{X}'\boldsymbol{Y} = \boldsymbol{X}'\boldsymbol{X}\hat{\boldsymbol{\beta}}$$

由假定 6 可知，$\text{rank}(\boldsymbol{X})=k+1$，$\boldsymbol{X}'\boldsymbol{X}$ 为 $(k+1)$ 阶方阵，所以 $\boldsymbol{X}'\boldsymbol{X}$ 满秩，$\boldsymbol{X}'\boldsymbol{X}$ 的逆矩阵 $(\boldsymbol{X}'\boldsymbol{X})^{-1}$ 存在。因而，

$$\hat{\boldsymbol{\beta}} = (\boldsymbol{X}'\boldsymbol{X})^{-1}\boldsymbol{X}'\boldsymbol{Y} \tag{5-9}$$

则为向量 $\boldsymbol{\beta}$ 的 OLS 估计量。

（二）随机误差项 μ 的方差 σ_μ^2 的估计量

样本回归方程得到的因变量估计值 $\hat{Y}_i$ 与实际观测值 Y_i 之间的偏差称为残差 e_i，则

$$\begin{aligned}\boldsymbol{e} &= \boldsymbol{Y}-\hat{\boldsymbol{Y}} = \boldsymbol{Y}-\boldsymbol{X}\hat{\boldsymbol{\beta}} = (\boldsymbol{X}\boldsymbol{\beta}+\boldsymbol{\mu})-\boldsymbol{X}[(\boldsymbol{X}'\boldsymbol{X})^{-1}\boldsymbol{X}'\boldsymbol{Y}]\\ &= (\boldsymbol{X}\boldsymbol{\beta}+\boldsymbol{\mu})-\boldsymbol{X}[(\boldsymbol{X}'\boldsymbol{X})^{-1}\boldsymbol{X}'(\boldsymbol{X}\boldsymbol{\beta}+\boldsymbol{\mu})]\\ &= \boldsymbol{X}\boldsymbol{\beta}+\boldsymbol{\mu}-\boldsymbol{X}[\boldsymbol{\beta}+(\boldsymbol{X}'\boldsymbol{X})^{-1}\boldsymbol{X}'\boldsymbol{\mu}]\\ &= \boldsymbol{\mu}-\boldsymbol{X}(\boldsymbol{X}'\boldsymbol{X})^{-1}\boldsymbol{X}'\boldsymbol{\mu}\\ &= [\boldsymbol{I}_n-\boldsymbol{X}(\boldsymbol{X}'\boldsymbol{X})^{-1}\boldsymbol{X}']\boldsymbol{\mu}\end{aligned}$$

设 $\boldsymbol{P}=\boldsymbol{I}_n-\boldsymbol{X}(\boldsymbol{X}'\boldsymbol{X})^{-1}\boldsymbol{X}'$，可以得出 $\boldsymbol{P}$ 是 n 阶对称幂等矩阵，$\boldsymbol{P}=\boldsymbol{P}'$，$\boldsymbol{P}^2=\boldsymbol{P}$。于是，

$$\boldsymbol{e} = \boldsymbol{P}\boldsymbol{\mu}$$

而残差的平方和为：

$$\begin{aligned}\sum e_i^2 &= \boldsymbol{e}'\boldsymbol{e} = (\boldsymbol{P}\boldsymbol{\mu})'(\boldsymbol{P}\boldsymbol{\mu}) = \boldsymbol{\mu}'\boldsymbol{P}'\boldsymbol{P}\boldsymbol{\mu} = \boldsymbol{\mu}'\boldsymbol{P}\boldsymbol{\mu}\\ &= \boldsymbol{\mu}'[\boldsymbol{I}_n-\boldsymbol{X}(\boldsymbol{X}'\boldsymbol{X})^{-1}\boldsymbol{X}']\boldsymbol{\mu}\end{aligned}$$

$$
\begin{aligned}
E(\boldsymbol{e}'\boldsymbol{e}) &= E\{\boldsymbol{\mu}'[\boldsymbol{I}_n - \boldsymbol{X}(\boldsymbol{X}'\boldsymbol{X})^{-1}\boldsymbol{X}']\boldsymbol{\mu}\} \\
&= \sigma_\mu^2 \mathrm{tr}[\boldsymbol{I}_n - \boldsymbol{X}(\boldsymbol{X}'\boldsymbol{X})^{-1}\boldsymbol{X}'] \\
&= \sigma_\mu^2 [\mathrm{tr}\boldsymbol{I}_n - \mathrm{tr}\boldsymbol{X}(\boldsymbol{X}'\boldsymbol{X})^{-1}\boldsymbol{X}'] \\
&= \sigma_\mu^2 [n-(k+1)]
\end{aligned}
$$

其中,“tr”表示矩阵的迹,即矩阵主对角线元素的和。于是,

$$
\sigma_\mu^2 = \frac{E(\boldsymbol{e}'\boldsymbol{e})}{n-(k+1)} = E\left(\frac{\boldsymbol{e}'\boldsymbol{e}}{n-(k+1)}\right)
$$

随机误差项 μ 的方差 σ_μ^2 的无偏估计量,记作 S_e^2,即 $E(S_e^2)=\sigma_\mu^2$, $S_e^2=\hat{\sigma}_\mu^2$, S_e 为残差的标准差(或回归标准差)。

因此,

$$
S_e^2 = \frac{\sum e_i^2}{n-k-1} = \frac{\boldsymbol{e}'\boldsymbol{e}}{n-k-1} \tag{5-10}
$$

其中,

$$
\begin{aligned}
\sum e_i^2 = \boldsymbol{e}'\boldsymbol{e} &= (\boldsymbol{Y}-\boldsymbol{X}\hat{\boldsymbol{\beta}})'(\boldsymbol{Y}-\boldsymbol{X}\hat{\boldsymbol{\beta}}) \\
&= \boldsymbol{Y}'\boldsymbol{Y} - 2\hat{\boldsymbol{\beta}}'\boldsymbol{X}'\boldsymbol{Y} + \hat{\boldsymbol{\beta}}'\boldsymbol{X}'\boldsymbol{X}\hat{\boldsymbol{\beta}} \\
&= \boldsymbol{Y}'\boldsymbol{Y} - 2\hat{\boldsymbol{\beta}}'\boldsymbol{X}'\boldsymbol{Y} + \hat{\boldsymbol{\beta}}'\boldsymbol{X}'\boldsymbol{X}(\boldsymbol{X}'\boldsymbol{X})^{-1}\boldsymbol{X}'\boldsymbol{Y} \\
&= \boldsymbol{Y}'\boldsymbol{Y} - \hat{\boldsymbol{\beta}}'\boldsymbol{X}'\boldsymbol{Y}
\end{aligned}
$$

例如,对于二元线性回归模型($k=2$),

$$
S_e^2 = \frac{\boldsymbol{e}'\boldsymbol{e}}{n-3} = \frac{\sum e_i^2}{n-3}
$$

$$
\sum e_i^2 = \boldsymbol{e}'\boldsymbol{e} = \sum Y_i^2 - \hat{\beta}_1 \sum X_{1i}Y_i - \hat{\beta}_2 \sum X_{2i}Y_i
$$

(三)估计参数的统计性质

可以证明,最小二乘估计量是无偏估计量,而且最小二乘估计量是有效估计量,即在线性无偏估计量中,最小二乘估计量具有最小方差。此结论即为关于线性回归模型的高斯-马尔柯夫定理。

1. 线性性

最小二乘估计量 $\hat{\boldsymbol{\beta}}$ 是因变量 $Y_1, Y_2, \cdots, Y_k$ 的观测值的线性函数。由于 $\hat{\boldsymbol{\beta}}=(\boldsymbol{X}'\boldsymbol{X})^{-1}\boldsymbol{X}'\boldsymbol{Y}$,设 $\boldsymbol{P}=(\boldsymbol{X}'\boldsymbol{X})^{-1}\boldsymbol{X}'$,则矩阵 $\boldsymbol{P}$ 为一非随机的 $(k+1)\times n$ 阶常数矩阵。所以,$\hat{\boldsymbol{\beta}}=\boldsymbol{P}\boldsymbol{Y}$。显然,最小二乘估计量 $\hat{\boldsymbol{\beta}}$ 是因变量的观测值 $Y_1, Y_2, \cdots, Y_k$ 的线性函数。

2. 无偏性

将 $\boldsymbol{Y}=\boldsymbol{X}\boldsymbol{\beta}+\boldsymbol{\mu}$ 代入(5-9)式,可得:

$$
\begin{aligned}
\hat{\boldsymbol{\beta}} &= (\boldsymbol{X}'\boldsymbol{X})^{-1}\boldsymbol{X}'(\boldsymbol{X}\boldsymbol{\beta}+\boldsymbol{\mu}) = (\boldsymbol{X}'\boldsymbol{X})^{-1}\boldsymbol{X}'\boldsymbol{X}\boldsymbol{\beta} + (\boldsymbol{X}'\boldsymbol{X})^{-1}\boldsymbol{X}'\boldsymbol{\mu} \\
&= \boldsymbol{\beta} + (\boldsymbol{X}'\boldsymbol{X})^{-1}\boldsymbol{X}'\boldsymbol{\mu}
\end{aligned} \tag{5-11}
$$

则 $$E(\hat{\boldsymbol{\beta}}) = \boldsymbol{\beta} + E[(\boldsymbol{X}'\boldsymbol{X})^{-1}\boldsymbol{X}'\boldsymbol{\mu}] = \boldsymbol{\beta} + (\boldsymbol{X}'\boldsymbol{X})^{-1}\boldsymbol{X}'E(\boldsymbol{\mu}) = \boldsymbol{\beta}$$

所以 $\hat{\boldsymbol{\beta}}$ 是 $\boldsymbol{\beta}$ 的无偏估计量。

3. 最小方差性

设 $\boldsymbol{P}$ 为 $n\times p$ 阶数值矩阵，$\boldsymbol{X}$ 为 $p\times n$ 阶随机矩阵(随机变量为元素的矩阵)，$\boldsymbol{Q}$ 为 $n\times n$ 阶数值矩阵，则

$$E(\boldsymbol{PXQ})=\boldsymbol{P}(E(\boldsymbol{X}))\boldsymbol{Q}$$

下面我们推导 $\mathrm{Var}(\hat{\boldsymbol{\beta}})$。

定义

$$\begin{aligned}\mathrm{Var}(\hat{\boldsymbol{\beta}})&=E[(\hat{\boldsymbol{\beta}}-\boldsymbol{\beta})(\hat{\boldsymbol{\beta}}-\boldsymbol{\beta})']\\&=E\left[\begin{bmatrix}\hat{\beta}_0-\beta_0\\\hat{\beta}_1-\beta_1\\\vdots\\\hat{\beta}_k-\beta_k\end{bmatrix}(\hat{\beta}_0-\beta_0,\hat{\beta}_1-\beta_1,\cdots,\hat{\beta}_k-\beta_k)\right]\\&=\begin{bmatrix}\mathrm{Var}(\hat{\beta}_0)&\mathrm{Cov}(\hat{\beta}_0,\hat{\beta}_1)&\cdots&\mathrm{Cov}(\hat{\beta}_0,\hat{\beta}_k)\\\mathrm{Cov}(\hat{\beta}_1,\hat{\beta}_0)&\mathrm{Var}(\hat{\beta}_1)&\cdots&\mathrm{Cov}(\hat{\beta}_1,\hat{\beta}_k)\\\vdots&\vdots&&\vdots\\\mathrm{Cov}(\hat{\beta}_k,\hat{\beta}_0)&\mathrm{Cov}(\hat{\beta}_k,\hat{\beta}_1)&\cdots&\mathrm{Var}(\hat{\beta}_k)\end{bmatrix}\end{aligned}$$

由(5-11)式得：

$$\hat{\boldsymbol{\beta}}-\boldsymbol{\beta}=(\boldsymbol{X}'\boldsymbol{X})^{-1}\boldsymbol{X}'\boldsymbol{\mu}$$

$$(\hat{\boldsymbol{\beta}}-\boldsymbol{\beta})'=[(\boldsymbol{X}'\boldsymbol{X})^{-1}\boldsymbol{X}'\boldsymbol{\mu}]'=\boldsymbol{\mu}'\boldsymbol{X}(\boldsymbol{X}'\boldsymbol{X})^{-1}$$

所以，

$$\begin{aligned}\mathrm{Var}(\hat{\boldsymbol{\beta}})&=E[(\hat{\boldsymbol{\beta}}-\boldsymbol{\beta})(\hat{\boldsymbol{\beta}}-\boldsymbol{\beta})']\\&=E[(\boldsymbol{X}'\boldsymbol{X})^{-1}\boldsymbol{X}'\boldsymbol{\mu}\boldsymbol{\mu}'\boldsymbol{X}(\boldsymbol{X}'\boldsymbol{X})^{-1}]\\&=(\boldsymbol{X}'\boldsymbol{X})^{-1}\boldsymbol{X}'E(\boldsymbol{\mu}\boldsymbol{\mu}')\boldsymbol{X}(\boldsymbol{X}'\boldsymbol{X})^{-1}\\&=(\boldsymbol{X}'\boldsymbol{X})^{-1}\boldsymbol{X}'\sigma_\mu^2\boldsymbol{I}_n\boldsymbol{X}(\boldsymbol{X}'\boldsymbol{X})^{-1}\\&=\sigma_\mu^2(\boldsymbol{X}'\boldsymbol{X})^{-1}\end{aligned}\tag{5-12}$$

这个矩阵主对角线上的元素表示 $\hat{\boldsymbol{\beta}}$ 的方差，非主对角线上的元素表示 $\hat{\boldsymbol{\beta}}$ 的协方差。例如，$\mathrm{Var}(\hat{\beta}_i)$是位于 $\sigma_\mu^2(\boldsymbol{X}'\boldsymbol{X})^{-1}$ 的第 i 行与第 i 列交叉处的元素(主对角线上的元素)；$\mathrm{Cov}(\hat{\beta}_i,\hat{\beta}_j)$是位于 $\sigma_\mu^2(\boldsymbol{X}'\boldsymbol{X})^{-1}$ 的第 i 行与第 j 列交叉处的元素(非主对角线上的元素)。

在应用中，我们关心 $\hat{\boldsymbol{\beta}}$ 的方差，而忽略协方差，因此把(5-12)式记作：

$$\mathrm{Var}(\hat{\boldsymbol{\beta}})=\sigma_\mu^2(\boldsymbol{X}'\boldsymbol{X})_{ii}^{-1}\tag{5-13}$$

记 $\boldsymbol{S}^{-1}=(\boldsymbol{X}'\boldsymbol{X})^{-1}=(C_{ij}),(i,j=0,1,2,\cdots,k)$，则 $\mathrm{Var}(\hat{\beta}_i)=\sigma_\mu^2C_{ii}$，所以 $\hat{\boldsymbol{\beta}}$ 是 $\boldsymbol{\beta}$ 的最小方差线性无偏估计。这说明，在(5-1)式系数的无偏估计量中，OLS 估计量的方差比用其他估计方法所得的无偏估计量的方差都要小，这正是 OLS 估计量的优越性所在。

用 S_e^2 代替 σ_μ^2 则得 $\hat{\beta}_i$ 的标准估计量的估计值，称为标准差。

$$S(\hat{\beta}_i)=\sqrt{C_{ii}S_e^2}\tag{5-14}$$

四、多元线性回归模型的检验

(一) 拟合优度检验

1. 总离差平方和的分解

设具有 k 个自变量的回归模型为：

$$Y_i = \beta_0 + \beta_1 X_{1i} + \beta_2 X_{2i} + \cdots + \beta_k X_{ki} + \mu_i$$

其回归方程为：

$$\hat{Y}_i = \hat{\beta}_0 + \hat{\beta}_1 X_{1i} + \hat{\beta}_2 X_{2i} + \cdots + \hat{\beta}_k X_{ki}$$

离差分解为：

$$Y_i - \bar{Y} = (Y_i - \hat{Y}_i) + (\hat{Y}_i - \bar{Y})$$

总离差平方和分解式为：

$$\sum (Y_i - \bar{Y})^2 = \sum (\hat{Y}_i - \bar{Y})^2 + \sum (Y_i - \hat{Y}_i)^2$$

即

$$\text{TSS} = \text{ESS} + \text{RSS} \tag{5-15}$$

总离差平方和可分解为回归平方和(ESS)与残差平方和(RSS)两部分。回归平方和是回归模型所能解释的因变量 Y 的那部分变差，残差平方和是回归模型不能解释的因变量 Y 的那部分变差，又称为剩余平方和。

2. 样本决定系数

对于多元回归方程，其样本决定系数为复决定系数或多重决定系数，用 R^2_{YX}，($i = 1, 2, \cdots, k$) 表示，简记为 R^2。

$$R^2 = \frac{\text{ESS}}{\text{TSS}}$$

根据(5-15)式，

$$R^2 = 1 - \frac{\text{RSS}}{\text{TSS}}$$

因为，

$$\text{TSS} = \sum (Y_i - \bar{Y})^2 = \boldsymbol{Y}'\boldsymbol{Y} - n\bar{Y}^2$$

$$\text{RSS} = \boldsymbol{Y}'\boldsymbol{Y} - \hat{\boldsymbol{\beta}}'\boldsymbol{X}'\boldsymbol{Y}$$

所以，

$$\text{ESS} = \text{TSS} - \text{RSS} = \hat{\boldsymbol{\beta}}'\boldsymbol{X}'\boldsymbol{Y} - n\bar{Y}^2$$

$$R^2 = \frac{\hat{\boldsymbol{\beta}}'\boldsymbol{X}'\boldsymbol{Y} - n\bar{Y}^2}{\boldsymbol{Y}'\boldsymbol{Y} - n\bar{Y}^2}$$

R^2($0 \leqslant R^2 \leqslant 1$)作为检验回归方程与样本值拟合优度的指标：$R^2$ 越大，表示回归方程与样本拟合得越好；反之，回归方程与样本值拟合得越差。

3. 调整后的样本决定系数

在使用 R^2 时，可以发现 R^2 的大小与模型中的自变量的数目有关。如果模型中增加一个新自变量，它总会发生一些变化，对因变量变动的解释产生一些影响，使得决定系数 R^2 增加。这表明模型中引入的自变量个数对决定系数的大小有影响，从而导致一些倾向，即通过增加模型中自变量的数目会使 R^2 增大。为消除这种倾向，有必要对决定系数 R^2 进行调整。

以 $\bar{R}^2$ 表示调整样本决定系数，

$$\bar{R}^2 = 1 - (1 - R^2)\frac{n-1}{n-k-1}$$

其中，n 是样本观测值的个数，k 是自变量的个数。从上式中可以看出，当增加一个自变量时，由前面分析可知 R^2 会增加，引起$(1-R^2)$减少，而$\frac{n-1}{n-k-1}$增加，因而 $\bar{R}^2$ 不会增加。这样用 $\bar{R}^2$ 检验回归方程的拟合优度，就消除了 R^2 对自变量个数的依赖倾向。

决定系数或调整样本决定系数只能说明在给定的样本条件下回归方程对样本观测值的拟合优度，并不能做出对总体模型的推测，因此不能单凭 R^2 或 $\bar{R}^2$ 来选择模型，还需要对回归方程和模型中各参数的估计量做显著性检验。

（二）方程显著性检验

由(5-15)式可知，TSS 的自由度为 $n-1$，ESS 是由 k 个自变量 $X_1, X_2, \cdots, X_k$ 对 Y 的线性影响决定的，因此它的自由度为 k。所以，RSS 自由度由总离差平方和的自由度减去回归平方和的自由度，即为 $n-k-1$。

回归方程的显著性检验的基本步骤为：

(1) 做出假设。原假设 $H_0: \beta_1 = \beta_2 = \cdots = \beta_k = 0$；备择假设 $H_1: \beta_1, \beta_2, \cdots, \beta_k$ 不同时为 0。

(2) 在原假设成立的条件下，计算统计量 F。

$$F = \frac{\text{ESS}/k}{\text{RSS}/(n-k-1)} \sim F(k, n-k-1)$$

(3) 将计算统计量与临界值进行比较，进行统计决策。

对于原假设 H_0，根据样本观测值计算统计量 F。给定显著性水平 α，查第一个自由度为 k，第二个自由度为 $n-k-1$ 的 F 分布表得临界值 $F_\alpha(k, n-k-1)$。当 $F > F_\alpha(k, n-k-1)$时，拒绝 H_0，则认为回归方程显著成立；当 $F \leqslant F_\alpha(k, n-k-1)$时，接受 H_0，则认为回归方程无显著意义。或者通过 p 值进行检验，若 p 值小于显著性水平，拒绝 H_0，则认为回归方程显著成立。

（三）参数显著性检验

若回归方程显著成立，说明整体上自变量 $X_1, X_2, \cdots, X_k$ 对因变量 Y 的影响是显著的，但并不意味着每个自变量 $X_1, X_2, \cdots, X_k$ 对因变量 Y 的影响都是重要的。如果某个自变量对因变量 Y 的影响不重要，则可从回归模型中把它剔除，重新建立回归方程，以有利于对社会经济问题的分析和对 Y 进行更准确的预测。因此需要对每个变量进行考查，如果某个自变量 X 对因变量 Y 的作用不显著，那么它在多元线性回归模型中，其前面的系数可取值为零。因此，必须对 β_i 是否为零进行显著性检验。

对回归系数 $\hat{\beta}_i$ 进行 t 检验，具体步骤如下：

(1) 提出假设。原假设 $H_0: \beta_i=0$；备择假设 $H_1: \beta_i \neq 0$。

(2) 构造统计量 $t=\frac{\hat{\beta}_i-\beta_i}{S(\hat{\beta}_i)}$。当 $\beta_i=0$ 成立时，统计量 $t=\frac{\hat{\beta}_i}{S(\hat{\beta}_i)} \sim t(n-k-1)$。其中，$S(\hat{\beta}_i)$ 为 $\hat{\beta}_i$ 的标准差，k 为自变量个数。

(3) 给定显著性水平 α，查自由度为 $n-k-1$ 的 t 分布表，得临界值 $t_{\frac{\alpha}{2}}(n-k-1)$。

(4) 若 $|t|>t_{\frac{\alpha}{2}}(n-k-1)$，则拒绝 H_0，接受 H_1，即认为 β_i 显著不为零。若 $|t| \leqslant t_{\frac{\alpha}{2}}(n-k-1)$，则接受 H_0，即认为 β_i 显著为零。

需要注意的是，若回归模型中自变量个数为 k 个，需要进行 k 次 t 检验。

五、模型的预测

对于多元线性回归模型：

$$Y_i = \beta_0 + \beta_1 X_{1i} + \beta_2 X_{2i} + \cdots + \beta_k X_{ki} + \mu_i = \boldsymbol{X}_i \boldsymbol{\beta} + \mu_i$$

其中，$\boldsymbol{X}_i=(1, X_{1i}, X_{2i}, \cdots, X_{ki})$，$\boldsymbol{\beta}=(\beta_0, \beta_1, \cdots, \beta_k)'$，$(i=1,2,\cdots,n)$

根据样本观测值 $(1, X_{1i}, X_{2i}, \cdots, X_{ki}; Y_i)$，$(i=1,2,\cdots,n)$，利用最小二乘法求得回归方程：

$$\hat{Y}_i = \boldsymbol{X}_i \hat{\boldsymbol{\beta}}$$

预测就是给自变量某一特定值 $\boldsymbol{X}_0=(1, X_{10}, X_{20}, \cdots, X_{k0})$ 对因变量的值 Y_0 进行估计，$\hat{Y}_0$ 作为 Y_0 的预测值。设 $e_0=Y_0-\hat{Y}_0$，称其为预测误差。e_0 为一随机变量，可以证明 e_0 服从正态分布，即

$$e_0 \sim N(0, \sigma_\mu^2(1+\boldsymbol{X}_0(\boldsymbol{X}'\boldsymbol{X})^{-1}\boldsymbol{X}_0'))$$

将式中 σ_μ^2 用它的估计值 S_e^2 代替，则得 e_0 的标准差 $\hat{\sigma}(e_0)$：

$$\hat{\sigma}(e_0) = S_e \sqrt{1+\boldsymbol{X}_0(\boldsymbol{X}'\boldsymbol{X})^{-1}\boldsymbol{X}_0'}$$

t 统计量为：

$$t = \frac{\hat{Y}_0 - Y_0}{\hat{\sigma}(e_0)}$$

给定置信水平 $1-\alpha$，预测值 Y_0 的置信区间为：

$$\hat{Y}_0 - t_{\alpha/2}\hat{\sigma}(e_0) < Y_0 < \hat{Y}_0 + t_{\alpha/2}\hat{\sigma}(e_0)$$

即为：

$$\hat{Y}_0 - t_{\alpha/2} S_e \sqrt{1+\boldsymbol{X}_0(\boldsymbol{X}'\boldsymbol{X})^{-1}\boldsymbol{X}_0'} < Y_0 < \hat{Y}_0 + t_{\alpha/2} S_e \sqrt{1+\boldsymbol{X}_0(\boldsymbol{X}'\boldsymbol{X})^{-1}\boldsymbol{X}_0'}$$

对一系列的自变量 X 的值可构造 Y_0 的一系列的置信区间，这些置信区间构成一个 Y_0 的置信带。单个值的预测置信带通常在平均值预测的置信带的外面。这些置信带的形状都呈喇叭形。在 X 的取值接近 X 的均值时，置信带较窄；随着 X 的取值迅速远离 X

的均值，置信带迅速变宽，X 的取值在样本区间之外时，置信带则很宽。这表明我们利用样本回归方程进行预测时，在外推预测时要十分小心。

例 5-2 某商业公司在 15 个地区开有分店，现欲准备在一新地区开一分店。现 15 个地区的销售额数据及所在地区的人口数、月人均收入数据如表 5-2 所示。为预测新开地区分店的销售额情况，试建立该公司分店销售额与所在地区人口数、人均收入的回归模型。

表 5-2 某公司分店经营相关数据表

地区	销售额(万元)	人口数(万人)	月人均收入(元/人)
1	260	90	2 200
2	250	75	1 800
3	265	80	1 600
4	225	70	1 900
5	257	76	2 000
6	220	65	1 800
7	200	72	1 600
8	300	100	3 200
9	180	50	1 500
10	310	130	2 800
11	160	52	1 400
12	330	140	3 600
13	140	42	1 200
14	350	180	2 900
15	120	40	1 000

为方便起见，我们定义：分店销售额为因变量，记为 Y；自变量为所在地区人口数(X_1)、月人均收入(X_2)。

1. SPSS 软件应用

在 SPSS 中运行如下命令：

```
REGRESSION
  /MISSING LISTWISE
  /STATISTICS COEFF OUTS R ANOVA
  /CRITERIA = PIN(.05) POUT(.10)
  /NOORIGIN
  /DEPENDENT y
      /METHOD = ENTER x1 x2.
```

可得如下结果：

Variables Entered/Removed[b]

Model	Variables Entered	Variables Removed	Method
1	X2,X1[a]	.	Enter

a. All requested variables entered.

b. Dependent Variable: Y.

Model Summary

Model	R	R Square	Adjusted R Square	Std. Error of the Estimate
1	.943[a]	.889	.871	24.82534

a. Predictors: (Constant), X2, X1.

ANOVA[b]

Model		Sum of Squares	df	Mean Square	F	Sig.
1	Regression	59 270.83	2	29 635.413	48.086	.000[a]
	Residual	7 395.573	12	616.298		
	Total	66 666.40	14			

a. Predictors: (Constant), X2, X1.

b. Dependent Variable: Y.

Coefficients[a]

Model		Unstandardized Coefficients		Standardized Coefficients	t	Sig.
		B	Std. Error	Beta		
1	(Constant)	77.625	18.929		4.101	.001
	X1	.962	.334	.546	2.884	.014
	X2	3.896E-02	.017	.430	2.271	.042

a. Dependent Variable: Y.

从输出结果看,回归分析结果分为四部分。

第一部分是模型中自变量情况的说明。显然本回归模型中采用的是指定变量法(Entered),模型中的自变量有两个:X_1 和 X_2。

第二部分,模型总结部分。此部分给出了两变量间的相关系数 R、回归模型的拟合系数以及校正后的拟合系数,并给出标准误。从分析结果看,模型调整后的拟合系数为0.871,大于0.8,说明回归模型可解释数据变动的87.1%,表明模型对数据的拟合程度是较高的。

第三部分,模型的方差分析表。此部分内容是对回归模型整体的显著性进行的检验,用的是 F 检验。对应的原假设为:回归模型是不显著的。备择假设为:回归模型是显著的。可通过 p 值进行检验,由于Sig.小于0.05,因而应拒绝原假设,可认为该回归模型是显著的,即回归模型通过了 F 检验。

第四部分,模型的系数部分。该部分给出回归模型的参数估计及相关的 t 检验。从输出结果中可看出,Unstandardized Coefficients 中第一列给出了两个系数的估计值,$\hat{\beta}_0=77.625$,$\hat{\beta}_1=0.962$,$\hat{\beta}_2=0.039$。

于是我们得到估计的回归方程:

$$\hat{Y}=77.625+0.962X_1+0.039X_2$$

在上述回归方程中,截距项代表当自变量 X_1 和 X_2 的取值都为零时,公司销售额 Y 的取值为77.625万元。偏回归系数项 $\hat{\beta}_1=0.962$ 表示在 X_2 不变的情况下,人口数(X_1)每增加1万人时,公司分店销售额平均增加0.962万元。偏回归系数项 $\hat{\beta}_2=0.039$ 表示

在 X_1 不变的情况下,月人均收入(X_2)每增加 1 元,公司分店销售额平均增加 0.039 万元。

从该部分的 t 统计量看,$\hat{\beta}_1$ 对应的 t 统计量为 2.884,其对应的 Sig. 为 0.014,小于 0.05,因而应拒绝原假设,可认为回归系数是显著的,即 X_1 对 Y 是有显著影响的。$\hat{\beta}_2$ 对应的 t 统计量为 2.271,其对应的 Sig. 为 0.042,小于 0.05,因而应拒绝原假设,可认为回归系数是显著的,即 X_2 对 Y 是有显著影响的。

通过上述分析,可以看出,该回归模型通过了拟合优度检验、t 检验、F 检验,说明该回归模型的效果是不错的,可以用它进行预测。例如,某地区人口数为 120 万人,月人均收入为 2 000 元/人,可以预测该地区公司分店的销售额为:

$$\hat{Y}=77.625+0.962X_1+0.039X_2$$
$$=77.625+0.962\times120+0.039\times2\,000=271.07(\text{万元})$$

2. Stata 软件应用

在 Stata 中运行如下命令:

```
regress Y X1 X2,noconstant hascons tsscons
```

可得如下结果:

Source	SS	df	MS
Model	59270.827	2	29635.4135
Residual	7395.57303	12	616.297753
Total	66666.4	14	4761.88571

Number of obs = 15
F(2, 12) = 48.09
Prob > F = 0.0000
R-squared = 0.8891
Adj R-squared = 0.8706
Root MSE = 24.825

Y	Coef.	Std. Err.	t	P>|t|	[95 % Conf.	Interval]
X1	.9622519	.3336009	2.88	0.014	.2353979	1.689106
X2	.0389593	.0171526	2.27	0.042	.001587	.0763315
_cons	77.6254	18.92911	4.10	0.001	36.38241	118.8684

由上述结果我们可以得到与 SPSS 一致的回归方程。在上述回归方程中,截距项代表当自变量 X_1 和 X_2 的取值都为零时,公司销售额 Y 的取值为 77.625 万元。偏回归系数项表示在 X_2 不变的情况下,每当人口数(X_1)每增加 1 万人时,公司分店销售额平均增加 0.962 万元。偏回归系数项 $\hat{\beta}_2=0.039$ 表示在 X_1 不变的情况下,每当月人均收入(X_2)每增加 1 元,公司分店销售额平均增加 0.039 万元。

从该部分的 t 统计量看,$\hat{\beta}_1=0.962$ 对应的 t 统计量为 2.88,其对应的 Sig.(p 值)为 0.014,小于 0.05,因而应拒绝原假设,可认为回归系数是显著的。即自变量 X_1 对因变量 Y 是有显著影响的。$\hat{\beta}_2=0.039$ 对应的 t 统计量为 2.27,其对应的 Sig.(p 值)为 0.042,小于 0.05,因而应拒绝原假设,可认为回归系数是显著的。即自变量 X_2 对因变量 Y 是有显著影响的。

六、自变量的选择

自变量的选择是多元线性回归经常碰到的问题。在选择时，一方面希望尽可能不漏掉重要的解释变量，同时又尽可能减少解释变量的个数，使模型精简。在确定解释变量时，首先列出所有可能的解释变量，再根据不同解释变量的组合，选择合适的模型。由于每个变量都可能被选择或被排除在外，因此拟合的模型总数为 2^p 个（p 为解释变量个数）。若解释变量个数很大时，工作量会迅速增加，使用上述方法就不太现实了。此时需要有效的变量选择方法，主要有向前法、向后法和逐步回归法。

1. 向前法

该方法事先给定一个挑选自变量进入模型的标准。开始时，模型中除常数项外没有自变量，然后，按照自变量对因变量 Y 的贡献大小由大到小依次挑选进入方程。每选入一个变量进入方程，则重新计算方程外各自变量（在扣除了已选入变量的影响后）对 Y 的贡献。直至方程外变量均达不到入选标准，没有自变量可被引入方程为止。该种方法只考虑选入变量，一旦某变量进入模型，就不再考虑剔除。

2. 向后法

与向前法相反，该方法事先给定一个剔除自变量的标准。开始时全部自变量都在方程之中，然后，按照自变量对因变量的贡献大小由小到大依次剔除。每剔除一个变量，则重新计算未被剔除的自变量对因变量的贡献，直至方程中所有变量均符合选入标准，没有自变量被剔除为止。该种方法只考虑剔除，自变量一旦被剔除，则不再考虑进入模型。

3. 逐步回归法

该方法的主要思路是考虑全部自变量对因变量的作用大小、显著程度大小或贡献大小，由大到小地逐个引入回归方程，那些作用不显著的变量可能始终不会被引入回归方程。另外，已被引入回归方程的变量在引入新变量后也可能失去重要性，而需要从回归方程中剔除出去。引入一个变量或者从回归方程中剔除一个变量都称为逐步回归的一步，每一步都要进行检验，以保证在引入新变量前回归方程中只含有影响显著的变量，而不显著的变量已被剔除。

逐步回归法是逐步筛选自变量的回归方法，筛选过程中有进有出。开始时，将因变量与每一自变量作一元回归，挑出与 Y 相关程度最密切或 F 检验最显著的一元线性回归方程。然后再引入第二个变量，原则是它比别的变量进入模型有更大的 F 检验值。同时对原来的第一个变量作检验，看新变量引入后老变量是否还显著，若不显著则予以剔除。如此继续下去，每次都引入一个在剩余变量中进入模型后有最大 F 检验值的变量，每次引入后又对原来已引入的变量逐一检验以决定是否剔除。这样直到再无新变量可以引入，同时再无旧变量可以剔除为止，最终建立起回归方程。

逐步回归法的实施过程是每一步都要对已引入回归方程的变量计算其偏回归平方和（即贡献），然后选一个偏回归平方和最小的变量，在预先给定的水平下进行显著性检验，如果显著则该变量不必从回归方程中剔除，这时方程中其他的变量也都不需要剔除（因为其他变量的偏回归平方和都大于最小的一个）。相反，如果不显著，则该变量要被剔除，然后按偏回归平方和由小到大依次对方程中其他变量进行检验。将影响不显著的变量全部剔除，保留的都是显著的。接着再对未引入回归方程中的变量分别计算其偏回归平方和，并选择偏回归平方和最大的一个变量，同样在给定水平下作显著性检验，如果显著则将该变量引入回归方程。这一过程一直继续下去，直到在回归方程中的变量都不能剔除而又无新变量可以引入时为止，这时逐步回归过程结束。

逐步回归通常由以下步骤组成：

（1）观测数据的标准化

进行标准化的目的一是提高计算精度，二是有利于数据转换。标准化按列进行，假设原模型为：

$$\boldsymbol{Y} = \boldsymbol{X\beta} + \boldsymbol{\varepsilon}, \quad \boldsymbol{\varepsilon} \sim N(0, \sigma^2 \boldsymbol{I}_n)$$

将 $\boldsymbol{X}$ 按列剖分成$(\boldsymbol{X}_1 \vdots \boldsymbol{X}_2 \vdots \cdots \vdots \boldsymbol{X}_p)$，记各列数据的均值为：

$$\overline{X}_j = \frac{1}{n}\sum_{i=1}^{n} X_{ij}, \quad j = 1, \cdots, p \tag{5-16}$$

$$\overline{Y} = \frac{1}{n}\sum_{i=1}^{n} Y_i$$

中心化后各列数据离差平方和为：

$$\sigma_j^2 = \sum_{i=1}^{n} (X_{ij} - \overline{X}_j)^2, \quad j = 1, \cdots, p$$

$$\sigma_Y^2 = \sum_{i=1}^{n} (Y_i - \overline{Y})^2$$

作数据标准化：

$$Z_{ij} = \frac{X_{ij} - \overline{X}_j}{\sigma_j}, \quad i = 1, \cdots, n, \quad j = 1, \cdots, p$$

$$Y_i^* = \frac{Y_i - \overline{Y}}{\sigma_Y} \quad i = 1, \cdots, n$$

则回归模型变为：

$$\boldsymbol{Y}^* = \boldsymbol{Z\alpha} + \boldsymbol{\varepsilon}^*, \quad \boldsymbol{\varepsilon}^* \sim N(0, \boldsymbol{I}_n)$$

此时，数据标准化后的新模型参数估计为：

$$\hat{\boldsymbol{\alpha}} = (\boldsymbol{Z}'\boldsymbol{Z})^{-1}\boldsymbol{Z}'\boldsymbol{Y}^*$$

其中 $p \times p$ 方阵 $\boldsymbol{Z}'\boldsymbol{Z}$ 的各元素为 $\boldsymbol{X}_1, \cdots, \boldsymbol{X}_p$ 之间的相关系数

$$(\boldsymbol{Z}'\boldsymbol{Z})_{kj} = \frac{\sum_{i=1}^{n} (X_{ik} - \overline{X}_k)(K_{ij} - \overline{X}_j)}{\sigma_k \sigma_j} = r_{X_k Y_j}$$

列向量 $\boldsymbol{Z}'\boldsymbol{Y}^*$ 的各元素为 $\boldsymbol{X}_1, \cdots, \boldsymbol{X}_p$ 与 $\boldsymbol{Y}$ 的相关系数：

$$(\boldsymbol{Z}'\boldsymbol{Y}^*)_k = \frac{\sum_{i=1}^{n} (X_{ik} - \overline{X}_k)(Y_i - \overline{Y})}{\sigma_K \sigma_Y} = r_{X_k Y}, \quad k = 1, \cdots, p$$

在求得新模型的最小二乘解 $\hat{\boldsymbol{\alpha}}$ 之后,可按下式推出原模型的解:

$$\hat{\beta}_j = \frac{\sigma_Y}{\sigma_j}\hat{\alpha}_j, \quad j = 1, \cdots, p$$

(2) 选入变量

将模型外的变量分别代入模型计算其 F 检验值,挑 F 值最大的实际进入。选入变量后各个参数的最小二乘解不必重新计算矩阵的逆,对原有参数加以修正即可。

(3) 剔除变量

一般采用 F 检验。逐次假设 $\alpha_j=0$,用统计量 $F=\dfrac{\hat{\alpha}_j^2/C_{jj}}{S_{ES}/(n-p)}\sim F(1,n-p)$,$C_{jj}$ 为 $(\boldsymbol{Z}'\boldsymbol{Z})^{-1}$ 主对角线的第 j 个元素。取这 p 个 F 值中最小的一个,作 F 检验决定它是否应该剔除。

(4) 整理结果

当再无新自变量可以进入且无旧自变量可以剔除时,终止筛选变量,估计回归方程的各项参数,进行检验并做出预测。

例 5-3 为研究下属医院所需要的人力资源,某地区卫生局对所管辖的 15 家医院进行了调查,获得了如表 5-3 显示的数据。表中变量的含义如下:Y 为月均使用的人(小时)数;X_1 为日平均病人数;X_2 为月平均光透视人数;X_3 为月平均所占用的床位(天数);X_4 为当地人口数(千人);X_5 为平均每个病人住院天数。试建立 Y 关于 $X_1,\cdots,X_5$ 的多元回归方程,分析它们之间的关系。

表 5-3 下属医院相关数据表

医院编号	Y	X_1	X_2	X_3	X_4	X_5
1	1 854.17	55.28	5 779	1 687.00	43.3	5.62
2	2 160.55	59.28	5 969	1 639.92	46.7	6.16
3	2 305.58	94.49	8 461	2 872.33	78.7	6.18
4	566.52	15.57	2 463	472.92	18.0	4.45
5	3741.40	131.42	10 771	3 921.00	103.7	4.88
6	4 026.52	127.21	15 543	3 865.67	126.8	5.50
7	10 343.81	262.90	36 104	7 684.10	157.7	7.00
8	696.82	44.02	2 048	1 339.75	9.5	6.92
9	1 033.15	20.42	3 940	620.25	12.8	4.28
10	1 603.62	18.74	6 505	568.33	36.7	3.90
11	1 611.37	49.20	5 723	1 497.60	35.7	5.50
12	1 613.27	44.92	11 520	1 365.83	24.00	4.60
13	3 503.93	128.02	20 106	3 655.08	180.5	6.15
14	3 571.89	96.10	13 313	2 912.00	60.9	5.88
15	11 732.17	409.20	34 703	12 446.33	169.4	10.78

1. SPSS 软件应用

在 SPSS 中运行如下命令：

```
REGRESSION
  /MISSING LISTWISE
  /STATISTICS COEFF OUTS R ANOVA
  /CRITERIA = PIN(.05) POUT(.10)
  /NOORIGIN
  /DEPENDENT y
  /METHOD = ENTER x1 x2 x3 x4 x5   .
```

可得如下结果：

Variables Entered/Removed[b]

Model	Variables Entered	Variables Removed	Method
1	X5,X4,X2,X3,X1[a]	.	Enter

a. All requested variables entered.

b. Dependent Variable: Y.

Model Summary

Model	R	R Square	Adjusted R Square	Std. Error of the Estimate
1	.994[a]	.989	.983	438.505

a. Predictors: (Constant), X5, X4, X2, X3, X1.

ANOVA[b]

Model		Sum of Squares	df	Mean Square	F	Sig.
1	Regression	152 113 434.4	5	30 422 686.9	158.215	.000[a]
	Residual	1 730 582	9	192 286.845		
	Total	153 844 016.4	14			

a. Predictors: (Constant), X5, X4, X2, X3, X1.

b. Dependent Variable: Y.

Coefficients[a]

Model		Unstandardized Coefficients		Standardized Coefficients	t	Sig.
		B	Std. Error	Beta		
1	(Constant)	1 741.960	865.395		2.013	.075
	X1	131.936	58.361	4.214	2.261	.050
	X2	.106	.043	.341	2.462	.036
	X3	−3.332	1.811	−3.204	−1.840	.099
	X4	−14.155	4.452	−.254	−3.180	.011
	X5	−339.777	172.307	−.169	−1.972	.080

a. Dependent Variable: Y.

对于用指定变量法得到的上述回归分析结果，我们可以发现，拟合系数较高且通过 F 检验，但在回归系数的 t 检验中，X_3，X_5 的 Sig. 大于 0.05，说明这些变量对因变量的解释能力不显著。因此需要进行自变量的选择。

这里，再选用逐步回归法来进行分析。

在 SPSS 中运行如下命令：

```
REGRESSION
  /MISSING LISTWISE
  /STATISTICS COEFF OUTS R ANOVA
  /CRITERIA = PIN(.05) POUT(.10)
  /NOORIGIN
  /DEPENDENT y
  /METHOD = STEPWISE x1 x2 x3 x4 x5.
```

可得如下结果：

Variables Entered/Removed[b]

Model	Variables Entered	Variables Removed	Method
1	X1	.	Stepwise (Criteria: Probability-of-F-to-enter <=.050, Probability-of-F-to-remove >=.100).
2	X2	.	Stepwise (Criteria: Probability-of-F-to-enter <=.050, Probability-of-F-to-remove >=.100).

a. Dependent Variable: Y.

Model Summary

Model	R	R Square	Adjusted R Square	Std. Error of the Estimate
1	.973[a]	.946	.942	798.64897
2	.987[b]	.974	.970	574.48911

a. Predictors: (Constant), X1.

b. Predictors: (Constant), X1, X2.

ANOVA[c]

Model		Sum of Squares	df	Mean Square	F	Sig.
1	Regression	145 552 094.4	1	145 552 094	228.195	.000[a]
	Residual	8 291 922	13	637 840.180		
	Total	153 844 016.4	14			
2	Regression	149 883 563.4	2	74 941 781.7	227.070	.000[b]
	Residual	3 960 453	12	330 037.734		
	Total	153 844 016.4	14			

a. Predictors: (Constant), X1.

b. Predictors: (Constant), X1, X2.

c. Dependent Variable: Y.

Coefficients[a]

Model		Unstandardized Coefficients B	Unstandardized Coefficients Std. Error	Standardized Coefficients Beta	t	Sig.
1	(Constant)	197.161	293.761		.671	.514
	X1	30.452	2.016	.973	15.106	.000
2	(Constant)	−148.348	231.836		−.640	.534
	X1	18.001	3.730	.575	4.825	.000
	X2	.134	.037	.432	3.623	.003

a. Dependent Variable: Y.

Excluded Variables[c]

Model		Beta In	t	Sig.	Partial Correlation	Collinearity Statistics Tolerance
1	X2	.432[a]	3.623	.003	.723	.151
	X3	−3.937[a]	−2.047	.063	−.509	8.998E−04
	X4	.017[a]	.146	.887	.042	.332
	X5	−.239[a]	−2.138	.054	−.525	.260
2	X3	−.522[b]	−.247	.810	−.074	5.198E−04
	X4	−.170[b]	−2.066	.063	−.529	.250
	X5	−.090[b]	−.834	.422	−.244	.187

a. Predictors in the Model: (Constant), X1.
b. Predictors in the Model: (Constant), X1, X2.
c. Dependent Variable: Y.

由以上输出的结果可以发现：在回归过程中，自变量 X_1、X_2 依次被首先选入模型并保留在模型中，而自变量 X_3、X_4、X_5 被排除在外。最终建立的模型为：

$$\hat{Y} = -148.348 + 18.001X_1 + 0.134X_2$$

经检验，此回归模型通过各项检验，显著性强，可用此模型进行预测。

2. Stata 软件应用

在 Stata 中运行如下命令：

```
regress Y X1 X2 X3 X4 X5,noconstant hascons tsscons
```

可得如下结果：

Source	SS	df	MS
Model	152113435	5	30422686.9
Residual	1730581.61	9	192286.845
Total	153844016	14	10988858.3

```
Number of obs  =      15
F(  5,     9)  =  158.22
Prob > F       =  0.0000
R-squared      =  0.9888
Adj R-squared  =  0.9825
Root MSE       =  438.51
```

Y	Coef.	Std. Err.	t	P>|t|	[95 % Conf.	Interval]
X1	131.9361	58.36136	2.26	0.050	-.0864508	263.9587
X2	.1059732	.043036	2.46	0.036	.008619	.2033274
X3	-3.33164	1.810759	-1.84	0.099	-7.427861	.7645812
X4	-14.15471	4.451693	-3.18	0.011	-24.22514	-4.084285
X5	-339.7767	172.307	-1.97	0.080	-729.5622	50.00892
_cons	1741.96	865.3948	2.01	0.075	-215.6988	3699.62

与最初在 SPSS 软件中,运行的结果相同,在回归系数的 t 检验中,X_3,X_5 的 Sig. 大于 0.05,说明这些变量对因变量的解释能力不显著。因此需要进行自变量的选择。

我们可以选用逐步回归法来进行分析。在 Stata 中运行如下命令:

```
sw reg Y X1 X2 X3 X4 X5,pr(0.05)
```

可得如下结果:

```
                      begin with full model
p = 0.0989>=0.0500  removing X3
p = 0.1896>=0.0500  removing X5
p = 0.0632>=0.0500  removing X4
```

Source	SS	df	MS
Model	149883563	2	74941781.7
Residual	3960452.8	12	330037.734
Total	153844016	14	10988858.3

Number of obs	=	15
F(2, 12)	=	227.07
Prob > F	=	0.0000
R-squared	=	0.9743
Adj R-squared	=	0.9700
Root MSE	=	574.49

Y	Coef.	Std. Err.	t	P>|t|	[95 % Conf.	Interval]
X1	18.00098	3.730398	4.83	0.000	9.873146	26.12882
X2	.1342819	.0370665	3.62	0.003	.0535209	.2150428
_cons	-148.3482	231.8355	-0.64	0.534	-653.4745	356.778

从上表中我们可以直接得到模型的最终形式:

$$\hat{Y}=-148.348+18.001X_1+0.134X_2$$

第三节　回归分析专题

前面讨论的回归模型是以线性回归模型的基本假设成立为基础的,但在实际应用中,由于各种原因,上述假设可能并不成立。如何面对和处理这些情况,下面分别进行讨论。讨论主要集中在多重共线性、异方差性、自相关和定性自变量的处理上。

一、多重共线性及有偏回归

(一) 多重共线性及其影响

由于数据本身的特征,回归模型中的解释变量之间或多或少存在一些相关性,这种情况违反了解释变量相互独立的假设,我们称之为多重共线性(Multi-collinearity)。

多重共线性分为两类。一类是严重的多重共线性,即解释变量之间存在较高甚至完全的线性相关关系,此时设计矩阵的列向量存在近似线性相关(又称为多重共线性),则$|\boldsymbol{X}'\boldsymbol{X}|\approx 0$。此时一般最小二乘法尽管可以进行,但估计的性质变坏,主要是观测误差的稳定性变差,严重时估计量可能变得面目全非。但这种情况并不多见。另一类是解释变量之间存在着某种相关关系。在这种情况下,最小二乘估计量仍能估计,且为最优线性无偏估计量,但估计量的方差较大。同时使得估计精度下降,无法判断解释变量对被解释变量的影响程度。

对多重共线性的判断方法有很多。其一,可计算解释变量之间的相关系数,若相关系数的值都较高,说明存在较严重的多重共线性。其二,考察决定系数和 t 检验的数值。若某一方程存在较高的决定系数,而各个回归系数的 t 检验大都在统计上不显著,就可能存在严重的多重共线性。其三,计算方差膨胀因子 VIF。自变量 X_j 的方差膨胀因子记为 VIF_j。

$$\mathrm{VIF}_j = (1 - R_j^2)^{-1}$$

式中,R_j^2 是以 X_j 为因变量对其他自变量回归的决定系数。若 VIF_j 值大于 10,则表明 $R_j^2 > 0.9$,可以认为该自变量是其他自变量的线性组合,因而存在较严重的多重共线性。

对多重共线性的处理方法可分为两种:一种是设法找出引起多重共线性的解释变量,将其剔除以消除多重共线性。另一种是通过变量定义形式或参数估计方法的选取来克服,如采用差分法改变原来方法的设定,以减弱多重共线性。另外,可通过样本容量的增加,以减少估计量的方差,提高估计精度;或者利用已知信息等,均可在一定程度上克服多重共线性。当然,也可采用有偏回归方法来克服多重共线性,如下面的岭回归方法。

(二) 岭回归

岭回归(Ridge Regression)方法由 A. E. Hoerl 在 1962 年提出,并由他和 R. W. Kennard 在 1970 年系统发展。该方法可以显著改善设计矩阵列多重共线性时最小二乘估计的均方误差,增强估计的稳定性。这个方法在计算数学上称为阻尼最小二乘。

岭回归方法就是在病态的 $\boldsymbol{X}'\boldsymbol{X}$ 中沿主对角线人为地加入正数,从而使 λ_p 稍大一些。我们知道多元线性回归模型中 $\boldsymbol{\beta}$ 的最小二乘估计为:

$$\hat{\boldsymbol{\beta}} = (\boldsymbol{X}'\boldsymbol{X})^{-1}\boldsymbol{X}'\boldsymbol{Y}$$

则 $\boldsymbol{\beta}$ 的岭估计定义为:

$$\hat{\boldsymbol{\beta}}(k) = (\boldsymbol{X}'\boldsymbol{X} + k\boldsymbol{I}_p)^{-1}\boldsymbol{X}'\boldsymbol{Y}, \quad 0 < k < +\infty \tag{5-17}$$

在上式中,当 $k=0$ 时,它就是最小二乘估计;当 $k\to+\infty$,$\hat{\boldsymbol{\beta}}(k)\to 0$。那么,$k$ 取多大值

为好？同时我们也要知道 $\hat{\boldsymbol{\beta}}(k)$ 的统计性质如何，具体如下：

性质 1　岭估计不再是无偏估计，即 $E(\hat{\boldsymbol{\beta}}(k)) \neq \boldsymbol{\beta}$。

因为

$$E(\hat{\boldsymbol{\beta}}(k)) = E[(\boldsymbol{X}'\boldsymbol{X} + k\boldsymbol{I}_p)^{-1}\boldsymbol{X}'\boldsymbol{Y}] = (\boldsymbol{X}'\boldsymbol{X} + k\boldsymbol{I}_p)^{-1}\boldsymbol{X}'\boldsymbol{X}\boldsymbol{\beta}$$
$$= [(\boldsymbol{X}'\boldsymbol{X} + k\boldsymbol{I}_p)^{-1}((\boldsymbol{X}'\boldsymbol{X})^{-1})^{-1}]\boldsymbol{\beta} = [I_p + k(\boldsymbol{X}'\boldsymbol{X})^{-1}]^{-1}\boldsymbol{\beta}$$

无偏性一直被认为是一个好的统计量所必须具备的基本性质，但是在现在所讨论的问题背景下，我们只好牺牲无偏性，以改善估计的稳定性。

性质 2　岭估计是线性函数。

记 $\boldsymbol{S}=\boldsymbol{X}'\boldsymbol{X}, \boldsymbol{Z}_k=(\boldsymbol{I}+k\boldsymbol{S}^{-1})^{-1}$，因为

$$\hat{\boldsymbol{\beta}}(k) = (\boldsymbol{S} + k\boldsymbol{I})^{-1}\boldsymbol{X}'\boldsymbol{Y} = (\boldsymbol{S} + k\boldsymbol{I})^{-1}\boldsymbol{S}\boldsymbol{S}^{-1}\boldsymbol{X}'\boldsymbol{Y} = (\boldsymbol{I} + k\boldsymbol{S}^{-1})^{-1}\hat{\boldsymbol{\beta}}_L = \boldsymbol{Z}_k\hat{\boldsymbol{\beta}}_L \quad (5\text{-}18)$$

可见 $\hat{\boldsymbol{\beta}}(k)$ 不仅是 $\boldsymbol{Y}$ 的线性函数，而且是原来最小二乘估计 $\hat{\boldsymbol{\beta}}_L$ 的线性函数。

性质 3　$\boldsymbol{Z}_k$ 的特征根都在(0,1)内。

设有正交阵 $\boldsymbol{P}$ 与 $\boldsymbol{P}'$ 使

$$\boldsymbol{PSP}' = \begin{bmatrix} \lambda_1 & & \\ & \ddots & \\ & & \lambda_p \end{bmatrix} = \boldsymbol{\Lambda} = \mathrm{diag}(\lambda_1, \cdots, \lambda_p)$$

则

$$\boldsymbol{PZ}_K\boldsymbol{P}' = \boldsymbol{P}(\boldsymbol{I} + k\boldsymbol{S}^{-1})^{-1}\boldsymbol{P}' = [\boldsymbol{P}(\boldsymbol{I} + k\boldsymbol{S}^{-1})\boldsymbol{P}']^{-1} = [\boldsymbol{I} + k\boldsymbol{\Lambda}^{-1}]^{-1}$$
$$= \begin{bmatrix} 1+\frac{k}{\lambda_1} & & \\ & \ddots & \\ & & 1+\frac{k}{\lambda_p} \end{bmatrix}^{-1} = \begin{bmatrix} \frac{\lambda_1}{\lambda_1+k} & & \\ & \ddots & \\ & & \frac{\lambda_p}{\lambda_p+k} \end{bmatrix} \triangleq \boldsymbol{\Lambda}(k)$$

故知 $\boldsymbol{Z}_k$ 的特征根分别为 $\frac{\lambda_i}{\lambda_i+k}$，且都在(0,1)内。

性质 4　岭估计是压缩估计，即 $\|\hat{\boldsymbol{\beta}}(k)\| \leqslant \|\hat{\boldsymbol{\beta}}\|$。

因为由性质 2、性质 3，有

$$\|\hat{\boldsymbol{\beta}}(k)\|^2 = \|\boldsymbol{Z}_k\hat{\boldsymbol{\beta}}\|^2 = \|\boldsymbol{P}'\boldsymbol{\Lambda}(k)\boldsymbol{P}\hat{\boldsymbol{\beta}}\|^2 = \|\boldsymbol{\Lambda}(k)\boldsymbol{P}\hat{\boldsymbol{\beta}}\|^2 < \|\boldsymbol{P}\hat{\boldsymbol{\beta}}\|^2 = \|\hat{\boldsymbol{\beta}}\|^2$$

当然，由于 $\frac{\lambda_i}{\lambda_i+k}, i=1,\cdots,p$ 并不一定互相相等，这种压缩一般不是各方向上的均匀压缩。

性质 5　岭估计的均方误差较小，即

$$E\|\hat{\boldsymbol{\beta}}(k) - \boldsymbol{\beta}\|^2 \leqslant E\|\hat{\boldsymbol{\beta}} - \boldsymbol{\beta}\|^2$$

（三）岭迹分析与岭参数选择

因为岭估计 $\hat{\boldsymbol{\beta}}(k)=(\boldsymbol{X}'\boldsymbol{X}+k\boldsymbol{I})^{-1}\boldsymbol{X}'\boldsymbol{Y}$ 是 k 的函数，所以在二维坐标平面上若以横轴为 k，纵轴为 $\hat{\boldsymbol{\beta}}(k)$，它将是一条曲线。这条曲线我们称之为岭迹。

前面已指出，当 $k\to 0$ 时，岭迹反映了最小二乘估计 $\hat{\boldsymbol{\beta}}(0)$ 的不稳定性；当 $k\to +\infty$ 时，

岭迹将趋于0。在k从0到$+\infty$的变化过程中，$\hat{\boldsymbol{\beta}}(k)$的变化可能比较复杂。

关于岭参数选择的问题，已有许多文献讨论，但并没有一个公认最优的准则。许多办法含有未知参数，又要对其进行估计。下面简要介绍几种较有影响的方法和原则。

1. 岭迹稳定

观察岭迹曲线，原则上应该选取使$\hat{\boldsymbol{\beta}}(k)$稳定的最小$k$值，同时残差平方和也不应增加太多。

2. 均方误差小

岭估计的均方误差$\mathrm{MSE}(\hat{\boldsymbol{\beta}}(k))=E(\|\hat{\boldsymbol{\beta}}(k)-\hat{\boldsymbol{\beta}}\|)^2$还是$k$的函数，可以证明它能在某处取得最小值。计算并观察$\mathrm{MSE}(\hat{\boldsymbol{\beta}}(k))$，开始它将下降，到达最小值后开始上升。取它在最小值处的k作为岭参数。

3. $k=\hat{\sigma}^2/\max\hat{\sigma}_i^2$

假设回归模型$\boldsymbol{Y}=\boldsymbol{X\beta}+\boldsymbol{\varepsilon}$的设计阵$\boldsymbol{X}$已中心化，即

$$\boldsymbol{1}'\boldsymbol{X}=X_1+X_2+\cdots+X_p=0$$

并设$\boldsymbol{P}$为正交方阵，使

$$\boldsymbol{P}(\boldsymbol{X}'\boldsymbol{X})\boldsymbol{P}'=\boldsymbol{\Lambda}=\mathrm{diag}(\lambda_1,\lambda_2,\cdots,\lambda_p)$$

记$\boldsymbol{\alpha}=\boldsymbol{P\beta}$，$\boldsymbol{\alpha}$称为典则参数，$\boldsymbol{Z}=\boldsymbol{XP}'$，则原模型变为

$$\boldsymbol{Y}=\boldsymbol{Z\alpha}+\boldsymbol{\varepsilon}$$

这个形式被称为线性回归的典则形式。此时$\boldsymbol{\alpha}$的最小二乘估计与岭回归估计为：

$$\hat{\boldsymbol{\alpha}}=(\boldsymbol{Z}'\boldsymbol{Z})^{-1}\boldsymbol{Z}'\boldsymbol{Y}=\boldsymbol{\Lambda}^{-1}\boldsymbol{PX}'\boldsymbol{Y}$$

$$\hat{\boldsymbol{\alpha}}(k)=(\boldsymbol{Z}'\boldsymbol{Z}+k\boldsymbol{I})^{-1}\boldsymbol{PX}'\boldsymbol{Y}=(\boldsymbol{\Lambda}+k\boldsymbol{I})^{-1}\boldsymbol{PX}'\boldsymbol{Y}$$

于是

$$\hat{\sigma}^2=\frac{1}{n-p}(\hat{\boldsymbol{Y}}-\boldsymbol{Y})'(\hat{\boldsymbol{Y}}-\boldsymbol{Y})=\frac{1}{n-p}\boldsymbol{\varepsilon}'(\boldsymbol{I}_n-\boldsymbol{Z\Lambda}^{-1}\boldsymbol{Z}')\boldsymbol{\varepsilon},$$

$$\hat{\boldsymbol{\alpha}}=\boldsymbol{\Lambda}^{-1}\boldsymbol{G}'\boldsymbol{X}'\boldsymbol{Y}=(\hat{\alpha}_1,\cdots,\hat{\alpha}_p)'$$

都是可以计算的，从而选取岭参数$k=\hat{\sigma}^2/\max\hat{\alpha}_i^2$。

4. $k=p\hat{\sigma}^2\Big/\sum\limits_{j=1}^{p}\lambda_j\hat{\alpha}_j^2$

这是Bayes原理推出的法则。假如$\hat{\sigma}_\alpha^2$为$\{\alpha_i\}$的公共先验方差，则从Bayes原理出发，得到的岭估计为

$$k^*=\alpha^2/\alpha_\alpha^2$$

而$k=p\hat{\alpha}^2\Big/\sum\limits_{j=1}^{p}\lambda_j\hat{\alpha}_j^2$正是$k^*$的一个估计量。

5. $k=p\hat{\sigma}^2\Big/\sum\limits_{j=1}^{p}\hat{\alpha}_j^2$

直观来看，当$\boldsymbol{X}'\boldsymbol{X}=\boldsymbol{I}$时，取$k=p\hat{\sigma}^2\Big/\sum\limits_{j=1}^{p}\hat{\alpha}_j^2$可使岭估计具有最小的均方误差。于是以$\hat{\sigma}^2$替代$\sigma^2$即得这个估计量。

因为编制岭回归计算程序及自动打印岭迹的程序现在并不困难，所以在现有条件下建议主要采取岭迹图标分析。

（四）广义岭回归

前面我们介绍了线性回归模型的典则形式：

$$\boldsymbol{Y} = \boldsymbol{Z\alpha} + \boldsymbol{\varepsilon}$$

其中 $\boldsymbol{\alpha}=\boldsymbol{P\beta}$ 称为典则参数，$\boldsymbol{Z}=\boldsymbol{XP}'$ 称为典则变量，$\boldsymbol{P}$ 为正交方阵，使 $\boldsymbol{P}(\boldsymbol{X}'\boldsymbol{X})\boldsymbol{P}'=\boldsymbol{\Lambda}$。此时 $\boldsymbol{\alpha}$ 的岭估计为：

$$\hat{\boldsymbol{\alpha}}(k) = (\boldsymbol{\Lambda} + k\boldsymbol{I})^{-1}\boldsymbol{PX}'\boldsymbol{Y}$$

这里主对角线上统一加上了相同的 k。如果灵活一些，主对角线上可以加上不同的 k_i，$i=1,\cdots,p$，显然有可能使均方误差进一步下降。而且，原来狭义岭估计是广义岭估计的特例。将这个思想写成式子就是：

$$\hat{\boldsymbol{\alpha}}(\boldsymbol{K}) = (\boldsymbol{\Lambda} + \boldsymbol{K})^{-1}\boldsymbol{PX}'\boldsymbol{Y}$$

回到原来参数，就是：

$$\hat{\boldsymbol{\beta}}(\boldsymbol{K}) = \boldsymbol{P}'\hat{\boldsymbol{\alpha}}(\boldsymbol{K}) = \boldsymbol{P}'(\boldsymbol{\Lambda} + \boldsymbol{K})^{-1}\boldsymbol{PX}'\boldsymbol{Y}$$

这里，$\boldsymbol{K}=\mathrm{diag}(k_1,k_2,\cdots,k_p)$。

广义岭回归确实能使估计的均方误差进一步下降，但岭参数的选择更为复杂一些。

例 5-4 仍以例 5-3 中数据为例。从指定变量法的回归结果看，拟合系数虽高，但部分回归系数 t 检验没有通过，这表明可能存在多重共线性。为此，我们进行诊断。

在 SPSS 中，在原有指定变量法的回归模型命令基础上，增加多重共线性诊断一项，输入如下命令：

```
REGRESSION
  /MISSING LISTWISE
  /STATISTICS COEFF OUTS R ANOVA COLLIN TOL
  /CRITERIA = PIN(.05) POUT(.10)
  /NOORIGIN
  /DEPENDENT y
  /METHOD = ENTER x1 x2 x3 x4 x5   .
```

可得如下结果：

Coefficients[a]

Model		Unstandardized Coefficients		Standardized Coefficients	t	Sig.	Collinearity Statistics	
		B	Std. Error	Beta			Tolerance	VIF
1	(Constant)	1 741.960	865.395		2.013	.075		
	X1	131.936	58.361	4.214	2.261	.050	.000	2 780.207
	X2	.106	.043	.341	2.462	.036	.065	15.312
	X3	−3.332	1.811	−3.204	−1.840	.099	.000	2 426.228
	X4	−14.155	4.452	−.254	−3.180	.011	.196	5.091
	X5	−339.777	172.307	−.169	−1.972	.080	.170	5.882

a. Dependent Variable：Y.

Collinearity Diagnostics[a]

Model	Dimension	Eigenvalue	Condition Index	Variance Proportions					
				(Constant)	X1	X2	X3	X4	X5
1	1	5.349	1.000	.00	.00	.00	.00	.00	.00
	2	.492	3.297	.02	.00	.00	.00	.00	.00
	3	.113	6.894	.00	.00	.01	.00	.41	.01
	4	3.909E-02	11.697	.01	.00	.48	.00	.37	.01
	5	6.810E-03	28.028	.85	.00	.17	.00	.02	.89
	6	9.486E-05	237.468	.12	1.00	.34	1.00	.20	.08

a. Dependent Variable：Y.

从上述输出结果看，对自变量的多重共线性的诊断中，自变量 X_1，X_3 的 VIF 值分别为 2 780.207，2 426.226，远大于 10，表明自变量间存在着严重的多重共线性。直接用最小二乘法进行估计存在问题。

为克服多重共线性问题，我们尝试用岭回归方法进行分析。

在 SPSS 中调用岭回归的宏，运行如下命令：

```
INCLUDE 'Ridge regression.sps'.
RIDGEREG DEP = y /ENTER  =  x1 to x5.
```

可得如下数据与图 5-2、图 5-3：

R-SQUARE AND BETA COEFFICIENTS FOR ESTIMATED VALUES OF K

K	RSQ	X1	X2	X3	X4	X5
.00000	.98875	4.214163	.340657	−3.20404	−.253639	−.169082
.05000	.97972	.338140	.437432	.314561	−.080331	−.039717
.10000	.97391	.303931	.391636	.292998	−.022589	.003616
.15000	.96844	.283880	.359485	.276807	.014125	.031120
.20000	.96357	.269878	.335630	.264606	.039190	.050064
.25000	.95923	.259236	.317096	.254990	.057151	.063800
.30000	.95528	.250700	.302167	.247111	.070476	.074117
.35000	.95161	.243586	.289793	.240453	.080618	.082064
.40000	.94814	.237484	.279298	.234686	.088488	.088299
.45000	.94482	.232134	.270229	.229592	.094685	.093259
.50000	.94160	.227360	.262268	.225021	.099615	.097243
.55000	.93844	.223040	.255190	.220866	.103569	.100465
.60000	.93533	.219086	.248825	.217049	.106756	.103081
.65000	.93223	.215432	.243049	.213511	.109329	.105208
.70000	.92915	.212029	.237764	.210207	.111407	.106936
.75000	.92607	.208838	.232894	.207103	.113081	.108335
.80000	.92298	.205831	.228379	.204172	.114421	.109459
.85000	.91988	.202982	.224170	.201390	.115482	.110353
.90000	.91677	.200273	.220228	.198742	.116310	.111051
.95000	.91364	.197687	.216521	.196210	.116942	.111584
1.0000	.91049	.195212	.213021	.193784	.117406	.111975

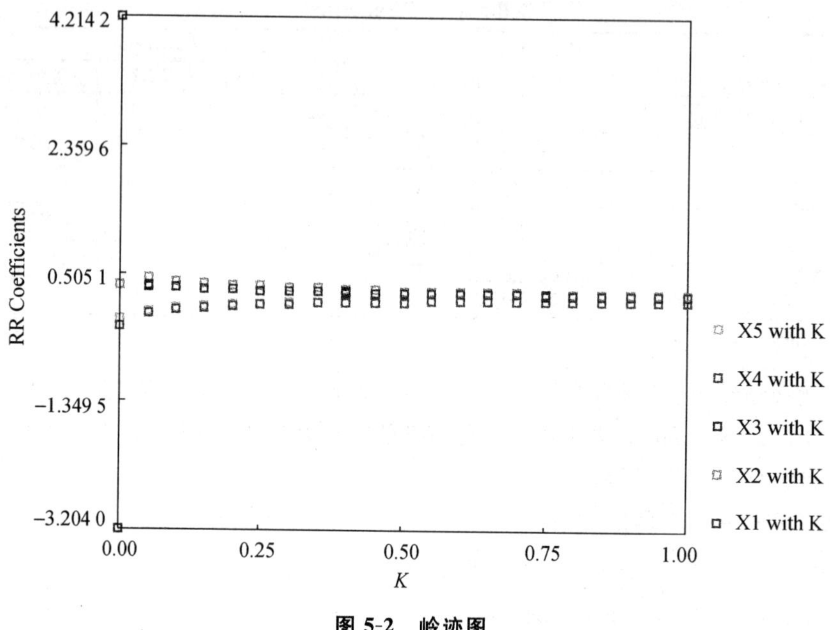

图 5-2 岭迹图

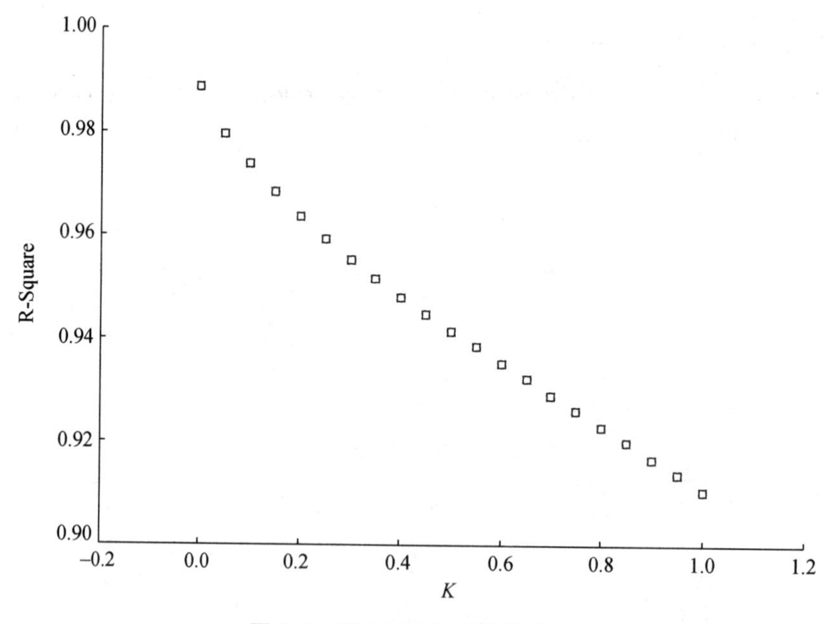

图 5-3 拟合系数与 *K* 的散点图

从输出结果看，最小二乘估计的稳定性较差，这反映为当 k 与零值略有偏离时，回归系数值发生了很大的变化。这表明最小二乘法的估计结果在这里不适用。从整体上看，当 k 在 0.3—0.4 的范围时，各回归系数的取值大体上趋于稳定。因此，在此区间上取一个 k 值作岭回归就可能得到一个较好的效果。

二、异方差问题及其处理

在回归模型中,假定随机扰动项有相同的方差。但在实际问题中,经常存在违背此假设的情形。此时,在不同的样本点上,方差的取值是不同的,我们称此情形存在异方差性。异方差性的产生通常与研究问题的性质有关,在横截面资料中容易出现。比如,考虑不同收入水平的消费选择,显然收入水平高的人其消费选择性更高一些,呈现出较大的波动性,导致异方差性的出现。

若存在异方差性,继续使用最小二乘法进行估计,会导致参数估计量虽然无偏,但不再是有效估计量,不满足渐近有效性。同时,会低估估计量的方差,使 t 检验的值较高,假设检验的效果受到显著影响。

对异方差性的检验,方法主要有图示法、等级相关系数法、White 检验、Goldfeld-Quandt 检验等。这些方法的共同思想为:同方差性是指对于不同的样本点,随机误差项的方差是相同的;异方差性则表明具有不同的方差。因而,通过检验随机扰动项的方差与解释变量之间的相关性,通过随机扰动项的估计量——残差来实现检验。如果存在相关性,则原回归模型存在异方差性。在实际情况中,人们往往通过研究问题的背景或数据来判断异方差是否存在。对于横截面数据,应注意异方差性的出现。

处理异方差性时,可以通过变换原有模型,使变换后的模型具有同方差的随机扰动项,然后再应用最小二乘法进行估计。若已知异方差存在,且知道异方差的具体数值,则可用加权最小二乘法进行估计,此时得到的估计量具有最优线性无偏估计量的性质。

设模型为:

$$\boldsymbol{Y} = \boldsymbol{X\beta} + \boldsymbol{u}$$

其中,$E(\boldsymbol{u})=0$, $\mathrm{Var}(\boldsymbol{u})=E(\boldsymbol{uu}')=\sigma^2\boldsymbol{\Omega}$。$\boldsymbol{\Omega}$ 已知,$\boldsymbol{\beta}$ 与 k 未知。因为 $\boldsymbol{\Omega}\neq\boldsymbol{I}$,违反了假定条件,所以应该对模型进行适当修正。

因为 $\boldsymbol{\Omega}$ 是一个 $\boldsymbol{T}$ 阶正定矩阵,所以必存在一个非退化 $\boldsymbol{T}\times\boldsymbol{T}$ 阶矩阵 $\boldsymbol{M}$ 使下式成立:

$$\boldsymbol{M\Omega M}' = \boldsymbol{I}_{T\times T}$$

从上式得

$$\boldsymbol{M}'\boldsymbol{M} = \boldsymbol{\Omega}^{-1}$$

用 $\boldsymbol{M}$ 左乘上述回归模型两侧得

$$\boldsymbol{MY} = \boldsymbol{MX\beta} + \boldsymbol{Mu}$$

取 $\boldsymbol{Y}^* = \boldsymbol{MY}, \boldsymbol{X}^* = \boldsymbol{MX}, \boldsymbol{u}^* = \boldsymbol{Mu}$,上式变换为:

$$\boldsymbol{Y}^* = \boldsymbol{X}^*\boldsymbol{\beta} + \boldsymbol{u}^*$$

则 $\boldsymbol{u}^*$ 的协方差矩阵为

$$\mathrm{Var}(\boldsymbol{u}^*) = E(\boldsymbol{u}^*\boldsymbol{u}^{*\prime}) = E(\boldsymbol{Muu}'\boldsymbol{M}') = \boldsymbol{M}\sigma^2\boldsymbol{\Omega M}' = \sigma^2\boldsymbol{M\Omega M}' = \sigma^2\boldsymbol{I}$$

变换后模型的 $\mathrm{Var}(\boldsymbol{u}^*)$ 是一个纯量对角矩阵。对变换后模型进行 OLS 估计,得到的是 $\boldsymbol{\beta}$ 的最佳线性无偏估计量。这种估计方法称作广义最小二乘法。$\boldsymbol{\beta}$ 的广义最小二乘

(GLS) 估计量定义为

$$\hat{\boldsymbol{\beta}}_{(\mathrm{GLS})} = (\boldsymbol{X}^{*\prime}\boldsymbol{X}^{*})^{-1}\boldsymbol{X}^{*\prime}\boldsymbol{Y}^{*} = (\boldsymbol{X}'\boldsymbol{M}'\boldsymbol{M}\boldsymbol{X})^{-1}\boldsymbol{X}'\boldsymbol{M}'\boldsymbol{M}\boldsymbol{Y} = (\boldsymbol{X}'\boldsymbol{\Omega}^{-1}\boldsymbol{X})^{-1}\boldsymbol{X}'\boldsymbol{\Omega}^{-1}\boldsymbol{Y}$$

三、自相关问题及其处理

经典回归模型的假定条件之一是：

$$\mathrm{Cov}(u_i,u_j) = E(u_iu_j) = 0, \quad (i,j \in T, i \neq j)$$

即误差项 u_t 的取值在时间上是相互无关的，称误差项 u_t 非自相关。如果 $\mathrm{Cov}(u_i,u_j) \neq 0, (i \neq j)$，则称误差项 u_t 存在自相关。

自相关又称序列相关。原指一随机变量在时间上与其滞后项之间的相关。这里主要是指回归模型中随机误差项 u_t 与其滞后项的相关关系。自相关也是相关关系的一种。

自相关现象主要源于以下几个原因：第一，经济变量的惯性。大多数经济时间序列都存在自相关，其当期值往往受滞后值影响，突出特征就是惯性与低灵敏度。如国民生产总值、固定资产投资、国民消费、物价指数等随时间缓慢地变化，从而建立模型时导致误差项自相关。第二，回归模型的形式设定存在错误。如平均成本与产量呈抛物线关系，当用线性回归模型拟合时，误差项中包括系统因素，必存在自相关。第三，回归模型中略去了带有自相关的重要解释变量。若丢掉了应该列入模型的带有自相关的重要解释变量，那么它的影响必然归到误差项 u_t 中，从而使误差项呈现自相关。当然略去多个带有自相关的解释变量，也许会因互相抵消使误差项不呈现自相关。还有就是蛛网现象、滞后效应、数据“编造”等。

若存在自相关现象，此时仍采用最小二乘法进行参数估计会带来一系列后果。虽然参数估计量是无偏的，但不是有效估计量，常用的模型检验会得到严重错误的结论，预测的结果也会失效。

对自相关的检验有多种方法，应用最广的是 DW 检验方法，它主要适用于一阶自相关的检验。DW 检验是 J. Durbin 和 G. S. Watson 提出的。它利用残差 e_t 构成的统计量推断误差项 u_t 是否存在自相关。使用 DW 检验，应首先满足如下三个条件：(1) 误差项 u_t 的自相关为一阶自回归形式；(2) 因变量的滞后值 y_{t-1} 不能在回归模型中作解释变量；(3) 样本容量应充分大($T>15$)。

DW 检验的方法如下所示。给出假设：

$$\mathrm{H}_0: \rho = 0 \quad (u_t \text{ 不存在自相关})$$

$$\mathrm{H}_1: \rho \neq 0 \quad (u_t \text{ 存在一阶自相关})$$

用残差值 e_t 计算统计量 DW。

$$\mathrm{DW} = \frac{\sum_{t=2}^{T}(e_t - e_{t-1})^2}{\sum_{t=1}^{T}e_t^2} \tag{5-19}$$

其中，分子是残差的一阶差分平方和，分母是残差平方和。把(5-19)式展开，

$$DW=\frac{\sum_{t=2}^{T}e_t^2+\sum_{t=2}^{T}e_{t-1}^2-2\sum_{t=2}^{T}e_te_{t-1}}{\sum_{t=1}^{T}e_t^2} \tag{5-20}$$

因为有

$$\sum_{t=2}^{T}e_t^2\approx\sum_{t=2}^{T}e_{t-1}^2\approx\sum_{t=1}^{T}e_t^2$$

代入(5-20)式，有

$$DW\approx\frac{2\sum_{t=2}^{T}e_{t-1}^2-2\sum_{t=2}^{T}e_te_{t-1}}{\sum_{t=2}^{T}e_{t-1}^2}=2\left(1-\frac{\sum_{t=2}^{T}e_te_{t-1}}{\sum_{t=2}^{T}e_{t-1}^2}\right)=2(1-\hat{\rho})$$

因为 ρ 的取值范围是[−1,1]，所以 DW 统计量的取值范围是[0,4]。ρ 与 DW 值的对应关系见表 5-4。

表 5-4　ρ 与 DW 值的对应关系及意义

ρ	DW	u_t 的表现
$\rho=0$	DW=2	u_t 非自相关
$\rho=1$	DW=0	u_t 完全正自相关
$\rho=-1$	DW=4	u_t 完全负自相关
$0<\rho<1$	0<DW<2	u_t 有某种程度的正自相关
$-1<\rho<0$	2<DW<4	u_t 有某种程度的负自相关

实际中，DW=0,2,4 的情形是很少见的。当 DW 取值在(0,2)或(2,4)时，怎样判别误差项 u_t 是否存在自相关呢？推导统计量 DW 的精确抽样分布很困难，因为 DW 是依据残差 e_t 计算的，而 e_t 的值又与 x_t 的形式有关。DW 检验与其他统计检验不同，它没有唯一的临界值用来制定判别规则。然而 Durbin-Watson 根据样本容量和被估计参数个数，在给定的显著性水平下，给出了检验用的上、下两个临界值 d_U 和 d_L。判别规则如下：

(1) 若 DW 取值在$(0, d_L)$之间，拒绝原假设 H_0，认为 u_t 存在一阶正自相关。

(2) 若 DW 取值在$(4-d_L,4)$之间，拒绝原假设 H_0，认为 u_t 存在一阶负自相关。

(3) 若 DW 取值在$(d_U,4-d_U)$之间，接受原假设 H_0，认为 u_t 非自相关。

(4) 若 DW 取值在(d_L,d_U)或$(4-d_U,4-d_L)$之间，这种检验没有结论，即不能判定 u_t 是否存在一阶自相关。判别规则可用图 5-4 表示。

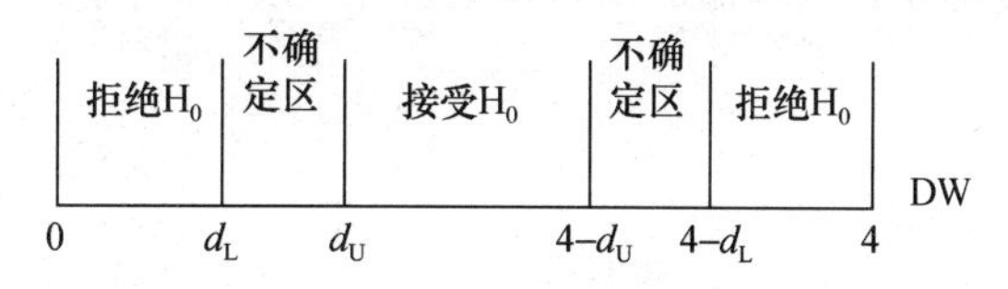

图 5-4　DW 检验的判别规则

当 DW 值落在“不确定”区域时，有两种处理方法：(1) 加大样本容量或重新选取样本，重作 DW 检验。有时 DW 值会离开不确定区。(2) 选用其他检验方法。

DW 检验表给出了 DW 检验临界值。DW 检验临界值与三个参数有关，即检验水平 α、样本容量 T 和原回归模型中解释变量个数 k(不包括常数项)。

注意：(1) 因为 DW 统计量是以解释变量非随机为条件得出的，所以当有滞后的内生变量作解释变量时，DW 检验无效。(2) 不适用于联立方程模型中各方程的序列自相关检验。(3) DW 统计量不适用于对高阶自相关的检验。

当自相关存在时，可以用广义差分法来解决相应的估计问题。

四、定性自变量的引入

在实际建模过程中，被解释变量不但受定量变量的影响，还受定性变量的影响。例如，产品销售量需要考虑季节差异、企业所有制性质不同等因素的影响。如收入变量除受到受教育年限、工作年限等因素影响外，还与其工作岗位类别等定性变量有关。这些因素也应该包括在模型中。若要将定性变量引入回归模型中，需要通过虚拟变量引入。

由于定性变量通常表示某种特征的有和无，所以量化方法可采用取值为 1 或 0。这种变量称作虚拟变量，也称指标变量(Indicator variables)、二值变量(Binary variables)或二分变量(Dichotomous variables)，通常用 D 表示。一般的，在虚拟变量的设置中，基础类型、否定类型取值为“0”，称为基底(Base)类、基准(Benchmark)类或参考(Reference)类；而比较类型、肯定类型取值为“1”。

若定性变量含有 m 个类别，应引入 $m-1$ 个虚拟变量，否则会导致多重共线性，称作虚拟变量陷阱(Dummy variable trap)。关于定性变量中的哪个类别取 0，哪个类别取 1，这是任意的，不影响检验结果。定性变量中取值为 0 所对应的类别称作基础类别(Base category)。对于多于两个类别的定性变量可采用设一个虚拟变量而对不同类别采取赋值不同的方法处理。

虚拟变量应用于模型中，对其回归系数的估计与检验方法与定量变量相同，只是其经济含义有所变化，它反映了某一类别与基础类别相比所具有的特定效应。

例 5-5 在例 5-2 中，某商业公司的 15 个地区分店的销售额，除与所在地区的人口数、人均收入数据有关外，还与其区位有关(见表 5-5)。为此我们引入一个虚拟变量 X_3，当 $X_3=1$ 时，说明该分店在中心地区；若 $X_3=0$，说明该分店不在中心地区。要求考虑区位因素，重新建立该公司分店销售额的回归模型。

表 5-5　某公司分店经营相关数据表

地区	销售额	人口数	人均收入	区位
1	260	90	2 200	1
2	250	75	1 800	1
3	265	80	1 600	1
4	225	70	1 900	1
5	257	76	2 000	1
6	220	65	1 800	1
7	200	72	1 600	1
8	300	100	3 200	0
9	180	50	1 500	1
10	310	130	2 800	0
11	160	52	1 400	1
12	330	140	3 600	0
13	140	42	1 200	1
14	350	180	2 900	0
15	120	40	1 000	1

1. SPSS 软件应用

在 SPSS 中运行如下命令：

```
REGRESSION
  /MISSING LISTWISE
  /STATISTICS COEFF OUTS R ANOVA
  /CRITERIA = PIN(.05) POUT(.10)
  /NOORIGIN
  /DEPENDENT y
  /METHOD = ENTER x1 x2 x3   .
```

可得如下结果：

Variables Entered/Removed[b]

Model	Variables Entered	Variables Removed	Method
1	X3, X1, X2[a]	.	Enter

a. All requested variables entered.

b. Dependent Variable: Y.

Model Summary

Model	R	R Square	Adjusted R Square	Std. Error of the Estimate
1	.963[a]	.928	.909	20.855

a. Predictors: (Constant), X3, X1, X2.

ANOVA[b]

Model		Sum of Squares	df	Mean Square	F	Sig.
1	Regression	61 882.23	3	20 627.409	47.428	.000[a]
	Residual	4 784.173	11	434.925		
	Total	66 666.40	14			

a. Predictors: (Constant), X3, X1, X2.

b. Dependent Variable: Y.

Coefficients[a]

Model		Unstandardized Coefficients		Standardized Coefficients	t	Sig.
		B	Std. Error	Beta		
1	(Constant)	−50.596	54.690		−.925	.375
	X1	1.219	.299	.692	4.074	.002
	X2	6.575E-02	.018	.726	3.635	.004
	X3	71.096	29.014	.472	2.450	.032

a. Dependent Variable: Y.

从估计结果看,引入虚拟变量 X_3 后,回归模型的拟合系数较原来模型有所提高,整体模型的显著性检验通过,X_3 的回归系数的 t 检验也通过了,说明区位因素对公司分店销售额有显著影响。

估计的回归模型为:

$$\hat{Y} = -50.596 + 1.219X_1 + 0.066X_2 + 71.096X_3$$

在回归模型中,虚拟变量 X_3 前面的回归系数的含义为:与位于非中心地区的分店相比,位于中心地区的分店销售额平均要高 71.096 万元。模型中其他回归系数的解释与前面内容相类似,不再赘述。

2. Stata 软件应用

在 Stata 中运行如下命令:

```
regress Y X1 X2 X3,noconstant hascons tsscons
```

可得如下结果:

Source	SS	df	MS
Model	61882.2266	3	20627.4089
Residual	4784.17336	11	434.924851
Total	66666.4	14	4761.88571

```
Number of obs =     15
F(  3,    11) =  47.43
Prob > F      = 0.0000
R-squared     = 0.9282
Adj R-squared = 0.9087
Root MSE      = 20.855
```

Y	Coef.	Std. Err.	t	P>|t|	[95 % Conf.	Interval]
X1	1.219133	.2992122	4.07	0.002	0.560572	1.877695
X2	.0657488	.0180874	3.64	0.004	.0259386	.105559
X3	71.09571	29.01442	2.45	0.032	7.235411	134.956
_cons	−50.59583	54.69035	−0.93	0.375	−170.9685	69.77682

上述结果与 SPSS 软件运行的结果相同，在此不再赘述。

本章小结

回归分析的内容十分丰富，拓展内容很多。本章介绍了多元线性回归的假定、模型形式、参数估计、假设检验、预测及应用等内容，并用实例分析了回归分析的应用。通过本章的学习，希望读者能够理解和掌握多元线性回归的基本原理，掌握虚拟自变量的应用，理解自变量选择的方法，理解多元回归分析所面临的多重共线性、异方差、自相关等问题，能够运用岭回归分析方法解决多重共线性问题。

进一步阅读材料

1. 陈希孺、王松桂：《近代回归分析——原理方法及应用》，安徽：安徽教育出版社，1987。
2. 方开泰：《实用回归分析》，北京：科学出版社，1988。
3. 周复恭、黄运成：《应用线性回归分析》，北京：中国人民大学出版社，1989。
4. 约翰·内特、威廉·沃塞曼：《应用线性回归模型》，北京：中国统计出版社，1990。
5. 何晓群：《回归分析与经济数据建模》，北京：中国人民大学出版社，1997。

练习题

1. 试述回归分析的基本思想。
2. 试述多重共线性的含义及其处理办法。
3. 试列举可运用多元回归分析的实际问题。
4. 试结合某一实际问题进行多元回归分析。
5. 试结合某一实际问题进行岭回归分析。

第六章　聚类分析

教学目的

本章系统地介绍了聚类分析方法，并用实例分析了系统聚类法、动态聚类法、有序样品聚类法的基本原理和应用。通过本章的学习，希望读者能够：

1. 掌握聚类分析的基本思想；
2. 掌握相似性度量的方法；
3. 掌握不同系统聚类法的基本原理及应用；
4. 掌握动态聚类法的基本思想，了解动态聚类法的应用；
5. 了解有序样品聚类法的最优分割法；
6. 了解聚类分析法的发展动态。

本章的重点是系统聚类法的原理及应用。

第一节　聚类分析的基本思想

聚类分析(Cluster analysis)是研究如何将研究对象(样品或指标)按照多个方面的特征进行综合分类的一种多元统计方法。它根据“物以类聚”的道理,将对象分类,使得同一类中的对象之间的相似性比与其他类的对象之间的相似性更强。对研究对象进行分类,是一切科学研究的基础,也是我们认识世界的重要工具和方法。如在生物学中,我们把动物分为各种门类、物种,这有助于我们认识世界上的各类动物。在化学中,我们将化学元素分成氢、氧、碳、铁等一百多种基本元素。在考古学中,我们通过挖掘出的一些骨骼的形状和大小进行科学的分类。在地质学中,我们通过采集的矿石标本的物探、化探指标对标本进行分类。在营销学中,企业根据地理特征、客户的人口统计学特征、行为因素等进行市场细分,选择目标客户市场。这些均体现了分类的基本思想。

在传统的分类学中,人们主要依靠经验和专业知识,采用定性方法实现分类。但定性分类往往带有较高的主观性和任意性,无法揭示事物内在的本质属性和规律。随着生产技术和科学的发展,人类的认识不断加深,分类越来越细,要求也越来越高,显然仅凭经验和专业知识是不能进行确切分类的,往往需要定性分析和定量分析结合起来进行分类,于是数学工具逐渐被引进分类学中,形成了数值分类学。后来随着多元统计分析的引进,聚类分析又逐渐从数值分类学中分离出来并形成一个相对独立的分支。

社会经济领域中存在着大量分类问题。如在市场研究中,手机企业根据客户的行为特征,如月通信费用、手机卡类别、收入、职业、年龄等特征,将市场客户分为时尚型、保守型等不同的类别,可以帮助市场人员发现目标客户群,并利用购买模式来描述这些具有不同特征的客户群组,通过聚类分析可以帮助企业有策略地制订市场营销计划,以达到改善客户关系并对将来的趋势和行为进行预测、支持企业决策。再如对我国运输企业经济效益的分类分析,通过选取能反映运输企业经济效益的代表性指标,如资金利税率、产值利税率、客运量、货运量、运输收入、劳动生产率等,根据这些指标对多家企业进行分类,然后根据分类结果对运输企业的经济效益状况进行综合分析。总之,聚类分析已广泛地应用于许多领域中,包括模式识别、数据分析、图像处理、市场研究、管理评价等。

聚类分析讨论的对象是大量的样品,要求能按各自的特性进行合理的分类,事先没有任何模式可供参考或遵循,是在没有先验知识的情况下进行的。聚类分析的基本思想是根据事物本身的特性研究个体分类;其原则是同一类中的个体有较大的相似性,不同类中的个体差异很大。

由于样品或指标(变量)之间存在着不同程度的相似性,根据一批样品的多个观测指标,具体找出一些能够度量样品或指标之间相似程度的统计量,以这些统计量为分类的基本依据,将一些相似程度较大的样品或指标聚为一类,把另外一些相似程度较高的样品或指标聚为另外一类,以此类推,把关系密切的聚为一个小的分类单位,将关系疏远的聚合到一个大的分类单位,直至把所有的样品或指标聚合完毕,把各种分类关系一一划分明确，形成由小到大的分类系统。最后利用统计量将样品或指标进行归类。

关于聚类分析的应用最著名的例子是《红楼梦》作者的争议问题。众所周知，《红楼梦》一书共120回，自从胡适作《红楼梦考证》以来，一般认为前80回为曹雪芹所著，后40回由高鹗所续。但长期以来，红学界对这个问题一直存在争议。那么，怎样对这个说法作一个客观的论证呢？20世纪80年代复旦大学的李贤平教授带领他的学生运用统计分析方法进行了论证。我们知道，不同的作家由于写作特点和习惯的差异，在描述相似的情节时，所用的虚词(之、乎、者、也……)是有差别的。李贤平教授的创造性想法是将120回看作120个样本，将与情节无关的虚词作为变量，每一回中这些虚词出现的次数作为数据，然后利用多元统计分析中的聚类分析法对这120组数据进行分类，结果果然是分为两类，前80回为一类，后40回为一类，这就客观形象地证实了红楼梦不是出自一个人的手笔。进一步考虑，前80回是否为曹雪芹所写？找一本曹雪芹的其他著作做类似分析，结果表明虚词用法一致，证明了前80回的确出自曹雪芹之手。而后40回又是否为高鹗所写呢？论证结果推翻了后40回为高鹗一人所续的说法，而是曹雪芹亲友将其草稿整理而成，宝黛故事为一人所写，贾府衰败情景为另一人所写等。这个论证在红学界引起了很大的轰动。

聚类分析的内容非常丰富。根据分类对象的不同，可分为Q型聚类分析和R型聚类分析。Q型是综合利用多个变量对样本进行分类处理，R型是对变量进行分类处理。按照聚类的方法的不同，聚类分析分为系统聚类法、有序样品聚类法、模糊聚类法、动态聚类法、图论聚类法、聚类预报法等。

系统聚类法中，被分类的样品是相互独立的，分类时彼此是平等的。

有序样品聚类法要求样品按一定的顺序排列，分类时不能打乱次序，即同一类样品必须是相邻的。比如，将中华人民共和国成立以来国民收入的情况划分为几个阶段，此划分必须以年份的顺序为依据；又如研究天气演变的历史时，样品是按从古到今的年代排列的，年代的次序也是不能打乱的。研究这类样品的分类问题就用有序样品聚类法。有序样品的分类实质上是找一些分点，将有序样品划分为几个分段，每个分段看作一个类，所以分类也称为分割。显然分点取在不同的位置就可以得到不同的分割。通常寻找最好分割的一个依据就是使各段内部样品之间的差异最小，而各段样品之间的差异较大。

模糊聚类法是将模糊集的概念用到聚类分析中所产生的一种聚类方法，它根据研究对象本身的属性构造一个模糊矩阵，在此基础上根据一定的隶属度来确定其分类关系。

动态聚类法又称为逐步聚类法，它是先粗糙地进行预分类，然后再逐步调整，直到满意为止。整个聚类过程如图6-1所示：

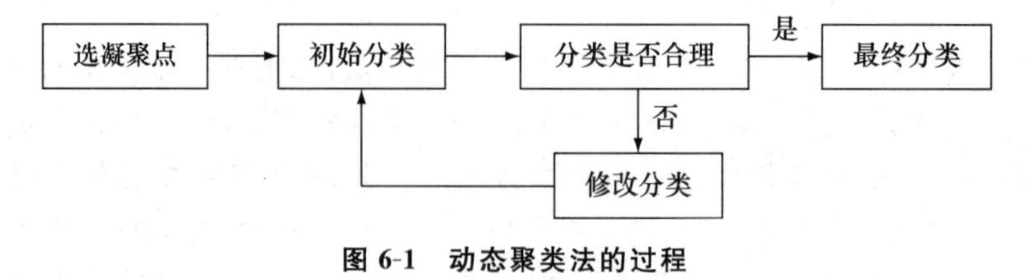

图6-1　动态聚类法的过程

图 6-1 的每一部分，均有许多种处理方法，这些方法按框图组合，就得到各种动态聚类方法。

按照聚类方向的不同，聚类分析可分为由小类合并到大类的方法、由大类分解为小类的方法。本章主要介绍常用的系统聚类法、动态聚类法、模糊聚类法等。相对于其他多元方法而言，聚类分析方法仍相对粗糙，在理论上尚不完善，但它能解决许多实际问题，因而受到人们的重视。它与回归分析、判别分析一起被称为多元统计分析的三大方法。

第二节　相似性的度量

为了将样品或指标进行分类，就需要研究样品或指标之间的相似性度量。目前用得最多的方法有两个：一种方法是用相似系数。性质越接近的样品，它们相似系数的绝对值越接近于1；彼此无关的样品，它们相似系数的绝对值接近于零。比较相似的样品归为一类，不怎么相似的样品归为不同类。另一种方法是将一个样品看作 p 维空间的一个点，并在空间中定义距离，距离越近的点归为一类，距离较远的点归为不同的类。距离和相似系数有各种各样的定义，而且这些定义与变量类型的关系极大，因此先介绍变量测量尺度的类型。

一、变量测度尺度的类型

为了对样本进行分类，需要研究样品之间的关系；为了对变量进行分类，需要研究变量之间的关系。但无论是样品之间的关系，还是变量之间的关系，都用变量来描述和分析。变量的类型不同，分析方法也有所不同。通常按照变量测度尺度的不同，将变量的类型分为以下三类：

1. 间隔尺度

变量值是用数值来表示的，如温度、百分制成绩等。一般来说，计数得到的数量是离散变量，测量得到的数量为连续数量。变量值在间隔尺度中，如果存在绝对零点，又称比率尺度，如收入、高度、重量、压力、速度等。

2. 顺序尺度

变量度量时没有明确的数量表示，而是划分为一些等级，等级之间有次序关系，如某产品的质量分为上、中、下三等，此三等有次序关系，但没有数量表示。再如学生的考试成绩以优、良、中、及格、不及格作为记分标准，成绩为优的好于成绩为良的，存在次序关系。

3. 列名尺度

变量度量时，既没有数量表示，也没有次序关系，只有一些平行的特性状态。比如，某物体的红、黄、白三种颜色，医学化验中的阴性与阳性，天气中的阴与晴，人口性别的男与女，市场供求中的供方和需方等。

不同类型的变量，在定义距离和相似系数时，其方法有很大差异，使用时需要注意。

二、数据的变换处理

在聚类分析的过程中，首先应对原始数据矩阵进行变换处理。由于样本数据矩阵往往由多个变量或指标组成，不同变量一般有不同的量纲，为消除量纲的影响，通常需要进行数据变换处理。数据变换是将原始数据矩阵中的每个元素，按照某种特定的运算方式变成一个新值，而且数值的变化不依赖于原始数据集合中其他数据的新值。

常用的数据变换方法有：

1. 中心化变换

中心化变换是一种坐标轴平移处理方法，它先求出每个变量的样本平均值，再从原始数据中减去该变量的均值，就得到中心化变换后的数据。

设原始观测数据矩阵为：

$$\boldsymbol{X} = \begin{bmatrix} x_{11} & x_{12} & \cdots & x_{1p} \\ x_{21} & x_{22} & \cdots & x_{2p} \\ \vdots & \vdots & & \vdots \\ x_{n1} & x_{n2} & \cdots & x_{np} \end{bmatrix}$$

其中，n 为样品个数，p 为变量个数。设变换后的数据为 x_{ij}'，则有：

$$x_{ij}^* = x_{ij} - \bar{x}, \quad (i = 1,2,3,\cdots,n;\ j = 1,2,3,\cdots,p)$$

经过中心化变换后，每列数据之和均为 0，即每个变量的均值为 0，而且每列数据的平方和是该列变量样本方差的$(n-1)$倍，任何两列不同数据的交叉乘积是这两列变量样本协方差的$(n-1)$倍，所以这是一种很方便地计算方差与协方差的变换处理方法。

2. 规格化变换

规格化变换是从数据矩阵的每一个变量中找出最大值和最小值，这两者之差称为极差。然后从每个变量的每个原始数据中减去该变量中的最小值，再除以极差，就得到规格化数据。具体为：

$$x_{ij}^* = \frac{x_{ij} - \min\limits_{1 \leqslant i \leqslant n}(x_{ij})}{R_j}, \quad (i = 1,2,3,\cdots,n;\ j = 1,2,3,\cdots,p)$$

其中，$R_j = \max\limits_{i=1,2,\cdots,n}(x_{ij}) - \min\limits_{i=1,2,\cdots,n}(x_{ij})$。

经过规格化变换后，数据矩阵中每列即每个变量的最大值为 1，最小值为 0，其余数据的取值均在 0 和 1 之间。并且，变换后的数据都不再具有量纲，便于不同变量之间的比较。

3. 标准化变换

标准化变换也是对变量的数值和量纲进行类似于规格化变换的一种数据处理方法。

首先对每个变量进行中心化变换，然后用该变量的标准差进行标准化。具体为：

$$x_{ij}^{*} = \frac{x_{ij} - \overline{x}_j}{S_j}$$

其中，$\overline{x}_j = \frac{1}{n}\sum_{i=1}^{n} x_{ij}$，$S_j = \left[\frac{1}{n-1}\sum_{i=1}^{n}(x_{ij} - \overline{x}_j)^2\right]^{\frac{1}{2}}$。

经过标准化变换处理后，每个变量即数据矩阵中每列数据的平均值为 0，方差为 1，且也不再具有量纲，这样便于不同变量之间的比较。变换后，数据矩阵中任何两列数据的乘积之和是两个变量相关系数的$(n-1)$倍，所以这是一种很方便地计算相关函数的变换方法。

4. 对数变换

对数变换是将各个原始数据取对数，将原始数据的对数值作为变换后的新值。即：

$$x_{ij}^{*} = \log(x_{ij})$$

对数变换可压缩数据变动幅度，将具有指数特征的数据结构转化为线性数据结构，但进行对数变换要求原始数据均大于零。

此外，还有极差标准化、平方根变换等数据变换处理方法。这里不再一一赘述。

三、样品或变量间亲疏程度的测度

设有 n 个样品，每个样品测得 p 项指标(变量)，原始资料阵为：

$$\boldsymbol{X} = \begin{bmatrix} x_{11} & x_{12} & \cdots & x_{1p} \\ x_{21} & x_{22} & \cdots & x_{2p} \\ \vdots & \vdots & & \vdots \\ x_{n1} & x_{n2} & \cdots & x_{np} \end{bmatrix}$$

其中，$x_{ij}(i=1,\cdots,n;j=1,\cdots,p)$为第 i 个样品的第 j 个指标的观测数据。第 i 个样品 X_i 为矩阵 X 的第 i 行所描述，所以任何两个样品 X_K 与 X_L 之间的相似性，可以通过矩阵 $\boldsymbol{X}$ 中的第 K 行与第 L 行的相似程度来刻画；任何两个变量 x_K 与 x_L 之间的相似性，可以通过第 K 列与第 L 列的相似程度来刻画。

研究样品或变量的亲疏程度(相似程度)的数量指标通常有两种：一种是距离，它将每个样品看作 p 维空间的一个点，n 个样品组成 p 维空间的 n 个点。用各点之间的距离来衡量各样品之间的相似程度(或靠近程度)。距离近的点归为一类，距离远的点属于不同的类别。另一种是相似系数，性质越接近的样品或变量，其取值越接近于 1 或-1，而彼此无关的样品或变量的相似关系则接近于 0，相似的归为一类，不相似的归为不同类。对于样品之间的聚类分析，常用距离来测度样品之间的亲疏程度，而对于变量之间的聚类(R 型)，常用相似系数来测度变量之间的亲疏程度。

(一) 距离

定义距离的方法有很多,但无论用什么方法来定义距离,都必须遵循一定的规则。

设 $d(x_i,x_j)$是样品 x_i,x_j 之间的距离,一般要求它满足下列条件:

(1) $d_{ij}\geqslant 0$ 对一切 i 和 j 成立;

(2) $d_{ij}=0$ 当且仅当 $i=j$ 成立;

(3) $d_{ij}=d_{ji}$,对一切的 i 和 j 成立;

(4) $d_{ij}\leqslant d_{ik}+d_{kj}$ 对于一切 i,j,k 成立。

如果所定义的距离只满足上述准则的前三条,而不满足第四条,则称此距离为广义距离。

如果把 n 个样品(X 中的 n 个行)看成 p 维空间中的 n 个点,则两个样品间的相似程度可用 p 维空间中两点的距离来度量。令 d_{ij} 表示样品 X_i 与 X_j 的距离。常用的距离有:

1. 明氏(Minkowski)距离

$$d_{ij}(q)=\left(\sum_{a=1}^{p}|x_{ia}-x_{ja}|^{q}\right)^{1/q}$$

(1) 当 $q=1$ 时, $d_{ij}(1)=\sum_{a=1}^{p}|x_{ia}-x_{ja}|$ 为绝对距离;

(2) 当 $q=2$ 时, $d_{ij}(2)=\left(\sum_{a=1}^{p}(x_{ia}-x_{ja})^{2}\right)^{1/2}$ 为欧氏距离;

(3) 当 $q=\infty$时, $d_{ij}(\infty)=\max_{1\leqslant a\leqslant p}|x_{ia}-x_{ja}|$ 为切比雪夫距离。

当各变量的测量值相差悬殊时,直接用明氏距离并不合理,常需要先对数据进行标准化,然后用标准化后的数据计算距离。

明氏距离,特别是其中的欧氏距离,是人们较为熟悉的也是使用最多的距离。它定义简明,计算简便,在实际中应用很多。但明氏距离存在一定的局限性,主要体现在两个方面:第一,明氏距离的值与各变量的量纲有关,而各变量计量单位的选择有一定的人为性和随意性,各变量计量单位的不同不仅使此距离的实际意义难以说清,而且任何一个变量计量单位的改变都会使此距离的数值改变,从而使该距离的数值依赖于各变量计量单位的选择。第二,它没有考虑变量之间的相关性,明氏距离将各个变量均等看待,将两个样品在各个变量上的离差简单地进行了综合。

2. 兰氏(Canberra)距离

它是由 Lance 和 Williams 最早提出的,故称兰氏距离。其计算公式为:

$$d_{ij}(L)=\frac{1}{p}\sum_{a=1}^{p}\frac{|x_{ia}-x_{ja}|}{x_{ia}+x_{ja}},\quad i,j=1,\cdots,n$$

此距离仅适用于一切 $x_{ij}\geqslant 0$ 的情况。这是一个自身标准化的量,由于它对大的奇异值不敏感,这样使得它特别适合高度偏倚的数据。虽然这个距离有助于克服各变量之间量纲的影响,但它也没有考虑变量之间的相关性。

3. 马氏(Mahalanobis)距离

马氏距离是由印度统计学家马哈拉诺比斯于1936年定义的，故称为马氏距离。其计算公式为：

$$d_{ij}^2(M) = (\boldsymbol{X}_i - \boldsymbol{X}_j)'\boldsymbol{\Sigma}^{-1}(\boldsymbol{X}_i - \boldsymbol{X}_j)$$

其中，$\boldsymbol{X}_i$ 为样品 X_i 的 p 个指标组成的向量，即原始资料阵的第 i 行向量。$\boldsymbol{X}_j$ 与之类似。$\boldsymbol{\Sigma}$ 表示观测变量之间的协方差阵：

$$\boldsymbol{\Sigma} = (\sigma_{ij})_{p\times p}$$

其中，$\sigma_{ij} = \frac{1}{n-1}\sum_{a=1}^{n}(x_{ai} - \bar{x}_i)(x_{aj} - \bar{x}_j)$，$i,j = 1,\cdots,p$；$\bar{x}_i = \frac{1}{n}\sum_{a=1}^{n}x_{ai}$；$\bar{x}_j = \frac{1}{n}\sum_{a=1}^{n}x_{aj}$。

在实际应用中，若总体协方差阵 $\boldsymbol{\Sigma}$ 未知，可用样本协方差阵 $\boldsymbol{S}$ 代替。

马氏距离又称广义欧氏距离。显然，马氏距离与上述各种距离的主要区别是马氏距离考虑了观测指标之间的相关性。如果假定各变量之间相互独立，即观测变量的协方差矩阵是对角矩阵，则马氏距离就退化为用各个观测指标的标准差的倒数作为权数进行加权的欧氏距离。因此，马氏距离不仅考虑了观测指标之间的相关性，而且也考虑到了各个观测指标取值的差异程度，它消除了各观测指标不同量纲的影响。因此，马氏距离对任何非奇异线性变换都具有不变性。

由于计算马氏距离需要计算协方差阵，实际使用的效果不是很好。因而，在实际聚类分析中，马氏距离也不是理想的距离。通常，人们仍喜欢应用欧氏距离进行聚类分析。

4. 斜交空间距离

由于各变量之间往往存在着不同的相关关系，用正交空间的距离来计算样本间的距离易变形，所以可以采用斜交空间距离。此距离的计算公式为：

$$d_{ij} = \left[\frac{1}{p^2}\sum_{h=1}^{p}\sum_{k=1}^{p}(x_{ih} - x_{jh})(x_{ik} - x_{jk})r_{hk}\right]^{1/2}$$

其中，r_{hk} 为变量 h 和变量 k 之间的相关系数。显然，斜交空间距离虽然考虑到变量间的相关关系，设计科学合理，但由于运算量大，在实践中的应用并不多。当各变量之间不相关时，斜交空间距离退化为欧氏距离。

以上几种距离的定义是适用于间隔尺度变量的，如果变量的计量尺度是顺序尺度或列名尺度时，也有一些定义距离的方法，这需要灵活地处理和定义。下面举例进行说明。

适用于顺序变量和列名变量的相似性度量如下：

简单匹配系数(simple matching)＝不配合的变量个数(m_2)/(配合(m_1)与不配合变量(m_2)个数和)

例6-1 某学校举办一个MBA培训班，从学员的资料中得到6个变量：性别(x_1)，取值为男和女；外语语种(x_2)，取值为英、日、俄；专业(x_3)，取值为统计、会计、金融；职业(x_4)，取值为教师和非教师；居住处(x_5)，取值为校内和校外；学历(x_6)，取值本科和本科以下：

现有学员 i 和学员 j，i=（男，英，统计，非教师，校外，本科），j=（女，英，金融，教师，校外，本科以下）。学员 i 和学员 j 两者的距离可定义为：

$$d_{ij}=\frac{\text{不匹配变量个数}}{\text{匹配与不匹配变量个数之和}}=\frac{4}{6}$$

计算任何两个样品 X_i 与 X_j 之间的距离 d_{ij}，其值越小表示两个样品的接近程度越大；越大表示两个样品的接近程度越小。把任何两个样品的距离都算出来后，可排成距离阵 $\boldsymbol{D}$：

$$\boldsymbol{D}=\begin{bmatrix} d_{11} & d_{12} & \cdots & d_{1n} \\ d_{21} & d_{22} & \cdots & d_{2n} \\ \vdots & \vdots & & \vdots \\ d_{n1} & d_{n2} & \cdots & d_{nn} \end{bmatrix}$$

其中，$d_{11}=d_{22}=\cdots=d_{nn}=0$。$\boldsymbol{D}$ 是一个实对称阵，所以只需计算上三角形部分或下三角形部分即可。根据 $\boldsymbol{D}$ 可对 n 个点进行分类，距离近的点归为一类，距离远的点归为不同的类。

（二）相似系数

研究样品或变量之间的关系，除了用距离表示外，还可以用相似系数。顾名思义，相似系数是描述样品或变量之间相似程度的一个统计量，常用的相似系数有：

1. 夹角余弦

这是受相似形的启发而来的，图 6-2 中曲线 AB 和 CD 尽管长度不一，但形状相似。

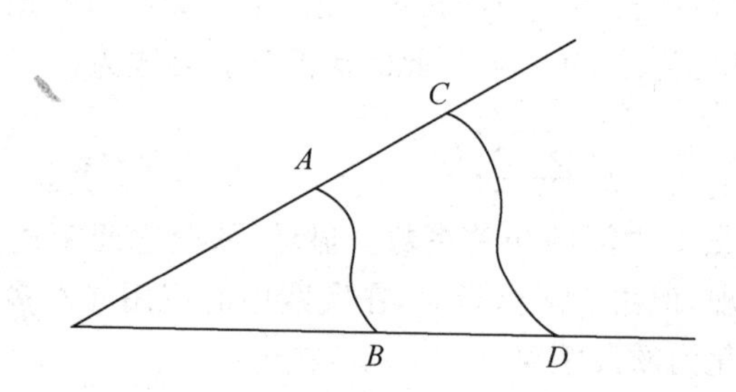

图 6-2　夹角余弦图

当长度不是主要矛盾时，要定义一种相似系数，使 AB 和 CD 呈现出比较密切的关系，则夹角余弦就适合这个要求。它的定义是：将任何两个样品 X_i 与 X_j 看作 p 维空间的两个向量，这两个向量的夹角余弦用 $\cos\theta_{ij}$ 表示。则

$$\cos\theta_{ij}=\frac{\sum_{a=1}^{p}x_{ia}x_{ja}}{\sqrt{\sum_{a=1}^{p}x_{ia}^2\cdot\sum_{a=1}^{p}x_{ja}^2}},\quad 1\leqslant\cos\theta_{ij}\leqslant 1$$

$\cos\theta_{ij}=1$，说明两个样品 X_i 与 X_j 完全相似；$\cos\theta_{ij}$ 接近于 1，说明 X_i 与 X_j 相似密

切；$\cos\theta_{ij}=0$，说明 X_i 与 X_j 完全不一样；$\cos\theta_{ij}$ 接近于 0，说明 X_i 与 X_j 差别大。把所有两样品的相似系数都算出，可排成相似系数矩阵：

$$\boldsymbol{\Theta}=\begin{bmatrix}\cos\theta_{11} & \cos\theta_{12} & \cdots & \cos\theta_{1n}\\ \cos\theta_{21} & \cos\theta_{22} & \cdots & \cos\theta_{2n}\\ \vdots & \vdots & & \vdots\\ \cos\theta_{n1} & \cos\theta_{n2} & \cdots & \cos\theta_{nn}\end{bmatrix}$$

其中，$\cos\theta_{11}=\cos\theta_{22}=\cdots=\cos\theta_{nn}=1$。$\boldsymbol{\Theta}$ 是一个实对称阵，所以只需计算上三角形部分或下三角形部分，根据 $\boldsymbol{\Theta}$ 可对 n 个样品进行分类，把比较相似的样品归为一类，不怎么相似的样品归为不同的类。

2. 皮尔逊相关系数

通常所说的相关系数，一般指变量间的相关系数，为了刻画样品间的相似关系，也可类似给出定义，即第 i 个样品与第 j 个样品之间的相关系数定义为：

$$r_{ij}=\frac{\sum_{a=1}^{p}(x_{ia}-\bar{x}_i)(x_{ja}-\bar{x}_j)}{\sqrt{\sum_{a=1}^{p}(x_{ia}-\bar{x}_i)^2\cdot\sum_{a=1}^{p}(x_{ja}-\bar{x}_j)^2}},\quad -1\leqslant r_{ij}\leqslant 1$$

其中，$\bar{x}_i=\frac{1}{p}\sum_{a=1}^{p}x_{ia}$，$\bar{x}_j=\frac{1}{p}\sum_{a=1}^{p}x_{ja}$。

实际上，r_{ij} 就是两个向量 $\boldsymbol{X}_i-\bar{\boldsymbol{X}}_i$ 与 $\boldsymbol{X}_j-\bar{\boldsymbol{X}}_j$ 的夹角余弦，其中 $\bar{\boldsymbol{X}}_i=(\bar{x}_i,\cdots,\bar{x}_i)'$，$\bar{\boldsymbol{X}}_j=(\bar{x}_j,\cdots,\bar{x}_j)'$。若将原始数据标准化，则 $\bar{\boldsymbol{X}}_i=\bar{\boldsymbol{X}}_j=\boldsymbol{0}$，这时 $r_{ij}=\cos\theta_{ij}$。

$$\boldsymbol{R}=(r_{ij})=\begin{bmatrix}r_{11} & r_{12} & \cdots & r_{1n}\\ r_{21} & r_{22} & \cdots & r_{2n}\\ \vdots & \vdots & & \vdots\\ r_{n1} & r_{n2} & \cdots & r_{nn}\end{bmatrix}$$

其中，$r_{11}=r_{22}=\cdots=r_{nn}=1$，可根据 $\boldsymbol{R}$ 对 n 个样品进行分类。

对于定性变量也有一些相似系数的定义，如列联系数等，读者可参阅参考文献 45。

关于变量之间亲疏程度的测度原理和方法，与样品类似，这里不再赘述。

（三）亲疏程度测度指标的选择

一般来说，同一批数据采用不同的亲疏测度指标，会得到不同的分类结果，有时差异还很大。产生不同结果的原因在于不同的亲疏测度指标所衡量的亲疏程度的实际意义不同，也就是说，不同的亲疏测度指标代表了不同意义上的亲疏程度。因此我们在进行聚类分析时，应注意亲疏测度指标的选择。通常，选择亲疏测度指标时，应遵循的基本原则主要有：

第一，所选择的亲疏测度指标在实际应用中应有明确的意义。如在经济变量分析中，常用相关系数表示经济变量之间的亲疏程度。

第二，亲疏测度指标的选择要综合考虑已对样本观测数据实施了的变换方法和将要采用的聚类分析方法。如在标准化变换之后，夹角余弦实际上就是相关系数；又如若在进行聚类分析之前已经对变量的相关性作了处理，则通常就可采用欧氏距离，而不必选用斜交空间距离。此外，所选择的亲疏测度指标，还需和所选用的聚类分析方法一致。如聚类方法若选用离差平方和法，则距离只能选用欧氏距离。

第三，适当地考虑计算工作量的大小。如对大样本的聚类问题，不适宜选择斜交空间距离，因为其计算工作量太大。

总之，样品间或变量间亲疏测度指标的选择是一个比较复杂且带有主观性的问题，我们应根据研究对象的特点作具体分析，以选择出合适的亲疏测度指标。实践中，在开始进行聚类分析时，不妨试探性地多选择几个亲疏测度指标，分别进行聚类，然后对聚类分析的结果进行对比分析，以确定合适的亲疏测度指标。

第三节　系统聚类法

一、系统聚类法的基本思想

系统聚类法是聚类分析方法中使用最多的方法。其基本思想是：距离相近的样品（或变量）先聚为一类，距离远的后聚成一类，此过程一直进行下去，每个样品总能聚到合适的类中。它包括如下步骤：

第一，将每个样品（或变量）独自聚成一类，构造 n 个类。

第二，根据所确定的样品（或变量）距离公式，计算 n 个样品（或变量）两两间的距离，构造距离矩阵，记为 $\boldsymbol{D}_{(0)}$。

第三，把距离最近的两类归为一新类，其他的样品（或变量）仍各自聚为一类，共聚成 $n-1$ 类。

第四，计算新类与当前各类的距离，将距离最近的两个类进一步聚成一类，共聚成 $n-2$ 类；以上步骤一直进行下去，最后将所有的样品（或变量）聚成一类。

第五，画聚类谱系图。

第六，决定类的个数，及各类包含的样品数，并对类做出解释。

正如样品之间的距离有不同的定义方法一样，类与类之间的距离也有各种定义。例如，类与类之间的距离可以定义为两类之间最近样品的距离，或者定义为两类之间最远样品的距离，也可以定义为两类重心之间的距离等。类与类之间用不同的方法定义距离，就产生了不同的系统聚类方法。本部分介绍常用的几种系统聚类方法，即最短距离法、最长距离法、中间距离法、重心法、类平均法、可变类平均法、可变法、离差平方和法。系统聚类分析尽管方法很多，但归类的步骤基本上是一样的，所不同的仅是类与类之间的距离有不同的定义方法,从而得到不同的距离计算公式。这些公式在形式上不尽相同,但最后可将它们统一起来,这对通过编制程序计算带来了极大的方便。

二、类的定义及特征

在介绍类与类之前,首先需要对类给出定义。关于类的定义,人们的看法不尽相同,下面给出类的一种定义。通常相似样本或指标的集合称为类,用 G 表示类,设 G 中有 k 个元素,这些元素用 i,j 等表示。用 d_{ij} 表示样品 X_i 与 X_j 之间的距离。

设 T 为一给定的阈值,如果对于任意的 $i,j\in G$,有 $d_{ij}\leqslant T$,则称 G 为一个类。

设类 G 这一集合中有元素 $x_1,\cdots,x_m$,m 为 G 内的样品数(或指标数)。我们可从多个角度来刻画 G 的特征。常用的特征有下面三种:

(1) 均值(或称为重心):

$$\bar{x}_G = \frac{1}{m}\sum_{i=1}^{m}x_i$$

(2) 协方差矩阵:

$$\boldsymbol{S}_G = \sum_{i=1}^{m}(x_i - \bar{x}_G)(x_i - \bar{x}_G)'$$

$$\boldsymbol{\Sigma}_G = \frac{1}{n-1}\boldsymbol{S}_G$$

(3) G 的直径有多种定义,如:

$$D_G = \max_{i,j\in G} d_{ij}$$

$$D_G = \sum_{i=1}^{m}(x_i - \bar{x}_G)(x_i - \bar{x}_G)' = \mathrm{tr}\boldsymbol{S}_G$$

三、基于类间距离的系统聚类法

在聚类分析中,不仅要考虑各个类的特征,还需计算类与类之间的距离。由于类的形状是多种多样的,因而类与类之间的距离计算方法有多种。用 D_{ij} 表示类 G_i 与类 G_j 之间的距离。常见的类间距离定义有八种,与之相应的系统聚类法也有八种,分别为最短距离法、最长距离法、中间距离法、重心法、类平均法、可变类平均法、可变法和离差平方和法。下面我们分别进行讨论。

(一) 最短距离法

最短距离法将类 G_p 与类 G_q 之间的距离定义为两类间最邻近的两样品之间的距

离，即

$$D_{pq} = \min_{X_i \in G_p, X_j \in G_q} d_{ij}$$

为理解最短距离法的基本思想，如图 6-3 所示，类 G_1 和类 G_2 之间的最短距离为 d_{23}。

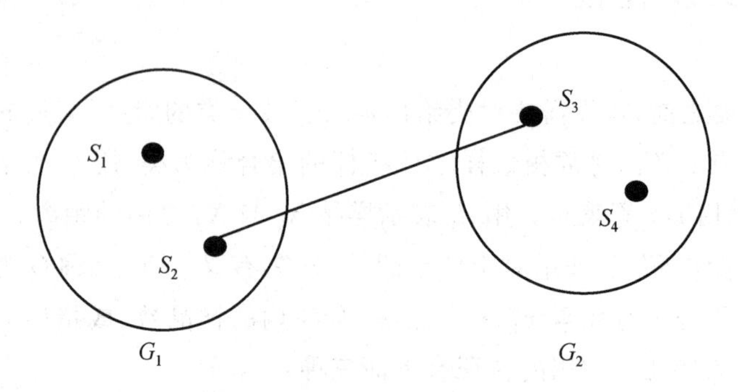

图 6-3　最短距离法的基本思想

设类 G_p 与类 G_q 合并成一个新类，记为 G_r，则任一类 G_k 与 G_r 的距离是：

$$\begin{aligned} D_{kr} &= \min_{X_i \in G_k, X_j \in G_r} d_{ij} \\ &= \min\{\min_{X_i \in G_k, X_j \in G_p} d_{ij}, \min_{X_i \in G_k, X_j \in G_q} d_{ij}\} \\ &= \min\{D_{kp}, D_{kq}\} \end{aligned}$$

最短距离法聚类的步骤如下：

(1) 定义样品之间距离，计算样品两两距离，得一距离阵记为 $\boldsymbol{D}_{(0)}$，开始每个样品自成一类，显然这时 $D_{ij} = d_{ij}$。

(2) 找出 $\boldsymbol{D}_{(0)}$ 的非对角线最小元素，设为 D_{pq}，则将 G_p 和 G_q 合并成一个新类，记为 G_r，即 $G_r = \{G_p, G_q\}$。

(3) 给出计算新类与其他类的距离公式：

$$D_{kr} = \min\{D_{kp}, D_{kq}\}$$

将 $\boldsymbol{D}_{(0)}$ 中第 p、q 行及第 p、q 列用上面的公式并成一个新行新列，新行新列对应 G_r，所得到的矩阵记为 $\boldsymbol{D}_{(1)}$。

(4) 对 $\boldsymbol{D}_{(1)}$ 重复上述第(2)、(3)步得 $\boldsymbol{D}_{(2)}$；如此下去，直到所有的元素合并成一类为止。

如果某一步 $\boldsymbol{D}_{(k)}$ 中非对角线最小的元素不止一个，则对应这些最小元素的类可以同时合并。

为了便于理解最短距离法的计算步骤，现在举一个最简单的数字例子。

例 6-2　假设抽取五个样品，每个样品只测一个指标，它们分别是 2，3，3.5，7，9，试用最短距离法对五个样品进行分类。

(1) 定义样品间距离采用绝对距离，计算样品两两距离，得距离阵 $\boldsymbol{D}_{(0)}$，如表 6-1 所示：

表 6-1　$D_{(0)}$ 表

	$G_1=\{X_1\}$	$G_2=\{X_2\}$	$G_3=\{X_3\}$	$G_4=\{X_4\}$	$G_5=\{X_5\}$
$G_1=\{X_1\}$	0.0	1.0	1.5	5.0	7.0
$G_2=\{X_2\}$	1.0	0.0	0.5	4.0	6.0
$G_3=\{X_3\}$	1.5	0.5	0.0	3.5	5.5
$G_4=\{X_4\}$	5.0	4.0	3.5	0.0	2.0
$G_5=\{X_5\}$	7.0	6.0	5.5	2.0	0.0

注：该矩阵为相异度矩阵。

(2) 找出 $\boldsymbol{D}_{(0)}$ 中非对角线最小元素是 0.5，即 $d_{23}=d_{32}=0.5$，则将 G_2 与 G_3 合并成一个新类，记为 $G_6=\{X_2,X_3\}$。

(3) 计算新类 G_6 与其他类的距离，按公式：

$$G_{i6}=\min(D_{i2},D_{i3})\quad i=1,4,5$$

即将表 $\boldsymbol{D}_{(0)}$ 的前两列取较小的一列得表 $\boldsymbol{D}_{(1)}$，如表 6-2 所示：

表 6-2　$D_{(1)}$ 表

	G_1	G_6	G_4	G_5
$G_1=\{X_1\}$	0.0	1.0	5.0	7.0
$G_6=\{X_2,X_3\}$	1.0	0.0	3.5	5.5
$G_4=\{X_4\}$	5.0	3.5	0.0	2.0
$G_5=\{X_5\}$	7.0	5.5	2.0	0.0

(4) 找出 $\boldsymbol{D}_{(1)}$ 中非对角线最小元素是 1.0，则将相应的两类 G_1 和 G_6 合并为 $G_7=\{X_1,X_2,X_3\}$，然后再按公式计算各类与 G_7 的距离，即将 G_1，G_6 相应的两行两列归并成一行一列，新的行列由原来的两行(列)中较小的一个组成，计算结果得表 $\boldsymbol{D}_{(2)}$，如表 6-3 所示：

表 6-3　$D_{(2)}$ 表

	G_7	G_4	G_5
$G_7=\{X_1,X_2,X_3\}$	0.0	3.5	5.5
$G_4=\{X_4\}$	3.5	0.0	2.0
$G_5=\{X_5\}$	5.5	2.0	0.0

(5) 找出 $\boldsymbol{D}_{(2)}$ 中非对角线最小元素是 2.0，则将 G_4 与 G_5 合并成 $G_8=\{X_4,X_5\}$，最后再按公式计算 G_7 与 G_8 的距离，即将 G_4，G_5 相应的两行两列归并成一行一列，新的行列由原来的两行(列)中较小的一个组成，得表 $\boldsymbol{D}_{(3)}$，如表 6-4 所示：

表 6-4　$D_{(3)}$ 表

	G_7	G_8
$G_7=\{X_1,X_2,X_3\}$	0	3.5
$G_8=\{X_4,X_5\}$	3.5	0

最后将 G_7 和 G_8 合并成 G_9，上述并类过程可用图 6-4 表达。横坐标的刻度是并类的距离。

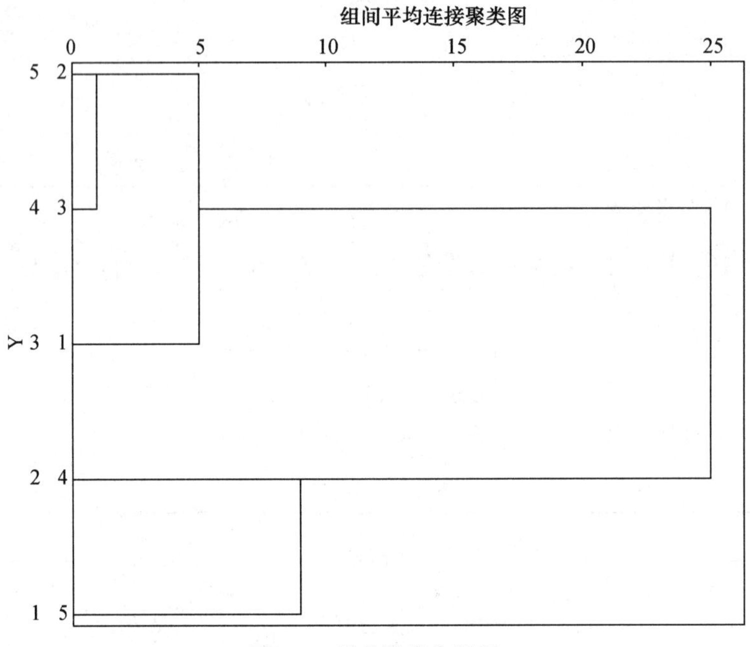

图 6-4　样品聚类步骤图

由图 6-4 看出分为两类 $\{X_1, X_2, X_3\}$ 及 $\{X_4, X_5\}$ 比较合适，在实际问题中有时给出一个阈值 T，要求类与类之间的距离小于 T，因此有些样品可能无法分类。

最短距离法也可用于指标（变量）分类，分类时可以用距离，也可以用相似系数。但用相似系数时应找最大的元素并类，也就是把公式中 $D_{ik} = \min(D_{ip}, D_{iq})$ 的 min 换成 max。

（二）最长距离法

定义类 G_p 与类 G_q 之间的距离为两类最远样品的距离，即

$$D_{pq} = \max_{X_i \in G_p, X_j \in G_q} d_{ij}$$

为理解最长距离法的基本思想，见图 6-5 所示，类 G_1 和类 G_2 之间的最短距离为 d_{14}。

最长距离法与最短距离法的并类步骤完全一样，也是将各样品先自成一类，然后将非对角线上最小元素对应的两类合并。假设某一步将类 G_p 与类 G_q 合并成 G_r，则任一类 G_k 与 G_r 的距离用最长距离公式表示为：

$$\begin{aligned} D_{kr} &= \max_{X_i \in G_k, X_j \in G_r} d_{ij} \\ &= \max\{\max_{X_i \in G_k, X_j \in G_p} d_{ij}, \max_{X_i \in G_k, X_j \in G_q} d_{ij}\} \\ &= \max\{D_{kp}, D_{kq}\} \end{aligned}$$

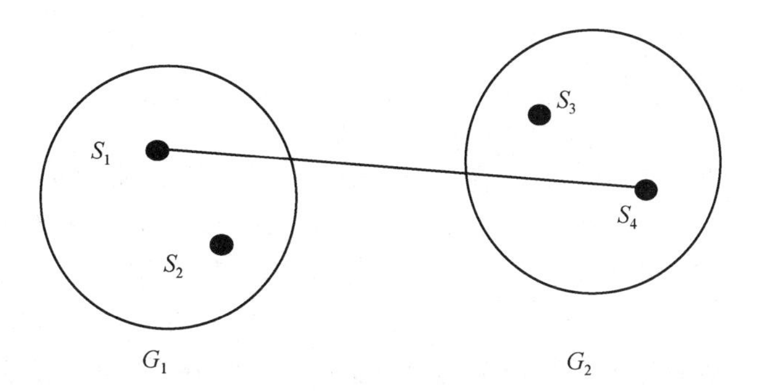

图 6-5　最长距离法的基本思想

再找非对角线最小元素的两类并类，直至所有的样品全归为一类为止。

很容易看出，最长距离法与最短距离法只有两点不同：一是类与类之间的距离定义不同；二是计算新类与其他类的距离所用的公式不同。

（三）中间距离法

定义类与类之间的距离既不采用两类之间最近的距离，也不采用两类之间最远的距离，而是采用介于两者之间的距离，故称为中间距离法，如图 6-6 所示。

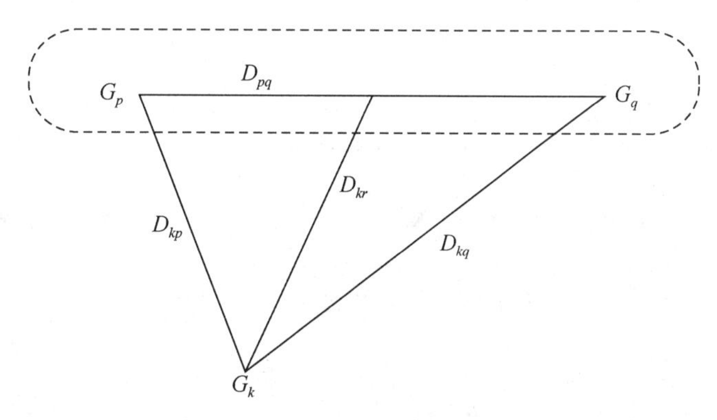

图 6-6　中间距离法的基本思想

如果在某一步将类 G_p 与类 G_q 合并成 G_r，任一类 G_k 和 G_r 的距离公式为：

$$D_{kr}^2=\frac{1}{2}D_{kp}^2+\frac{1}{2}D_{kq}^2+\beta D_{pq}^2,\quad -\frac{1}{4}\leqslant\beta\leqslant 0$$

当 $\beta=-\frac{1}{4}$ 时，由初等几何知 D_{kr} 就是上面三角形的中线。如果用最短距离法，则 $D_{kr}=D_{kp}$；如果用最长距离法，则 $D_{kr}=D_{kq}$；如果取夹在中间的中线作为 D_{kr}，则 $D_{kr}=\sqrt{\frac{1}{2}D_{kp}^2+\frac{1}{2}D_{kq}^2-\frac{1}{4}D_{pq}^2}$，由于距离公式中的量都是距离的平方，为了上机计算的方便，可将矩阵 $\boldsymbol{D}_{(0)}$、$\boldsymbol{D}_{(1)}$、$\boldsymbol{D}_{(2)}$…中的元素，都用相应元素的平方代替而得矩阵 $\boldsymbol{D}_{(0)}^2$、$\boldsymbol{D}_{(1)}^2$、$\boldsymbol{D}_{(2)}^2$…。

（四）重心法

定义类与类之间的距离时，为了体现出每类包含的样品个数，故给出重心法。

重心法定义两类之间的距离就是两类重心之间的距离。设 G_p 和 G_q 的重心（即该类样品的均值）分别是 $\bar{\boldsymbol{X}}_p$ 和 $\bar{\boldsymbol{X}}_q$（注意，一般它们是 p 维向量），则 G_p 和 G_q 之间的距离为：

$$D_{pq}=d_{\bar{X}_p\bar{X}_q}=(\bar{\boldsymbol{X}}_p-\bar{\boldsymbol{X}}_q)'(\bar{\boldsymbol{X}}_p-\bar{\boldsymbol{X}}_q)$$

假设聚类到了某一步，G_p 和 G_q 分别有样品 n_p，n_q 个，将 G_p 和 G_q 合并成 G_r，则 G_r 内样品的个数为 $n_r=n_p+n_q$，它的重心是：

$$\bar{\boldsymbol{X}}_r=\frac{1}{n_r}(n_p\bar{\boldsymbol{X}}_p+n_q\bar{\boldsymbol{X}}_q)$$

某一类 G_k 的重心是 $\bar{\boldsymbol{X}}_k$，它与新类 G_r 的距离（如果最初样品之间距离采用的是欧氏距离）为：

$$\begin{aligned}D_{kr}^2&=d_{X_kX_r}^2=(\bar{\boldsymbol{X}}_k-\bar{\boldsymbol{X}}_r)'(\bar{\boldsymbol{X}}_k-\bar{\boldsymbol{X}}_r)\\&=\left[\bar{\boldsymbol{X}}_k-\frac{1}{n_r}(n_p\bar{\boldsymbol{X}}_p+n_q\bar{\boldsymbol{X}}_q)\right]'\left[\bar{\boldsymbol{X}}_k-\frac{1}{n_r}(n_p\bar{\boldsymbol{X}}_p+n_q\bar{\boldsymbol{X}}_q)\right]\\&=\bar{\boldsymbol{X}}_k'\bar{\boldsymbol{X}}_k-2\frac{n_p}{n_r}\bar{\boldsymbol{X}}_k'\bar{\boldsymbol{X}}_p-2\frac{n_q}{n_r}\bar{\boldsymbol{X}}_k'\bar{\boldsymbol{X}}_q\\&\quad+\frac{1}{n_r^2}(n_p^2\bar{\boldsymbol{X}}_p'\bar{\boldsymbol{X}}_p+2n_pn_q\bar{\boldsymbol{X}}_p'\bar{\boldsymbol{X}}_q+n_p^2\bar{\boldsymbol{X}}_q'\bar{\boldsymbol{X}}_q)\end{aligned}$$

利用 $\bar{\boldsymbol{X}}_k'\bar{\boldsymbol{X}}_k=\frac{1}{n_r}(n_p\bar{\boldsymbol{X}}_k'\bar{\boldsymbol{X}}_k+n_q\bar{\boldsymbol{X}}_k'\bar{\boldsymbol{X}}_k)$代入上式得：

$$\begin{aligned}D_{kr}^2=&\frac{n_p}{n_r}(\bar{\boldsymbol{X}}_k'\bar{\boldsymbol{X}}_k-2\bar{\boldsymbol{X}}_k'\bar{\boldsymbol{X}}_p+\bar{\boldsymbol{X}}_p'\bar{\boldsymbol{X}}_q)+\frac{n_q}{n_r}(\bar{\boldsymbol{X}}_k'\bar{\boldsymbol{X}}_k-2\bar{\boldsymbol{X}}_k'\bar{\boldsymbol{X}}_q+\bar{\boldsymbol{X}}_q'\bar{\boldsymbol{X}}_q)\\&-\frac{n_pn_q}{n_r^2}(\bar{\boldsymbol{X}}_p'\bar{\boldsymbol{X}}_p-2\bar{\boldsymbol{X}}_p'\bar{\boldsymbol{X}}_q+\bar{\boldsymbol{X}}_q'\bar{\boldsymbol{X}}_q)\\=&\frac{n_p}{n_r}D_{kp}^2+\frac{n_q}{n_r}D_{kq}^2-\frac{n_p}{n_r}\frac{n_q}{n_r}D_{pq}^2\end{aligned}$$

显然，当 $n_p=n_q$ 时，上式即为中间距离法的公式。

如果样品之间的距离不是欧氏距离，可根据不同情况给出不同的距离公式。

重心法的归类步骤与以上三种方法基本一样，不同的是每合并一次类，就要重新计算新类的重心及各类与新类的距离。

（五）类平均法

重心法虽有很好的代表性，但并未充分利用各样品的信息，因此提出类平均法，它定义两类之间距离的平方为这两类元素两两之间距离平方的平均，即

$$D_{pq}^2=\frac{1}{n_pn_q}\sum_{X_i\in G_p}\sum_{X_j\in G_q}d_{ij}^2$$

假设聚类到某一步将 G_p 和 G_q 合并为 G_r，则任一类 G_k 与 G_r 的距离为：

$$D_{kr}^2 = \frac{1}{n_k n_r}\sum_{X_i \in G_k}\sum_{X_j \in G_r} d_{ij}^2$$

$$= \frac{1}{n_k n_r}\Big(\sum_{X_i \in G_k}\sum_{X_j \in G_p} d_{ij}^2 + \sum_{X_i \in G_k}\sum_{X_j \in G_q} d_{ij}^2\Big) = \frac{n_p}{n_r}D_{kp}^2 + \frac{n_q}{n_r}D_{kq}^2$$

类平均法的聚类步骤与上述方法完全类似，就不再详述了。

（六）可变类平均法

由于类平均法的公式中没有反映 G_p 与 G_q 之间距离 D_{pq} 的影响，所以给出可变类平均法，此方法定义两类之间的距离同上，只是将任一类 G_k 与新类 G_r 的距离改为如下形式：

$$D_{kr}^2 = \frac{n_p}{n_r}(1-\beta)D_{kp}^2 + \frac{n_q}{n_r}(1-\beta)D_{kq}^2 + \beta D_{pq}^2$$

其中，β 是可变的，且 $\beta<1$。

（七）可变法

此法定义两类之间的距离仍同上，而任一类 G_k 与新类 G_r 的距离公式为：

$$D_{kr}^2 = \frac{1-\beta}{2}(D_{kp}^2 + D_{kq}^2) + \beta D_{pq}^2$$

其中，β 是可变的，且 $\beta<1$。

显然在可变类平均法中取 $\frac{n_p}{n_r}=\frac{n_q}{n_r}=\frac{1}{2}$，即为上式。

可变类平均法与可变法的分类效果与 β 的选择关系极大，如果 β 接近于 1，一般分类效果不好，在实际应用中 β 常取负值。

（八）离差平方和法

这个方法是由 Ward 提出来的，故又称为 Ward 法。Ward 法的基本思想来自方差分析，如果分类正确，同类样品的离差平方和应当较小，类与类的离差平方和应当较大。具体做法是先将 n 个样品自成一类，然后每次缩小一类，每缩小一类离差平方和就要增大，选择使 S 增加最小的两类合并（因为如果分类正确，同类样品的离差平方和应当较小），直到所有的样品归为一类为止。

设将 n 个样品分成 k 类：$G_1, G_2, \cdots, G_k$，用 $\boldsymbol{X}_t^{(i)}$ 表示 G_t 中的第 i 个样品（注意 $\boldsymbol{X}_t^{(i)}$ 是 p 维向量），n_t 表示 G_t 中的样品个数，$\bar{\boldsymbol{X}}^{(t)}$ 是 G_t 的重心，则 G_t 中样品的离差平方和为：

$$S_t = \sum_{i=1}^{n_t}(\boldsymbol{X}_i^{(t)} - \bar{\boldsymbol{X}}^{(t)})'(\boldsymbol{X}_i^{(t)} - \bar{\boldsymbol{X}}^{(t)})$$

k 个类的类内离差平方和为：

$$S=\sum_{t=1}^{k}S_t=\sum_{t=1}^{k}\sum_{i=1}^{n_t}(\boldsymbol{X}_i^{(t)}-\bar{\boldsymbol{X}}^{(t)})'(\boldsymbol{X}_i^{(t)}-\bar{\boldsymbol{X}}^{(t)})$$

粗看 Ward 法与前七种方法有较大的差异，但是如果将 G_p 与 G_q 的距离定义为

$$D_{pq}^2=S_r-S_p-S_q$$

其中，$G_r=G_p\cup G_q$，就可使 Ward 法和前七种系统聚类法统一起来，且可以证明 Ward 法合并类的距离公式为：

$$D_{kr}^2=\frac{n_k+n_p}{n_r+n_k}D_{kp}^2+\frac{n_k+n_q}{n_r+n_k}D_{kq}^2-\frac{n_k}{n_r+n_k}D_{pq}^2$$

上面介绍了八种系统聚类方法，这些方法的步骤是完全一样的，不同的是类与类之间距离的定义。因此所给出的新类与任一类的距离公式不同。但这些公式于 1967 年由兰斯(Lance)和威廉姆斯(Williams)统一起来。当采用欧氏距离时，这八种方法有统一形式的递推公式：

$$D_{KR}^2=\alpha_pD_{kp}^2+\alpha_qD_{kq}^2+\beta D_{pq}^2+\gamma\mid D_{kp}^2-D_{kq}^2\mid$$

如果不采用欧氏距离，除重心法、中间距离法、离差平方和法之外，统一形式的递推公式仍成立。上式中参数 α_p、α_q、β、γ 对不同的方法有不同的取值。表 6-5 列出了上述八种方法中参数的取值。八种方法公式的统一，给编制程序提供了很大的方便。

表 6-5　系统聚类法参数表

方法	a_p	a_q	β	γ
最短距离法	1/2	1/2	0	−1/2
最长距离法	1/2	1/2	0	1/2
中间距离法	1/2	1/2	$-1/4\geqslant\beta\geqslant0$	0
重心法	n_p/n_r	n_q/n_r	$-\alpha_p\alpha_q$	0
类平均法	n_p/n_r	n_q/n_r	0	0
可变类平均法	$(1-\beta)n_p/n_r$	$(1-\beta)n_q/n_r$	<1	0
可变法	$(1-\beta)/2$	$(1-\beta)/2$	<1	0
离差平方和法	$(n_i+n_p)/(n_i+n_r)$	$(n_i+n_q)/(n_i+n_r)$	$-n_i/n_i+n_r$	0

四、系统聚类法的基本性质

一般情况下，对同样的数据用不同的方法聚类的结果不是完全一致的。那究竟哪一种方法好呢？为解决此问题，我们需要研究系统聚类法的性质。

1. 单调性

设 D_k 是系统聚类法中第 k 次并类时的距离，如果 $D_1<D_2<\cdots$，则称并类距离具有单调性。可以证明最短距离法、最长距离法、类平均法、离差平方和法、可变法和可变类平均法都具有单调性，只有重心法和中间距离法不具有单调性。

有单调性画出的聚类图符合系统聚类的思想，先结合的类关系较近，后结合的类关

系较远。

2. 空间的浓缩或扩张

设两个同阶矩阵 $\boldsymbol{D}(\boldsymbol{A})$和 $\boldsymbol{D}(\boldsymbol{B})$，如果 $\boldsymbol{D}(\boldsymbol{A})$的每一个元素不小于 $\boldsymbol{D}(\boldsymbol{B})$中相应的元素，则记为 $\boldsymbol{D}(\boldsymbol{A})\geqslant\boldsymbol{D}(\boldsymbol{B})$。特别地，如果矩阵 $\boldsymbol{D}$ 的元素是非负的，则有 $\boldsymbol{D}\geqslant 0$。(注意，此处 $\boldsymbol{D}\geqslant 0$ 的含义与非负定矩阵的含义不同，这个记号仅在本章使用)。

如果 $\boldsymbol{D}(\boldsymbol{A})\geqslant 0$，$\boldsymbol{D}(\boldsymbol{B})\geqslant 0$，$\boldsymbol{D}^2(\boldsymbol{A})$表示将 $\boldsymbol{D}(\boldsymbol{A})$的每个元素平方，$\boldsymbol{D}^2(\boldsymbol{B})$表示将 $\boldsymbol{D}(\boldsymbol{B})$的每个元素平方，令 $\boldsymbol{D}(\boldsymbol{A},\boldsymbol{B})=\boldsymbol{D}^2(\boldsymbol{A})-\boldsymbol{D}^2(\boldsymbol{B})$，则 $\boldsymbol{D}(\boldsymbol{A},\boldsymbol{B})\geqslant 0\Leftrightarrow\boldsymbol{D}(\boldsymbol{A})\geqslant\boldsymbol{D}(\boldsymbol{B})$。

若有两个系统聚类法 A，B，在第 k 步距离阵记为 $\boldsymbol{D}(\boldsymbol{A}_k)$，$\boldsymbol{D}(\boldsymbol{B}_k)$($k=0,1,\cdots,n-1$)，若 $\boldsymbol{D}(\boldsymbol{A}_k,\boldsymbol{B}_k)\geqslant 0$ 即 $\boldsymbol{D}(\boldsymbol{A}_k)\geqslant\boldsymbol{D}(\boldsymbol{B}_k)$($k=1,\cdots,n-1$)，则称 A 比 B 使空间扩张或 B 比 A 使空间浓缩。

今用短、长、中、重、平、变平、可变、离分别表示八种方法，它们的平方距离记为 D^2(短)、D^2(长)、D^2(中)，…。然后以类平均法为基准，其他方法都与它来比较，则不难得出：

(1) D(短，平)$\leqslant 0$

(2) D(长，平)$\geqslant 0$

(3) D(重，平)$\leqslant 0$

(4) D(重，平)$\begin{cases}\geqslant 0, & \beta<0\\ \leqslant 0, & 1>\beta>0\end{cases}$

(5) D(离，平)$\leqslant 0$

(6) 中间距离法与类平均法的比较没有统一的结论，它可能大于等于零，也可能小于等于零。

一般作聚类图时，横坐标(并类距离)的范围太小时对区别类的灵敏度就差些，也就是说太浓缩的方法不够灵敏，但太扩张的方法对分类不利。和类平均法相比，最短距离法、重心法使空间浓缩。最长距离法、可变类平均法、离差平方和法使空间扩散，而类平均法比较适中，与其他方法相比，既不太浓缩也不太扩张。

在系统聚类法中，最短距离法适用于条形的甚至是 S 形的类；最长距离法、重心法、类平均法、离差平方和法适用于椭球形的类；对于类的大小和离散程度不同的椭球类，重心法更为合适。若定义一种损失函数，如定义为类的直径之和，则最短距离法的解是最优的，而其他方法则不具有最优化性质。综上所述，类平均法可作为首选，其次是离差平方和法和最短距离法，而最长距离法则尽量少用。

各种方法的比较目前仍是一个值得研究的课题。在实际应用中，一般采用以下两种处理方法：一种办法是根据分类问题本身的专业知识结合实际需要来选择分类方法，并确定分类个数；另一种办法是多用几种分类方法，把结果中的共性取出来，如果用几种方法的某些结果都一样，则说明这样的聚类确实反映了事物的本质，而将有争议的样品暂时放在一边或用其他办法(如判别分析)去归类。

例 6-3 中国各省市第三产业发展情况的聚类分析

第三产业对建立和完善社会主义市场经济体制、加快经济发展、提高国民经济素质和综合国力、扩大就业、提高人民生活水平、实现小康有着很大影响，所以研究各省市第三产业的生产总值很有必要。中国第三产业包括流通和服务两大部门，但第三产业所划分出的各个层次的行业错综复杂，如何才能清楚地将各省市的相似和差异展现出来呢？

国家统计局网站的统计年鉴中将第三产业具体划分为：交通运输仓储和邮政业、批发和零售业、住宿和餐饮业、金融业、房地产业和其他。选取统计年鉴中 2009 年度“按三次产业地区生产总值”的数据（见表 6-6），利用聚类分析的方法，对中国各省市第三产业的发展情况进行分类，从而反映第三产业与区域结构的关系，从而更快更好地促进中国第三产业的发展。

表 6-6　各省市第三产业发展情况表　　单位：亿元

地区	交通运输仓储和邮政业	批发和零售业	住宿和餐饮业	金融业	房地产业
北京	712.07	1 888.51	317.34	1 863.61	1 006.52
天津	585.37	1 090.68	157.66	572.99	377.59
河北	1 745.91	1 529.26	265.02	615.42	697.79
山西	654.08	695.51	231.62	448.30	192.00
内蒙古	875.61	1 051.96	332.24	346.44	309.25
辽宁	926.81	1 651.66	369.61	639.27	733.37
吉林	373.93	753.37	180.01	190.12	212.32
黑龙江	469.31	880.83	240.13	288.19	370.79
上海	834.40	2 594.34	266.45	1 950.96	1 002.50
江苏	1 768.30	4 447.50	710.98	2 105.92	2 600.95
浙江	1 076.67	2 646.14	523.67	2 326.58	1 618.17
安徽	527.02	887.66	193.78	396.17	532.17
福建	871.16	1 310.94	266.47	767.58	679.03
江西	446.22	666.89	200.71	241.49	340.56
山东	1 971.00	4 257.40	670.97	1 361.45	1 622.15
河南	873.30	1 293.50	605.23	697.68	773.23
湖北	753.61	1 291.68	385.11	561.27	564.41
湖南	832.28	1 434.68	354.91	463.16	464.21
广东	1 825.29	4 647.76	1 074.85	2 658.76	2 813.95
广西	480.17	656.83	241.34	384.53	405.79
海南	101.90	220.65	69.45	78.12	188.33
重庆	389.55	624.33	142.11	496.56	266.38
四川	573.75	1 016.03	478.42	654.70	558.56
贵州	480.32	367.52	180.73	231.51	139.64
云南	193.26	685.38	190.34	375.08	223.45
西藏	22.12	31.43	15.75	27.08	14.54
陕西	474.60	856.65	218.16	384.75	315.95
甘肃	227.18	272.13	97.40	100.54	110.02
青海	61.26	81.44	16.30	54.53	25.41
宁夏	145.17	89.50	31.00	97.87	60.53
新疆	222.47	276.28	68.06	225.20	143.44

在 SPSS 中运行如下命令：

```
CLUSTER  VAR1 VAR2 VAR3 VAR4 VAR5
  /METHOD WARD
  /MEASURE = EUCLID
  /ID = province
  /PRINT SCHEDULE
    /PLOT DENDROGRAM.
```

运行结果如下表所示：

Agglomeration Schedule

Stage	Cluster Combined		Coefficients	Stage Cluster First Appears		Next Stage
	Cluster 1	Cluster 2		Cluster 1	Cluster 2	
1	26	29	0.009	0	0	5
2	8	27	0.034	0	0	4
3	28	31	0.048	0	0	8
4	8	20	0.054	2	0	9
5	26	30	0.056	1	0	11
6	7	14	0.072	0	0	10
7	17	18	0.093	0	0	14
8	21	28	0.094	0	3	11
9	8	12	0.124	4	0	13
10	7	24	0.155	6	0	13
11	21	26	0.205	8	5	23
12	22	25	0.219	0	0	16
13	7	8	0.247	10	9	15
14	6	17	0.276	0	7	17
15	4	7	0.303	0	13	16
16	4	22	0.365	15	12	18
17	6	13	0.395	14	0	20
18	2	4	0.435	0	16	23
19	1	9	0.445	0	0	24
20	5	6	0.534	0	17	22
21	16	23	0.780	0	0	22
22	5	16	1.243	20	21	26
23	2	21	1.466	18	11	26
24	1	11	2.696	19	0	29
25	10	19	3.193	0	0	27
26	2	5	3.593	23	22	28
27	10	15	6.389	25	0	30
28	2	3	7.648	26	0	29
29	1	2	11.288	24	28	30
30	1	10	36.165	29	27	0

通过聚类运行结果(见图 6-7),可以看出,江苏、广东、山东为一类,北京、上海、浙江为一类,这两类地区第三产业的发展相对成熟,其他地区分为一类,第三产业发展相对落后,这和我国当前的第三产业发展现状比较吻合。上述结果表明我国第三产业区域发展不平衡,原因在于长期以来,由于各地区生产力发展水平不同,各地区经济发展的重点不一样,因而不同区域第三产业的发展仍有明显的差异。

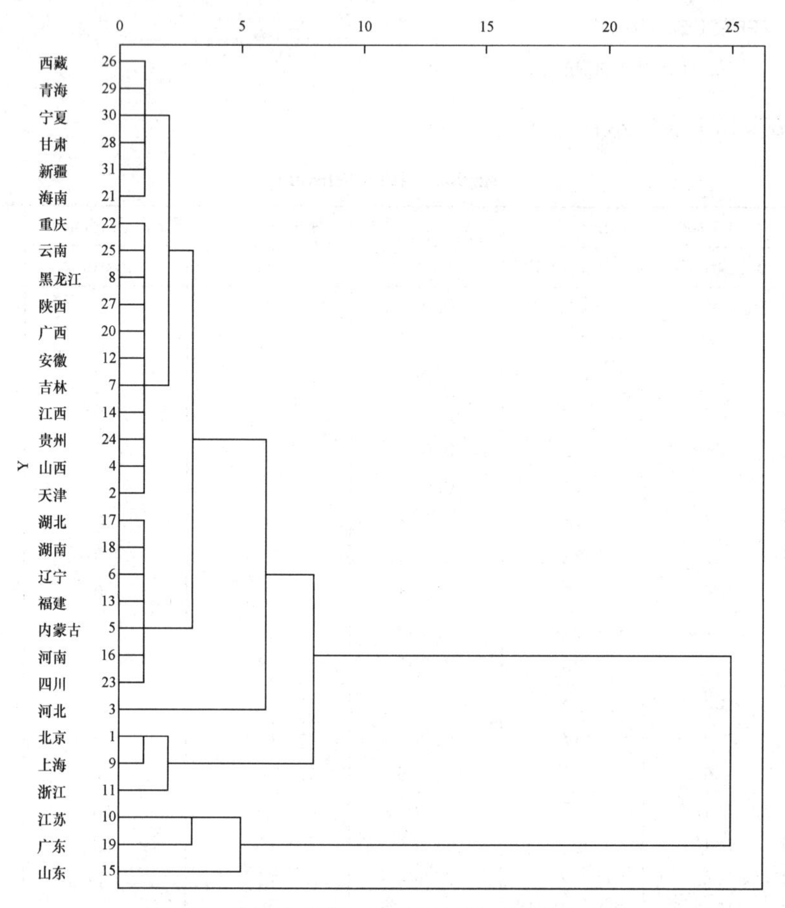

图 6-7　我国分省第三产业发展情况聚类谱系图

第四节　动态聚类法

用系统聚类法聚类时,随着聚类样本对象的增多,计算量会迅速增加,而且作为聚类结果的谱系图会十分复杂,不便于分析。特别是当样品的个数很大(如 $n \geqslant 100$)时,系统聚类法的计算量是非常大的,将占据大量的计算机内存空间和较长的计算时间,甚至会因计算机内存或计算时间的限制而无法进行。为了改进上述缺点,一个自然的想法是先粗略地分一下类,然后按某种最优原则进行修正,直到将类分得比较合理时为止。基于这种思想就产生了动态聚类法，也称逐步聚类法。

动态聚类法解决的问题是：假如有多个样本点，要把它们分成类，使得每一类内的元素都是聚合的，并且类与类之间还能很好地区别开。动态聚类法适用于大型数据。动态聚类法有许多种方法，这里介绍一种比较流行的动态聚类法——K 均值法，它是一种快速聚类法，该方法得到的结果简单易懂，对计算机的性能要求不高，因而应用较广泛。该方法由麦克奎因(Macqueen)于 1967 年提出。

K 均值法的基本原理为：

(1) 先按某种规则选择 k 个样品作为初始凝聚点，或者将所有样品分成 k 个初始类，然后将这 k 个类的重心作为初始凝聚点。

(2) 对除凝聚点之外的所有样品逐个归类，将每个样品归入离它最近的凝聚点那个类(通常采用欧氏距离)，该类的凝聚点更新为这一类目前的均值，直至所有样品都归了类。

(3) 重复步骤(2)，直至分类较合理，所有的样品都不能再分配为止。

对于动态聚类法，初始凝聚点的选择和判断分类合理的标准是关键问题。下面分别进行讨论。

首先，初始凝聚点的选择。为了得到初始分类，需选择一些凝聚点。凝聚点就是一批有代表性的点，是欲形成类的中心。凝聚点的选择直接决定初始分类，对分类结果也有很大的影响。由于凝聚点的不同选择，其最终分类结果也将出现不同，故选择时要慎重。通常选择凝聚点的方法有：

(1) 人为选择。当人们对所欲分类的问题有一定了解时，根据经验，预先确定分类个数和初始分类，并从每一类中选择一个有代表性的样品作为凝聚点。

(2) 将数据人为地分为 A 类，计算每一类的重心，将这些重心作为凝聚点。

(3) 用密度法选择凝聚点。以某个正数 d 为半径，以每个样品为球心，落在这个球内的样品数(不包括作为球心的样品)就叫作这个样品的密度。计算所有样品点的密度后，首先选择密度最大的样品作为第一凝聚点，并且人为地确定一个正数 D(一般 $D>d$，常取 $D=2d$)。然后选出次大密度的样品点，若它与第一个凝聚点的距离大于 D，则将其作为第二个凝聚点；否则舍去这点，再选密度次于它的样品。这样，按密度大小依次考查，直至全部样品考察完毕为止。此方法中，d 要定得合适，太大了使凝聚点的个数太少，太小了使凝聚点的个数太多。

(4) 人为地选择一正数 d，首先以所有样品的均值作为第一凝聚点。然后依次考察每个样品，若某样品与已选定的凝聚点的距离均大于 d，该样品作为新的凝聚点，否则考察下一个样品。

其次，衡量聚类结果的合理性指标，或算法终止的标准。

定义 设 P_i^n 表示在第 n 次聚类后得到的第 i 类集合，其中 $i=1,2,3,\cdots,k$，$A_i^{(n)}$ 为第 n 次聚类所得到的集合。

定义 $u_k \triangleq \sum_{i=1}^{k}\sum_{x\in P_i^n} d^2(x, A_i^{(n)})$ 为所有 K 个类中所有元素与其重心的距离的平方和。

$$A_i^j = \frac{1}{n_i} \sum_{x_l \in P_i^j} x_l, \quad j = 1,2,\cdots,k$$

若分类不合理时，u_n 的取值会很大，随着分类的进行，其值逐渐下降，并趋于稳定。

算法终止的标准是$\frac{|u_{n+1} - u_n|}{u_{n+1}} \leqslant \varepsilon$，$\varepsilon$ 是事前给定的一个充分小量。此时，形成的分类是合理的。

例 6-4 仍以例 6-3 的数据为例进行说明。

在 SPSS 中输入如下命令：

```
QUICK CLUSTER VAR1 VAR2 VAR3 VAR4 VAR5
  /MISSING = LISTWISE
  /CRITERIA = CLUSTER(3) MXITER(10) CONVERGE(0)
  /METHOD = KMEANS(NOUPDATE)
  /PRINT INITIAL CLUSTER DISTAN.
```

运行后可得表 6-7 等结果：

表 6-7 聚类结果表

单位：亿元

序号	省份	类别	该点到类中心距离	序号	省份	类别	该点到类中心距离
1	北京	1	674.115	17	湖北	2	827.329
2	天津	2	535.348	18	湖南	2	919.654
3	河北	1	1 065.950	19	广东	3	839.488
4	山西	2	284.294	20	广西	2	164.810
5	内蒙古	2	614.287	21	海南	2	615.065
6	辽宁	1	689.144	22	重庆	2	195.282
7	吉林	2	174.581	23	四川	2	651.003
8	黑龙江	2	247.547	24	贵州	2	341.706
9	上海	1	1 037.806	25	云南	2	244.640
10	江苏	3	297.321	26	西藏	2	862.044
11	浙江	1	1 506.036	27	陕西	2	216.894
12	安徽	2	364.374	28	甘肃	2	523.799
13	福建	1	791.199	29	青海	2	794.794
14	江西	2	100.490	30	宁夏	2	725.657
15	山东	3	1 029.333	31	新疆	2	481.027
16	河南	1	850.169				

Final Cluster Centers

	Cluster		
	1	2	3
VAR1	1 005.76	423.29	1 854.86
VAR2	1 844.91	663.40	4 450.89
VAR3	373.40	191.68	818.93
VAR4	1 265.87	315.17	2 042.04
VAR5	930.09	276.92	2 345.68

Distances between Final Cluster Centers

Cluster	1	2	3
1		1 760.313	3 212.003
2	1 760.313		4 904.054
3	3 212.003	4 904.054	

Number of Cases in each Cluster

Cluster	1	7.000
	2	21.000
	3	3.000
Valid		31.000
Missing		0.000

在 Stata 中相应的聚类命令为:

```
cluster kmeans var1 var2 var3 var4 var5, k(3) name(sc)
```

运行后可得到类似的处理结果。

从聚类运行结果中可看出,根据第三产业的发展情况我国地区可分为三类,其中江苏、广东、山东分为一类,北京、上海、浙江、福建、河北、河南、辽宁为一类,这些地区的第三产业发展相对成熟;其他地区分为一类,这和前面系统聚类法的分类结果基本类似,但略有差异。

通过分析可以看出,运用不同的聚类方法,根据第三产业发展情况的地区分类结果还是比较稳定的,说明分类结果是可信的。

第五节　有序样品的聚类

前面讨论的问题中，样品均是相互独立的，不用考虑它们之间的顺序。但在实际问题中，当样品有序时，就无法打乱其原有的次序分类，只能按原有次序将样品分为几段，同类样品的次序是相连接的。例如，为研究儿童的生长发育规律，可以根据一些反映生长发育特征的指标，将儿童的生长发育分为几个不同的阶段，此时不能打乱年龄顺序，这就是有序样品的聚类。

有序样本聚类法又称为最优分段法。该方法是由费希尔(Fisher)在 1958 年提出的。它主要适用于样本由一个变量描述的情况，或者将多变量综合成一个变量来分析。有序样本聚类法常常被用于系统的评估问题，主要是对样本点进行分类划级。例如，14 个地区的经济发展指数，排列出来以后，需要划分它们的等级。一种方法是按照行政命令，分为 3 个经济发达地区、4 个中等发达地区、4 个一般地区、3 个发展较差地区。这种行政上的规定通常是不客观、不合理的。合理的分类应该是把发展情况最接近的地区划入同一类。这就是有序样本聚类的基本思路。

系统聚类开始时 n 个样品自成一类，然后逐步并类，直至所有的样品被聚为一类为止。而有序聚类则相反，开始所有的样品为一类，然后分为两类、三类等，直到分成 n 类。每次分类都要求产生的离差平方和的增量最小。

一、有序样品可能的分类数目

设将 n 个有序样品分为 k 类时，一切可能的分法有 C_{n-1}^{k-1} 种。这是由于 n 个有序样品共有$(n-1)$个间隔，分为两类就相当于在这$(n-1)$个间隔中的某一处插上一根棍子，共有 C_{n-1}^{1} 种分法。若分为三类就相当于在这$(n-1)$个间隔中的某两处分别插上一根棍子，共有 C_{n-1}^{2} 种分法。当分成 k 类时，相当于在这$(n-1)$个间隔中插入 $k-1$ 根棍子，共有 C_{n-1}^{k-1} 种分法。

二、最优分割法

在样品数量 n 不是很大的情况下，可用 Fisher 最优分割法进行分类。设有序样品依次为 $\boldsymbol{X}_{(1)},\boldsymbol{X}_{(2)},\cdots,\boldsymbol{X}_{(n)}$，其中 $\boldsymbol{X}_{(i)}$ 为 p 维向量。

Fisher 最优分割法的计算步骤为：

(1) 为求出最优分割，需定义类的直径。

设类 G 中包含的样品有 $\boldsymbol{X}_{(i)},\boldsymbol{X}_{(i+1)},\cdots,\boldsymbol{X}_{(j)}$，$(j>i)$，则该类的均值向量为：

$$\bar{\boldsymbol{X}}_G = \frac{1}{j-i+1}\sum_{t=i}^{j}\boldsymbol{X}_{(t)}$$

用 $D(i,j)$ 表示这一类的直径，直径可定义为：

$$D(i,j) = \sum_{t=i}^{j}(\boldsymbol{X}_{(t)} - \bar{\boldsymbol{X}}_G)'(\boldsymbol{X}_{(t)} - \bar{\boldsymbol{X}}_G)$$

(2) 定义目标函数——分类的损失函数。

Fisher 最优分割法定义的分类损失函数的思想类似于系统聚类法中的 Ward 法，即要求分类后产生的离差平方和的增量最小。

用 $b(n,k)$ 表示将 n 个有序的样品分为 k 类的某种分法：

$$G_1 = \{j_1,,j_1+1,\cdots,,j_2-1\}$$
$$G_2 = \{j_2,,j_2+1,\cdots,,j_3-1\}$$
$$\cdots\cdots$$
$$G_k = \{j_k,,j_k+1,\cdots,n\}$$

其中 $j_1=1<j_2<\cdots<j_k\leqslant n$。定义这种分类的损失函数为各类的直径之和。

$$L[b(n,k)] = \sum_{t=1}^{k}D(j_t,j_{t+1}-1)$$

其中，$j_{k+1}=n+1$。

由损失函数的构造可以看出，损失函数是各类的直径之和。如果分类不好，则各类的直径之和大；反之比较小。当 n 和 k 固定时，$L[b(n,k)]$ 越小表示各类的离差平方和越小，分类是合理的。因此要寻找一种分法 $b(n,k)$，使分类损失函数 $L[b(n,k)]$ 达到最小。记该分法为 $P[n,k]$。

(3) 最优分割法的求法。

具体计算最优分类的过程是通过递推公式获得的。先考虑 $k=2$ 的情况，对所有的 j 考虑使得 $L[b(n,2)]=D(1,j)+D(j,n)$ 最小的 j^*。从而得到最优分类 $p[n,2]$。

$$P(n,2):\{1,2,\cdots,,j^*-1\},\{j^*,,j^*+1,\cdots,n\}$$

下面再考虑一般情形，对于 k，求 $p[n,k]$。如果要找到 n 个样品分为 k 个类的最优分割，应建立在将 $j-1(j=2,3,\cdots,n)$ 个样品分为 $k-1$ 类的最优分割的基础上，否则从 j 到 n 这最后一类不可能构成 k 类的最优分割。再考虑使 $L[b(n,k)]$ 最小的 j^*，从而得到最优分类 $p[n,k]$。

由此可得 Fisher 最优分割法的递推公式为：

$$\begin{cases} L[p(n,2)] = \min\limits_{2\leqslant j\leqslant n}\{D(1,j-1)+D(j,n)\} \\ L[p(n,k)] = \min\limits_{k\leqslant j\leqslant n}\{D(j-1,k-1)+D(j,n)\} \end{cases}$$

下面讨论 Fisher 最优分割法的实际计算。由递推公式可知，可得到分点 j_k，使得

$$L[p(n,k)] = L[p(j_k-1,k-1)]+D(j_k,n)$$

从而获得第 k 类 $G_k=\{j_k,\cdots,n\}$。须先计算 j_{k-1}，使得

$$L[p(j_k-1,k-1)] = L[p(j_{k-1}-1,k-2)]+D(j_{k-1},j_k-1)$$

从而获得第 $k-1$ 类 $G_{k-1}=\{j_{k-1},\cdots,j_k-1\}$。

以此类推，要得到分点 j_3，使得

$$L[p(j_4-1,3)] = L[p(j_3-1,2)] + D(j_3,,j_4-1)$$

从而获得第3类 $G_3=\{j_3,\cdots,j_4-1\}$，需先计算 j_2，使得

$$L[p(j_3-1,2)] = \min_{2\leqslant j\leqslant j_3-1}\{D(1,j-1)+D(j,j_3-1)\}$$

从而获得第2类 $G_2=\{j_2,\cdots,j_3-1\}$。此时，获得 $G_1=\{1,\cdots,j_2-1\}$。至此可得到所有的类 $G_1,G_2,\cdots,G_k$，这就是用 Fisher 最优分割法求出的精确最优解。

从上述内容可看出，实际计算过程是从计算 j_2 开始的，一直到最后计算出 j_k 为止。

综上所述，为了求最优解，需要计算 $\{D(i,j),1\leqslant i<j\leqslant n\}$ 和 $\{L[p(l,k)],3\leqslant l\leqslant n,2\leqslant k<l,k\leqslant n-1\}$。

例 6-5 为了解儿童的生长发育规律，现随机抽样统计男孩从出生到11岁每年平均增长的重量，数据如表6-8所示。试问男孩发育可分为几个阶段？

表 6-8 男孩每年平均增长的重量

年龄(岁)	1	2	3	4	5	6	7	8	9	10	11
增加重量(kg)	9.3	1.8	1.9	1.7	1.5	1.3	1.4	2.0	1.9	2.3	2.1

在聚类分析之前，我们可以通过绘制线形图观察男孩增加重量随年龄顺序变化的基本特征。从图6-8中可以发现，男孩的发育确实可分为多个阶段。

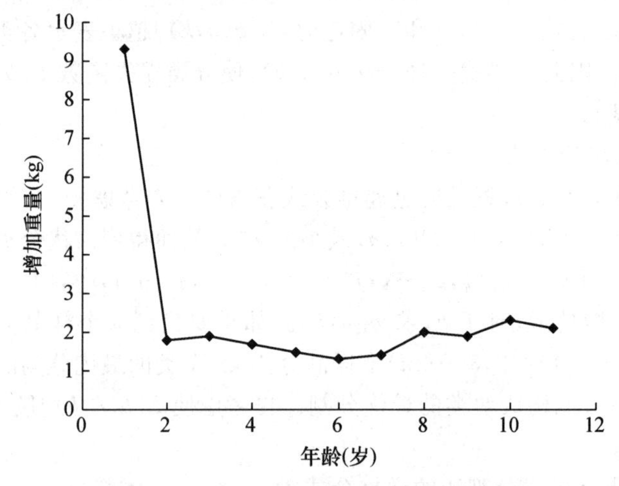

图 6-8 男孩增加重量与年龄的折线图

下面我们通过有序样品的聚类分析法来确定男孩发育分成几个阶段较合适。具体步骤如下：

(1) 计算直径 $\{D(i,j)\}$。以 $D(1,2)$ 为例进行说明，此时包括两个样品。

$$\overline{X}_G = \frac{1}{2}(9.3+1.8) = 5.55$$

$$D(1,2) = (9.3-5.55)^2 + (1.8-5.55)^2 = 28.125$$

再以 $D(1,3)$ 为例进行说明，此时包括三个样品。

$$\overline{X}_G = \frac{1}{3}(9.3 + 1.8 + 1.9) = 4.333$$

$$D(1,3) = (9.3 - 4.333)^2 + (1.8 - 4.333)^2 + (1.9 - 4.333)^2 = 37.007$$

其他依次类推计算,结果如表 6-9 所示:

表 6-9　分类直径 $D(i,j)$ 表

$j\backslash i$	1	2	3	4	5	6	7	8	9	10
2	28.125									
3	37.007	0.005								
4	42.208	0.020	0.020							
5	45.992	0.088	0.080	0.020						
6	49.128	0.232	0.200	0.080	0.020					
7	51.100	0.280	0.232	0.088	0.020	0.005				
8	51.529	0.417	0.393	0.308	0.290	0.287	0.180			
9	51.980	0.469	0.454	0.393	0.388	0.370	0.207	0.005		
10	52.029	0.802	0.800	0.774	0.773	0.708	0.420	0.087	0.080	
11	52.182	0.909	0.909	0.895	0.889	0.793	0.452	0.088	0.080	0.020

(2) 计算最小分类损失函数 $L[p(n,k)]$。结果如表 6-10 所示:

表 6-10　最小分类损失函数值表

$n\backslash k$	2	3	4	5	6	7	8	9	10
3	0.005/2								
4	0.020/2	0.005/4							
5	0.088/2	0.020/5	0.005/5						
6	0.232/2	0.040/5	0.020/6	0.005/6					
7	0.280/2	0.040/5	0.025/6	0.010/6	0.005/6				
8	0.417/2	0.280/8	0.040/8	0.025/8	0.010/8	0.005/8			
9	0.469/2	0.285/8	0.045/8	0.030/8	0.015/8	0.010/8	0.005/8		
10	0.802/2	0.367/8	0.127/8	0.045/10	0.030/10	0.015/10	0.010/10	0.005/10	
11	0.909/2	0.368/8	0.128/8	0.065/10	0.045/11	0.030/11	0.015/11	0.010/11	0.005/11

首先,计算$\{L[p(n,2)],3\leqslant n\leqslant 11\}$,例如,

$$\begin{aligned}L[p(3,2)] &= \min_{2\leqslant j\leqslant 3}\{D(1,j-1)+D(j,3)\}\\ &= \min\{D(1,1)+D(2,3),D(1,2)+D(3,3)\}\\ &= \min\{0+0.005,28.125+0\}\\ &= 0.005\end{aligned}$$

由于极小值是在 $j=2$ 处达到,故记 $L[p(3,2)]=0.005/2$,其他类似。

其次,计算$\{L[p(n,3)],4\leqslant n\leqslant 11\}$,例如,

$$
\begin{aligned}
L[p(4,3)] &= \min\{L[p(2,2)+D(3,4)], L[p(3,2)+D(4,4)]\} \\
&= \min\{0+0.02, 0.005+0\} \\
&= 0.005/4
\end{aligned}
$$

表中其他数值的计算类似，其中折线后的数字表示最优分割处的序号。

(3) 分类个数 k 的确定。若能从分类角度事先确定 k 当然好，若不能确定时，可从 $L[p(n,k)]$ 随 k 的变化趋势图中找到拐点处，从而确定 k 的大小。当趋势拐点较平缓时，可选择的 k 很多，此时可用其他办法来确定，如特征根法、均方比等。

从表 6-10 中的最后一行可看出 $k=3,4$ 处有拐点，即分为 3 类或 4 类均是较合适的，从图 6-8 中更能明显地看出此结论。

(4) 求最优分类。若我们将儿童的生长分为四个阶段，则可依据表 6-10 中 $k=4$ 列的最后一行，得到 $L[p(11,4)]=0.128/8$，说明最优损失函数值为 0.128，最后的最优分割处在第 8 个元素处，因此有 $G_4=\{8\sim11\}$ 或 $G_4=\{2.0,1.9,2.3,2.1\}$。

再进一步查表，从中可查 $L[p(7,3)]=0.040/5$，因此 $G_3=\{5\sim7\}$ 或 $G_3=\{1.5,1.3,1.4\}$。再从表中查得 $L[p(4,2)]=0.020/2$，则有 $G_2=\{2\sim4\}$ 或 $G_3=\{1.8,1.9,1.7\}$，剩下的 $G_1=\{9.3\}$。

最终，不同的分类结果如表 6-11 所示：

表 6-11　不同分类结果表

分类数	误差函数	最优分割结果
2	0.909	1,2—11
3	0.368	1,2—7,8—11
4	0.128	1,2—4,5—7,8—11
5	0.065	1,2—4,5—7,8—9,10—11
6	0.045	1,2—4,5—7,8—9,10,11
7	0.030	1,2—4,5,6—7,8—9,10,11
8	0.015	1,2—3,4,5,6—7,8—9,10,11
9	0.010	1,2—3,4,5,6,7,8—9,10,11
10	0.005	1,2—3,4,5,6,7,8,9,10,11

第六节　聚类分析方法的新进展

经典的聚类分析方法已经在很多领域得到了成功的应用。例如在商业中，聚类分析可以帮助市场分析人员从消费者数据库中区分出不同的消费群体，并且概括出每一类消费者的消费模式或习惯；在生物学中，它可以被用来辅助研究动物、植物的分类，分类具有相似功能的基因，还可以用来发现人群中一些潜在的结构等；另外，它在空间数据处理、金融数据、卫星图像等领域都得到了非常成功的应用。但是由于每一种方法都有缺陷，再加上实际问题的复杂性和数据的多样性，哪一种方法都只能解决某一类问题。近年来，随着人工智能、机器学习、模式识别和数据挖掘等领域中传统方法的不断发展以及各种新方法和新技术的涌现，聚类分析方法得到了长足的发展，出现了一系列新的聚类技术和发展方向。

一、基于群的聚类方法

这种方法可看作进化计算的一个分支。它模拟了生物界中蚁群、鱼群和鸟群在觅食或逃避敌人时的行为。纵观文献中对于群的分类方法的研究，大致两类：一类是蚁群算法或蚁群优化（ACO）；另一类称为 PSO。

用蚁群算法或蚁群优化来进行分类规则挖掘的算法称为 Ant-miner。Ant-miner 是将数据挖掘概念和原理与生物界中蚁群行为结合起来形成的新算法。受生物进化机理的启发，1991 年意大利学者 A. 多瑞格（A. Dorigo）等人提出了蚁群算法，它是一种新型的优化方法。该算法不依赖于具体问题的数字描述，具有全局优化能力。后来其他科学家根据自然界真实的蚂蚁堆积尸体及分工行为，提出蚂蚁的聚类算法；2002 年，莱伯若彻（Labroche）等人提出基于蚂蚁化学识别系统的聚类方法。总的说来，基于蚁群算法的聚类方法从原理上可以分为四种：运用蚂蚁觅食的原理，利用信息素来实现聚类；利用蚂蚁自我聚集行为来聚类；基于蚂蚁堆的形成原理实现数据聚类；运用蚁巢分类模型，利用蚂蚁化学识别系统进行聚类。蚁群算法的许多特性，如灵活性、健壮性、分布性和自组织性等，使其非常适合本质上是分布、动态及交错的问题的求解，能解决无人监督的聚类问题，具有广阔的前景。后来 Ant-miner3 对 Ant-miner 进行了改进，它的预测精度高于 Ant-miner。

PSO 是进化计算的一个新分支，它模拟了鱼群或鸟群的行为。PSO 将群中的个体称为 particles，整个群称为 swarm。在优化领域，PSO 可以与遗传算法相媲美。实验结果表明，在预测精度和运行速度方面，PSO 都占优势。对 ACO 或 PSO 在数据挖掘中的应用研究仍处于早期阶段，要将这些方法用到实际的大规模数据挖掘的聚类分析中还需要做大量的研究工作。

二、基于粒度的聚类方法

从表面上看，聚类和分类有很大的差异——聚类是无导师的学习，而分类是有导师的学习。更进一步地说，聚类的目的是发现样本点之间最本质的抱团性质的一种客观反映；分类在这一点上却不大相同。分类需要一个训练样本集，由领域专家指明哪些样本属于一类，哪些样本属于另一类，分类的这种先验知识常常是纯粹主观的。如果从信息粒度的角度来看的话，就会发现聚类和分类有很大的相通之处：聚类操作实际上是在一个统一粒度下进行计算的；分类操作是在不同粒度下进行计算的。所以说在粒度原理下，聚类和分类是相通的，很多分类的方法也可以用在聚类方法中。

作为一个新的研究方向，虽然目前粒度计算还不成熟，尤其是对粒度计算语义的研究还相当少，但是相信随着粒度计算理论本身的不断完善和发展，今后几年它必将在数据挖掘中的聚类算法及其相关领域得到广泛的应用。

三、基于模糊的聚类方法

在实践中大多数对象没有严格的属性，它们的类属和形态存在着中间性，适合软划分。由于模糊聚类分析具有描述样本类属中间性的优点，能客观地反映现实世界，成为当今聚类分析研究的主流。最早系统地表达和研究模糊聚类问题的著名学者鲁斯皮尼(Ruspini)率先提出了模糊划分的概念。利用这一概念，人们相继提出了多种模糊聚类分析方法。比较典型的有基于相似性关系和模糊关系的方法、基于模糊等价关系的传递闭包方法、基于模糊凸轮的最大树方法以及基于数据集的凸分解、动态规划和难以辨识关系等方法。然而上述方法均不适于大数据的情况，难以满足实时性较高的场合。基于目标函数的模糊聚类方法把聚类归结成一个带约束的非线性规划，通过优化求解获得数据集的模糊划分和聚类。基于目标函数的模糊聚类方法成为新的研究热点。FCM(基于目标函数的模糊聚类方法)的基本思想为：

设集合 $X=(x_1,x_2,\cdots,x_n)$ 中的每个元素有 m 个特征，即 $x_i=(x_{i1},x_{i2},\cdots,x_{im})$，要把 X 分为 c 类($2\leqslant c\leqslant n$)。设有 c 个聚类中心 $V=(v_1,v_2,\cdots,v_n)$。其中

$$v_i \in \left\{ v \middle| v = \sum_{i=1}^{n}(a_i x_i) \Big/ \sum_{i=1}^{n} a_i, a_i \in R, x_i \in X \right\}$$

取样本 x_k 与聚类中心 v_i 的欧氏距离，那么理想的分类显然是目标 $J(U,V) = \sum_{k=1}^{n}\sum_{i=1}^{n} u_{ik}(d_{ik})^2$ 函数为最小值的 U。其中，u_{ik} 表示样本 x_k 对聚类中心 v_i 的隶属度。

由于梯度法的搜索方向总是沿着能量减小的方向，使得算法存在易陷入局部极小值和对初始化敏感的缺点。为了克服上述缺点，近些年来人们提出了各种算法对目标函数进行优化。采取的主要措施是在 FCM 算法中引入全局寻优法。例如，1989 年徐雷提出对硬分类矩阵 $\boldsymbol{U}$ 进行退火处理的硬 C-均值算法；1993 年色列姆(Selim)和阿苏汗(Asuhan)等人提出模拟退火＋模糊聚类算法；1995 年刘健庄、谢维新等人提出用遗传算法进行硬聚类和模糊聚类的分析方法；1999 年杨广文等人利用确定性退火技术提出一种聚类模型及聚类算法，然而由于模拟退火算法只有当温度下降足够慢时才能收敛于全局最优点，极长的运行时间限制了其实用性；1994 年巴布(Babu)和莫蒂(Murty)提出利用进化策略对目标函数进行聚类的方法；2002 年陈金山、韦岗提出遗传＋模糊 C-均值混合聚类算法。这些算法利用了遗传算法的全局搜索能力来摆脱 FCM 聚类运算时可能陷入的局部极小点，优化了聚类的性能。众所周知，传统的进化算法是一种具有“生成＋检测”迭代过程的搜索算法。这种算法多由体现群体搜索和群体中个体之间信息交换的两大策略的交叉和变异算子组成，为每个个体提供了优化机会，即进化的趋势。进化算法在进化过程中有不可避免地产生退化现象的固有缺点，导致进化后期的波动现象，并会出现迭代次数过多和聚

类准确率不太高的现象。在某些情况下,这种退化现象还比较明显。

免疫进化算法(Immune Evolutionary Algorithm,IEA)借鉴生命科学中的免疫概念和理论,在保留原算法优良特性的前提下,力图有选择、有目的地利用待求问题中的一些特征或知识来抑制其优化过程中出现的退化现象。免疫进化算法的核心在于免疫算子的构造。免疫算子通过接种疫苗或免疫选择两个步骤来完成。免疫进化算法能提高个体的适应度和防止群体的退化,从而达到减轻原有进化算法后期的波动现象和提高收敛速度的目的。

人们对于客观事物的认识往往带有模糊性。人类大多用一些模糊的词语来交流思想、互通信息,然后进行推理分析、综合判断,最后做出决策。客观事物是有确定性的,而反映在人的认识上却带有模糊性。人对于客观事物的识别往往只通过一些模糊信息的综合,便可以获得足够精确的定论。实质上,上面所说的模糊聚类算法就是利用了人认识事物的规律,使计算机接近人类的智能。模糊聚类分析仍然是今后研究的重要课题之一。

四、基于综合其他领域的聚类方法

(一) 量子聚类

目前常用的聚类算法是基于距离的分割聚类算法,它仅仅根据数据间的几何相似性进行分类,是一种无监督的学习方法。一般来说,其效果并不尽如人意,而且在现有的聚类算法中,聚类数目一般需要事先指定,如 Kohenon 人工神经网络算法、*K*-means 算法和模糊 *K*-means 聚类算法。然而,在很多情况下类别数是不可知的,而且绝大多数聚类算法的结果一般都要依赖于初值,即使类别数目保持不变,聚类的结果也可能相差很大。

受到物理学中量子机理和特性的启发,可以用量子理论解决此类问题。一个很好的例子就是基于相关点的 Pott 自旋和统计机理提出的量子聚类模型。它把聚类问题看作一个物理系统。许多算例表明:对于传统聚类算法无能为力的几种聚类问题,该算法都得到了比较满意的结果。霍恩(Horn)等人提出了一种新的量子聚类算法。该方法是对尺度空间向量聚类和支撑矢量机聚类固有思想的一种扩充。类似于支撑机聚类算法,该方法也与 Hilbert 空间中向量的每个点相关联;同时,他还强调了它们的总和等于尺度空间概率函数。在这一点上其与尺度空间聚类算法类似。

(二) 核聚类算法

目前比较经典的聚类算法,如 *K*-means 算法、模糊 *K*-means 聚类算法和 Kohonen 人工神经网络算法等,只能对一些经典分布的样本奏效。它们没有对样本的特征进行优化,而是直接利用样本的特征进行聚类。因此这些方法的有效性在很大程度上取决于样本的分布情况。例如,一类样本散布较大而另一类样本散布较小的情况,这些方法的聚类效果就比较差。如果样本分布更加混乱,则聚类的结果会面目全非。通过把核方法引入聚类算法中,就形成了一种核聚类方法。该方法增加了对样本特征的优化过程,通过利用 Mercer 核把输入空间的样本映射到高维特征空间，并在特征空间中进行聚类。核聚类方法是普适的，并在性能上优于经典的聚类算法，它通过非线性映射能够较好地分辨、提取并放大有用的特征，从而实现更为准确的聚类。同时，该算法的收敛速度也较快。在经典聚类算法失效的情况下，核聚类算法仍能够得到正确的聚类。

（三）谱聚类算法

近来一类有效的聚类方法开始受到广泛关注。该类方法建立在谱图理论基础之上，并利用数据的相似矩阵的特征向量进行聚类，因而统称为谱聚类算法。谱聚类算法是一种基于两点间相似关系的方法，这使得该方法适用于非测度空间。算法与数据点的维数无关，而仅与数据点的个数有关，可以避免由特征向量的过高维数所造成的奇异性问题。谱聚类算法是一个判别式算法，不用对数据的全局结构作假设，而是首先收集局部信息以表示两点属于同一类的可能性，然后根据某一聚类结果作全局决策，将所有数据点划分到不同的数据集合中。通常这样的结果可以在一个嵌入空间中得到解释，该嵌入空间是由数据矩阵的某几个特征向量构成的。谱聚类算法成功的原因在于其通过特征分解，可以获得聚类判据在放松了的连续域中的全局最优解。

与其他方法相比，谱聚类算法具有明显的优势。该方法不仅思想简单、易于实现、不易陷入局部最优解，而且具有识别非凸分布的聚类能力，非常适合许多实际应用问题。目前，谱聚类算法已应用于语音识别、视频分割、图像分割、VLSI 设计、网页划分、文本挖掘等领域。谱聚类算法尽管取得了很好的效果，但目前仍处在发展的初期。该算法本身仍存在许多值得深入研究的问题。

五、多种聚类方法的融合

实际应用的复杂性和数据的多样性往往使得单一的聚类方法不够有效。因此，学者们对多种聚类方法的融合(Fusion)进行了广泛研究，取得了一系列成果。纵观文献中的研究，大致可以分为以下几类：第一，基于传统聚类方法的融合，如 CLIQUE、CUBN、CURD、RDVS 方法等。第二，模糊理论与其他聚类方法融合的方法，如遗传＋模糊、均值混合聚类算法等。第三，遗传算法与机器学习融合的方法。第四，传统聚类方法与其他学科理论融合的方法，如量子算法、核聚类算法和谱聚类算法等。

CLIQUE 方法就是一种综合基于密度和网格的聚类方法。它首先将数据空间划分为网格单元，然后识别其中密度大于某输入参数的密集单元，将类定义为相连密集单元的最大集合。此方法明显提高了算法执行的效率，但由于方法大大简化，聚类的精确性较低。

CUBN 方法是一种基于密度、网格和距离的聚类新方法。为了提高算法执行效率，该方法首先将数据空间划分为网格单元，然后在每个单元中利用密度方法识别出该单元中各类的边界，并使用最邻近距离的方法将非边界点聚到各个类中，最后将各单元中相连的类合并成最后的聚类结果。CUBN 方法综合了基于密度和网格聚类方法的优点，不仅算法执行效率高，而且可识别任意形状的聚类、过滤噪声数据。

古哈(Guha)等人提出的CURE方法采用了多代表点的思想来识别数据空间中形状复杂和不同大小的类。CURE方法的出现，使人们对此思想很感兴趣，出现了众多基于代表点的聚类方法。CURD方法也受到CURE方法的启发，是一种基于参考点和密度的快速聚类方法。CURD采用一定数目的参考点来有效地表示一个聚类区域和形状。与CURE方法不同的是，参考点是虚拟点，不是实际输入数据的点，因此称其为参考点而非代表点。另外，一个聚类中参考点的数目是不固定的。CURD方法同时考虑参考点的密度，将密度小于密度阈值的参考点看作异常点屏蔽掉，参考点可以反映数据空间的几何特征。CURD方法在经过筛选过滤的参考点集上进行聚类分析。王莉根据CURD方法的缺点，提出一种综合的聚类方法——RDVS。该方法首先选取代表点并计算密度，然后将代表点及其密度信息作为神经网络的输入信息；经过网络训练，将代表点映射到二维平面上，在二维平面上距离和密度相近的代表点分别映射到不同的区域内；在同一区域内，代表同一类的代表点即可直观地得到聚类结果。VISOM(Visualization Self-organizing map)是由殷胡军(Yin Hu-jun)提出的一种改进自组织映射模型(SOM)，它大大提高了传统SOM的可视性。RDVS方法回避了密度阈值设置这一难题，而且由于代表点个数远远少于初始数据，网络训练速度也很快。

聚类分析作为数据挖掘中的重要组成部分，已经广泛应用于各个领域。在实际应用中，应对具体问题具体分析，选择使用最佳的聚类方法。纵观数据挖掘中聚类分析方法的发展，可以看出聚类分析的新趋势：第一，新方法不断涌现，如基于群的分类方法和基于粒度计算的分类方法。第二，传统聚类方法的融合发展，如CUBN是一种基于密度、网格和距离的聚类新方法等。第三，根据实际问题的需要，有针对性地综合了众多领域的技术，以提高分类的性能。总之，数据挖掘中的聚类算法综合了机器学习、数据挖掘、模式识别、物理等领域的研究成果。相信随着这些领域中相关理论的发展、完善和相互渗透，聚类分析方法也将得到更进一步的发展。

本章小结

本章系统介绍了聚类分析的基本思想，系统聚类法、动态聚类法、有序样品聚类法的基本原理和应用，聚类分析的新进展等内容。通过本章的学习，读者应该能够了解聚类分析的基本思想，掌握系统聚类法的基本原理和应用，了解动态聚类法和有序样品聚类法的基本思想。在统计理论方面，读者应重点掌握以下基本概念：系统聚类法、类、动态聚类法、核聚类算法。

进一步阅读材料

1. 方开泰、潘恩沛：《聚类分析》，北京：地质出版社，1982。
2. Dallas E. Johnson：《应用多元统计分析方法》，北京：高等教育出版社，2005。
3. Pang-Ning Tan, Michael Steinbach, and Vipin Kumar：《数据挖掘导论》，北京：

人民邮电出版社,2006。

4. 韩家炜、堪博著,范明、孟小峰译:《数据挖掘概念与技术》,北京:机械工业出版社,2007。

练习题

1. 试述聚类分析的基本思想。
2. 试述常用的相似性度量方法。
3. 试述系统聚类法的基本原理和流程。
4. 试说明不同系统聚类法的一致性。
5. 试述动态聚类法的基本思想。
6. 试说明有序样品聚类法的基本思想。
7. 试述聚类分析方法的发展动态。
8. 下表为某年度山东省各市污染治理情况数据表,试对各市的污染治理情况进行聚类分析。

地区	工业废水排放达标量(万吨)	废水治理设施数(套)	废水治理设施运行费用(万元)	废气治理设施数(套)	废气治理设施运行费用(万元)	固体废物综合利用量(万吨)
济南市	4 660.8	215	1 4351.0	727	23 441.6	688.9
青岛市	9 123.3	459	17 221.4	874	15 585.5	500.7
淄博市	10 584.1	528	43 467.2	1 079	27 940.3	506.4
枣庄市	10 150.7	128	5 268.0	952	6 046.8	456.4
东营市	7 653.0	230	24 136.5	207	3 804.5	134.6
烟台市	6 565.0	442	14 424.2	947	8 097.8	921.8
潍坊市	11 305.4	440	36 148.0	973	13 550.7	374.5
济宁市	9 009.6	270	17 964.6	793	11 453.0	1 064.0
泰安市	3 963.3	218	6 906.4	715	8 988.1	639.7
威海市	2 358.4	183	9 067.2	259	3 457.9	114.4
日照市	5 587.0	91	5 667.5	136	4 983.2	135.4
莱芜市	1 591.0	80	6 660.8	269	11 903.8	522.8
临沂市	5 043.8	225	13 876.4	971	35 207.1	322.7
德州市	12 716.9	160	7 460.0	481	2 608.4	245.0
聊城市	12 947.8	160	8 570.7	167	5 105.7	183.6
滨州市	7 768.5	123	4 306.4	271	3 266.5	299.2
菏泽市	3 850.0	85	5 100.0	216	2 169.3	80.4

9. 寻找一个实例,运用不同方法进行聚类分析,并进行比较分析。

第七章　判别分析

教学目的

本章系统介绍了判别分析的基本原理，首先介绍了判别分析的基本思想，并对距离判别法、Fisher 判别法和 Bayes 判别法的原理和应用进行了总结。通过本章的学习，希望读者能够：

1. 掌握判别分析的基本思想；
2. 了解判别分析适合解决的问题；
3. 掌握距离判别法、Fisher 判别法的基本思想；
4. 了解 Bayes 判别法的基本思想；
5. 区分不同的判别分析方法及相应的应用。

本章的重点是距离判别法、Fisher 判别法。

第一节　判别分析的基本思想

判别分析是多元统计分析中用于判别样品所属类型的一种统计分析方法，是一种在一些已知研究对象用某种方法已经分成若干类的情况下，通过新样品的观测数据判定新样品所属类别的方法。它产生于20世纪30年代。近年来，在自然科学、社会学及经济管理学科中都有广泛的应用。在日常生活和工作中经常需要根据观测到的数据资料，对所研究的对象进行分类。例如在经济学中，根据人均GDP、人均工农业产值、人均消费水平、产业结构等多种指标来判定一个国家的经济发展程度所属的类型；在市场预测中，根据以往市场调查所得的市场占有率、价格等指标，判别下季度产品是畅销、正常还是滞销；在油田开发中，根据钻井的电测或化验数据，判别是否遇到油层、水层、干层或油水混合层；在环境科学中，根据某地区的气象条件和大气污染元素浓度等指标来判别该地区属于严重污染、一般污染还是无污染；在农林害虫预报中，根据以往的虫情、多种气象因子来判别一个月后的虫情是大发生、中发生还是正常；在体育运动中，判别某游泳运动员的“苗子”是适合练习蛙泳、仰泳，还是自由泳等；在医疗诊断中，根据体温、血压、心率、白细胞等多种指标，来判别此人是否患病。总之，在实际问题中需要判别的问题几乎到处可见。判别分析是判别样品所属类型的一种常用多元统计方法，其应用极为广泛。

判别分析的特点是根据已掌握的、历史上每个类别的若干样本的数据信息，总结出客观事物分类的规律性，建立判别公式和判别准则。然后，当遇到新的样本点时，只要根据总结出来的判别公式和判别准则，就能判别该样本点所属的类别。

判别分析与聚类分析不同。判别分析要求具有一定的先验信息，是在已知研究对象分成若干类型（或组别）并已取得各种类型的一批已知样品的观测数据的基础上，根据某些准则建立判别公式，对未知类型的样品进行判别分类。对于聚类分析来说，事先并无先验信息，需要通过聚类分析以确定一批给定样品分类。因此，判别分析和聚类分析往往联合起来使用，如判别分析要求先知道各类总体情况才能判断新样品的归类，当总体分类不清楚时，可先用聚类分析对原来的一批样品进行分类，然后再用判别分析建立判别公式以对新样品进行判别。

判别分析的内容丰富，方法很多，从不同角度有不同的分类。判别分析按判别的组数来区分，有两组判别分析和多组判别分析；按区分不同总体所用的数学模型来区分，有线性判别分析和非线性判别分析；按判别时所处理变量的方法不同，有逐步判别和序贯判别等；按判别准则的不同，可分为距离判别、Fisher判别和Bayes判别。

在判别分析中，需要解决的问题为：判别准则和判别函数的确定。判别准则是用于衡量新样品与各已知组别接近程度的方法准则。常用的有距离准则、Fisher准则、Bayes准则等。判别函数是基于一定的判别准则计算出的，用于衡量新样品与各已知组别接近程度的函数式或描述指标。

判别分析法的基本要求是：分组类型在两组以上；第一阶段时每组的元素规模必须在一个以上；解释变量必须是可测量的。

判别分析的假设前提包括：

(1) 每一个判别变量不能是其他判别变量的线性组合。这时，为其他变量线性组合的判别变量不能提供新的信息，更重要的是在这种情况下无法估计判别函数。不仅如此，有时一个判别变量与另外的判别变量高度相关，或与另外的判别变量的线性组合高度相关，虽然能求解，但参数估计的标准误将很大，以至于参数估计统计上不显著，这就是通常所说的多重共线性问题。

(2) 各组变量的协方差矩阵相等。判别分析最简单和最常用的形式是采用线性判别函数，它们是判别变量的简单线性组合。在各组协方差矩阵相等的假设条件下，可以使用很简单的公式来计算判别函数和进行显著性检验。

(3) 各判别变量之间具有多元正态分布，即每个变量对所有其他变量的固定值有正态分布。在这种条件下可以精确计算显著性检验值和分组归属的概率。当违背该假设时，计算的概率将可能非常不准确。

判别分析法虽然对总体的分布没有提出特殊的要求，但是，随着总体个数的增加，建立的判别函数难度也在增加，因而计算起来比较麻烦。但随着计算机和海量数据运算能力的增强，这一缺点得到了弥补，因此判别分析法得到了广泛的应用。

本章主要介绍几种常用的判别分析法，即距离判别法、Fisher 判别法、Bayes 判别法。

第二节　距离判别法

距离判别法的基本思想是：首先根据已知分类的数据，分别计算各类的重心即分组(类)的均值，判别准则是对任意给定的一个观测值，若它与第 i 类的重心距离最近，就认为它来自第 i 类。因此，距离判别法又称为最邻近方法(Nearest Neighbor Method)。距离判别法对各类总体的分布没有特定的要求，可适用于任意分布的数据。

一、两个总体的情形

设有两个总体(或称两类)G_1、G_2，从第一个总体中抽取 n_1 个样品，从第二个总体中抽取 n_2 个样品，每个样品测量 p 个指标，如表 7-1 所示。

表 7-1　来自两个总体的两个样本数据表

来自 G_1 总体的样品

样品 \ 变量	x_1	x_2	…	x_p
$x_1^{(1)}$	$x_{11}^{(1)}$	$x_{12}^{(1)}$	…	$x_{1p}^{(1)}$
$x_2^{(1)}$	$x_{21}^{(1)}$	$x_{22}^{(1)}$	…	$x_{2p}^{(1)}$
⋮	⋮	⋮		⋮
$x_{n_1}^{(1)}$	$x_{n_1 1}^{(1)}$	$x_{n_1 2}^{(1)}$	…	$x_{n_1 p}^{(1)}$
均值	$\overline{x}_1^{(1)}$	$\overline{x}_2^{(1)}$	…	$\overline{x}_p^{(1)}$

来自 G_2 总体的样品

样品 \ 变量	x_1	x_2	…	x_p
$x_1^{(2)}$	$x_{11}^{(2)}$	$x_{12}^{(2)}$	…	$x_{1p}^{(2)}$
$x_2^{(2)}$	$x_{21}^{(2)}$	$x_{22}^{(2)}$	…	$x_{2p}^{(2)}$
⋮	⋮	⋮		⋮
$x_{n_2}^{(2)}$	$x_{n_2 1}^{(2)}$	$x_{n_2 2}^{(2)}$	…	$x_{n_2 p}^{(2)}$
均值	$\overline{x}_1^{(2)}$	$\overline{x}_2^{(2)}$	…	$\overline{x}_p^{(2)}$

现取一个样品，实测指标值为 $\boldsymbol{X}=(x_1,\cdots,x_p)'$，问 $\boldsymbol{X}$ 应判归为哪一类？

首先，计算 $\boldsymbol{X}$ 到 G_1、G_2 总体的距离，分别记为 $D(\boldsymbol{X},G_1)$ 和 $D(\boldsymbol{X},G_2)$，按距离最近准则判别归类，可写成：

$$\begin{cases}\boldsymbol{X}\in G_1, & 当\ D(\boldsymbol{X},G_1)<D(\boldsymbol{X},G_2)\\ \boldsymbol{X}\in G_2, & 当\ D(\boldsymbol{X},G_1)>D(\boldsymbol{X},G_2)\\ 待判, & 当\ D(\boldsymbol{X},G_1)=D(\boldsymbol{X},G_2)\end{cases}$$

记 $\overline{X}^{(i)}=(\overline{x}_1^{(i)},\cdots,\overline{x}_p^{(i)})'$，$i=1,2$，如果距离定义采用欧氏距离，则可计算出

$$D(\boldsymbol{X},G_1)=\sqrt{(X-\overline{X}^{(1)})'(X-\overline{X}^{(1)})}=\sqrt{\sum_{a=1}^{p}(x_a-\overline{x}_a^{(1)})^2}$$

$$D(\boldsymbol{X},G_2)=\sqrt{(X-\overline{X}^{(2)})'(X-\overline{X}^{(2)})}=\sqrt{\sum_{a=1}^{p}(x_a-\overline{x}_a^{(2)})^2}$$

然后比较 $D(\boldsymbol{X},G_1)$ 和 $D(\boldsymbol{X},G_2)$ 的大小，按距离最近准则判别归类。

由于马氏距离在多元统计分析中经常用到，这里运用马氏距离对上述准则做较详细的讨论。设 $\boldsymbol{\mu}^{(1)}$、$\boldsymbol{\mu}^{(2)}$，$\boldsymbol{\Sigma}^{(1)}$、$\boldsymbol{\Sigma}^{(2)}$ 分别为 G_1、G_2 的均值向量和协方差阵。如果距离定义采用马氏距离，即 $D^2(\boldsymbol{X},G_i)=(\boldsymbol{X}-\boldsymbol{\mu}^{(i)})'(\boldsymbol{\Sigma}^{(i)})^{-1}(\boldsymbol{X}-\boldsymbol{\mu}^{(i)})$，$i=1,2$，这时判别准则可分以下两种情况给出：

(1) 当 $\boldsymbol{\Sigma}^{(1)}=\boldsymbol{\Sigma}^{(2)}=\boldsymbol{\Sigma}$ 时，考察 $D^2(\boldsymbol{X},G_2)$ 及 $D^2(\boldsymbol{X},G_1)$ 的差，有：

$$\begin{aligned}D^2(\boldsymbol{X},G_2)-D^2(\boldsymbol{X},G_1)&=\boldsymbol{X}'\boldsymbol{\Sigma}^{-1}\boldsymbol{X}-2\boldsymbol{X}'\boldsymbol{\Sigma}^{-1}\boldsymbol{X}\boldsymbol{\mu}^{(2)}+\boldsymbol{\mu}^{(2)\prime}\boldsymbol{\Sigma}^{-1}\boldsymbol{\mu}^{(2)}\\&\quad-[\boldsymbol{X}'\boldsymbol{\Sigma}^{-1}\boldsymbol{X}-2\boldsymbol{X}'\boldsymbol{\Sigma}^{-1}\boldsymbol{\mu}^{(1)}+\boldsymbol{\mu}^{(1)\prime}\boldsymbol{\Sigma}^{-1}\boldsymbol{\mu}^{(1)}]\\&=2\boldsymbol{X}'\boldsymbol{\Sigma}^{-1}(\boldsymbol{\mu}^{(1)}-\boldsymbol{\mu}^{(2)})-(\boldsymbol{\mu}^{(1)}+\boldsymbol{\mu}^{(2)})'\boldsymbol{\Sigma}^{-1}(\boldsymbol{\mu}^{(1)}-\boldsymbol{\mu}^{(2)})\\&=2\left[\boldsymbol{X}-\frac{1}{2}(\boldsymbol{\mu}^{(1)}+\boldsymbol{\mu}^{(2)})\right]'\boldsymbol{\Sigma}^{-1}(\boldsymbol{\mu}^{(1)}-\boldsymbol{\mu}^{(2)})\end{aligned}$$

令 $\overline{\boldsymbol{\mu}}=\frac{1}{2}(\boldsymbol{\mu}^{(1)}+\boldsymbol{\mu}^{(2)})$，

$$W(\boldsymbol{X})=(\boldsymbol{X}-\overline{\boldsymbol{\mu}})'\boldsymbol{\Sigma}^{-1}(\boldsymbol{\mu}^{(1)}-\boldsymbol{\mu}^{(2)})$$

则判别准则可写成：

$$\begin{cases} \boldsymbol{X} \in G_1, & \text{当 } W(\boldsymbol{X}) > 0 \text{ 即 } D^2(\boldsymbol{X},G_2) > D^2(\boldsymbol{X},G_1) \\ \boldsymbol{X} \in G_2, & \text{当 } W(\boldsymbol{X}) < 0 \text{ 即 } D^2(\boldsymbol{X},G_2) < D^2(\boldsymbol{X},G_1) \\ \text{待判}, & \text{当 } W(\boldsymbol{X}) = 0 \text{ 即 } D^2(\boldsymbol{X},G_2) = D^2(\boldsymbol{X},G_1) \end{cases}$$

当 $\boldsymbol{\Sigma},\boldsymbol{\mu}^{(1)},\boldsymbol{\mu}^{(2)}$ 已知时,令 $\boldsymbol{a}=\boldsymbol{\Sigma}^{-1}(\boldsymbol{\mu}^{(1)}-\boldsymbol{\mu}^{(2)}) \triangleq (a_1,\cdots,a_p)'$,则

$$W(\boldsymbol{X}) = (\boldsymbol{X}-\bar{\boldsymbol{\mu}})'a = \boldsymbol{a}'(\boldsymbol{X}-\bar{\boldsymbol{\mu}}) = (a_1,\cdots,a_p)\begin{bmatrix} x_1-\bar{\mu}_1 \\ \vdots \\ x_p-\bar{\mu}_p \end{bmatrix}$$

$$= a_1(x_1-\bar{\mu}_1)+\cdots+a_p(x_p-\bar{\mu}_p)$$

显然,$W(\boldsymbol{X})$是 $x_1,\cdots,x_p$ 的线性函数,称 $W(\boldsymbol{X})$为线性判别函数,a 为判别系数。

当 $\boldsymbol{\Sigma},\boldsymbol{\mu}^{(1)},\boldsymbol{\mu}^{(2)}$ 未知时,可通过样本来估计。设 $\boldsymbol{X}_1^{(i)},\boldsymbol{X}_2^{(i)},\cdots,\boldsymbol{X}_{n_i}^{(i)}$ 是来自 G_i 的样本,$i=1,2$。

$$\hat{\boldsymbol{\mu}}^{(1)} = \frac{1}{n_1}\sum_{i=1}^{n_1}\boldsymbol{X}_i^{(1)} = \bar{\boldsymbol{X}}^{(1)}$$

$$\hat{\boldsymbol{\mu}}^{(2)} = \frac{1}{n_2}\sum_{i=1}^{n_2}\boldsymbol{X}_i^{(2)} = \bar{\boldsymbol{X}}^{(2)}$$

$$\hat{\boldsymbol{\Sigma}} = \frac{1}{n_1+n_2-2}(\boldsymbol{S}_1+\boldsymbol{S}_2)$$

其中,$\boldsymbol{S}_i=\sum_{t=1}^{n_i}(\boldsymbol{X}_t^{(i)}-\boldsymbol{X}^{(i)})(\boldsymbol{X}_t^{(i)}-\boldsymbol{X}^{(i)})'$,$\bar{\boldsymbol{X}}=\frac{1}{2}(\bar{\boldsymbol{X}}^{(1)}+\bar{\boldsymbol{X}}^{(2)})$。

线性判别函数为:

$$W(\boldsymbol{X}) = (\boldsymbol{X}-\bar{\boldsymbol{X}})'\hat{\boldsymbol{\Sigma}}^{-1}(\bar{\boldsymbol{X}}^{(1)}-\bar{\boldsymbol{X}}^{(2)})$$

当 $p=1$ 时,若两个总体的分布分别为 $N(\mu_1,\sigma^2)$和 $N(\mu_2,\sigma^2)$,判别函数 $W(X)=\left[X-\left(\frac{\mu_1+\mu_2}{2}\right)\right]\frac{1}{\sigma^2}(\mu_1-\mu_2)$。不妨设 $\mu_1<\mu_2$,这时 $W(X)$的符号取决于 $X>\bar{\mu}$ 或 $X<\bar{\mu}$。当 $X<\bar{\mu}$ 时,则 $X\in G_1$;当 $X>\bar{\mu}$ 时,则 $X\in G_2$。我们看到用距离判别法所得到的准则是颇为合理的。但从图 7-1 又可以看出,用距离判别法有时也会产生错判。如 X 来自 G_1,但却落入 D_2,被判为属于 G_2,错判的概率为图中阴影的面积,记为 $P(2/1)$,类似有 $P(1/2)$,显然,

$$P(2/1) = P(1/2) = 1-\Phi\left(\frac{\mu_1-\mu_2}{2\sigma}\right)$$

当两总体靠得很近(即$|\mu_1-\mu_2|$小),则无论用何种办法,错判概率都很大,这时作判别分析是没有意义的。因此只有当两个总体的均值有显著差异时,作判别分析才有意义。

(2) 当 $\boldsymbol{\Sigma}^{(1)}\neq\boldsymbol{\Sigma}^{(2)}$ 时,按距离最近准则,类似地有:

$$\begin{cases} \boldsymbol{X} \in G_1, & \text{当 } D(\boldsymbol{X},G_1) < D(\boldsymbol{X},G_2) \\ \boldsymbol{X} \in G_2, & \text{当 } D(\boldsymbol{X},G_1) > D(\boldsymbol{X},G_2) \\ \text{待判}, & \text{当 } D(\boldsymbol{X},G_1) = D(\boldsymbol{X},G_2) \end{cases}$$

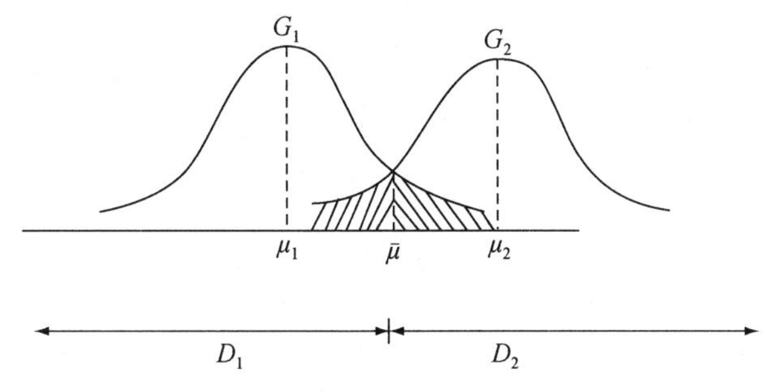

图 7-1　两总体判别错判情形图

仍然用

$$\begin{aligned} W(\boldsymbol{X}) &= D^2(\boldsymbol{X}, G_2) - D^2(\boldsymbol{X}, G_1) \\ &= (\boldsymbol{X} - \boldsymbol{\mu}^{(2)})'(\boldsymbol{\Sigma}^{(2)})^{-1}(\boldsymbol{X} - \boldsymbol{\mu}^{(2)}) - (\boldsymbol{X} - \boldsymbol{\mu}^{(1)})'(\boldsymbol{\Sigma}^{(1)})^{-1}(\boldsymbol{X} - \boldsymbol{\mu}^{(1)}) \end{aligned}$$

作为判别函数，它是 $\boldsymbol{X}$ 的二次函数。

由于判别分析假设两组样品取自不同的总体，如果两个总体的均值向量在统计上差异不显著，则进行判别分析的意义不大。所以，两组判别分析的检验，实际上就是要检验两个正态总体的均值向量是否相等，为此，检验的统计量为：

$$F = \frac{(n_1 + n_2 - 2) - p + 1}{(n_1 + n_2 - 2)p} T^2 \sim F(p, n_1 + n_2 - p - 1)$$

其中，

$$T^2 = (n_1 + n_2 - 2)\left[\sqrt{\frac{n_1 n_2}{n_1 + n_2}}(\bar{\boldsymbol{X}}^{(1)} - \bar{\boldsymbol{X}}^{(2)})'\hat{\boldsymbol{\Sigma}}^{-1} \cdot \sqrt{\frac{n_1 n_2}{n_1 + n_2}}(\bar{\boldsymbol{X}}^{(1)} - \bar{\boldsymbol{X}}^{(2)})\right]$$

$$\hat{\boldsymbol{\Sigma}} = \frac{1}{n_1 + n_2 - 2}(\boldsymbol{S}_1 + \boldsymbol{S}_2)$$

给定显著性水平 α，由样本值计算 F 统计量，查 F 分布表得 F 的临界值，若 $F > F_\alpha(p, n_1 + n_2 - p - 1)$，则否定原假设，认为两个总体的均值向量在统计上差异显著，否则两个总体的均值向量在统计上差异不显著。

二、多个总体的情形

下面将两个总体的讨论推广到多个总体。设有 k 个总体 $G_1, \cdots, G_k$，它们的均值和协方差阵分别为 $\boldsymbol{\mu}^{(i)}, \boldsymbol{\Sigma}^{(i)}, i=1, \cdots, k$。从每个总体 G_i 中抽取 n_i 个样品，$i=1, \cdots, k$，每个样品测 p 个指标，如表 7-2 所示。今任取一个样品，实测指标值为 $\boldsymbol{X}=(x_1, \cdots, x_p)'$，问 $\boldsymbol{X}$ 应归为哪一类？

表 7-2　来自 k 个总体的 k 个样本数据表

来自 G_1 总体的样品 样品＼变量	x_1	x_2	…	x_p	来自 G_k 总体的样品 样品＼变量	x_1	x_2	…	x_p
$x_1^{(1)}$	$x_{11}^{(1)}$	$x_{12}^{(1)}$	…	$x_{1p}^{(1)}$	$x_1^{(k)}$	$x_{11}^{(k)}$	$x_{12}^{(k)}$	…	$x_{1p}^{(k)}$
$x_2^{(1)}$	$x_{21}^{(1)}$	$x_{22}^{(1)}$	…	$x_{2p}^{(1)}$	$x_2^{(k)}$	$x_{21}^{(k)}$	$x_{22}^{(k)}$	…	$x_{2p}^{(k)}$
⋮	⋮	⋮		⋮	⋮	⋮	⋮		⋮
$x_{n_1}^{(1)}$	$x_{n_1 1}^{(1)}$	$x_{n_1 2}^{(1)}$	…	$x_{n_1 p}^{(1)}$	$x_{n_2}^{(k)}$	$x_{n_2 1}^{(k)}$	$x_{n_2 2}^{(k)}$	…	$x_{n_2 p}^{(k)}$
均值	$\bar{x}_1^{(1)}$	$\bar{x}_2^{(1)}$	…	$\bar{x}_p^{(1)}$	均值	$\bar{x}_1^{(k)}$	$\bar{x}_2^{(k)}$	…	$\bar{x}_p^{(k)}$

其中，向量 $\bar{\boldsymbol{X}}^{(i)}=(\bar{x}_1^{(i)},\bar{x}_2^{(i)},\cdots,\bar{x}_p^{(i)})'$，$i=1,\cdots,k$。

（1）当各总体协方差阵相等时，此时 $D^2(\boldsymbol{X},G_i)=(\boldsymbol{X}-\boldsymbol{\mu}^{(i)})'\boldsymbol{\Sigma}^{-1}(\boldsymbol{X}-\boldsymbol{\mu}^{(i)})$，$i=1,\cdots,k$，判别函数为：

$$W_{ij}(\boldsymbol{X})=\frac{1}{2}[D^2(\boldsymbol{X},G_j)-D^2(\boldsymbol{X},G_i)]$$
$$=\left[\boldsymbol{X}-\frac{1}{2}(\boldsymbol{\mu}^{(i)}+\boldsymbol{\mu}^{(j)})\right]'\boldsymbol{\Sigma}^{-1}(\boldsymbol{\mu}^{(i)}-\boldsymbol{\mu}^{(j)}),\quad i,j=1,\cdots,k$$

相应的判别准则为：

$$\begin{cases}\boldsymbol{X}\in G_i, & \text{当 } W_{ij}(\boldsymbol{X})>0\text{，对一切 } j\neq i \\ \text{待判}, & \text{若某一个 } W_{ij}(\boldsymbol{X})=0\end{cases}$$

当 $\boldsymbol{\mu}^{(1)},\cdots,\boldsymbol{\mu}^{(k)},\boldsymbol{\Sigma}$ 未知时可用其估计量代替，设从 G_i 中抽取的样本为 $\boldsymbol{X}_1^{(i)},\cdots,\boldsymbol{X}_{n_i}^{(i)}$，$i=1,\cdots,k$，则 $\hat{\boldsymbol{\mu}}^{(i)},\hat{\boldsymbol{\Sigma}}$ 的估计量分别为

$$\hat{\boldsymbol{\mu}}^{(i)}=\bar{\boldsymbol{X}}^{(i)}=\frac{1}{n_i}\sum_{a=1}^{n_i}\boldsymbol{X}_a^{(i)},\quad i=1,\cdots,k$$

$$\hat{\boldsymbol{\Sigma}}=\frac{1}{n-k}\sum_{i=1}^{k}\boldsymbol{S}_i$$

其中，$n=n_1+\cdots+n_k$，$\boldsymbol{S}_i=\sum_{a=1}^{n_i}(\boldsymbol{X}_a^{(i)}-\boldsymbol{X}^{(i)})(\boldsymbol{X}_a^{(i)}-\boldsymbol{X}^{(i)})'$ 为 G_i 的样本离差阵。

（2）当各总体协方差阵不相等时，判别函数为：

$$W_{ji}(\boldsymbol{X})=(\boldsymbol{X}-\boldsymbol{\mu}^{(j)})'[\boldsymbol{\Sigma}^{(j)}]^{-1}(\boldsymbol{X}-\boldsymbol{\mu}^{(j)})-(\boldsymbol{X}-\boldsymbol{\mu}^{(i)})'[\boldsymbol{\Sigma}^{(i)}]^{-1}(\boldsymbol{X}-\boldsymbol{\mu}^{(i)})$$

相应的判别准则为：

$$\begin{cases}\boldsymbol{X}\in G_i, & \text{当 } W_{ij}(\boldsymbol{X})>0\text{，对一切 } j\neq i \\ \text{待判}, & \text{若某一个 } W_{ij}(\boldsymbol{X})=0\end{cases}$$

当 $\boldsymbol{\mu}^{(i)}$，$\boldsymbol{\Sigma}^{(i)}(i=1,\cdots,k)$ 未知时，可用 $\boldsymbol{\mu}^{(i)},\boldsymbol{\Sigma}^{(i)}$ 的估计量代替，即

$$\hat{\boldsymbol{\mu}}^{(i)}=\bar{\boldsymbol{X}}^{(i)}$$

$$\hat{\boldsymbol{\Sigma}}^{(i)}=\frac{1}{n_i-1}\boldsymbol{S}_i,\quad i=1,\cdots,k$$

三、判别效果的检验

对判别效果的检验可通过错判概率和错判率来进行。对错判概率，前面已经讨论过，现在我们来讨论错判率。

一种常用的验证方法是交叉核实法。该方法的基本思想是：为了判断第 i 个观测样品的判别是否正确，用删除第 i 个观测样品的数据集来计算判别函数，然后用此判别函数来判别第 i 个样品。对每个观测样品都如此进行。

交叉核实法的检查比较严格，可说明所选择判别方法的有效性。该方法可以解决样本容量不大的问题，通过改变样本，来检验判别方法是否稳定。

设有 k 个总体 $G_1, \cdots, G_k$，从每个总体 G_i 中抽取 n_i 个样品，有 $n = n_1 + n_2 + \cdots + n_k$。我们用 m_{ij} 表示来自总体 G_i 但被判为来自 G_j 的样品数，此时可定义简单错判率为：

$$p = \frac{1}{n}\sum_{i=1}^{k}\sum_{\substack{j=1 \\ j\neq i}}^{k} m_{ij}$$

若考虑各总体出现的机会不同，设 q_i 是第 i 类总体 G_i 的先验概率，p_i 是总体 G_i 的错判概率，则加权错判率为：

$$p = \sum_{i=1}^{k} q_i p_i$$

第三节 Fisher 判别法

Fisher 判别法是费希尔(Fisher)于 1936 年提出来的，该方法对总体的分布并未提出特定的要求。其基本原理是对原数据系统进行坐标变换，寻求能够将总体尽可能分开的方向。其基本原理是利用投影技术，将 k 组 p 维数据投影到某个方向，使得数据的投影组与组之间尽可能分开。组与组的分开借用了方差分析的思想。我们首先介绍两总体情形，再推广到多总体情形。

一、不相等协方差阵的两总体 Fisher 判别法

1. 基本思想

从两个总体中抽取具有 p 个指标的样品观测数据，借助方差分析的思想创造一个判别函数或称判别式：

$$y = c_1 x_1 + c_2 x_2 + \cdots + c_p x_p$$

其中，系数 c_1、c_2、$\cdots c_p$ 确定的原则是使两组间的离差最大，而使每个组内部的离差最小。

有了判别式后，对于一个新的样品，将它的 p 个指标值代入判别式中求出 y 值，然后与判别临界值（或称分界点）进行比较，就可以判别它应属于哪一个总体。

2. 判别函数的导出

假设有两个总体 G_1、G_2，从第一个总体中抽取 n_1 个样品，从第二个总体中抽取 n_2 个样品，每个样品观测 p 个指标，如表 7-1 所示。

假设新建立的判别式为：

$$y = c_1x_1 + c_2x_2 + \cdots + c_px_p$$

现将属于两总体的样品观测值分别代入判别式中去，则得：

$$y_i^{(1)} = c_1x_{i1}^{(1)} + c_2x_{i2}^{(1)} + \cdots + c_px_{ip}^{(1)}, \quad i = 1,\cdots,n_1$$

$$y_i^{(2)} = c_1x_{i1}^{(2)} + c_2x_{i2}^{(2)} + \cdots + c_px_{ip}^{(2)}, \quad i = 1,\cdots,n_2$$

将上边两式分别左右相加，再乘以相应的样品个数，则有：

$$\bar{y}^{(1)} = \sum_{k=1}^{p} c_k\bar{x}_k^{(1)} \quad \text{…… 第一组样品的“重心”}$$

$$\bar{y}^{(2)} = \sum_{k=1}^{p} c_k\bar{x}_k^{(2)} \quad \text{…… 第二组样品的“重心”}$$

为了使判别函数能够很好地区别来自不同总体的样品，我们自然希望：

(1) 来自不同总体的两个平均值 $\bar{y}^{(1)}$，$\bar{y}^{(2)}$ 相差越大越好。

(2) 对于来自第一个总体的 $y_i^{(1)}(i=1,\cdots,n_1)$，要求它们的离差平方和 $\sum_{i=1}^{n_1}(y_i^{(1)} - \bar{y}^{(1)})^2$ 越小越好，同样也要求 $\sum_{i=1}^{n_2}(y_i^{(2)} - \bar{y}^{(2)})^2$ 越小越好。

综合以上两点，就是要求 $I=\dfrac{(\bar{y}^{(1)} - \bar{y}^{(2)})^2}{\sum_{i=1}^{n_1}(y_i^{(1)} - \bar{y}^{(1)})^2 + \sum_{i=1}^{n_2}(y_i^{(2)} - \bar{y}^{(2)})^2}$ 越大越好。

记 $Q=Q(c_1,c_2,\cdots,c_p)=(\bar{y}^{(1)} - \bar{y}^{(2)})^2$ 为两组间离差平方和。记 $F=F(c_1,c_2,\cdots,c_p)=\sum_{i=1}^{n_1}(y_i^{(1)} - \bar{y}^{(1)})^2 + \sum_{i=1}^{n_2}(y_i^{(2)} - \bar{y}^{(2)})^2$ 为两组内的离差平方和。则

$$I = \frac{Q}{F}$$

利用微积分求极值的必要条件可求出使 I 达到最大值的 $c_1,c_2,\cdots,c_p$。具体求解过程参见参考文献 35。

有了判别函数之后，欲建立判别准则还要确定判别临界值（分界点）y_0，在两总体先验概率相等的假设下，一般常取 y_0 为 $\bar{y}^{(1)}$ 与 $\bar{y}^{(2)}$ 的加权平均值，即

$$y_0 = \frac{n_1\bar{y}^{(1)} + n_2\bar{y}^{(2)}}{n_1 + n_2}$$

如果由原始数据求得 $\bar{y}^{(1)}$ 与 $\bar{y}^{(2)}$，且满足 $\bar{y}^{(1)} > \bar{y}^{(2)}$，则建立判别准则如下：对一个新样品 $X=(x_1,\cdots,x_p)'$ 代入判别函数中去，所取得的值记为 y，若 $y>y_0$，则判定 $X\in G_1$；若 $y<y_0$，则判定 $X\in G_2$。如果 $\bar{y}^{(1)} < \bar{y}^{(2)}$，判别准则则相反。

3. 分析过程

（1）建立判别函数。求 $I=\frac{Q(c_1,\cdots,c_p)}{F(c_1,\cdots,c_p)}$ 的最大值点 $c_1,c_2,\cdots,c_p$，根据极值原理，需解方程组

$$\begin{cases}\frac{\partial \ln I}{\partial c_1}=0\\ \frac{\partial \ln I}{\partial c_2}=0\\ \quad\vdots\\ \frac{\partial \ln I}{\partial c_p}=0\end{cases}$$

可得到 $c_1,\cdots,c_p$，写出判别函数 $y=c_1x_1+\cdots+c_px_p$。

（2）计算判别临界值 y_0，然后根据判别准则对新样品判别分类。

（3）检验判别效果（当两个总体协方差阵相同且总体服从正态分布时）。

$$\mathrm{H}_0: Ex_a^{(1)}=\mu_1=Ex_a^{(2)}=\mu_2,\quad \mathrm{H}_1:\mu_1\neq\mu_2$$

检验统计量为：

$$F=\frac{(n_1+n_2-2)-p+1}{(n_1+n_2-2)p}T^2 \underset{(\text{在}\mathrm{H}_0\text{成立})}{\sim} F(p,n_1+n_2-p-1)$$

其中，

$$T^2=(n_1+n_2-2)\left[\sqrt{\frac{n_1n_2}{n_1+n_2}}(\overline{X}^{(1)}-\overline{X}^{(2)})'S^{-1}\sqrt{\frac{n_1n_2}{n_1+n_2}}(\overline{X}^{(1)}-\overline{X}^{(2)})\right]$$

$$S=(s_{ij})_{p\times p},\quad s_{ij}=\sum_{a=1}^{n_1}(x_{ai}^{(1)}-\overline{x}_i^{(1)})(x_{aj}^{(1)}-\overline{x}_j^{(1)})+\sum_{a=1}^{n_2}(x_{ai}^{(2)}-\overline{x}_i^{(2)})(x_{aj}^{(2)}-\overline{x}_j^{(2)})$$

$$\overline{X}^{(i)}=(x_1^{(i)},\cdots,\overline{x}_p^{(i)})'$$

给定检验水平 a，查 F 分布表，确定临界值 F_a，若 $F>F_a$，则 H_0 被否定，认为判别有效；否则，认为判别无效。

值得指出的是：参与构造判别函数的样品个数不宜太少，否则会影响判别函数的优良性；其次判别函数选用的指标不宜过多，指标过多不仅使用不方便，而且会影响预报的稳定性。因此，建立判别函数之前应仔细挑选出几个对分类有显著作用的指标，要使两类平均值之间的差异尽量大些。

例 7-1　云南某地盐矿的判别分析（本案例引自参考文献 57）

钾盐是含钾矿物质的总称。按其可溶性可分为可溶性钾盐矿物质和不可溶性含钾的铝硅酸盐矿物质。前者是自然界可溶性的含钾盐类矿物质堆积构成的可被利用的矿产资源，它包括含钾水体经过蒸发浓缩、沉积形成的可溶性固体钾盐矿床（如钾石盐、光卤石、杂卤石等）和含钾卤水。铝硅酸类岩石是不可溶性的含钾岩石或富钾岩石（如明矾石、霞石、钾长石及富钾页岩、砂岩、富钾泥灰岩等）。目前，世界范围内开发利用的主要对象是可溶性钾盐资源。钾盐矿主要用于制造钾肥，主要产品有氯化钾和硫酸钾，都是农业不可缺少的三大肥料之一，只有少量产品作为化工原料，应用在工业方面。

目前，我国已查明的可溶性钾盐资源储量不大，尚难满足农业对钾肥的需求。我国

钾肥的供需形势十分严峻。目前产量远远不能满足需求，每年需进口钾肥300多万吨。因此，钾盐矿被国家列入急缺矿种之一。我国从20世纪50年代末开始生产钾盐，由于受资源条件及工艺技术等因素的影响，产量一直很低。至1996年，我国钾盐产量25万吨，折 K_2O 15万吨，仅占世界总产量2 562万吨的0.58%。我国钾盐生产企业多是矿肥结合的联合企业。分布极不均匀，主要集中在青海，其次是云南和四川。

可溶性钾盐矿物包括自然界形成的各种含钾的氯化物、硫酸盐、硝酸盐、硼酸盐以及含有钠、镁、钙的复盐。它们可以成为无水化合物或含水化合物，其中有的还含有微量的Li、Rb、Cs、Sr、Br、I、B等元素。主要矿物有钾石盐、光卤石、钾盐镁矾、无水钾镁矾和杂卤石等。因此，对钾盐矿的判别分析变量需用到其成分。为此选择了 $KCL\times10^3$、$BrCL\times10^3$、K盐 $\times10^3$、$KBr\times10^3$ 成分为主要指标，上述指标分别记为 X_1,X_2,X_3,X_4。

已知云南某地盐矿分为钾盐及非钾盐（即钠盐）两类。现我们已掌握的两类盐矿有关历史样本数据如表7-3所示。

表7-3　云南某地盐矿的有关样本数据表

	样本	X_1	X_2	X_3	X_4
钾盐（A类）	1	13.85	2.79	7.80	49.60
	2	22.31	4.67	12.31	47.80
	3	28.82	4.63	16.18	62.15
	4	15.29	3.54	7.58	43.20
	5	28.29	4.90	16.12	58.70
钠盐（B类）	1	2.18	1.06	1.22	20.60
	2	3.85	0.80	4.06	47.10
	3	11.40	0.00	3.50	0.00
	4	3.66	2.42	2.14	15.10
	5	12.10	0.00	5.68	0.00
待判样品	1	8.85	3.38	5.17	26.10
	2	28.60	2.40	1.20	127.00
	3	20.70	6.70	7.60	30.80
	4	7.90	2.40	4.30	33.20
	5	3.19	3.20	1.43	9.90
	6	12.40	5.10	4.48	24.60

对待判样本进行判别时，需要进行判别分析。可以求出判别函数为：

$$Y=0.5504X_1+0.4984X_2-0.9919X_3+0.0852X_4$$

根据上述判别函数，可求得：

$$\bar{Y}(A)=6.518,\quad \bar{Y}(B)=2.197,\quad \bar{Y}_0=4.358$$

使用上述判别函数进行回判，正确回判率为V=100%。

对上述两类进行显著性检验，$F(4,5)=67.306>F_{0.01}(4,5)=11.4$，说明A,B两类差异显著，判别效果是有效的。

标准化的判别系数为：

$$c_1=0.913>c_2=0.524>|c_3|=|-0.30670|>c_4=0.00576$$

待判样品结果如表7-4所示：

表7-4 待判样品结果表

待判样品	X_1	X_2	X_3	X_4	类别
1	8.85	3.38	5.17	26.10	B
2	28.60	2.40	1.20	127.00	A
3	20.70	6.70	7.60	30.80	A
4	7.90	2.40	4.30	33.20	B
5	3.19	3.20	1.43	9.90	B
6	12.40	5.10	4.48	24.60	A

由上可见，只要测定出样本矿石的各种成分含量，即上述四个因子值，就可判别其属于钾盐矿还是属于钠盐矿，这为我国勘探国家急需的钾盐矿资源提供了极有价值的线索。

二、多总体 Fisher 判别法

基于两总体 Fisher 判别法，可给出多总体的 Fisher 判别法。

设有 k 个总体 $G_1,\cdots,G_k$，抽取样品数分别为 $n_1,n_2,\cdots,n_k$，令 $n=n_1+n_2+\cdots+n_k$。$\boldsymbol{x}_a^{(i)}=(x_{a1}^{(i)},\cdots,x_{ap}^{(i)})$ 为第 i 个总体的第 a 个样品的观测向量。

假定所建立的判别函数为：

$$y(x)=c_1x_1+\cdots+c_px_p \triangleq \boldsymbol{c}'\boldsymbol{x}$$

其中，$\boldsymbol{c}=(c_1,\cdots,c_p)'$，　$\boldsymbol{x}=(x_1,\cdots,x_p)'$。

记 $\bar{\boldsymbol{x}}^{(i)}$ 和 $\boldsymbol{s}^{(i)}$ 分别为总体 G_i 的样本均值向量和样本协方差阵，根据随机变量线性组合的均值和方差的性质，$y(x)$ 在 G_i 上的样本均值和样本方差为：

$$\bar{y}^{(i)}=\boldsymbol{c}'\bar{\boldsymbol{x}}^{(i)},\quad \sigma_i^2=\boldsymbol{c}'\boldsymbol{s}^{(i)}\boldsymbol{c}$$

记 $\bar{\boldsymbol{x}}$ 为总的均值向量，则 $\bar{y}=\boldsymbol{c}'\bar{\boldsymbol{x}}$。

在多总体的情况下，Fisher 准则就是选取系数向量 $\boldsymbol{c}$，使

$$\lambda=\frac{\sum_{i=1}^{k}n_i(\bar{y}^{(i)}-\bar{y})^2}{\sum_{i=1}^{k}q_i\sigma_i^2}$$

达到最大，其中 q_i 是人为的正的加权系数，它可以取为先验概率。如果取 $q_i=n_i-1$，并将 $\bar{y}^{(i)}=\boldsymbol{c}'\bar{\boldsymbol{x}}^{(i)}$，$\bar{y}=\boldsymbol{c}'\bar{\boldsymbol{x}}$，$\sigma_i^2=\boldsymbol{c}'\boldsymbol{s}^{(i)}\boldsymbol{c}$ 代入上式，可转化为：

$$\lambda=\frac{\boldsymbol{c}'\boldsymbol{A}\boldsymbol{c}}{\boldsymbol{c}'\boldsymbol{E}\boldsymbol{c}}$$

其中 $\boldsymbol{E}$ 为组内离差阵，$\boldsymbol{A}$ 为总体之间样本协方差阵，即

$$\boldsymbol{E}=\sum_{i=1}^{k}q_i\cdot\boldsymbol{s}^{(i)}$$

$$\boldsymbol{A}=\sum_{i=1}^{k}n_i(\bar{x}^{(i)}-\bar{x})(\bar{x}^{(i)}-\bar{x})'$$

为求 λ 的最大值，根据极值存在的必要条件，令$\frac{\partial\lambda}{\partial c}=0$，利用对向量求导的公式：

$$\begin{aligned}\frac{\partial\lambda}{\partial c}&=\frac{2Ac}{(c'Ec)^2}\cdot(c'Ec)-\frac{2Ec}{(c'Ec)^2}\cdot(c'Ac)\\&=\frac{2Ac}{c'Ec}-\frac{2Ec}{c'Ec}\cdot\frac{c'Ac}{c'Ec}=\frac{2Ac}{c'Ec}-\frac{2Ec}{c'Ec}\cdot\lambda\end{aligned}$$

因此，$\frac{\partial\lambda}{\partial C}=0\Rightarrow\frac{2Ac}{c'Ec}-\frac{2\lambda Ec}{c'Ec}=0\Rightarrow Ac=\lambda Ec$。

这说明 $\boldsymbol{\lambda}$ 及 $\boldsymbol{c}$ 恰好是矩阵 $\boldsymbol{A}$、$\boldsymbol{E}$ 的广义特征根及其对应的特征向量。由于一般要求加权协方差阵 $\boldsymbol{E}$ 是正定的，因此由代数知识可知，上式非零特征根个数 m 不超过 $\min(k-1,p)$，又因为 $\boldsymbol{A}$ 为非负定的，所以非零特征根必为正根，记为 $\lambda_1\geqslant\lambda_2\geqslant\cdots\geqslant\lambda_m>0$，于是可构造 m 个判别函数：

$$y_l(x)=\boldsymbol{c}^{(l)'}\boldsymbol{x}\quad l=1,\cdots,m$$

对于每一个判别函数必须给出一个用以衡量判别能力的指标 p_i，其定义为：

$$p_i=\frac{\lambda_l}{\sum_{i=1}^{m}\lambda_i}\quad l=1,\cdots,m$$

m_0 个判别函数 $y_1,\cdots,y_{m0}$ 的判别能力定义为：

$$sp_{m_0}\triangleq\sum_{l=1}^{m_0}p_l=\frac{\sum_{l=1}^{m_0}\lambda_1}{\sum_{i=1}^{m}\lambda_i}$$

如果 sp_{m_0} 达到某个特定的值(比如 85%)，则认为 m_0 个判别函数就够了。

有了判别函数之后，如何对待判样品进行分类？Fisher 判别法本身并未给出最合适的分类法，在实际工作中可以选用下列分类法之一作分类。

1. 当取 $m_0=1$ 时(即只取一个判别函数)，此时有两种可供选用的方法。

(1) 不加权法。若 $|y(x)-\bar{y}^{(i)}|=\max\limits_{1\leqslant j\leqslant k}|y(x)-\bar{y}^{(j)}|$，则判 $x\in G_i$。

(2) 加权法。将 $\bar{y}^{(1)},\bar{y}^{(2)},\cdots,\bar{y}^{(k)}$ 按大小次序排列，记为 $\bar{y}_{(1)}\leqslant\bar{y}_{(2)}\leqslant\cdots\leqslant\bar{y}_{(k)}$，相应判别函数的标准差重排为 $\sigma_{(i)}$。令

$$d_{i,i+1}=\frac{\sigma_{(i+1)}\bar{y}_{(i)}+\sigma_{(i)}\bar{y}_{(i+1)}}{(\sigma_{(i+1)})+\sigma_{(i)})},\quad i=1,\cdots,k-1$$

则 $d_{i,i+1}$ 可作为 G_{ji} 与 G_{ji+1} 之间的分界点。如果 x 使得 $d_{i-1,i}\leqslant y(x)\leqslant d_{i,i+1}$，则判 $x\in G_{ji}$。

2. 当取 $m_0>1$ 时，也有类似两种供选用的方法。

(1) 不加权法。记 $\bar{y}_l^{(i)}=c^{(l)'}\bar{x}^{(i)}$，$l=1,\cdots,m_0$；$i=1,\cdots,k$，对待判样品 $\boldsymbol{x}=(x_1,\cdots,x_p)'$，计算

$$y_l(x)=c^{(l)'}x$$

$$D_i^2=\sum_{l=1}^{m_0}[y_l(x)-\bar{y}_l^{(i)}]^2,\quad i=1,\cdots,k$$

若 $D_r^2=\min\limits_{1\leqslant i\leqslant k}D_i^2$，则判 $x\in G_r$。

(2) 加权法。考虑到每个判别函数的判别能力不同，记 $D_i^2=\sum_{l=1}^{m_0}[y_l(x)-\bar{y}_l^{(i)}]^2\lambda_l$，其中，$\lambda_l$ 是由 $\boldsymbol{Ac}=\lambda\boldsymbol{Ec}$ 求出的特征根。若 $D_r^2=\min\limits_{1\leqslant i\leqslant k}D_i^2$，则判 $x\in G_r$。

例 7-2 上市公司是证券市场的基石，股市又是市场经济的晴雨表。准确把握市场动态，既是投资者赢利的前提条件，又是上市公司准确了解公司在投资者心中位置的必要条件。但是，由于历史原因，我国的股票市场还不能充分发挥其作用，这使得中小投资者正确判断股票的价值更加困难。鉴于此种情况，拟采用判别分析的方法对食品饮料行业的股票进行实证研究，来判断某只特定的股票是否具有投资价值，以期对中小投资者的投资行为有指导作用。

之所以选择食品饮料行业作为研究对象，原因在于食品饮料行业的竞争十分激烈，进入的门槛相对很低，类似于完全竞争市场。在未来的市场经济中，各行业利润趋同，也将会呈现出一种类似于完全竞争的状态。那么，研究就具有普遍的指导意义。

在指标的选取上，首先按照合理性、有效性原则，选择流动比率、速动比率、市盈率、市净率等具有代表性的指标。这些指标不仅能很好地反映企业的经营状况和发展潜力，更重要的是这些指标满足判别分析的前提假设。评价上市公司的指标很多，这里我们选择了一些具有代表性的分析指标。具体数据均来自某年度上市公司年报中的财务分析报表，具体有：

(1) 每股税后利润，即每股收益。这是从每股财务数据中选择的一个指标，它表示股本的利用效益。

(2) 净资产收益率，即公司税后利润除以净资产得到的百分比，用以衡量公司运用自有资本的效率。它是财务分析报表中对公司盈利能力的分析。净资产收益率弥补了每股税后利润指标的不足。

(3) 主营业务收入增长率。主营业务收入增长率表明了一家企业的长期发展能力。

(4) 税后利润增长率。税后利润增长率反映了企业是否具有持续增长的获利能力。若呈正值，则表明企业在很大程度上正在成长；若为零或者呈负值则值得关注，该企业是否处于产品生命周期的下降阶段，或者有一些企业正在走下坡路。

(5) 流动比率。流动比率是指流动资产与流动负债的比率。流动资产是指资产负债表中的流动资产项目，包括货币资金、短期投资、应收票据、应收账款、待摊费用、存货等，其中应收账款要以扣除坏账准备后的净额计算。这一比率普遍被用来衡量企业短期偿债能力。流动比率越高，表示短期偿债能力越强，流动负债获得清偿的机会越大，债权越有保障。

(6) 速动比率。速动比率是指速动资产与流动负债的比率。和流动比率一样，其也是反映企业偿付即将到期债务的能力，也是财政部对企业经济效益的一项评价指标。速动资产是指货币资金、短期投资、应收票据和应收账款等可以迅速变现的资产，一般不将存货包括在速动资产中。其计算公式为：速动比率＝(流动资产－存货)/流动负债。速动比率比流动比率更能够表明公司的短期负债偿付能力。

(7) 应收账款周转率。这是一个表示资金回笼快慢的指标，是财务分析中对公司经营效率分析中的一项。若结果较大，说明资金回笼快；若较小，说明应收款项大，公司受

"三角债"困扰。

同时把样本的投资价值分为三类:高、中、低。分类的依据为:投资价值高的股票是根据评出的"沪深股市 300 样本股票",进行试算后选出来的;投资价值低的股票是在 ST 股票中挑选出来的;而投资价值中等的股票是不在上述两类中的其他股票。

根据股票投资价值的不同可将食品饮料行业的上市公司分为三类:

(1) 股票投资价值高的公司。训练样本:进入沪深 300 的食品饮料公司中,2005 年赢利(税后净利为正值),且主营业务收入进一步增长的 8 家公司。

(2) 股票投资价值中等的公司。训练样本:在非沪深 300、非 ST 类的食品饮料上市公司中,随机挑选 8 家公司。

(3) 股票投资价值低的公司。训练样本:2005 年亏损(税后净利为负值)的 ST 与 *ST 的食品饮料公司,共 5 家。

各类样本的数据如表 7-5 所示:

表 7-5　选择的样本数据表

股票代码	股票简称	每股收益(摊薄净利润)	净资产收益率(净利润)	主营业务收入增长率	税后利润增长率	流动比率	速动比率	应收账款周转率	类别
		X_1	X_2	X_3	X_4	X_5	X_6	X_7	
600519	贵州茅台	2.37	0.22	0.31	0.36	2.08	1.44	104.86	1
000895	双汇发展	0.72	0.21	0.34	0.24	1.36	0.59	152.49	1
000858	五粮液	0.29	0.11	0.02	−0.04	1.85	1.20	2277.27	1
000930	丰原生化	0.14	0.06	0.48	0.37	0.52	0.30	14.93	1
600887	伊利股份	0.75	0.13	0.39	0.23	1.09	0.78	80.23	1
600600	青岛啤酒	0.23	0.06	0.16	0.09	0.83	0.46	75.77	1
000568	泸州老窖	0.05	0.03	0.14	0.02	1.61	0.52	36.30	1
000729	燕京啤酒	0.27	0.06	0.14	0.02	1.26	0.59	41.29	1
000911	南宁糖业	0.13	0.04	−0.03	−0.71	0.53	0.41	8.54	2
600127	通化葡酒	0.01	0.00	0.75	−1.01	3.88	2.58	0.50	2
600543	莫高股份	0.04	0.01	−0.08	−0.72	1.77	1.07	3.44	2
000995	皇台酒业	0.03	0.01	0.02	−0.45	1.14	0.63	2.12	2
600186	莲花味精	0.01	0.01	0.40	1.11	1.26	1.13	1.86	2
600300	维维股份	0.14	0.06	0.29	0.01	1.32	1.06	13.23	2
000416	健特生物	0.12	0.08	0.79	−0.62	2.36	2.21	4.66	2
600095	哈高科	0.03	0.01	−0.09	1.32	1.59	1.10	2.71	2
600695	*ST 大江	−0.32	−1.29	−0.30	−0.01	0.75	0.28	14.14	3
600737	*ST 屯河	−0.90	−1.06	0.24	0.08	0.55	0.22	6.35	3
600429	*ST 三元	−0.10	−0.08	−0.05	−0.51	1.11	0.94	8.50	3
600735	ST 陈香	−0.11	−0.37	0.06	−9.21	0.52	0.35	4.68	3
000885	*ST 春都	−0.33	−1.19	−0.22	−0.37	0.50	0.38	4.71	3

数据来源:CCER(色诺芬)中国经济金融数据库,http://www.ccerdata.com/。

在 SPSS 中进行判别分析的操作,输入如下命令并运行:

```
DISCRIMINANT
  /GROUPS = class(1 3)
  /VARIABLES = x1 x2 x3 x4 x5 x6 x7
  /ANALYSIS ALL
  /PRIORS EQUAL
  /CLASSIFY = NONMISSING POOLED.
```

主要运行结果如下(因同时得到 Fisher 判别和 Bayes 判别的结果,所以在此一并列示。Bayes 判别法的讲解见下一节):

1. Fisher 判别(Canonical Discriminant Function)

(1) Fisher 判别函数

表 7-6 给出的未标准化的典型判别函数系数是通过 Fisher 判别法得到的,由此表可知,两个 Fisher 判别函数分别为:

$$F_1 = 0.649 + 1.523X_1 + 3.379X_2 + 4.392X_3 + 0.338X_4 + 2.860X_5 - 5.830X_6 + 0.002X_7$$

$$F_2 = -0.204 - 1.497X_1 + 2.703X_2 - 2.542X_3 + 0.157X_4 - 1.032X_5 + 3.348X_6 - 0.001X_7$$

表 7-6　典型判别函数系数表

Canonical Discriminant Function Coefficients

	Function	
	1	2
每股收益(摊薄净利润)	1.523	−1.497
净资产收益率(净利润)	3.379	2.703
主营业务收入增长率	4.392	−2.542
税后利润增长率	.388	.157
流动比率	2.860	−1.032
速动比率	−5.830	3.348
应收账款周转率	.002	−.001
(Constant)	.649	−.204

Unstandardized coefficients.

可以将样本观测值直接代入上述两个函数式中,求出各个样本的判别函数值 F_1、F_2。表 7-7 给出了三个类别各自组重心处的 Fisher 判别函数值。

表 7-7　各类重心的坐标位置

Functions at Group Centroids

类别	Function	
	1	2
高	3.150	−.776
中	−.554	1.574
低	−4.153	−1.277

Unstandardized canonical discriminant functions evaluated at group means.

实际上，两个函数式计算的是各个样本在 F_1、F_2 两个维度上的坐标，这样可以通过这两个函数式求出各样本的空间位置。表 7-7 给出的为各类重心在空间中的坐标位置。这样，只要在前面计算出各样本的具体坐标位置后，再计算出它们分别离各类重心的距离，离哪类重心的距离近就判归哪类。

(2) 评估 Fisher 判别函数

由表 7-8 和表 7-9 可知，两个判别函数的判别能力都是显著的。第一个判别函数对应的特征值为 9.337，方差贡献率(判别效率)为 83.7%，典型相关系数为 0.950，λ 值非常小，仅为 0.034，Sig. 值接近于零，通过显著性检验，判别函数能很好地区分各个类别。第二个判别函数对应的特征值为 1.821，与第一个判别函数一起解释了 100% 的方差；典型相关系数较高，为 0.803；λ 值较小，Sig. 值为 0.016，通过显著性检验，第二个判别函数也能较好地区分各个类别。

表 7-8　特征值表(Eigenvalues)

Function	Eigenvalue	% of Variance	Cumulative %	Canonical Correlation
1	9.337[a]	83.7	83.7	.950
2	1.821[a]	16.3	100.0	.803

a. First 2 canonical discriminant functions were used in the analysis.

表 7-9　维尔克斯统计量(Wilks' Lambda)

Test of Function(s)	Wilks' Lambda	Chi-square	df	Sig.
1 through 2	.034	50.595	14	.000
2	.354	15.558	6	.016

由图 7-2 可知，两个判别函数的整体拟合情况较好。图 7-2 是以两个判别函数求出的判别得分 F_1、F_2 为坐标，各个训练样本在平面中的位置。可以看到，各类的聚合程度较好，特别是第一类(高)和第二类(中)。各类间的分界较为显著。

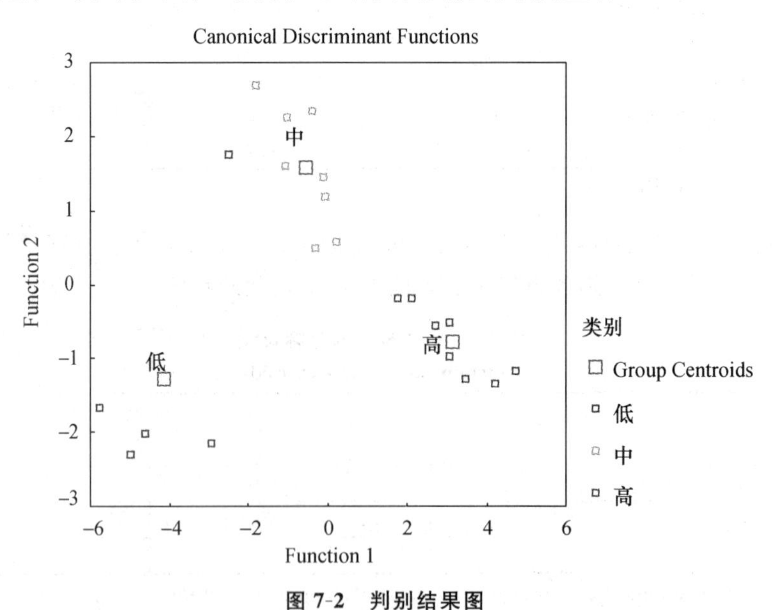

图 7-2　判别结果图

2. Bayes 判别(Classification Statistics)

(1) Bayes 判别函数

由表 7-10 的结果可得分类函数,即各类的 Bayes 函数,三个判别函数分别为:

第一类:

$$Y_1 = -6.380 + 5.670X_1 + 3.854X_2 + 13.611X_3 + 0.693X_4 + 11.275X_5 - 18.409X_6 + 0.005X_7$$

第二类:

$$Y_2 = -5.395 - 3.486X_1 - 2.311X_2 - 8.629X_3 - 0.373X_4 - 1.743X_5 + 11.050X_6 - 0.004X_7$$

第三类:

$$Y_3 = -15.199 - 4.699X_1 - 22.178X_2 - 17.191X_3 - 2.217X_4 - 9.093X_5 + 22.487X_6 - 0.006X_7$$

样本将判归 Y_1、Y_2、Y_3 中函数值最大的一类。

表 7-10　分类函数系数表

Classification Function Coefficients

	类别		
	高	中	低
每股收益(摊薄净利润)	5.670	-3.486	-4.699
净资产收益率(净利润)	3.854	-2.311	-22.178
主营业务收入增长率	13.611	-8.629	-17.191
税后利润增长率	.693	-.373	-2.217
流动比率	11.275	-1.743	-9.093
速动比率	-18.409	11.050	22.487
应收账款周转率	.005	-.004	-.006
(Constant)	-6.380	-5.395	-15.199

Fisher's linear discriminant functions.

(2) 分类的准确性验证

Bayes 函数的分类精度较高。如表 7-11 所示,用三个分类函数对样本进行回判,判对率为 95.2%。在 SPSS 中运行"留一个在外法"对样本进行回判,判对率为 90.5%。

表 7-11 分类结果表

Classification Results[b,c]

类别			Predicted Group Membership			Total
			高	中	低	
Original	Count	高	8	0	0	8
		中	0	8	0	8
		低	0	1	4	5
	%	高	100.0	.0	.0	100.0
		中	.0	100.0	.0	100.0
		低	.0	20.0	80.0	100.0
Cross-validated[a]	Count	高	7	0	1	8
		中	0	8	0	8
		低	0	1	4	5
	%	高	87.5	.0	12.5	100.0
		中	.0	100.0	.0	100.0
		低	.0	20.0	80.0	100.0

a. Cross validation is done only for those cases in the analysis. In cross validation, each case is classified by the functions derived from all cases other than that case.

b. 95.2% of original grouped cases correctly classified.

c. 90.5% of cross-validated grouped cases correctly classified.

（3）判别结果

SPSS 输出的判别结果如表 7-12 所示：

表 7-12 判别结果表

	序号	股票代码	股票简称	原类别	判归类别
第一类	1	600519	贵州茅台	1	1
	2	000895	双汇发展	1	1
	3	000858	五粮液	1	1
	4	000930	丰原生化	1	1
	5	600887	伊利股份	1	1
	6	600600	青岛啤酒	1	1
	7	000568	泸州老窖	1	1
	8	000729	燕京啤酒	1	1
第二类	9	000911	南宁糖业	2	2
	10	600127	通化葡酒	2	2
	11	600543	莫高股份	2	2
	12	000995	皇台酒业	2	2
	13	600186	莲花味精	2	2
	14	600300	维维股份	2	2
	15	000416	健特生物	2	2
	16	600095	哈高科	2	2

（续表）

	序号	股票代码	股票简称	原类别	判归类别
第三类	17	600695	* ST 大江	3	3
	18	600737	* ST 屯河	3	3
	19	600429	* ST 三元	3	2
	20	600735	ST 陈香	3	3
	21	000885	* ST 春都	3	3

由表 7-12 可知，21 个样本中仅有第三类的 1 个样本错判。 * ST 三元原属于第三类，股票投资价值低，但判别归类为第二类，也从一个侧面说明了该股票的综合实力优于第三类的其他股票，若继续努力改善经营管理，有摘帽的潜力。

3. 判别函数的应用

上述判别函数对投资者选取股票有一定的帮助，投资者可以买入或者增持投资价值高的股票，继续持有或者关注投资价值中等的股票，减持投资价值低的股票。假设某位投资者对“四川全兴”股票感兴趣，欲估计其投资价值。表 7-13 给出了该股票的相关数据。

表 7-13 “四川全兴”股票的相关数据

股票代码	股票简称	每股收益（摊薄净利润）	净资产收益率（净利润）	主营业务收入增长率	税后利润增长率	流动比率	速动比率	应收账款周转率
600779	四川全兴	0.16	0.07	−0.24	0.10	2.24	1.14	9.08

表 7-14 中的 F_1，F_2 分别是根据两个 Fisher 判别函数求出的函数值，图 7-3 给出了四川全兴在以 F_1、F_2 为坐标的平面中的位置(Ungrouped Cases)；P_1、P_2、P_3 分别是样本判

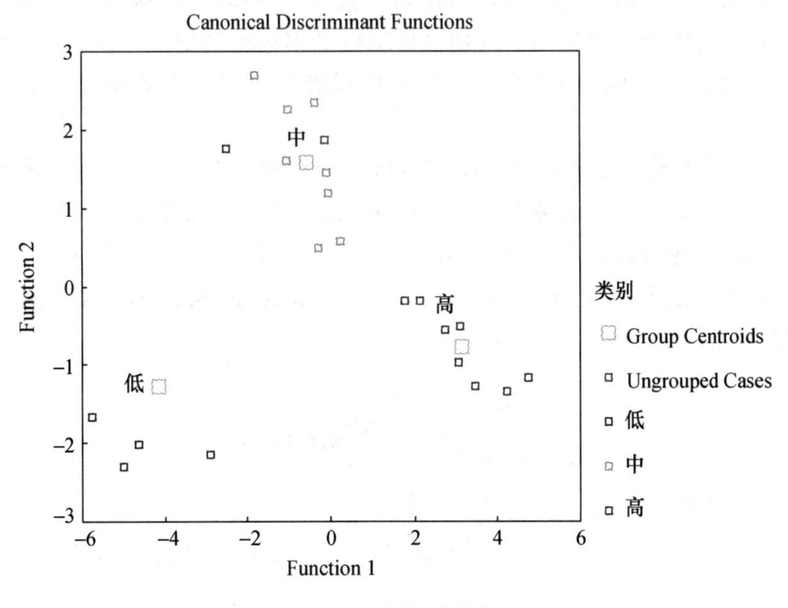

图 7-3 判别结果表

归第一类、第二类、第三类的后验概率，判归第二类的概率最大，为 0.99982。

表 7-14 分类结果表

判归类别	F_1	F_2	P_1	P_2	P_3
2	−0.11113	1.86397	0.00017	0.99982	0.00000

由上述分析可知，四川全兴这只股票判归第二类，即属于投资价值中等的股票。投资者可以继续关注这只股票，也可以少量持有。

第四节 Bayes 判别法

Fisher 判别法虽然可用于判别，但随着总体数目的增加，需要建立的判别式个数也随之增加，因而计算起来比较麻烦。如果对多个总体的判别考虑的不是建立判别式，而是计算新给样品属于各总体的条件概率 $P(l/x)$，$l=1,\cdots,k$。比较这 k 个概率的大小，然后将新样品判归概率最大的总体，这种判别法称为 Bayes 判别法。

一、Bayes 判别法的基本思想

贝叶斯(Bayes)判别法是将贝叶斯思想运用到判别分析中去。Bayes 统计的思想是：假定对研究的对象已经有一定的认识，常用先验概率分布来描述这种认识，然后我们取得一个样本，用样本来修正已有的认识，得到后验概率分布，各种统计推断都通过后验概率分布来进行。将 Bayes 思想用于判别分析就得到 Bayes 判别。Bayes 概率判别法是根据被判断样品应当归属于出现概率最大的总体或者归属于错判概率最小的总体的原则进行判别的。

Bayes 判别法的基本思想总是假设对所研究的对象已有一定的认识，常用先验概率来描述这种认识。设有 k 个总体 $G_1,G_2,\cdots,G_k$，它们的先验概率分别为 $q_1,q_2,\cdots,q_k$(它们可以由经验给出也可以估出)，各总体的密度函数分别为 $f_1(x),f_2(x),\cdots,f_k(x)$(在离散情形下是概率函数)。在观测到一个样本 x_0 的情况下，可用 Bayes 公式计算它来自 G_i 的后验概率(相对于先验概率来说)：

$$P(G_i \mid x_0)=\frac{q_i f_i(x_0)}{\sum_{j=1}^{k} q_j f_j(x_0)}$$

此时，判别规则为：若 $P(G_l \mid x_0)=\dfrac{q_l f_l(x_0)}{\sum_{i=1}^{k} q_i f_i(x_0)}=\max\limits_{1\leqslant i\leqslant k}\dfrac{q_i f_i(x_0)}{\sum_{i=1}^{k} q_i f_i(x_0)}$，则判定样品 x_0 来自 G_l。

二、多元正态总体的 Bayes 判别法

在实际问题中遇到的许多总体往往服从多元正态分布，因此下面给出 p 元正态总体的 Bayes 判别法。

使用 Bayes 判别法作判别分析，首先需要知道待判总体的先验概率 q_i 和密度函数 $f_i(x)$（如果是离散情形则是概率函数）。对于先验概率，如果没有更好的办法确定，可用样品频率代替，即令 $q_i=\frac{n_i}{n}$，其中 n_i 为用于建立判别函数的已知分类数据中来自第 i 个总体样品的数目，且 $n_1+n_2+\cdots+n_k=n$；或者令先验概率相等，即 $q_i=\frac{1}{k}$，这时可以认为先验概率不起作用。

p 元正态分布的密度函数为：

$$f_i(x)=(2\pi)^{-p/2}\mid\boldsymbol{\Sigma}^{(i)}\mid^{-1/2}\cdot\exp\left\{-\frac{1}{2}(\boldsymbol{x}-\boldsymbol{\mu}^{(i)})'\Sigma^{(i)-1}(\boldsymbol{x}-\boldsymbol{\mu}^{(i)})\right\}$$

其中，$\mu^{(i)}$ 和 $\Sigma^{(i)}$ 分别是第 i 个总体的均值向量（p 维）和协方差阵（p 阶）。把 $f_i(x)$ 代入 $P(i/x)$ 的表达式中，因为我们只关心寻找使 $P(i/x)$ 最大的 i，而分式中的分母无论 i 为何值都是常数，故可将判别准则转化为：

$$q_l f_l(x_0)=\max_{1\leqslant i\leqslant k} q_i f_i(x_0)$$

则判定样品 x_0 来自 G_l。

把正态密度函数代入 $q_i f_i(x_0)$，有

$$q_i f_i(x_0)=q_i(2\pi)^{-p/2}\mid\boldsymbol{\Sigma}^{(i)}\mid^{-1/2}\cdot\exp\left\{-\frac{1}{2}(\boldsymbol{x}-\boldsymbol{\mu}^{(i)})'\Sigma^{(i)-1}(\boldsymbol{x}-\boldsymbol{\mu}^{(i)})\right\}$$

对上式两边取对数并去掉与 i 无关的项，则等价的判别函数为

$$Z(i/x)=\ln q_i f_i(x_0)=\ln q_i-\frac{1}{2}\ln\mid\boldsymbol{\Sigma}^{(i)}\mid-\frac{1}{2}(\boldsymbol{x}-\boldsymbol{\mu}^{(i)})'\Sigma^{(i)-1}(\boldsymbol{x}-\boldsymbol{\mu}^{(i)})$$

上式在 k 个总体协方差相等及先验概率相等的情况下，退化为距离判别法。可以说，Bayes 判别法是距离判别法的推广。

三、基于最小平均错判损失的 Bayes 判别法

设有 k 个总体 $G_1,G_2,\cdots,G_k$，各总体的密度函数分别为：$f_1(x),f_2(x),\cdots,f_k(x)$，它们的先验概率分别为 $q_1,q_2,\cdots,q_k$，且满足 $q_1+q_2+\cdots+q_k=1$。接下来我们考虑判别函数和判别规则。

设 $D_1,D_2,\cdots,D_k$ 表示 R^p 的一个划分，即 D_i 之间互不相交，且 $D_1\cup D_2\cup\cdots\cup D_k=R^p$。若划分适当，正好对应 k 个总体，此时判别法则为：当样品 x 落入 D_i 时，则判定样品 $x\in G_i$。关键问题是如何获得这一划分，这个划分应使平均错判损失最小。

用 $P(j|i)$表示将来自总体 G_i 的样品错判为 G_j 的条件概率，则

$$P(j/i) = P(x \in D_j \mid G_i) = \int_{D_j} f_i(x)\mathrm{d}x, \quad i \neq j$$

用 $C(j|i)$表示将来自总体 G_i 的样品错判为 G_j 的损失，则平均错判损失(Expected Cost of Misclassification, ECM)为：

$$\mathrm{ECM}(D_1, D_2, \cdots, D_k) = \sum_{i=1}^{k} q_i \sum_{j \neq i} C(j \mid i) P(j \mid i)$$

使 ECM 最小的划分，就是 Bayes 判别的解。

定理 7-1 对于两类判别，极小化 ECM 的划分为：

$$D_1 = \left\{ x \left| \frac{f_1(x)}{f_2(x)} \geqslant \frac{C(1 \mid 2)}{C(2 \mid 1)} \cdot \frac{q_2}{q_1} \right. \right\}$$

$$D_2 = \left\{ x \left| \frac{f_1(x)}{f_2(x)} < \frac{C(1 \mid 2)}{C(2 \mid 1)} \cdot \frac{q_2}{q_1} \right. \right\}$$

证明
$$\begin{aligned} \mathrm{ECM}(D_1, D_2) &= C(2 \mid 1) q_1 \cdot \int_{D_2} f_1(x)\mathrm{d}x + C(1 \mid 2) q_2 \cdot \int_{D_1} f_2(x)\mathrm{d}x \\ &= C(2 \mid 1) q_1 \cdot \left[1 - \int_{D_1} f_1(x)\mathrm{d}x\right] + C(1 \mid 2) q_2 \cdot \int_{D_1} f_2(x)\mathrm{d}x \\ &= C(2 \mid 1) \cdot q_1 + \int_{D_1} [C(1 \mid 2) q_2 \cdot f_2(x) - C(2 \mid 1) \cdot q_1 f_1(x)]\mathrm{d}x \end{aligned}$$

欲使 $\mathrm{ECM}(D_1, D_2)$最小，仅当

$$C(1 \mid 2) \cdot q_2 f_2(x) - C(2 \mid 1) q_1 f_1(x) \leqslant 0$$

即

$$D_1 = \left\{ x \left| \frac{f_1(x)}{f_2(x)} \geqslant \frac{C(1 \mid 2)}{C(2 \mid 1)} \cdot \frac{q_2}{q_1} \right. \right\}$$

同理可证

$$D_2 = \left\{ x \left| \frac{f_1(x)}{f_2(x)} < \frac{C(1 \mid 2)}{C(2 \mid 1)} \cdot \frac{q_2}{q_1} \right. \right\}$$

例 7-3 对例 7-1 中的问题进行贝叶斯判别。

在 SAS 中输入如下命令：

```
data discrimination;
input x1—x4 g @@;
cards;
13.85  2.79  7.8  49.6  1
22.31  4.67  12.31  47.8  1
28.82  4.63  16.18  62.15  1
15.29  3.54  7.58  43.2  1
28.29  4.9  16.12  58.7  1
2.18  1.06  1.22  20.6  2
3.85  0.8  4.06  47.1  2
11.4  0  3.5  0  2
3.66  2.42  2.14  15.1  2
12.1  0  5.68  0  2
;
data discrimination1;
input x1—x4 @@;
```

```
cards;
8.85  3.38  5.17  26.1
28.6  2.4  1.2  127
20.7  6.7  7.6  30.8
7.9  2.4  4.3  33.2
3.19  3.2  1.43  9.9
12.4  5.1  4.48  24.6
;
proc discrim data = discrimination testdata = discrimination1
anova manova simple list testout = discrim2;
class g;
proc print;
run;
```

运行后可得如下结果：

The DISCRIM Procedure

Observations	10	DF Total	9
Variables	4	DF Within Classes	8
Classes	2	DF Between Classes	1

Class Level Information

g	Variable Name	Frequency	Weight	Proportion	Prior Probability
1	_1	5	5.0000	0.500000	0.500000
2	_2	5	5.0000	0.500000	0.500000

The DISCRIM Procedure

Simple Statistics

Total-Sample

Variable	N	Sum	Mean	Variance	Standard Deviation
x1	10	141.75000	14.17500	94.92149	9.7428
x2	10	24.81000	2.48100	3.73754	1.9333
x3	10	76.59000	7.65900	30.21561	5.4969
x4	10	344.25000	34.42500	548.83625	23.4273

g=1

Variable	N	Sum	Mean	Variance	Standard Deviation
x1	5	108.56000	21.71200	49.30112	7.0215
x2	5	20.53000	4.10600	0.81883	0.9049
x3	5	59.99000	11.99800	17.92982	4.2344
x4	5	261.45000	52.29000	62.08300	7.8793

g=2

Variable	N	Sum	Mean	Variance	Standard Deviation
x1	5	33.19000	6.63800	22.25632	4.7177
x2	5	4.28000	0.85600	0.98908	0.9945
x3	5	16.60000	3.32000	2.98800	1.7286
x4	5	82.80000	16.56000	374.90300	19.3624

Pooled Covariance Matrix Information

Covariance Matrix Rank	Natural Log of the Determinant of the Covariance Matrix
4	7.26920

The DISCRIM Procedure

Pairwise Generalized Squared Distances Between Groups

$$D^2(i \mid j) = (\overline{X}_i - \overline{X}_j)' \mathrm{Cov}^{-1} (\overline{X}_i - \overline{X}_j)$$

Generalized Squared Distance to g

From g	1	2
1	0	37.98208
2	37.98208	0

The DISCRIM Procedure

Univariate Test Statistics

F Statistics, Num DF=1, Den DF=8

Variable	Total Standard Deviation	Pooled Standard Deviation	Between Standard Deviation	R-Square	R-Square/(1-RSq)	F Value	Pr>F
x1	9.7428	5.9815	10.6589	0.6650	1.9846	15.88	0.0040
x2	1.9333	0.9508	2.2981	0.7850	3.6515	29.21	0.0006
x3	5.4969	3.2340	6.1363	0.6923	2.2501	18.00	0.0028
x4	23.4273	14.7815	25.2649	0.6461	1.8259	14.61	0.0051

Average R-Square

Unweighted	0.6971039
Weighted by Variance	0.6515924

The DISCRIM Procedure

Multivariate Statistics and Exact F Statistics

S=1 M=1 N=1.5

Statistic	Value	F Value	Num DF	Den DF	Pr>F
Wilks' Lambda	0.07770369	14.84	4	5	0.0056
Pillai's Trace	0.92229631	14.84	4	5	0.0056
Hotelling-Lawley Trace	11.86940096	14.84	4	5	0.0056
Roy's Greatest Root	11.86940096	14.84	4	5	0.0056

The DISCRIM Procedure

Linear Discriminant Function

Constant $= -.5\overline{X}_j' \mathrm{Cov}^{-1} \overline{X}_j$ Coefficient Vector $= \mathrm{Cov}^{-1} \overline{X}_j$

Linear Discriminant Function for g

Variable	1	2
Constant	−43.67653	−5.41512
x1	7.96897	3.06016
x2	5.83520	1.47349
x3	−14.43892	−5.58848
x4	1.21648	0.47158

The DISCRIM Procedure

Classification Results for Calibration Data: WORK.DISCRIMINATION

Resubstitution Results using Linear Discriminant Function

Generalized Squared Distance Function

$$D_j^2(X) = (X - \overline{X}_j)' \mathrm{Cov}^{-1} (X - \overline{X}_j)$$

Posterior Probability of Membership in Each g

$$\Pr(j \mid X) = \frac{\exp(-0.5D_j^2(X))}{\underset{k}{SUM}\exp(-0.5D_k^2(X))}$$

The DISCRIM Procedure

Classification Results for Calibration Data: WORK. DISCRIMINATION

Resubstitution Results using Linear Discriminant Function

Posterior Probability of Membership in g

Obs	From g	Classified into g	1	2
1	1	1	0.9999	0.0001
2	1	1	1.0000	0.0000
3	1	1	1.0000	0.0000
4	1	1	1.0000	0.0000
5	1	1	1.0000	0.0000
6	2	2	0.0000	1.0000
7	2	2	0.0000	1.0000
8	2	2	0.0000	1.0000
9	2	2	0.0000	1.0000
10	2	2	0.0000	1.0000

The DISCRIM Procedure

Classification Summary for Calibration Data: WORK. DISCRIMINATION

Resubstitution Summary using Linear Discriminant Function

Generalized Squared Distance Function

$$D_j^2(X) = (X - \overline{X}_j)' \mathrm{Cov}^{-1} (X - \overline{X}_j)$$

Posterior Probability of Membership in Each g

$$\Pr(j \mid X) = \frac{\exp(-0.5D_j^2(X))}{\underset{k}{SUM}\exp(-0.5D_k^2(X))}$$

Number of Observations and Percent Classified into g

From g	1	2	Total
1	5	0	5
	100.00	0.00	100.00
2	0	5	5
	0.00	100.00	100.00
Total	5	5	10
	50.00	50.00	100.00

The DISCRIM Procedure

Classification Summary for Calibration Data: WORK. DISCRIMINATION

Resubstitution Summary using Linear Discriminant Function

Number of Observations and Percent Classified into g

From g	1	2	Total
Priors	0.5	0.5	

Error Count Estimates for g

	1	2	Total
Rate	0.0000	0.0000	0.0000
Priors	0.5000	0.5000	

The DISCRIM Procedure

Classification Summary for Test Data：WORK. DISCRIMINATION1

Classification Summary using Linear Discriminant Function

Generalized Squared Distance Function

$$D_j^2(X) = (X-\overline{X}_j)'\mathrm{Cov}^{-1}(X-\overline{X}_j)$$

Posterior Probability of Membership in Each g

$$\Pr(j \mid X) = \frac{\exp(-0.5D_j^2(X))}{\underset{k}{SUM}\exp(-0.5D_k^2(X))}$$

Number of Observations and Percent Classified into g

	1	2	Total
Total	3	3	6
	50.00	50.00	100.00
Priors	0.5	0.5	

Obs	x1	x2	x3	x4	_1	_2	_INTO_
1	8.85	3.38	5.17	26.1	0.00167	0.99833	2
2	28.60	2.40	1.20	127.0	1.00000	0.00000	1
3	20.70	6.70	7.60	30.8	1.00000	0.00000	1
4	7.90	2.40	4.30	33.2	0.08787	0.91213	2
5	3.19	3.20	1.43	9.9	0.00000	1.00000	2
6	12.40	5.10	4.48	24.6	1.00000	0.00000	1

从上述运行结果可以看出最终判别的情况。

本章小结

本章介绍了判别分析的基本思想，对距离判别法、Fisher 判别法、Bayes 判别法的原理和应用进行了总结。通过本章的学习，读者应能了解判别分析法的基本思想，距离判别法、Fisher 判别法、Bayes 判别法等判别分析方法的基本思想和原理，并能进行相应的应用。重点掌握距离判别法、Fisher 判别法的基本思想、原理及应用。

进一步阅读材料

1. 张尧庭、方开泰：《多元统计分析引论》，北京：科学出版社，1982。
2. P. A. 拉亨布鲁克著，李丛珠译：《判别分析》，北京：群众出版社，1988。
3. 孙尚拱、潘恩沛：《实用判别分析》，北京：科学出版社，1990。
4. 高惠璇：《SAS/STAT 软件使用手册》，北京：中国统计出版社，1997。
5. 于秀林、任雪松：《多元统计分析》，北京：中国统计出版社，1999。
6. 朱道元、吴诚鸥、秦伟良：《多元统计分析与软件 SAS》，南京：东南大学出版社，1999。
7. 雷钦礼：《经济管理多元统计分析》，北京：中国统计出版社，2002。

练习题

1. 试述判别分析的基本思想。
2. 试述 Fisher 判别方法的基本思想。
3. 试述 Bayes 判别方法的基本思想。
4. 试述判别分析与聚类分析的联系和区别。
5. 试述判别分析的基本前提。
6. 下表为 28 名一级、27 名二级运动员测验的六项基本体育运动项目的成绩。试运用 Bayes 判别法建立判别运动员等级的判别函数,并对回判结果进行分析。

编号	投掷小球（米）	挺举重量（千克）	30 米跑（秒）	抛实心球（米）	前抛铅球（米）	五级跳（米）	级别
1	4.1	87.0	3.1	85.0	100.0	19.5	1
2	4.2	90.2	3.1	85.0	115.0	20.8	1
3	4.2	82.0	3.6	65.0	80.0	17.2	1
4	4.4	81.0	3.7	80.0	95.0	17.0	1
5	4.3	90.0	3.3	80.0	110.0	19.8	1
6	4.9	89.1	3.2	85.0	105.0	19.4	1
7	4.2	89.0	3.3	75.0	85.0	19.2	1
8	4.5	84.2	3.5	80.0	100.0	18.8	1
9	4.6	82.1	3.7	70.0	85.0	17.7	1
10	4.4	90.2	3.4	75.0	100.0	19.1	1
11	4.3	82.1	3.6	70.0	90.0	18.1	1
12	4.5	82.0	3.6	55.0	70.0	17.4	1
13	4.2	82.2	3.6	70.0	90.0	18.1	1
14	4.2	85.4	3.4	85.0	100.0	18.7	1
15	4.3	90.1	3.3	80.0	100.0	19.9	1
16	4.3	82.3	3.6	70.0	90.0	18.5	1
17	4.1	87.5	3.3	80.0	100.0	18.5	1
18	4.2	87.7	3.3	85.0	115.0	18.6	1
19	4.1	88.6	3.2	75.0	100.0	19.1	1
20	4.4	90.0	3.1	95.0	120.0	20.1	1
21	4.1	80.0	3.8	60.0	80.0	16.9	1
22	4.3	83.9	3.7	85.0	100.0	18.8	1
23	4.2	85.4	3.5	85.0	100.0	18.7	1
24	4.1	86.7	3.4	85.0	110.0	18.5	1

（续表）

编号	投掷小球（米）	挺举重量（千克）	30米跑（秒）	抛实心球（米）	前抛铅球（米）	五级跳（米）	级别
25	4.1	88.1	3.3	75.0	85.0	19.0	1
26	4.1	84.1	3.7	70.0	95.0	18.7	1
27	4.3	82.0	3.6	70.0	90.0	18.4	1
28	4.2	89.2	3.2	85.0	115.0	19.9	1
29	4.0	103.0	3.4	95.0	110.0	24.8	2
30	4.5	118.0	3.3	90.0	120.0	25.7	2
31	4.5	105.0	3.1	85.0	110.0	25.1	2
32	4.1	104.5	3.8	80.0	100.0	25.0	2
33	4.2	112.0	3.0	95.0	125.0	25.4	2
34	3.7	98.2	3.9	85.0	90.0	21.8	2
35	4.1	98.7	3.5	90.0	120.0	22.8	2
36	3.9	98.2	3.1	60.0	90.0	22.0	2
37	3.9	109.0	3.3	100.0	120.0	25.3	2
38	4.0	98.4	3.1	95.0	115.0	25.2	2
39	3.9	95.3	3.1	90.0	110.0	21.4	2
40	4.3	93.6	3.6	75.0	85.0	20.8	2
41	3.9	95.8	3.1	80.0	105.0	21.8	2
42	3.9	93.8	3.0	85.0	90.0	21.1	2
43	3.9	96.3	3.4	110.0	120.0	22.0	2
44	3.8	98.6	3.6	85.0	120.0	22.4	2
45	4.0	97.4	3.3	85.0	100.0	22.3	2
46	4.4	112.0	3.3	75.0	110.0	25.1	2
47	4.1	107.7	3.5	87.0	110.0	25.1	2
48	4.2	92.1	3.4	80.0	120.0	22.2	2
49	4.1	99.5	3.6	85.0	120.0	23.1	2
50	4.4	116.0	3.1	75.0	110.0	25.3	2
51	4.0	102.7	3.1	80.0	110.0	24.7	2
52	4.1	115.0	3.6	85.0	115.0	23.7	2
53	4.3	97.8	3.5	75.0	100.0	24.1	2
54	3.8	110.0	3.4	84.0	113.0	22.5	2
55	3.7	98.5	3.5	78.0	110.0	24.1	2

7. 在上题中，运用 Bayes 方法构建了判别函数。现有 20 名运动员的运动成绩，试对他们的等级进行判别。

编号	投掷小球（米）	挺举重量（千克）	30米跑（秒）	抛实心球（米）	前抛铅球（米）	五级跳（米）
1	4.1	85.3	3.5	75.0	105.0	18.7
2	4.4	85.4	3.4	75.0	95.0	18.6
3	4.3	85.4	3.6	85.0	90.0	18.6
4	4.1	83.7	3.6	75.0	105.0	18.6
5	4.1	89.4	3.2	75.0	95.0	20.3
6	4.2	86.3	3.4	60.0	77.5	18.9
7	4.2	84.1	3.6	80.0	100.0	18.7
8	4.1	98.0	3.1	95.0	130.0	22.3
9	4.1	122.0	3.0	100.0	115.0	27.1
10	4.3	92.7	3.2	80.0	105.0	20.7
11	4.2	91.8	3.1	85.0	100.0	22.2
12	4.2	98.4	3.3	65.0	100.0	22.9
13	4.4	83.9	4.1	90.0	100.0	19.0
14	4.3	89.6	3.7	60.0	120.0	19.0
15	4.2	86.5	3.7	75.0	90.0	20.7
16	4.0	84.3	3.9	65.0	105.0	19.3
17	4.0	98.2	3.2	75.0	110.0	19.1
18	4.1	89.0	3.8	60.0	87.5	22.7
19	4.1	92.9	3.5	80.0	110.0	27.5
20	4.0	92.0	3.1	95.0	120.0	21.1

8. 寻找一个实例，进行不同方法的判别分析，并进行对比分析。

第八章　主成分分析

教学目的

本章系统介绍了主成分分析的基本原理。首先介绍了主成分分析的基本思想，并对主成分的特征和应用进行了总结。通过本章的学习，希望读者能够：

1. 掌握主成分分析的基本思想；
2. 了解主成分分析适合解决的问题；
3. 掌握主成分的基本特征；
4. 掌握主成分的应用。

本章的重点是主成分分析的基本思想及其应用。

在社会经济领域问题的研究中，往往会涉及众多有关的变量。但是，变量太多不但会增加计算的复杂性，而且会给合理地分析、解释问题带来困难。一般来说，虽然每个变量都提供了一定的信息，但其重要性有所不同，在很多情况下，变量间有一定的相关性，从而使这些变量所提供的信息在一定程度上有所重叠。因而人们希望对这些变量加以“改造”，用为数极少的互不相关的新变量来反映原变量所提供的绝大部分信息，使分析简化，通过对新变量的分析达到解决问题的目的。例如，一个人的身材需要用多项指标才能完整地描述，如身高、臂长、腿长、肩宽、胸围、腰围、臀围等，但人们购买衣服时一般只用长度和肥瘦两个指标就够了，这里长度和肥瘦就是描述人体形状的多项指标组合而成的两个综合指标。再如，企业经济效益的评价涉及很多指标，如百元固定资产原值实现产值、百元固定资产原值实现利税、百元资金实现利税、百元工业总产值实现利税、百元销售收入实现利税、每吨标准煤实现工业产值、每千瓦时电力实现工业产值、全员劳动生产率、百元流动资金实现产值等，同样可通过主成分分析找出几个综合指标，以评价企业的效益。主成分分析就是将多个指标转化为少数几个综合指标的一种常用的多元统计分析方法。

一项十分著名的工作是美国统计学家斯通(Stone)在 1947 年所做的关于国民经济的研究。他曾利用美国 1929—1938 年的数据，得到 17 个反映国民收入与支出的变量要素，如雇主补贴、消费资料和生产资料、纯公共支出、净增库存、股息等。在进行主成分分析后，竟以 97.4%的精度，用 3 个新变量就取代了原来的 17 个变量。根据经济学知识，斯通给这三个新变量分别命名为总收入(F_1)、总收入变化率(F_2)和经济发展或衰退的趋势(F_3)。更有意思的是，这 3 个变量其实都是可以直接测量的。斯通将他得到的主成分与实际测量的总收入(I)、总收入变化率(ΔI)以及时间(t)做相关分析，得到表 8-1：

表 8-1　主成分与实际测量因素的相关系数

	F_1	F_2	F_3	I	ΔI	t
F_1	1					
F_2	0	1				
F_3	0	0	1			
I	0.995	−0.041	0.057	1		
ΔI	−0.056	0.948	−0.124	−0.102	1	
t	−0.369	−0.282	−0.836	−0.414	−0.112	1

第一节　主成分的含义及其思想

主成分分析(Principal Component Analysis)也称为主分量分析，是由霍特林(Hotelling)于 1933 年首先提出的。主成分分析是利用降维的思想，在保留原始变量尽可能多的信息的前提下把多个指标转化为几个综合指标的多元统计方法。通常把转化成的综合指标称为主成分，而每个主成分都是原始变量的线性组合，但各个主成分之间没有相关性，这就使得主成分比原始变量具有某些更优越的、反映问题实质的性能，使得我们在研究复杂的经济问题时更容易抓住主要矛盾。

人们在对某一事物进行实证研究的过程中，为了更加全面准确地反映事物的特征及其发展规律，往往要考虑与其有关系的多个指标，这些指标在多元统计分析中也称为变量。因为研究某一问题时涉及的多个变量之间具有一定的相关性，就必然存在着起支配作用的共同因素。

主成分分析设法将这些具有一定线性相关性的多个指标，重新组合成一组新的互不相关的综合指标来代替原来的指标。通常数学上的处理就是将原来的几个指标做线性组合，作为新的综合指标，但是这种线性组合，如果不加限制，则可以有很多个。我们主要是遵循这样的原则去选择：(1) 将选取的第一个线性组合指标记为 Y_1，Y_1 应尽可能多地反映原来指标的信息。我们可以用 Y_1 的方差 $\mathrm{Var}(Y_1)$ 来表示 Y_1 包含的信息，$\mathrm{Var}(Y_1)$ 越大，表示 Y_1 包含的信息越多。因此在所有的线性组合中所选取的 Y_1 应该是方差最大的，故称为第一主成分。(2) 如果第一主成分不足以代替原来的几个指标的信息，再考虑选取 Y_2，即选取第二个线性组合，为了有效地反映原有信息，Y_1 已有的信息就不需要出现在 Y_2 中，即要求 Y_1，Y_2 的协方差 $\mathrm{Cov}(Y_1,Y_2)=0$；称 Y_2 为第二主成分。(3) 以此类推可以选出第三主成分、第四主成分……。这些主成分之间不仅互不相关，而且它们的方差依次递减。

上述方法在保留原始变量主要信息的前提下起到降维与简化问题的作用，使得在研究复杂问题时更容易抓住主要矛盾，揭示事物内部变量之间的规律性，同时使问题得到简化，提高分析效率。

第二节　主成分模型及其几何意义

一、主成分模型

假设在某实际问题中，有 n 个样品，对每个样品观测 p 个指标(变量)，分别用 X_1，X_2，…，X_p 表示，得到原始的数据资料矩阵：

$$\boldsymbol{X}=\begin{bmatrix} x_{11} & x_{12} & \cdots & x_{1p} \\ x_{21} & x_{22} & \cdots & x_{2p} \\ \vdots & \vdots & & \vdots \\ x_{n1} & x_{n2} & \cdots & x_{np} \end{bmatrix}$$

主成分分析就是要把这 p 个指标的问题，转变成讨论 p 个指标的线性组合的问题，而这些新指标 F_1，F_2，…，F_k $(k\leqslant p)$，按照保留主要信息量的原则充分反映原指标的信息，并且相互独立。这种由多个指标降为少数几个综合指标的过程在数学上就叫作降维。主成分分析通常的做法是对 X 作正交变换，寻求原指标的线性组合 F_i。

$$F_1 = u_{11}X_1 + u_{21}X_2 + \cdots + u_{p1}X_p$$
$$F_2 = u_{12}X_1 + u_{22}X_2 + \cdots + u_{p2}X_p$$
$$\cdots\cdots$$
$$F_p = u_{1p}X_1 + u_{2p}X_2 + \cdots + u_{pp}X_p$$

上述等式满足如下的条件：

(1) 每个主成分的系数平方和为 1，即 $u_{1i}^2 + u_{2i}^2 + \cdots + u_{pi}^2 = 1$。

(2) 主成分之间相互独立，即无重叠的信息，即 $\mathrm{Cov}(F_i, F_j) = 0$，$i \neq j, i, j = 1, 2, \cdots, p$。

(3) 主成分的方差依次递减，重要性依次递减，即 $\mathrm{Var}(F_1) \geqslant \mathrm{Var}(F_2) \geqslant \cdots \geqslant \mathrm{Var}(F_p)$。

基于以上条件确定的综合变量 $F_1, F_2, \cdots, F_p$ 分别称为原始变量的第一、第二、……第 p 个主成分。其中，各综合变量在总方差中所占的比重依次递减，在实际研究工作中，通常挑选前几个方差最大的主成分，以达到简化问题的目的。

二、主成分的几何意义

为了方便，我们在二维空间中讨论主成分的几何意义。设有 n 个样品，每个样品有两个观测变量 x_1 和 x_2，在由变量 x_1 和 x_2 所确定的二维平面中，n 个样本点所散布的情况如椭圆形。由图 8-1 可以看出这 n 个样本点无论是沿着 X_1 轴的方向还是沿着 X_2 轴的方向都具有较大的离散性，其离散的程度可以分别用观测变量 x_1 的方差和 x_2 的方差

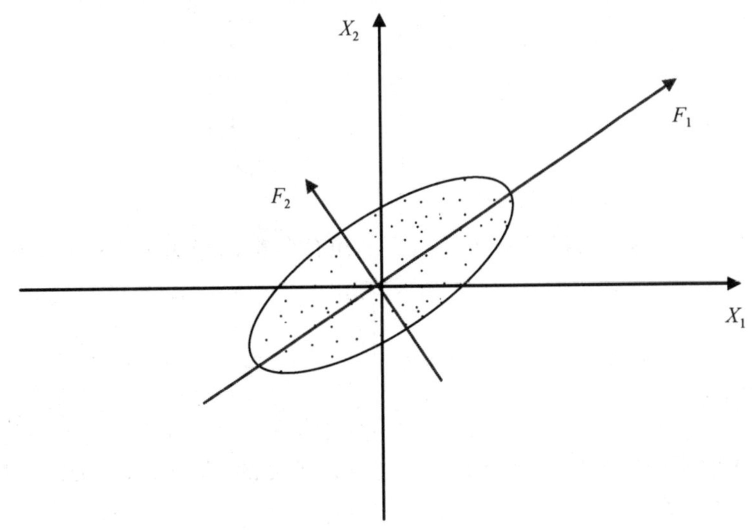

图 8-1　n 个样本点的散点图及坐标轴

定量地表示。显然，如果只考虑 x_1 和 x_2 中的任何一个，那么包含在原始数据中的信息将会有较大的损失。

如果我们将 X_1 轴和 X_2 轴先平移，再同时按逆时针方向旋转 θ 角度，得到新坐标轴 F_1 和 F_2。F_1 和 F_2 是两个新变量。根据旋转变换的公式：

$$\begin{cases} F_1 = x_1 \cos\theta + x_2 \sin\theta \\ F_2 = -x_1 \sin\theta + x_2 \cos\theta \end{cases}$$

即
$$\begin{bmatrix} F_1 \\ F_2 \end{bmatrix} = \begin{bmatrix} \cos\theta & \sin\theta \\ -\sin\theta & \cos\theta \end{bmatrix} \begin{bmatrix} X_1 \\ X_2 \end{bmatrix} = \boldsymbol{UX}$$

且有 $\boldsymbol{U}'\boldsymbol{U}=\boldsymbol{I}$，即 $\boldsymbol{U}$ 是正交矩阵。旋转变换的目的是使得 n 个样品点在 F_1 轴方向上的离散程度最大，即 F_1 的方差最大。变量 F_1 代表了原始数据的绝大部分信息，在研究某些问题时，即使不考虑变量 F_2 也无损大局。经过上述旋转变换，原始数据的大部分信息集中到 F_1 轴上，对数据中包含的信息起到了降维和浓缩的作用。

F_1，F_2 除了可以对包含在 X_1，X_2 中的信息起浓缩作用之外，还具有不相关的性质，这就可以在研究复杂问题时避免信息重叠所带来的虚假性。二维平面上的 n 个点的方差大部分都归结在 F_1 轴上，而 F_2 轴上的方差很小。F_1 和 F_2 被称为原始变量 x_1 和 x_2 的综合变量。F_1 简化了系统结构，抓住了主要矛盾。

第三节　主成分的推导及性质

在主成分的推导过程中，要用到线性代数中的如下定理：

定理 8-1　若 $\boldsymbol{A}$ 是 p 阶实对称阵，则一定可以找到正交阵 $\boldsymbol{U}$，使

$$\boldsymbol{U}^{-1}\boldsymbol{AU} = \begin{bmatrix} \lambda_1 & 0 & \cdots & 0 \\ 0 & \lambda_2 & \cdots & 0 \\ \vdots & \vdots & & \vdots \\ 0 & 0 & \cdots & \lambda_p \end{bmatrix}$$

其中 λ_i，$i=1,2,\cdots,p$ 是 $\boldsymbol{A}$ 的特征根。

定理 8-2　若上述矩阵的特征根所对应的单位特征向量为 $\boldsymbol{u}_1,\cdots,\boldsymbol{u}_p$，令

$$\boldsymbol{U} = (\boldsymbol{u}_1,\cdots,\boldsymbol{u}_p) = \begin{bmatrix} u_{11} & u_{12} & \cdots & u_{1p} \\ u_{21} & u_{22} & \cdots & u_{2p} \\ \vdots & \vdots & & \vdots \\ u_{p1} & u_{p2} & \cdots & u_{pp} \end{bmatrix}$$

则实对称阵 $\boldsymbol{A}$ 的不同特征根所对应的特征向量是正交的，即有 $\boldsymbol{U}'\boldsymbol{U}=\boldsymbol{UU}'=\boldsymbol{I}$。

一、总体主成分的推导

（一）第一主成分

设 $X_1,X_2,\cdots,X_p$ 为某实际问题所涉及的 p 个随机变量。记 $\boldsymbol{X}=(X_1,X_2,\cdots,X_p)'$，其均值向量与协方差矩阵分别记为：

$$\boldsymbol{\mu}=E(\boldsymbol{X})$$

$$\boldsymbol{\Sigma}_X=\begin{bmatrix}\sigma_1^2 & \sigma_{12} & \cdots & \sigma_{1p}\\ \sigma_{21} & \sigma_2^2 & \cdots & \sigma_{2p}\\ \vdots & \vdots & & \vdots\\ \sigma_{p1} & \sigma_{p2} & \cdots & \sigma_p^2\end{bmatrix}$$

它是一个 p 阶非负定矩阵。

由于 $\boldsymbol{\Sigma}_x$ 为非负定的对称阵，则利用线性代数的知识可得、必存在正交阵 $\boldsymbol{U}$，使得

$$\boldsymbol{U}'\boldsymbol{\Sigma}_X\boldsymbol{U}=\begin{bmatrix}\lambda_1 & & 0\\ & \ddots & \\ 0 & & \lambda_p\end{bmatrix}$$

其中 $\lambda_1,\lambda_2,\cdots,\lambda_p$ 为 $\boldsymbol{\Sigma}_x$ 的特征根，不妨假设 $\lambda_1\geqslant\lambda_2\geqslant\cdots\geqslant\lambda_p$。而 $\boldsymbol{U}$ 恰好是由特征根相对应的特征向量所组成的正交阵。

$$\boldsymbol{U}=(\boldsymbol{u}_1,\cdots,\boldsymbol{u}_p)=\begin{bmatrix}u_{11} & u_{12} & \cdots & u_{1p}\\ u_{21} & u_{22} & \cdots & u_{2p}\\ \vdots & \vdots & & \vdots\\ u_{p1} & u_{p2} & \cdots & u_{pp}\end{bmatrix}$$

$$\boldsymbol{U}_i=(u_{1i},u_{2i},\cdots,u_{pi})'$$

下面我们来看，由 $\boldsymbol{U}$ 的第一列元素所构成的原始变量的线性组合是否有最大的方差。设有 p 维正交向量 $\boldsymbol{a}_1=(a_{11},a_{21},\cdots,a_{p1})'$，

$$F_1=a_{11}X_1+\cdots+a_{p1}X_p=\boldsymbol{a}'\boldsymbol{X}$$

$$V(F_1)=\boldsymbol{a}_1'\boldsymbol{\Sigma}\boldsymbol{a}_1=\boldsymbol{a}_1'\boldsymbol{U}\begin{bmatrix}\lambda_1 & & & \\ & \lambda_2 & & \\ & & \ddots & \\ & & & \lambda_p\end{bmatrix}\boldsymbol{U}'\boldsymbol{a}_1$$

$$=\boldsymbol{a}_1'[\boldsymbol{u}_1,\boldsymbol{u}_2,\cdots,\boldsymbol{u}_p]\begin{bmatrix}\lambda_1 & & & \\ & \lambda_2 & & \\ & & \ddots & \\ & & & \lambda_p\end{bmatrix}\begin{bmatrix}\boldsymbol{u}_1'\\ \boldsymbol{u}_2'\\ \vdots\\ \boldsymbol{u}_p'\end{bmatrix}\boldsymbol{a}_1$$

$$= \sum_{i=1}^{p}\lambda_i \boldsymbol{a}'\boldsymbol{u}_i\boldsymbol{u}_i'\boldsymbol{a} = \sum_{i=1}^{p}\lambda_i(\boldsymbol{a}'\boldsymbol{u}_i)^2 \leqslant \lambda_1\sum_{i=1}^{p}(\boldsymbol{a}'\boldsymbol{u}_i)^2$$

$$= \lambda_1\sum_{i=1}^{p}\boldsymbol{a}'\boldsymbol{u}_i\boldsymbol{u}_i'\boldsymbol{a} = \lambda_1\boldsymbol{a}'\boldsymbol{U}\boldsymbol{U}'\boldsymbol{a} = \lambda_1\boldsymbol{a}'\boldsymbol{a} = \lambda_1$$

由此看可出，当且仅当 $\boldsymbol{a}_1=\boldsymbol{u}_1$ 时，即 $F_1=u_{11}X_1+\cdots+u_{p1}X_p$ 时，F_1 有最大的方差 λ_1，因为 $\mathrm{Var}(F_1)=\mathrm{Var}(\boldsymbol{u}_1'\boldsymbol{X})=\boldsymbol{u}_1'\boldsymbol{\Sigma}_X\boldsymbol{u}_1=\lambda_1$。

第一主成分的信息反映了原始变量的大部分信息。但如果第一主成分的信息不够，则需要寻找第二主成分。

在约束条件 $\mathrm{Cov}(F_1,F_2)=0$ 下，寻找第二主成分

$$F_2 = u_{12}X_1+\cdots+u_{p2}X_p$$

因为：

$$\mathrm{Cov}(F_1,F_2) = \mathrm{Cov}(\boldsymbol{u}_1'\boldsymbol{X},\boldsymbol{u}_2'\boldsymbol{X}) = \boldsymbol{u}_2'\boldsymbol{\Sigma}\boldsymbol{u}_1 = \lambda_1\boldsymbol{u}_2'\boldsymbol{u}_1 = 0$$

所以 $\boldsymbol{u}_2'\boldsymbol{u}_1=0$，则对 p 维向量 $\boldsymbol{u}_2$，有

$$V(F_2)= \boldsymbol{u}_2'\boldsymbol{\Sigma}\boldsymbol{u}_2 = \sum_{i=1}^{p}\lambda_i\boldsymbol{u}_2'\boldsymbol{u}_i\boldsymbol{u}_i'\boldsymbol{u}_2 = \sum_{i=1}^{p}\lambda_i(\boldsymbol{u}_2'\boldsymbol{u}_i)^2$$

$$\leqslant \lambda_2\sum_{i=2}^{p}(\boldsymbol{u}_2'\boldsymbol{u}_i)^2 = \lambda_2\sum_{i=1}^{p}\boldsymbol{u}_2'\boldsymbol{u}_i\boldsymbol{u}_i'\boldsymbol{u}_2 = \lambda_2\boldsymbol{u}_2'\boldsymbol{U}\boldsymbol{U}'\boldsymbol{u}_2 = \lambda_2\boldsymbol{u}_2'\boldsymbol{u}_2 = \lambda_2$$

所以，如果取线性变换：

$$F_2 = u_{12}X_1+u_{22}X_2+\cdots+u_{p2}X_p$$

则 F_2 的方差次大。

以此类推，同理有：

$$\mathrm{Var}(F_i) = \mathrm{var}(\boldsymbol{u}_i'\boldsymbol{X}) = \boldsymbol{u}_i'\boldsymbol{\Sigma}_X\boldsymbol{u}_i = \boldsymbol{\lambda}_i$$

而且，

$$\mathrm{Cov}(\boldsymbol{u}_i'X,\boldsymbol{u}_j'\boldsymbol{X})= \boldsymbol{u}_i'\boldsymbol{\Sigma}_X\boldsymbol{u}_j = \boldsymbol{u}_i'\left(\sum_{a=1}^{p}\lambda_a\boldsymbol{u}_a\boldsymbol{u}_a'\right)\boldsymbol{u}_j$$

$$= \sum_{a=1}^{p}\lambda_a(\boldsymbol{u}_i'\boldsymbol{u}_a)(\boldsymbol{u}_a'\boldsymbol{u}_j) = 0,\quad i\neq j$$

上述式子表明，$\boldsymbol{X}=(X_1,X_2,\cdots,X_p)'$ 的主成分就是以 $\boldsymbol{\Sigma}_x$ 的特征向量为系数的线性组合，它们互不相关，其方差是 $\boldsymbol{\Sigma}_x$ 的特征根。

由于 $\boldsymbol{\Sigma}_x$ 的特征根 $\lambda_1\geqslant\lambda_2\geqslant\cdots\geqslant\lambda_p>0$，因此有：

$$\mathrm{Var}(F_1)\geqslant\mathrm{Var}(F_2)\geqslant\cdots\geqslant\mathrm{Var}(F_p)>0$$

（二）主成分的性质

主成分实际上是各原始变量经过标准化变换后的线性组合。作为原始变量的综合指标，各主成分所包含的信息互不重叠，全部主成分反映了原始变量的全部信息。一般来说，主成分具有如下性质：

（1）主成分的均值为 $E(\boldsymbol{U}'\boldsymbol{X})=\boldsymbol{U}'\boldsymbol{\mu}$。若数据经过标准化处理后，则主成分的均值

为零。

(2) 主成分的方差为所有特征根之和。即主成分分析是把 p 个原始变量 $X_1, X_2, \cdots, X_p$ 的总方差分解成 p 个不相关的随机变量的方差之和。协方差矩阵 $\boldsymbol{\Sigma}$ 的对角线元素之和等于特征根之和。

$$\sum_{i=1}^{p} \mathrm{Var}(F_i) = \lambda_1 + \lambda_2 + \cdots + \lambda_p = \sigma_1^2 + \sigma_2^2 + \cdots + \sigma_p^2$$

(3) 精度分析。在解决实际问题时,一般不是取 p 个主成分,而是根据累计贡献率的大小取前 k 个。所谓第 i 个主成分的贡献率是指第 i 个主成分的方差在全部方差中所占比重 $\dfrac{\lambda_i}{\sum_{i=1}^{p}\lambda_i}$,反映了此主成分对原来 p 个指标信息的反映能力和综合能力大小。前 k 个主成分的综合能力,用这 k 个主成分的方差和在全部方差中所占比重 $\sum_{i=1}^{k}\lambda_i \Big/ \sum_{i=1}^{p}\lambda_i$ 来描述,称为累积贡献率。

我们进行主成分分析的目的之一是希望用尽可能少的主成分 $F_1, F_2, \cdots, F_k (k \leqslant p)$ 代替原来的 p 个指标。到底应该选择多少个主成分,在实际工作中,主成分个数的多少以能够反映原来变量 85%以上的信息量为依据,即当累积贡献率$\geqslant$85%时的主成分的个数就足够了。最常见的情况是主成分为 2—3 个。

虽然主成分的贡献率这一指标给出了选取主成分的一个准则,但是累计贡献率只是表达了前 k 个主成分提取了 X 的多少信息,它并没有表达某个变量被提取了多少信息,因此仅仅使用累计贡献率这一准则,并不能保证每个变量都被提取了足够的信息。因此,有时还需要另一个辅助的准则,即原始变量被主成分的提取率。

(4) 第 j 个主成分与变量 X_i 的相关系数。由于,$F_j = u_{1j}X_1 + u_{2j}X_2 + \cdots + u_{pj}X_p$,

$$\mathrm{Cov}(X_i, F_j) = \mathrm{Cov}(u_{i1}F_1 + u_{i2}F_2 + \cdots + u_{ip}F_p, F_j) = u_{ij}\lambda_j$$

由此可得,X_j 与 F_j 的相关系数为:

$$\rho(X_i, F_j) = \frac{u_{ij}\lambda_j}{\sigma_i \sqrt{\lambda_j}} = \frac{u_{ij}\sqrt{\lambda_j}}{\sigma_i}$$

可见,第 j 个主成分与变量 X_j 的密切程度取决于对应线性组合系数的大小。

(5) 原始变量被主成分的提取率。前面我们讨论了主成分的贡献率和累计贡献率,它们度量了 $F_1, F_2, \cdots, F_m$ 分别从原始变量 $X_1, X_2, \cdots, X_P$ 中提取了多少信息。那么 $X_1, X_2, \cdots, X_P$ 各有多少信息被 $F_1, F_2, \cdots, F_m$ 提取了呢?应该用什么指标来度量?我们考虑到当讨论 F_1 与 $X_1, X_2, \cdots, X_P$ 的关系时,可以讨论 F_1 与 $X_1, X_2, \cdots, X_P$ 的相关系数,但是由于相关系数有正有负,所以只能考虑相关系数的平方。

$$\mathrm{Var}(X_i) = \mathrm{Var}(u_{i1}F_1 + u_{i2}F_2 + \cdots + u_{ip}F_p)$$

于是,

$$u_{i1}^2\lambda_1 + u_{i2}^2\lambda_2 + \cdots + u_{ij}^2\lambda_j + \cdots + u_{ip}^2\lambda_p = \sigma_i^2$$

$u_{ij}^2\lambda_j$ 是 F_j 能说明的第 i 个原始变量的方差,$u_{ij}^2\lambda_j/\sigma_i^2$ 是 F_j 提取的第 i 个原始变量信息的比重。

如果我们仅仅提出了 m 个主成分，则第 i 原始变量信息的被提取率为：

$$\Omega_i = \sum_{j=1}^{m} \lambda_j u_{ij}^2 / \sigma_i^2 = \sum_{j=1}^{m} \rho_{ij}^2$$

如果一个主成分仅仅对某一个原始变量有作用，则称为特殊成分。如果一个主成分对所有的原始变量都起作用，则称为公共成分。

二、样本主成分的推导

前面讨论的是总体主成分，但在实际问题中，一般 $\boldsymbol{\Sigma}$(或 $\boldsymbol{\rho}$)是未知的，需要通过样本来估计。设 $\boldsymbol{x}_i=(x_{i1},x_{i2},\cdots,x_{ip})'$，$i=1,2,\cdots,n$ 为取自 $\boldsymbol{X}=(x_1,x_2,\cdots,x_p)^{\mathrm{T}}$ 的一个容量为 n 的简单随机样本，则样本协方差矩阵及样本相关矩阵分别为：

$$\boldsymbol{S} = (s_{ij})_{p\times p} = \frac{1}{n-1}\sum_{k=1}^{n}(\boldsymbol{x}_k - \bar{\boldsymbol{x}})(\boldsymbol{x}_k - \bar{\boldsymbol{x}})'$$

$$\boldsymbol{R} = (r_{ij})_{p\times p} = \left(\frac{s_{ij}}{\sqrt{s_{ii}s_{jj}}}\right)$$

其中，

$$\bar{\boldsymbol{x}} = (\bar{x}_1,\bar{x}_2,\cdots,\bar{x}_p)^{\mathrm{T}}, \quad \bar{x}_j = \frac{1}{n}\sum_{i=1}^{n}x_{ij}, \quad j=1,2,\cdots,p$$

$$s_{ij} = \frac{1}{n-1}\sum_{k=1}^{n}(x_{ki}-\bar{x}_i)(x_{kj}-\bar{x}_j), \quad i,j=1,2,\cdots,p$$

分别以 $\boldsymbol{S}$ 和 $\boldsymbol{R}$ 作为 $\boldsymbol{\Sigma}$ 和 $\boldsymbol{\rho}$ 的估计，然后按总体主成分分析的方法作样本主成分分析。

在实际问题中，不同的变量往往有不同的量纲，不同的量纲会引起各变量取值的分散程度差异较大，这时总体方差则主要受方差较大的变量的控制。为了消除量纲不同可能带来的影响，必须基于相关系数矩阵进行主成分分析。不同的是计算得分时应采用标准化后的数据。

第四节　主成分分析的应用

根据主成分分析的定义及性质，大体上能看出主成分分析的一些应用。概括来说，主成分分析主要有以下几方面的应用：

(1) 主成分分析能降低所研究的数据空间的维数。即用 m 维的 Y 空间代替 p 维的 X 空间($m<p$)，而低维的 Y 空间代替高维的 X 空间时所损失的信息很少。即使只有一个主成分 Y_1(即 $m=1$)时，这个 Y_1 仍是使用全部 X 变量(p 个)得到的。例如，要计算 Y_1 的均值也得使用全部 x 的均值。在所选的前 m 个主成分中，如果某个 X_i 的系数全部近似于零的话，就可以把这个 X_i 删除，这也是一种删除多余变量的方法。

(2) 多维数据的一种图形表示方法。我们知道当维数大于 3 时便不能画出几何图形,多元统计研究的问题大都多于 3 个变量。要把研究的问题用图形表示出来是不可能的。然而,经过主成分分析后,我们可以选取前两个主成分或其中某两个主成分,根据主成分的得分,画出 n 个样品在二维平面上的分布状况,由图形可直观地看出各样品在主成分中的地位。

(3) 用主成分分析筛选回归变量。回归变量的选择有着重要的实际意义,为了使模型本身易于做结构分析、控制和预报,需要从原始变量所构成的子集合中选择最佳变量,构成最佳变量集合。用主成分分析筛选变量,可以用较少的计算量来选择变量,获得选择最佳变量子集合的效果。

例 8-1 对 2011 年中国 30 个省、市、自治区经济发展基本情况指标(见表 6-2)进行主成分分析。

表 8-2 2011 年中国 30 个省、市、自治区经济发展基本情况指标表

省份	GDP(亿元)	居民消费水平(元)	固定资产投资(亿元)	职工平均工资(元)	货物周转量(亿吨公里)	居民消费价格指数(上年 100)	商品零售价格指数(上年 100)	工业总产值(亿元)
area	x_1	x_2	x_3	x_4	x_5	x_6	x_7	x_8
北京	10 488.03	20 346	3 814.7	56 328	758.9	105.1	104.4	10 413.0
天津	6 354.38	14 000	3 389.8	41 748	2 703.4	105.4	105.1	12 503.0
河北	16 188.61	6 570	8 866.6	24 756	5 925.5	106.2	106.7	23 031.0
山西	6 938.73	6 187	3 531.2	25 828	2 562.2	107.2	107.2	10 024.0
内蒙古	7 761.80	8 108	5 475.4	26 114	3 658.7	105.7	104.7	8 740.2
辽宁	13 461.57	9 625	10 019.1	27 729	7 033.9	104.6	105.3	24 769.0
吉林	6 424.06	7 591	5 038.9	23 486	1 157.8	105.1	106.2	8 406.9
黑龙江	8 310.00	7 039	3 656.0	23 046	1 690.9	105.6	105.8	7 624.5
上海	13 698.15	27 343	4 823.1	56 565	16 029.8	105.8	105.3	25 121.0
江苏	30 312.61	11 013	15 300.6	31 667	4 300.9	105.4	104.9	67 799.0
浙江	21 486.92	13 893	9 323.0	34 146	4 974.9	105.0	106.3	40 832.0
安徽	8 874.17	6 377	6 747.0	26 363	5 843.2	106.2	106.3	11 162.0
福建	10 823.11	10 361	5 207.7	25 702	2 396.2	104.6	105.7	15 213.0
江西	6 480.33	5 753	4 745.4	21 000	2 285.5	106.0	106.1	8 499.6
山东	31 072.06	9 573	15 435.9	26 404	10 107.8	105.3	104.9	62 959.0
河南	18 407.78	5 877	10 490.6	24 816	5 165.1	107.0	107.5	26 028.0
湖北	11 330.38	7 406	5 647.0	22 739	2 526.4	106.3	106.3	13 455.0
湖南	11 156.64	7 145	5 534.0	24 870	2 349.8	106.0	105.6	11 553.0

（续表）

省份	GDP（亿元）	居民消费水平（元）	固定资产投资（亿元）	职工平均工资（元）	货物周转量（亿吨公里）	居民消费价格指数（上年100）	商品零售价格指数（上年100）	工业总产值（亿元）
area	x_1	x_2	x_3	x_4	x_5	x_6	x_7	x_8
广东	35 696.46	14 390	10 868.7	33 110	4 428.4	105.6	106.0	65 425.0
广西	7 171.58	6 103	3 756.4	25 660	2 079.0	107.8	107.6	6 072.0
海南	1 459.23	6 550	705.4	21 864	597.7	106.9	106.7	1 103.1
重庆	5 096.66	9 835	3 979.6	26 985	1 490.3	105.6	105.0	5 755.9
四川	12 506.25	6 072	7 127.8	25 038	1 578.7	105.1	105.3	14 762.0
贵州	3 333.40	4 426	1 864.5	24 602	805.3	107.6	107.2	3 111.1
云南	5 700.10	4 553	3 435.9	24 030	821.3	105.7	106.1	5 144.6
西藏	395.91	3 504	309.9	47 280	35.5	105.7	103.9	48.2
陕西	6 851.32	6 290	4 614.4	25 942	2 027.0	106.4	106.9	7 480.8
甘肃	3 176.11	4 869	1 712.8	24 017	1 594.9	108.2	107.9	3 667.5
青海	961.53	5 830	583.2	30 983	335.7	110.1	110.6	1 103.1
宁夏	1 098.51	7 193	828.9	30 719	703.6	108.5	108.5	1 366.5
新疆	4 203.41	5 542	2 260.0	24 687	1 273.0	108.1	108.5	4 276.1

数据来源：2012 年《中国统计年鉴》。

在 Stata 中输入如下命令：

```
clear
* 定义变量的标签
label var area 省份
label var x1"GDP(亿元)"
label var x2"居民消费水平(元)"
label var x3"固定资产投资(亿元)"
label var x4"职工平均工资(元)"
label var x5"货物周转量(亿吨公里)"
label var x6"居民消费价格指数(上年 100)"
label var x7"商品零售价格指数(上年 100)"
label var x8"工业总产值(亿元)"
describe
pca x1—x8 / * 主成分估计 * /
estat kmo / * KMO 检验,越高越好 * /
estat smc / * SMC 检验,值越高越好 * /
predict score fit residual q / * 预测变量得分、拟合值和残差以及残差的平方和 * /
predict f1 f2 f3
predict q1 q2 q3
```

运行后可知结果，先对数据进行标准化处理，接着进行主成分分析，可以得到表 8-3 中的结果：

表 8-3 *R* 的特征值和特征向量

主成分	特征值	方差贡献率	累计贡献率
1	4.25488	2.50258	0.5319
2	1.75229	0.537538	0.7509
3	1.21475	0.760916	0.9027
4	0.453839	0.260701	0.9595
5	0.193137	0.124141	0.9836
6	0.0689962	0.0273464	0.9922
7	0.0416498	0.0211945	0.9974
8	0.0204553	.	1.0000

从表 8-3 中看到，前 3 个特征值的累计贡献率已达 90.27%，说明前 3 个主成分基本包含了全部指标具有的信息，我们取前 3 个特征值。通过对载荷矩阵进行旋转，可得到相应的特征向量，见表 8-4：

表 8-4 第一、第二、第三特征值向量

	第一特征向量	第二特征向量	第三特征向量
x_1	0.4249	0.3064	0.1079
x_2	0.3217	−0.4467	0.3101
x_3	0.4057	0.3855	−0.0181
x_4	0.1856	−0.6100	0.2536
x_5	0.3520	−0.0510	0.3714
x_6	−0.3444	0.1427	0.5784
x_7	−0.3118	0.2767	0.5769
x_8	0.4209	0.2938	0.1495

因而前 3 个主成分为：

第一主成分：$F_1=0.4249x_1+0.3217x_2\_s+0.4057x_3\_s+0.1856x_4\_s+0.3520x_5\_s-0.3444x_6\_s-0.3118x_7\_s+0.4209x_8\_s$

第二主成分：$F_2=0.3064x_1-0.4467x_2\_s+0.3855x_3\_s-0.6100x_4\_s-0.0510x_5\_s+0.1427x_6\_s+0.2767x_7\_s+0.2938x_8\_s$

第三主成分：$F_3=0.1079x_1+0.3101x_2\_s-0.0181x_3\_s+0.2536x_4\_s+0.3714x_5\_s-0.5784x_6\_s+0.5769x_7\_s+0.1495x_8\_s$

在第一主成分的表达式中，第一项、第三项和第八项指标的系数较大，这三项指标起主要作用，我们可以把第一主成分看作由 GDP、固定资产投资、工业总产值所刻画的反映经济社会总量规模的综合指标。

在第二主成分的表达式中，第二项、第四项指标的系数较大，因此可以把第二主成分看作由居民消费水平、职工平均工资表示的反映人民生活水平的综合指标。

在第三主成分的表达式中，第六项、第七项指标的系数大于其余的指标，可看作受居民消费价格指数、商品零售价格指数的影响，能反映物价水平的综合指标。

在这次的主成分分析里面，我们可以进行一些检验以验证我们的分析效果，通过KMO检验和SMC检验，得到表8-5中的结果：

表8-5　变量的KMO、SMC数值表

变量	KMO值	SMC值
x_1_s	0.7423	0.9656
x_2_s	0.5361	0.8366
x_3_s	0.7706	0.9276
x_4_s	0.4737	0.7647
x_5_s	0.6794	0.6515
x_6_s	0.5467	0.8837
x_7_s	0.5482	0.8627
x_8_s	0.7692	0.9591
合计	0.6447	—

Kaiser-Meyer-Olkin(KMO)抽样充分性测度也是用于测量变量之间相关关系强弱的重要指标，是通过比较两个变量的相关系数与偏相关系数得到的。KMO介于0与1之间。KMO越高，表明变量的共性越强。如果偏相关系数相对于相关系数比较高，则KMO比较低，主成分分析不能起到很好的数据约化效果。根据Kaiser(1974)，一般的判断标准如下：0.00—0.49，不能接受(unacceptable)；0.50—0.59，非常差(miserable)；0.60—0.69，勉强接受(mediocre)；0.70—0.79，可以接受(middling)；0.80—0.89，比较好(meritorious)；0.90—1.00，非常好(marvelous)。

SMC是一个变量与其他所有变量的复相关系数的平方，即复回归方程的可决系数。SMC比较高表明变量的线性关系越强，共性越强，主成分分析就越合适。

KMO越高表明变量的共性越强和SMC越高表明变量的线性关系越强，共性越强，主成分分析就越合适。从表8-5可以看出，在该例中，各变量基本符合要求。

例8-2　农村饮用水水质评价的主成分分析

良好的饮用水是人类生存的基本条件之一，关系到国民的身体健康。农村饮用水安全是反映农村社会经济发展和居民生活质量的重要标志。目前常用的农村饮用水水质评价方法有两种：一种是检测若干个水样后，计算单项指标超标率(或合格率)，这种方法能找出主要污染物，但不能对水质进行综合评价。另一种是根据《农村实施〈生活饮用水卫生标准〉准则》中的一、二、三级水质标准对水样进行分级，水样中一旦有一个指标超过某一级水质标准就降为下一级。但水质是由多个因子构成的复杂系统，此方法不能反映多指标的综合作用，结论具有一定的片面性。涉及多因素的水质评价主要是分析影响水质的各因素之间的相互作用，从而得出反映各因素特征信息的综合评价结果。对饮用水水质的评价通常检测十几项指标，是典型的多维问题，因此考虑运用主成分分析进行简化降维处理。

目前农村自来水分为完全处理、部分处理、未处理 3 种形式。完全处理自来水指原水经过混凝沉淀、过滤和消毒处理后通过管网送往用户。部分处理自来水指原水经过混凝沉淀、过滤、消毒中的一步或两步处理后通过管网送往用户。未处理自来水指原水不经过任何处理,直接通过管网送往用户。本例选取了饮用水水质常规监测的 13 项指标进行水质评价,包括:x_1,pH 值;x_2,色度;x_3,混浊度;x_4,总硬度(mg/l);x_5,铁(mg/l);x_6,锰(mg/l);x_7,氯化物(mg/l);x_8,硫酸盐(mg/l);x_9,化学耗氧量(mg/l);x_{10},氟化物(mg/l);x_{11},砷(mg/l);x_{12},硝酸盐(mg/l);x_{13},细菌总数(个/ml)。原始数据来源于中国农村饮用水水质监测网络 2004 年的数据(见表 8-6)。

表 8-6 农村饮用水水质原始数据表

	完全处理(丰)	完全处理(枯)	部分处理(丰)	部分处理(枯)	未处理(丰)	未处理(枯)
x_1	7.32	7.27	7.42	7.38	7.41	7.36
x_2	3.69	5.28	4.83	4.32	4.62	4.55
x_3	1.77	2.64	2.88	2.65	1.92	1.66
x_4	125.86	128.73	183.27	154.00	191.51	65.09
x_5	0.10	0.13	0.15	0.12	0.18	0.14
x_6	0.05	0.04	0.05	0.04	0.10	0.09
x_7	31.88	21.70	39.35	29.77	64.15	65.09
x_8	33.93	27.05	49.96	41.24	71.69	71.22
x_9	2.31	1.66	1.54	1.32	1.23	1.45
x_{10}	0.21	0.11	0.27	0.30	0.69	0.70
x_{11}	0.007	0.007	0.008	0.009	0.009	0.01
x_{12}	2.62	2.61	4.29	2.84	3.52	3.18
x_{13}	21	33	54	29	30	24

在 SPSS 中输入如下命令:

```
FACTOR
  /VARIABLES x1 x2 x3 x4 x5 x6 x7 x8 x9 x10 x11 x12 x13/MISSING LISTWISE
  /ANALYSIS x1 x2 x3 x4 x5 x6 x7 x8 x9 x10 x11 x12 x13
  /PRINT INITIAL EXTRACTION
  /CRITERIA MINEIGEN(1) ITERATE(25)
  /EXTRACTION PC
  /ROTATION NOROTATE
  /METHOD = CORRELATION .
```

运行后可得结果如表 8-7 所示:

表 8-7 主成分的特征值、贡献率和累积贡献率

Total Variance Explained

Component	Initial Eigenvalues			Extraction Sums of Squared Loadings		
	Total	% of Variance	Cumulative %	Total	% of Variance	Cumulative %
1	6.448	49.597	49.597	6.448	49.597	49.597
2	3.826	29.431	79.029	3.826	29.431	79.029
3	1.324	10.181	89.210	1.324	10.181	89.210
4	.784	6.031	95.240			
5	.619	4.760	100.000			
6	5.111E-16	3.931E-15	100.000			
7	2.356E-16	1.812E-15	100.000			
8	1.075E-16	8.269E-16	100.000			
9	−2.12E-18	−1.634E-17	100.000			
10	−1.35E-16	−1.041E-15	100.000			
11	−1.79E-16	−1.377E-15	100.000			
13	−1.97E-15	−1.514E-14	100.000			

由表 8-7 可见,前 5 个主成分的累计贡献率为 100%,表明它们所携带的信息概括了 13 个原始指标的全部信息。但根据主成分个数选取标准(累积贡献率大于 85%),前 3 个主成分的累积贡献率为 89.21%,因此选取 P_1,P_2,P_3 这 3 个主成分对水质进行综合评价就可以了。用这 3 个主成分进行评价仅损失了原始信息的 10.79%,但评价指标却由原来的 13 个降为 3 个,指标数量大为简化。表 8-8 列示了各主成分的特征向量。

表 8-8 主成分的特征向量

Component Matrix[a]

	Component		
	1	2	3
X_1	.731	.402	.483
X_2	.115	.597	−.755
X_3	−.358	.885	−.151
X_4	.112	.733	.409
X_5	.824	.404	−.157
X_6	.892	−.342	−2.54E-02
X_7	.944	−.283	3.797E-02
X_8	.985	−.146	3.170E-02
X_9	−.699	−.395	.417
X_{10}	.941	−.334	−4.42E-02
X_{11}	.830	−.197	−.163
X_{12}	.594	.651	.303
X_{13}	7.659E-02	.936	8.662E-02

a. 3 components extracted.

由表8-8可见，第一主成分与原始指标 X_5（铁）、X_6（锰）、X_7（氯化物）、X_8（硫酸盐）、X_{10}（氟化物）、X_{11}（砷）的关系最密切，主要反映了饮用水中无机矿物质的含量。第二主成分与原始指标 X_3（浑浊度）、X_4（总硬度）、X_{12}（硝酸盐）、X_{13}（细菌总数）的关系最密切，主要反映了饮用水的感官性状和微生物污染状况。第三主成分与原始指标 X_2（色度）的关系最密切。

本章小结

本章介绍了主成分分析的基本思想、基本原理和应用。通过本章的学习，读者应能了解主成分分析法的基本思想、主成分的特征，并能进行相应的应用。重点掌握主成分分析的基本思想和应用。

进一步阅读材料

1. 张尧庭、方开泰：《多元统计分析引论》，北京：科学出版社，1982。

2. I. T. Jolliffe: *Principal Component Analysis*, New York: Spring-Verlag New York Inc., 1986.

3. 方开泰：《实用多元统计分析》，上海：华东师范大学出版社，1989。

4. 王学仁、王松桂：《实用多元统计分析》，上海：上海科学技术出版社，1990。

练习题

1. 试述主成分分析的基本思想。
2. 试述主成分分析方法的基本功能。
3. 试述主成分的特征。
4. 试寻找一个实例进行主成分分析。

第九章　因子分析

教学目的

本章系统介绍了因子分析的基本原理。首先介绍了因子分析的基本思想及其特征，对因子分析的模型及其估计进行了说明，并对因子得分的计算及应用进行了总结。通过本章的学习，希望读者能够：

1. 掌握因子分析的基本思想；
2. 了解因子分析适合解决的问题；
3. 掌握因子分析的基本模型；
4. 了解因子载荷阵的估计方法；
5. 掌握因子分析的应用。

本章的重点是因子分析的基本思想及其应用。

第一节　因子分析的基本思想

因子分析(Factor Analysis)是主成分分析的推广,它也是从研究相关矩阵内部的依赖关系出发,把一些具有错综复杂关系的变量归结为少数几个综合变量的一种多变量统计分析方法。因子分析是一种主要用于数据简化和降维的多元统计分析方法。在面对许多具有内在相关性的变量时,因子分析试图使用少数几个随机变量来描述许多变量所体现的一种基本结构。因子分析最初是由英国心理学家 C. 斯皮尔曼(C. Spearman)提出的。1904 年,他在美国心理学刊物上发表了第一篇有关因子分析的文章《对智力测验得分进行统计分析》,揭开了因子分析的序幕。因子分析最初用于研究解决心理学、教育学文献的问题,由于计算量大,而且当时缺少计算条件的支持,其发展受到很大限制。后来随着电子计算机的出现,因子分析的理论研究和计算有了较大的进展,应用范围逐渐扩展到社会学、气象学、政治学、医学、地理学及管理学的领域,并取得显著成绩。

因子分析通过研究众多变量之间的内部依赖关系,探求观测数据中的基本结构,并用少数几个假想变量来表示其基本的数据结构。这几个假想变量能够反映原来众多变量的主要信息。原始变量是可观测的显在变量,而假想变量是不可观测的潜在变量,称为因子。例如,在企业形象或品牌形象的研究中,消费者可以通过一个由 24 个指标构成的评价体系,评价百货商店在 24 个方面的优劣。但消费者主要关心的是三个方面,即商店的环境、商店的服务水平和商品的价格。因子分析方法就是通过 24 个变量,找出反映商店环境、商店服务水平和商品价格的三个潜在因子,对商店进行综合评价。而这三个潜在因子可以表示为:

$$X_i = \mu_i + \alpha_{i1}F_1 + \alpha_{i2}F_2 + \alpha_{i3}F_3 + \varepsilon_i$$

称 F_1、F_2、F_3 是不可观测的潜在因子。24 个变量共享这三个因子,但是每个变量又有自己的个性,不被包含的部分 ε_i 被称为特殊因子。

因子分析的内容十分丰富,常用的有 R 型因子分析(对变量进行因子分析)和 Q 型因子分析(对样品进行因子分析)。

因子分析的基本思想是根据相关性大小把原始变量分组,使得同组的变量之间相关性较高,而不同组的变量之间相关性较低。每组变量代表一个基本结构,并用一个不可观测的综合变量表示,这个基本结构就称为公共因子。对于所研究的某一具体问题,原始变量可以分解成两部分之和的形式,一部分是少数几个不可预测的所谓公共因子的线性函数,另一部分是与公共因子无关的特殊因子。描述一种社会经济现象的指标有很多,因子分析的过程就是从一些有错综复杂关系的经济现象中找出少数几个主要因子,每一个主要因子就代表经济变量间相互依赖的一种经济作用。

因子分析有以下特点:第一,因子变量的数量远小于原有指标变量的数量,对因子变量的分析能够减少分析中的计算工作量;第二,因子变量不是对原始变量的取舍,而是根据原始变量的信息进行重新组合,能够反映原有变量的大部分信息;第三,因子变量不存在线性相关关系，对变量的分析比较方便；第四，因子变量具有命名解释性，即该变量是对某些原始变量信息的综合与反映。

因子分析的用途很广，主要有以下功能：一是寻求基本结构，简化观测系统；二是简化数据，通过因子分析，可以用所找出的少数几个因子代替原来的变量作回归分析、聚类分析、判别分析等。此外，因子分析还可以用于对变量或样品的分类处理。因子分析既可以用来研究变量之间的相互关系，还可以研究样品之间的相互关系。

因子分析和主成分分析有很大的不同，主成分分析不能作为一个模型来描述，它只能作为一般的变量变换，是可观测变量的线性组合；而因子分析需要构造一个因子模型，公共因子一般不能表示为原始变量的线性组合。因子分析中的因子一般能够找到实际意义，主成分分析的主成分综合性太强，一般找不出实际意义。

第二节　因子分析的模型

因子分析是一种将多个实测变量转换为少数几个不相关的综合指标的多元统计分析方法。这少数几个综合指标（即因子），能够反映原来多个实测变量所代表的主要信息，并解释这些实测变量之间的依存关系。也就是说，因子分析研究的是如何以最少的信息损失把众多的实测变量浓缩为少数几个因子。

一、因子分析的数学模型

（一）R型因子分析模型

设 $\boldsymbol{X}=(X_1,X_2,\cdots,X_p)$ 为观察到的随机向量，$\boldsymbol{F}=(F_1,F_2,\cdots,F_m)$ 是不可观测的向量。则有

$$X_i=\mu_i+a_{i1}F_1+\cdots+a_{im}F_m+\varepsilon_i \tag{9-1}$$

用矩阵简记为：

$$\boldsymbol{X}-\boldsymbol{\mu}=\boldsymbol{AF}+\boldsymbol{\varepsilon} \tag{9-2}$$

其中 $\boldsymbol{F}=(F_1,F_2,\cdots,F_m)$ 称为公共因子，是不可观测的变量，它们的系数称为因子载荷。$\boldsymbol{\varepsilon}=(\varepsilon_1,\cdots,\varepsilon_p)'$ 是特殊因子，是不能被前 m 个公共因子包含的部分。

且满足假设：

(1) $m\leqslant p$；

(2) $\mathrm{Cov}(\boldsymbol{F},\boldsymbol{\varepsilon})=0$；

(3) $\mathrm{var}(\boldsymbol{F})=\boldsymbol{I}_m$，$\mathrm{var}(\boldsymbol{\varepsilon})=\mathrm{diag}(\sigma_1^2,\cdots,\sigma_p^2)$。

称 F_i 为第 i 个公共因子，a_{ij} 为因子载荷。F_i 之间相互独立且方差为1。

（二）Q 型因子分析模型

类似地，Q 型因子分析模型为：

$$X_i = \mu_i + a_{i1}F_1 + \cdots + a_{im}F_m + \varepsilon_i$$

此时，$X_1, X_2, \cdots, X_n$ 表示 n 个样品。

因子分析的目的就是通过模型 $\boldsymbol{X}-\boldsymbol{\mu}=\boldsymbol{AF}+\boldsymbol{\varepsilon}$，以 $\boldsymbol{F}$ 替代 $\boldsymbol{X}$，由于 $m<p, m<n$，从而达到降低维数的作用。

二、因子分析模型的性质

根据上述因子分析模型，可得到原始观测变量的协方差矩阵为：

$$\begin{aligned}\mathrm{Var}(\boldsymbol{X}) &= \mathrm{Var}(\boldsymbol{X}-\boldsymbol{\mu}) = E(\boldsymbol{AF}+\boldsymbol{\varepsilon})(\boldsymbol{AF}+\boldsymbol{\varepsilon})' \\ &= \boldsymbol{AE}(\boldsymbol{FF}')\boldsymbol{A}' + E(\boldsymbol{\varepsilon\varepsilon}') = \boldsymbol{A}\mathrm{Var}(\boldsymbol{F})\boldsymbol{A}' + \mathrm{Var}(\boldsymbol{\varepsilon}) = \boldsymbol{AA}' + \boldsymbol{D}\end{aligned}$$

因子分析模型具有如下性质：

1. 因子分析模型不受计量单位的影响。将原始变量 $\boldsymbol{X}$ 做变换 $\boldsymbol{X}^* = \boldsymbol{CX}$，这里

$$\boldsymbol{C} = \mathrm{diag}(c_1, c_2, \cdots, c_n), \quad c_i > 0$$

$$\boldsymbol{C}(\boldsymbol{X}-\boldsymbol{\mu}) = \boldsymbol{C}(\boldsymbol{AF}+\boldsymbol{\varepsilon})$$

$$\boldsymbol{CX} = \boldsymbol{C\mu} + \boldsymbol{CAF} + \boldsymbol{C\varepsilon}$$

若定义 $\boldsymbol{X}^* = \boldsymbol{CX}$，$\boldsymbol{\mu}^* = \boldsymbol{C\mu}$，$\boldsymbol{A}^* = \boldsymbol{CA}$，$\boldsymbol{\varepsilon}^* = \boldsymbol{C\varepsilon}$，则有

$$\boldsymbol{X}^* = \boldsymbol{\mu}^* + \boldsymbol{A}^*\boldsymbol{F}^* + \boldsymbol{\varepsilon}^*$$

显然，此时，$\boldsymbol{F}^* = \boldsymbol{F}$。$\boldsymbol{F}^*$ 满足因子分析模型对因子的要求，因子分析模型没有本质变化。

2. 因子载荷不是唯一的。设 $\boldsymbol{T}$ 为一个 $p \times p$ 的正交矩阵，令 $\boldsymbol{A}^* = \boldsymbol{AT}, \boldsymbol{F}^* = \boldsymbol{T}'\boldsymbol{F}$，则模型可以表示为$\boldsymbol{X}^* = \boldsymbol{\mu}^* + \boldsymbol{A}^*\boldsymbol{F}^* + \boldsymbol{\varepsilon}$，且满足条件因子模型的条件。条件如下：

(1) $E(\boldsymbol{T}'\boldsymbol{F}) = \boldsymbol{0}$

(2) $\mathrm{Var}(\boldsymbol{F}^*) = \mathrm{Var}(\boldsymbol{T}'\boldsymbol{F}) = \boldsymbol{T}'\mathrm{Var}(\boldsymbol{F})\boldsymbol{T} = \boldsymbol{I}$

(3) $E(\boldsymbol{\varepsilon}) = \boldsymbol{0}$

(4) $\mathrm{Var}(\boldsymbol{\varepsilon}) = \mathrm{diag}(\sigma_1^2, \sigma_2^2, \cdots, \sigma_p^2)$

(5) $\mathrm{Cov}(\boldsymbol{F}^*, \boldsymbol{\varepsilon}) = E(\boldsymbol{F}^*\boldsymbol{\varepsilon}') = \boldsymbol{0}$

这说明因子并不是唯一的，因子载荷可以有多个。

三、因子分析模型中参数的含义

为便于对因子分析模型的计算结果进行说明，对因子分析模型中各个参数的意义进行解释是十分必要的。

由于数据标准化后不改变原来变量之间的相互关系，而又常常能够使问题简化，所以以下讨论都建立在已经标准化了的数据之上。假定因子模型中，所有变量、公共因子、特殊因子都已进行标准化处理（均值为 0，方差为 1）。

（一）因子载荷的统计意义

已知因子分析模型为：

$$\boldsymbol{X}_i = a_{i1}F_1 + \cdots + a_{im}F_m + \varepsilon_i, \quad i = 1, \cdots, p$$

在上式两端同时右乘 F_j，则有

$$E(x_iF_j) = \sum_{k=1}^{m} a_{ik}E(F_kF_j) = \sum_{k=1}^{m} a_{ik}r_{(F_kF_j)} = a_{ij}$$

由于 F_k，F_j 不相关，且 $r_{(F_jF_j)}=1$，即 $a_{ij}=r_{x_i,F_j}$。这表明因子载荷 a_{ij} 是第 i 个变量与第 j 个公共因子的相关系数，即 X_i 依赖 F_j 的权重。因子载荷的绝对值越大，相关的密切程度越高。但由于历史原因，心理学家称之为载荷，即表示第 i 个变量在第 j 个公共因子上的负荷，它反映了第 i 个变量在第 j 个公共因子上的相对重要性。

（二）变量共同度的统计意义

变量 X_i 的共同度是指因子载荷矩阵 $\boldsymbol{A}$ 中第 i 行元素的平方和，即为

$$h_i^2 = \sum_{j=1}^{m} a_{ij}^2 \quad (i = 1, \cdots, p)$$

为说明它的意义，对因子分析模型两边求方差，则有：

$$\mathrm{var}(X_i) = \sum_{j=1}^{m} \mathrm{var}(a_{ij}F_j) + \mathrm{var}(\varepsilon_i) = \sum a_{ij}^2 \mathrm{var}(F_j) + \sigma_i^2 = \sum_{j=1}^{m} a_{ij}^2 + \sigma_i^2 = h_i^2 + \sigma_i^2$$

由于 X_i 已标准化，因此有：$1=h_i^2+\sigma_i^2$。这说明变量 X_i 的方差由两部分组成：一部分是共同度 h_i^2，它刻画全部公共因子对变量 X_i 的总方差所做的贡献。共同度越接近于 1，说明 X_i 的所有原始信息几乎都被公共因子所解释。另一部分是 σ_i^2，它是特殊因子方差，仅与变量 X_i 的变化有关。显然，特殊因子方差的取值越小，说明因子分析模型的解释能力越强，效果越好，从原变量空间到公共因子空间的转化性质越好。

（三）公共因子 F_j 的方差贡献的统计意义

因子载荷阵中列的平方和记为：

$$S_j = \sum_{i=1}^{p} a_{ij}^2 \quad j = 1, \cdots, p$$

称 S_j 为公共因子 F_j 对 X_i 的贡献，它表示同一公共因子 F_j 对各变量所提供的方差贡献之总和，是衡量公共因子相对重要性的指标。

第三节　因子载荷阵的估计

估计因子载荷阵的方法有很多,其中主要有主成分法、主因子法、极大似然估计法。下面我们分别介绍其基本原理。

一、主成分法

设随机向量 $\boldsymbol{X}=(x_1,\cdots,x_p)'$ 的协方差为 $\boldsymbol{\Sigma}$,$\boldsymbol{\Sigma}$ 的特征值为 $\lambda_1 \geqslant \lambda_2 \geqslant \cdots \geqslant \lambda_p > 0$, $\boldsymbol{u}_1$, $\boldsymbol{u}_2,\cdots,\boldsymbol{u}_p$ 为其对应的标准化特征向量,则有:

$$\boldsymbol{\Sigma}=\boldsymbol{U}\begin{bmatrix}\lambda_1 & & & \\ & \lambda_2 & & \\ & & \ddots & \\ & & & \lambda_p\end{bmatrix}\boldsymbol{U}'=\boldsymbol{A}\boldsymbol{A}'+\boldsymbol{D}$$

$$\begin{bmatrix}\boldsymbol{u}_1 & \boldsymbol{u}_2 & \cdots & \boldsymbol{u}_p\end{bmatrix}\begin{pmatrix}\lambda_1 & & 0 \\ & \ddots & \\ 0 & & \lambda_p\end{pmatrix}\begin{bmatrix}\boldsymbol{u}_1' \\ \boldsymbol{u}_2' \\ \vdots \\ \boldsymbol{u}_p'\end{bmatrix}$$

$$=\lambda_1\boldsymbol{u}_1\boldsymbol{u}_1'+\lambda_2\boldsymbol{u}_2\boldsymbol{u}_2'+\cdots+\lambda_m\boldsymbol{u}_m\boldsymbol{u}_m'+\lambda_{m+1}\boldsymbol{u}_{m+1}\boldsymbol{u}_{m+1}'+\cdots+\lambda_p\boldsymbol{u}_p\boldsymbol{u}_p'$$

$$=\begin{bmatrix}\sqrt{\lambda_1}\,\boldsymbol{u}_1 & \sqrt{\lambda_2}\,\boldsymbol{u}_2 & \cdots & \sqrt{\lambda_p}\,\boldsymbol{u}_p\end{bmatrix}\begin{bmatrix}\sqrt{\lambda_1}\boldsymbol{u}_1' \\ \sqrt{\lambda_2}\boldsymbol{u}_2' \\ \vdots \\ \sqrt{\lambda_p}\boldsymbol{u}_p'\end{bmatrix}$$

上式给出的 $\boldsymbol{\Sigma}$ 表达式是精确的,然而,它实际上是毫无价值的,因为我们的目的是寻求用少数几个公共因子解释,故略去后面 $p-m$ 项的贡献,有

$$\begin{aligned}\boldsymbol{\Sigma} &\approx \hat{\boldsymbol{A}}\hat{\boldsymbol{A}}'+\hat{\boldsymbol{D}} \\ &=\lambda_1\boldsymbol{u}_1\boldsymbol{u}_1'+\lambda_2\boldsymbol{u}_2\boldsymbol{u}_2'+\cdots+\lambda_m\boldsymbol{u}_m\boldsymbol{u}_m'+\hat{\boldsymbol{D}} \\ &=\begin{bmatrix}\sqrt{\lambda_1}\,\boldsymbol{u}_1 & \sqrt{\lambda_2}\,\boldsymbol{u}_2 & \cdots & \sqrt{\lambda_m}\,\boldsymbol{u}_m\end{bmatrix}\begin{bmatrix}\sqrt{\lambda_1}\boldsymbol{u}_1' \\ \sqrt{\lambda_2}\boldsymbol{u}_2' \\ \vdots \\ \sqrt{\lambda_m}\boldsymbol{u}_m'\end{bmatrix}+\hat{\boldsymbol{D}}\end{aligned} \tag{9-3}$$

其中,$\hat{\boldsymbol{D}}=\mathrm{diag}(\hat{\sigma}_1^2,\hat{\sigma}_2^2,\cdots,\hat{\sigma}_p^2)$, $\hat{\sigma}_i^2=s_{ii}-\sum_{j=1}^{m}a_{ij}^2$。

上式有一个假定,即模型中的特殊因子是不重要的,因而从 $\boldsymbol{\Sigma}$ 的分解中忽略了特殊

因子的方差。

另外，当 $\boldsymbol{\Sigma}$ 未知时，用样本协方差 $\boldsymbol{S}$ 代替 $\boldsymbol{\Sigma}$，或样本相关阵 $\boldsymbol{R}$ 代替。一般设 $\hat{\lambda}_1 \geqslant \cdots \geqslant \hat{\lambda}_p$ 为样本相关阵 $\boldsymbol{R}$ 的特征根，相应的标准正交化特征向量为 $\hat{\boldsymbol{u}}_1, \hat{\boldsymbol{u}}_2, \cdots, \hat{\boldsymbol{u}}_p$。设 $m \leqslant p$，则因子载荷阵的估计为 $\hat{\boldsymbol{A}} = (\hat{a}_{ij})$，即

$$\hat{\boldsymbol{A}} = [\sqrt{\lambda_1}\, \boldsymbol{u}_1 \quad \sqrt{\lambda_2}\, \boldsymbol{u}_2 \quad \cdots \quad \sqrt{\lambda_m}\, \boldsymbol{u}_m]$$

二、主因子法

主因子法是对主成分法的修正，假定我们首先对变量进行标准化变换。则

$$\boldsymbol{R} = \boldsymbol{A}\boldsymbol{A}' + \boldsymbol{D}$$

$$\boldsymbol{R}^* = \boldsymbol{A}\boldsymbol{A}' = \boldsymbol{R} - \boldsymbol{D}$$

称 $\boldsymbol{R}^*$ 为约相关矩阵，$\boldsymbol{R}^*$ 对角线上的元素是 h_i^2，而不是 1。

$$\boldsymbol{R}^* = \boldsymbol{R} - \hat{\boldsymbol{D}} = \begin{bmatrix} \hat{h}_1^2 & r_{12} & \cdots & r_{1p} \\ r_{21} & \hat{h}_2^2 & \cdots & r_{2p} \\ \vdots & \vdots & & \vdots \\ r_{p1} & r_{p2} & \cdots & \hat{h}_p^2 \end{bmatrix}$$

直接求 $\boldsymbol{R}^*$ 的前 p 个特征根和对应的正交特征向量，得如下矩阵：

$$\boldsymbol{A} = [\sqrt{\lambda_1^*}\, \boldsymbol{u}_1^* \quad \sqrt{\lambda_2^*}\, \boldsymbol{u}_2^* \quad \cdots \quad \sqrt{\lambda_p^*}\, \boldsymbol{u}_p^*]$$

$\boldsymbol{R}^*$ 的特征根：$\lambda_1^* \geqslant \cdots \geqslant \lambda_p^* \geqslant 0$。正交特征向量：$\boldsymbol{u}_1^*, \boldsymbol{u}_2^*, \cdots, \boldsymbol{u}_p^*$。

当特殊因子 ε 的方差不同且已知时，问题就非常容易解决。此时，

$$\boldsymbol{R}^* = \boldsymbol{R} - \begin{bmatrix} \sigma_1^2 & & & \\ & \sigma_2^2 & & \\ & & \ddots & \\ & & & \sigma_p^2 \end{bmatrix}$$

$$= [\sqrt{\lambda_1^*}\, \boldsymbol{u}_1^* \quad \sqrt{\lambda_2^*}\, \boldsymbol{u}_2^* \quad \cdots \quad \sqrt{\lambda_p^*}\, \boldsymbol{u}_p^*] \begin{bmatrix} \sqrt{\lambda_1^*}\, \boldsymbol{u}_1'^* \\ \sqrt{\lambda_2^*}\, \boldsymbol{u}_2'^* \\ \vdots \\ \sqrt{\lambda_p^*}\, \boldsymbol{u}_p'^* \end{bmatrix} \tag{9-4}$$

则有：

$$\boldsymbol{A} = [\sqrt{\lambda_1^*}\, \boldsymbol{u}_1^* \quad \sqrt{\lambda_2^*}\, \boldsymbol{u}_2^* \quad \cdots \quad \sqrt{\lambda_m^*}\, \boldsymbol{u}_m^*]$$

$$\boldsymbol{D} = \begin{pmatrix} 1 - \hat{h}_1^2 & & 0 \\ & \ddots & \\ 0 & & 1 - \hat{h}_p^2 \end{pmatrix}$$

在实际的应用中，特殊因子的方差矩阵一般都是未知的，可以通过一组样本来估计。可先求 h_i^2 的初始估计值，构造出 $\boldsymbol{R}^*$。$\hat{h}_1^2$ 的估计值有以下几种求解方法：

(1) 取 $h_i^2=1$，主因子解与主成分解等价。

(2) 取 $h_i^2=R_i^2$，R_i^2 为 x_i 与其他所有原始变量 x_j 的复相关系数的平方，即 x_i 对其余 $p-1$ 个 x_j 的回归方程的判定系数，这是因为 x_i 与公共因子的关系是通过其余 $p-1$ 个 x_j 的线性组合联系起来的。

(3) 取 $\hat{h}_i^2=\max|r_{ij}|(j\neq i)$，这意味着取 x_i 与其余 x_j 的简单相关系数的绝对值最大者。

(4) 取 $h_i^2=\dfrac{1}{p-1}\sum\limits_{j=1,i\neq j}^{p} r_{ij}$，要求该值为正数。

(5) 取 $h_i^2=1/r^{ii}$，其中 r^{ii} 是 $\boldsymbol{R}$ 逆矩阵的对角元素。

三、极大似然估计法

如果假定公共因子 F 和特殊因子 ε 服从正态分布，那么可以得到因子载荷和特殊因子方差的极大似然估计。设 $X_1,X_2,\cdots,X_n$ 为来自正态总体 $N_p(\boldsymbol{\mu},\boldsymbol{\Sigma})$ 的随机样本。

$$\boldsymbol{\Sigma}=\boldsymbol{AA}'+\boldsymbol{\Sigma}_\varepsilon \tag{9-5}$$

$$\begin{aligned}L(\hat{\boldsymbol{\mu}},\hat{\boldsymbol{A}},\hat{\boldsymbol{D}})&=f(\boldsymbol{X})=f(X_1)\cdot f(X_2)\cdots f(X_n)\\&=\prod_{i=1}^{n}(2\pi)^{-p/2}\;|\boldsymbol{\Sigma}|^{1/2}\exp\left[-\frac{1}{2}(\boldsymbol{X}_i-\boldsymbol{\mu})'\boldsymbol{\Sigma}^{-1}(\boldsymbol{X}_i-\boldsymbol{\mu})\right]\\&=\left[(2\pi)^p\;|\boldsymbol{\Sigma}|\right]^{-n/2}\exp\left[-\frac{1}{2}\sum_{i=1}^{n}(\boldsymbol{X}_i-\boldsymbol{\mu})'\boldsymbol{\Sigma}^{-1}(\boldsymbol{X}_i-\boldsymbol{\mu})\right]\end{aligned}$$

似然函数通过 $\boldsymbol{\Sigma}$ 依赖 $\boldsymbol{A}$ 和 $\boldsymbol{\Sigma}_\varepsilon$。上式并不能唯一确定 $\boldsymbol{A}$，为此可添加一个唯一性条件：

$$\boldsymbol{A}'\boldsymbol{\Sigma}_\varepsilon^{-1}\boldsymbol{A}=\boldsymbol{\Lambda}$$

这里 $\boldsymbol{\Lambda}$ 是一个对角阵，用数值极大化的方法可以得到极大似然估计 $\hat{\boldsymbol{A}}$ 和 $\hat{\boldsymbol{\Sigma}}_\varepsilon$。极大似然估计 $\hat{\boldsymbol{A}}$、$\hat{\boldsymbol{\Sigma}}_\varepsilon$ 和 $\hat{\boldsymbol{\mu}}=\bar{\boldsymbol{x}}$ 将使 $\hat{\boldsymbol{A}}'\hat{\boldsymbol{\Sigma}}_\varepsilon^{-1}\hat{\boldsymbol{A}}=\hat{\boldsymbol{\Lambda}}$ 为对角阵，且似然函数达到最大。

相应的共同度的似然估计为：

$$\hat{h}_i^2=\hat{a}_{i1}^2+\hat{a}_{i2}^2+\cdots+\hat{a}_{im}^2$$

第 j 个因子对总方差的贡献为：

$$S_j^2=\hat{a}_{1j}^2+\hat{a}_{2j}^2+\cdots+\hat{a}_{pj}^2$$

第四节　因子旋转

建立因子分析数学模型的目的不仅是为了找出公共因子，更重要的是要知道每个公共因子的意义，以便对实际问题进行分析。如果每个公共因子的含义不清，则无法对实际背景进行解释，这时根据因子载荷阵的不唯一性，可对因子载荷阵进行旋转，即用一个正交阵右乘使旋转后的因子载荷阵结构简化，便于对公共因子进行解释。所谓结构简化就是使每个变量仅在一个公共因子上有较大的载荷，而在其余公共因子上的载荷比较小。这种变换因子载荷的方法称为因子旋转。因子旋转有正交旋转和斜交旋转两类。正交旋转主要包括以下三种：方差最大旋转法（Varimax），它使每个因子上具有的最高载荷的变量数最小，因此可以简化对因子的解释；四次方最大旋转法（Quartmax），它使每个变量中需要解释的因子数最少，可以简化对变量的解释；等量最大旋转法（Equamax）是上述两种方法的结合。斜交旋转的因子之间不一定正交，但因子的实际意义更容易解释。这里重点介绍方差最大旋转法。

一、方差最大旋转法

（一）基本原理

方差最大旋转法从简化因子载荷阵的每一列出发，使和每个因子有关的载荷平方的方差最大。当只有少数几个变量在某个因子上有较高的载荷时，对因子的解释最简单。方差最大的直观意义是希望通过因子旋转后，使每个因子上的载荷尽量拉开距离，一部分的载荷趋于1，另一部分趋于0，使各个因子的实际意义能更清楚地表现出来。

设已求得因子分析模型为 $\boldsymbol{X}=\boldsymbol{AF}+\boldsymbol{\varepsilon}$，$\boldsymbol{\Gamma}$ 为一正交阵，对因子载荷阵作正交变换：

$$\boldsymbol{B}=\boldsymbol{A\Gamma}=(b_{ij})_{p\times p}=\left(\sum_{l=1}^{m}a_{il}\gamma_{lj}\right) \tag{9-6}$$

由此可求得经过正交变换后的公共因子的共同度为：

$$\begin{aligned}h_i^2(\boldsymbol{B})&=\sum_{j=1}^{m}b_{ij}^2=\sum_{j=1}^{m}\left(\sum_{l=1}^{m}a_{il}\gamma_{lj}\right)^2\\&=\sum_{j=1}^{m}\sum_{l=1}^{m}a_{il}^2\gamma_{lj}^2+\sum_{j=1}^{m}\sum_{l=1}^{m}\sum_{\substack{t=1\\ j\neq l}}^{m}a_{il}a_{it}\gamma_{lj}\gamma_{tj}\\&=\sum_{l=1}^{m}a_{il}^2\sum_{j=1}^{m}\gamma_{lj}^2=\sum_{l=1}^{m}a_{il}^2=h_i^2(\mathbf{A})\end{aligned}$$

即变换后因子的共同度没有发生变化。

下面考虑经过变换后各因子的贡献。

$$\begin{aligned}S_j^2(\boldsymbol{B})&=\sum_{i=1}^{p}b_{ij}^2=\sum_{i=1}^{p}\left(\sum_{l=1}^{m}a_{il}\gamma_{lj}\right)^2\\&=\sum_{i=1}^{p}\sum_{l=1}^{m}a_{il}^2\gamma_{lj}^2+\sum_{i=1}^{p}\sum_{l=1}^{m}\sum_{\substack{t=1\\ t\neq l}}^{m}a_{il}a_{it}\gamma_{lj}\gamma_{tj}\\&=\sum_{i=1}^{p}a_{il}^2\sum_{l=1}^{m}\gamma_{lj}^2=S_j^2(\mathbf{A})\sum_{l=1}^{m}\gamma_{lj}^2\end{aligned}$$

变换后因子的贡献发生了变化，这是由于旋转后的因子已发生变化，不再是原来的因子了。

对已知的因子载荷阵进行正交变换的目的，是使各个因子上的载荷实现两极分化，即各因子载荷之间的方差极大化。因为各个变量 X_i 在某个因子 F_j 上的载荷 b_{ij} 的平方是该因子对该变量共同度的贡献，而各变量的共同度一般是互不相同的，若某个变量 X_i 的共同度较大，则分配在各个因子上的载荷就大一些；反之，就小一些。因此，为消除各个变量的共同度大小不同的影响，计算某一因子上的载荷的方差时，可先将各个载荷的平方除以共同度，即类似标准化处理，然后再计算标准化后的载荷的方差。对某个因子 F_a，可定义在其上的载荷之间的方差为：

$$Q_a = \frac{1}{p}\sum_{i=1}^{p}\left[\left(\frac{b_{ia}^2}{h_i^2}\right) - \frac{1}{p}\sum_{i=1}^{p}\left(\frac{b_{ia}^2}{h_i^2}\right)\right]^2 = \frac{1}{p}\sum_{i=1}^{p}\left(\frac{b_{ia}^2}{h_i^2}\right)^2 - \left[\frac{1}{p}\sum_{i=1}^{p}\left(\frac{b_{ia}^2}{h_i^2}\right)\right]^2$$

$$= \frac{1}{p^2}\left\{p\sum_{i=1}^{p}\left(\frac{b_{ia}^2}{h_i^2}\right)^2 - \left[\sum_{i=1}^{p}\left(\frac{b_{ia}^2}{h_i^2}\right)\right]^2\right\}$$

其中，取 b_{ia}^2 是为了消除 b_{ia} 符号不同的影响。全部公共因子各自载荷之间的总方差为：

$$Q = \sum_{a=1}^{m} Q_a = \frac{1}{p}\sum_{a=1}^{m}\sum_{i=1}^{p}\left[\left(\frac{b_{ia}^2}{h_i^2}\right) - \frac{1}{p}\sum_{i=1}^{p}\left(\frac{b_{ia}^2}{h_i^2}\right)\right]^2$$

$$= \frac{1}{p^2}\left\{p\sum_{a=1}^{m}\sum_{i=1}^{p}\left(\frac{b_{ia}^2}{h_i^2}\right)^2 - \sum_{a=1}^{m}\left[\sum_{i=1}^{p}\left(\frac{b_{ia}^2}{h_i^2}\right)\right]^2\right\}$$

现在就是要寻找一个正交阵 $\boldsymbol{\Gamma}$，经过对已知的载荷矩阵 $\boldsymbol{A}$ 的正交变换后，新的因子载荷矩阵 $\boldsymbol{B}=\boldsymbol{A\Gamma}$ 中的元素能使 Q 取极大值。

（二）计算方法

先考虑两个因子的因子分析模型。对两因子进行平面正交旋转，设因子载荷阵为：

$$\boldsymbol{A} = \begin{bmatrix} a_{11} & a_{12} \\ a_{21} & a_{22} \\ \vdots & \vdots \\ a_{p1} & p_{p2} \end{bmatrix}$$

正交转换矩阵的形式为：

$$\boldsymbol{\Gamma} = \begin{bmatrix} \cos\varphi & -\sin\varphi \\ \sin\varphi & \cos\varphi \end{bmatrix}$$

则经过正交转换的因子载荷阵为：

$$\boldsymbol{B} = \boldsymbol{A\Gamma}$$

$$= \begin{bmatrix} a_{11}\cos\varphi + a_{12}\sin\varphi & -a_{11}\sin\varphi + a_{12}\cos\varphi \\ \vdots & \vdots \\ a_{p1}\cos\varphi + a_{p2}\sin\varphi & -a_{p1}\sin\varphi + a_{p2}\cos\varphi \end{bmatrix} \triangleq \begin{bmatrix} b_{11} & b_{12} \\ \vdots & \vdots \\ b_{p1} & b_{p2} \end{bmatrix} \qquad (9\text{-}7)$$

这样做的目的是希望所得结果能使载荷阵的每一列元素按其平方值说尽可能大或者尽可能小，即向 1 和 0 两极分化，或者说因子的贡献越分散越好。这实际上是希望将变量 $\boldsymbol{X}_1,\boldsymbol{X}_2,\cdots,\boldsymbol{X}_p$ 分成两部分，一部分主要与第一因子有关，另一部分主要与第二因子有关，这也就是要求$(b_{11}^2,\cdots,b_{p1}^2)$，$(b_{12}^2,\cdots,b_{p2}^2)$这两组数据的方差要尽可能地大，考虑各列的相对方差：

$$V_\alpha = \frac{1}{p}\sum_{i=1}^{p}\left(\frac{b_{i\alpha}^2}{h_i^2}\right)^2 - \left(\frac{1}{p}\sum_{i=1}^{p}\frac{b_{i\alpha}^2}{h_i^2}\right)^2 = \frac{1}{p^2}\left[p\sum_{i=1}^{p}\left(\frac{b_{i\alpha}^2}{h_i^2}\right)^2 - \left(\sum_{i=1}^{p}\frac{b_{i\alpha}^2}{h_i^2}\right)^2\right], \alpha = 1,2$$

这里取 $b_{i\alpha}^2$ 是为了消除符号不同的影响，除以 h_i^2 是为了消除各个变量对公共因子依赖程度不同的影响。现在要求总的方差达到最大，即要求 $G=V_1+V_2$ 达到最大值，于是考虑 G 对 φ 的导数，求出最大值。

如果公共因子多于 2 个，我们可以逐次对每 2 个公共因子进行上述的旋转。当公共因子数 $m>2$ 时，可以每次取 2 个，全部配对旋转，旋转时总是对矩阵 $\mathbf{A}$ 中第 α、β 列两列进行，此时(9-7)式中只需将 $a_{j1}\to a_{j\alpha}$，$a_{j2}\to a_{j\beta}$ 就行了。因此共需进行 $C_m^2=m(m-1)/2$ 次旋转，但是旋转完毕后，并不能认为已经达到目的，还可以重新开始，进行第二轮 C_m^2 次配对旋转。依次进行，总的方差越来越大，直到收敛到某一极限。在实践中，经过若干次循环后，当载荷阵的方差改变不大时，就可以停止旋转。

二、四次方最大旋转法

四次方最大旋转法是从简化载荷阵的行出发，通过旋转初始因子，使每个变量只在一个因子上有较高的载荷，而在其他的因子上取尽可能低的载荷。如果每个变量只在一个因子上有非零的载荷，这时的因子解释是最简单的。

四次方最大旋转法使因子载荷阵中每一行的因子载荷平方的方差达到最大。简化准则为：

$$Q = \sum_{i=1}^{p}\sum_{j=1}^{m}\left(b_{ij}^2 - \frac{1}{m}\right)^2 = \max$$

$$\begin{aligned} Q &= \sum_{i=1}^{p}\sum_{j=1}^{m}\left(b_{ij}^2 - \frac{1}{m}\right)^2 = \sum_{i=1}^{p}\sum_{j=1}^{m}\left(b_{ij}^4 - 2\,\frac{1}{m}b_{ij}^2 + \frac{1}{m^2}\right) \\ &= \sum_{i=1}^{p}\sum_{j=1}^{m}b_{ij}^4 - 2\sum_{i=1}^{p}\sum_{j=1}^{m}\frac{1}{m}b_{ij}^2 + \sum_{i=1}^{p}\sum_{j=1}^{m}\frac{1}{m^2} \\ &= \sum_{i=1}^{p}\sum_{j=1}^{m}b_{ij}^4 - 2\sum_{i=1}^{p}b_{ij}^2 + \frac{p}{m} \end{aligned}$$

最终的简化准则为：

$$Q = \sum_{i=1}^{p}\sum_{j=1}^{m}b_{ij}^4 = \max$$

三、等量最大旋转法

等量最大旋转法把四次方最大旋转法和方差最大旋转法结合起来求 Q 和 V 的加权平均最大。最终的简化准则为：

$$E = \sum_{i=1}^{p}\sum_{j=1}^{m} b_{ij}^4 - \gamma \sum_{j=1}^{m}\left(\sum_{i=1}^{p} b_{ij}^2\right)^2 / p = \max$$

权数 γ 等于 $m/2$，与因子数有关。

四、斜交旋转

斜交旋转的目的是使新的载荷系数尽可能地接近 0 或尽可能地远离 0。只是在旋转时，放弃了因子之间彼此独立的限制，旋转后的新公因子更容易解释。主要有以下的方法：

(1) 直接斜交旋转(Directoblimin)，允许因子之间具有相关性。

(2) 斜交旋转方法(Promax)，允许因子之间具有相关性。

由于斜交旋转的计算量大，通常使用得并不多。

第五节　因子得分

一、因子得分的概念

前面我们主要解决了用公共因子的线性组合来表示一组观测变量的有关问题。如果我们要使用这些因子作其他的研究，如把得到的因子作为自变量来作回归分析，对样本进行分类或评价，这就需要我们对公共因子进行测度，即给出公共因子的值。

因子分析的数学模型为：

$$\begin{bmatrix} X_1 \\ X_2 \\ \vdots \\ X_p \end{bmatrix} = \begin{bmatrix} \alpha_{11} & \alpha_{12} & \cdots & \alpha_{1m} \\ \alpha_{21} & \alpha_{22} & \cdots & \alpha_{2m} \\ \vdots & \vdots & & \vdots \\ \alpha_{p1} & \alpha_{p2} & \cdots & \alpha_{pm} \end{bmatrix} \begin{bmatrix} F_1 \\ F_2 \\ \vdots \\ F_m \end{bmatrix}$$

原变量被表示为公共因子的线性组合，当载荷阵旋转之后，公共因子可以做出解释。通常的情况下，我们还可以反过来把公共因子表示为原变量的线性组合。

因子得分函数：

$$F_j = \beta_{j1}X_1 + \cdots + \beta_{jp}X_p$$

可见，要知道每个因子的得分，必须求解得分函数的系数，而由于 $p>m$，所以不能得到精确的得分，只能通过估计。

估计因子得分的方法有很多，常用的有回归分析法、加权最小二乘法等。

二、回归分析法

回归分析法是1939年由汤姆森(Thomson)提出的,又称为汤姆森回归法。假设公共因子可对 p 变量进行回归,则有:

$$\hat{F}_j = b_{j0} + b_{j1}X_1 + \cdots + b_{jp}X_p, \quad j = 1,\cdots,m$$

由于变量、公共因子都已标准化处理,因而有:

$$b_{j0} = \hat{F}_j - b_{j1}\overline{X}_1 - \cdots - b_{jp}\overline{X}_p = 0$$

我们先求上述方程中的回归系数,然后给出因子得分的计算公式。

由于因子得分是待估的,同时根据样本数据可估计出因子载荷阵 $\boldsymbol{A}$,由因子载荷的意义可知:

$$\begin{aligned} \alpha_{ij} &= \gamma_{x_iF_j} = E(X_iF_j) = E[X_i(b_{j1}X_1 + \cdots + b_{jp}X_p)] \\ &= b_{j1}\gamma_{i1} + \cdots + b_{jp}\gamma_{ip} = [r_{i1} \quad r_{i2} \quad \cdots \quad r_{ip}]\begin{bmatrix} b_{j1} \\ b_{j2} \\ \vdots \\ b_{jp} \end{bmatrix} \end{aligned}$$

则我们有如下的方程组:

$$\begin{bmatrix} \gamma_{11} & \gamma_{12} & \cdots & \gamma_{1p} \\ \gamma_{21} & \gamma_{22} & \cdots & \gamma_{2p} \\ \vdots & \vdots & & \vdots \\ \gamma_{p1} & \gamma_{p2} & \cdots & \gamma_{pp} \end{bmatrix}\begin{bmatrix} b_{j1} \\ b_{j2} \\ \vdots \\ b_{jp} \end{bmatrix} = \begin{bmatrix} a_{1j} \\ a_{2j} \\ \vdots \\ a_{pj} \end{bmatrix}$$

即 $\boldsymbol{R}\boldsymbol{b}_j = \boldsymbol{a}_j$。$\boldsymbol{R}$ 为原始变量的相关系数矩阵,$\boldsymbol{b}_j$ 为第 j 个因子得分函数的系数;$\boldsymbol{a}_j$ 为载荷阵的第 j 列。注意:共需要解 m 次才能解出所有的得分函数的系数。

定义

$$\begin{bmatrix} b_{11} & b_{12} & \cdots & b_{1p} \\ b_{21} & b_{22} & \cdots & b_{2p} \\ \vdots & \vdots & & \vdots \\ b_{m1} & b_{m2} & \cdots & b_{mp} \end{bmatrix} = \begin{bmatrix} \boldsymbol{b}'_1 \\ \boldsymbol{b}'_2 \\ \vdots \\ \boldsymbol{b}'_m \end{bmatrix} = \boldsymbol{B}$$

则有

$$\boldsymbol{B} = \boldsymbol{A}'\boldsymbol{R}^{-1}$$

$$\hat{\boldsymbol{F}} = \boldsymbol{B}\boldsymbol{X} = \boldsymbol{A}'\boldsymbol{R}^{-1}\boldsymbol{X}$$

其中,$\boldsymbol{X} = (X_1, X_2, \cdots, X_p)'$,上式即为估计因子得分的计算公式。

三、加权最小二乘法(巴特莱特因子得分)

加权最小二乘法的思想为:把一个个体的 p 个变量的取值 $\boldsymbol{X}^*$ 当作因变量,把求得因子解中得到的 $\boldsymbol{A}$ 作为自变量数据阵,对于这个个体在公共因子上的取值 f,当作未知参数，而特殊因子的取值当作误差 e，于是得到如下的线性回归模型：$\boldsymbol{X}^{*}=\boldsymbol{AF}+\boldsymbol{e}$，则称未知参数 $\boldsymbol{F}$ 为取值为 $\boldsymbol{X}^{*}$ 的因子得分。

$$\boldsymbol{X}^{*}=\boldsymbol{AF}+\boldsymbol{e}$$

$$\psi^{-\frac{1}{2}}\boldsymbol{X}^{*}=\psi^{-\frac{1}{2}}\boldsymbol{AF}+\psi^{-\frac{1}{2}}\boldsymbol{e}$$

其中，$\psi=\frac{1}{n}\boldsymbol{e}'\boldsymbol{e}$，$\hat{\boldsymbol{F}}=(\boldsymbol{A}'\boldsymbol{\varphi}^{-1}\boldsymbol{A})^{-1}\boldsymbol{A}'\boldsymbol{\varphi}^{-1}\boldsymbol{X}^{*}$。

第六节　因子分析的基本步骤

因子分析的基本步骤可归结为：

1. 选择要分析的变量

用定性分析和定量分析的方法选择变量，因子分析的前提条件是观测变量间有较强的相关性，因为如果变量之间无相关性或相关性较小的话，它们不会有共享因子，所以原始变量间应该有较强的相关性。

2. 相关性分析

考察原始变量之间是否存在较强的相关关系，是否适合进行因子分析。因为因子分析的主要任务之一就是将原有变量中信息重叠的部分提取为因子，最终实现减少变量个数的目的，所以要求原有变量之间应存在较强的相关关系。否则，如果原有变量相互独立，不存在信息重叠，也就无需进行综合和因子分析。

相关性分析的方法主要有：

(1) 相关系数矩阵(Correlation Coefficients Matrix)。如果相关系数矩阵中的大部分相关系数值均小于0.3，即各变量间大多为弱相关，原则上这些变量不适合进行因子分析。

(2) 反映象相关矩阵(Anti－image Correlation Matrix)。如果其主对角线外的元素大多绝对值较小，对角线上的元素值较接近1，则说明这些变量的相关性较强，适合进行因子分析。

其中，主对角线上的元素为某变量的MSA(Measure of Sample Adequacy)：

$$\mathrm{MSA}_i=\frac{\sum_{j\neq i}r_{ij}^{2}}{\sum_{j\neq i}r_{ij}^{2}+\sum_{j\neq i}p_{ij}^{2}}$$

r_{ij} 是变量 X_i 和变量 $X_j(j\neq i)$ 间的简单相关系数，p_{ij} 是变量 X_i 和变量 $X_j(j\neq i)$ 在控制了其他变量影响下的偏相关系数，即净相关系数。MSA_i 的取值在0和1之间，越接近1，意味着变量 X_i 与其他变量间的相关性越强；越接近0，则相关性越弱。

(3) 巴特莱特球度检验(Bartlett Test of Sphericity)。该检验以原有变量的相关系数矩阵为出发点，其原假设 H_0 为：相关系数矩阵为单位阵，即相关系数矩阵的主对角元素均为1，非主对角元素均为0(即原始变量之间无相关关系)。

依据相关系数矩阵的行列式计算可得其近似服从卡方分布。如果统计量卡方值较大且对应的 sig. 值小于给定的显著性水平 α 时,原假设不成立。即说明相关系数矩阵不太可能是单位矩阵,变量之间存在相关关系,适合作因子分析。

(4) KMO(Kaiser-Meyer-Olkin)检验。KMO 检验统计量是用于比较变量间简单相关系数矩阵和偏相关系数的指标,数学定义为:

$$\mathrm{KMO}_i = \frac{\sum\sum_{j\neq i} r_{ij}^2}{\sum\sum_{j\neq i} r_{ij}^2 + \sum\sum_{j\neq i} p_{ij}^2}$$

KMO 与 MSA 的区别是它将相关系数矩阵中的所有元素都加入平方和的计算中。KMO 值越接近 1,意味着变量间的相关性越强,原有变量适合作因子分析;其值越接近 0,意味变量间的相关性越弱,越不适合作因子分析。凯泽(Kaiser)给出的 KMO 度量标准是:0.9 以上非常适合;0.8 表示适合;0.7 表示一般;0.6 表示不太适合;0.5 以下表示极不适合。

3. 提取公共因子

这一步要确定因子求解的方法和因子的个数,需要根据研究者的设计方案或有关的经验和知识事先确定。因子个数可以根据因子方差的大小来确定。只取方差大于 1(或特征值大于 1)的那些因子(因为方差小于 1 的因子其贡献可能很小),按照因子的累计方差贡献率来确定,一般认为要达到 80%才能符合要求。

4. 因子旋转

通过坐标变换使每个原始变量在尽可能少的因子之间有密切的关系,这样因子解的实际意义更容易解释,并为每个潜在因子赋予有实际意义的名字。

5. 计算因子得分

求出各样本的因子得分,有了因子得分值,则可以在许多分析中使用这些因子,例如,以因子的得分作聚类分析的变量,做回归分析中的回归因子。

综合起来,因子分析的基本流程可归纳为图 9-1。

例 9-1 物流企业竞争力的评价分析

为研究物流企业竞争力的情况,选取了在上海证券交易所和深圳证券交易所上市交易的物流行业的 A 股公司作为研究样本。原始数据来自 CSMAR 数据库。数据选取的是 2005 年交通运输业与仓储业的上市公司数据,共计 47 家上市公司。

物流行业的上市公司主要被归为交通运输业与仓储业的上市公司,又细分为七个小类:铁路运输业上市公司、公路运输业上市公司、水上运输业上市公司、航空运输业上市公司、交通运输辅助业上市公司、其他交通运输业上市公司、仓储业上市公司。

由于 ST 公司已经连续亏损或存在重大异常,公司为保持其壳资源,可能通过关联交易增加公司的盈利情况,数据可信度相对较低,因此样本中不包括 ST 公司。这类公司包括:ST 长运股份(600369),ST 天津海运(600751),ST 甬富邦(600768),延边公路(000776)。由于机场、高速公路类交通运输辅助业上市公司从事物流业务的很少,所以将交通运输辅助业上市公司予以剔除。另外,将北京巴士等从事客运业务的交通运输业上市公司等也予以剔除。最后选取了 20 家上市公司作为研究样本(见表 9-1)。

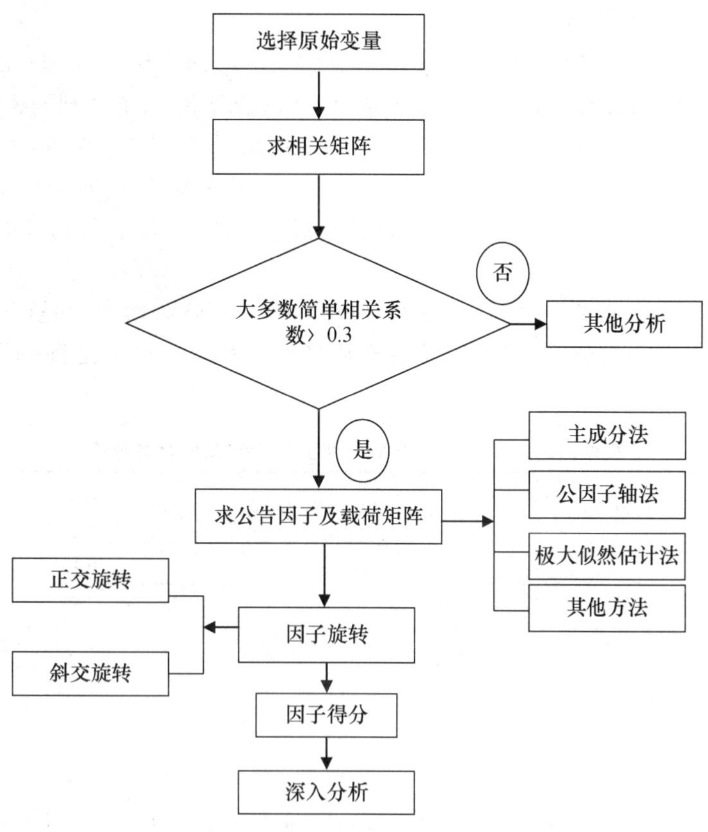

图 9-1　因子分析的基本流程

表 9-1　研究样本的证券简称及其上市代码表

证券代码	证券简称	证券代码	证券简称
000022	深赤湾 A	600279	重庆港九
000088	盐田港 A	600368	五洲交通
000582	北海新力	600428	中远航运
000996	捷利股份	600561	江西长运
600018	上港集箱	600575	芜湖港
600026	中海发展	600692	亚通股份
600087	南京水运	600717	天津港
600125	铁龙股份	600787	中储股份
600190	锦州港	600798	宁波海运
600270	外运发展	600896	中海海盛

对于物流企业的竞争力评价指标体系，考虑到可操作性，结合当前我国企业统计、会计、业务核算的现状，我们认为，微观企业的财务、统计指标是建立企业竞争力评价指标体系的基础。特别是我国物流企业的数据比较难以取得，上市公司的数据相对来说比较容易取得，数据质量也高一些。为此，在上市公司相关数据的基础上，对相关理论指标体系进行了调整，特构建了如下物流企业竞争力评价指标体系。该指标体系由企业资源、

能力指标等共 18 个指标构成。

物流企业竞争力评价指标有：总资产（亿元）(X_1)、固定资产净值（亿元）(X_2)、无形资产（亿元）(X_3)、总资产报酬率(X_4)、净资产收益率(X_5)、主营利润率(X_6)、主营业务收入增长率(X_7)、资本保值增值率(X_8)、总资产增长率(X_9)、流动比率(X_{10})、速动比率(X_{11})、资产负债率(X_{12})、总资产周转率(X_{13})、应收账款周转率(X_{14})、人均利税(X_{15})、市场占有率(X_{16})、市净率(X_{17})、社会贡献率(X_{18})。原始数据表如表 9-2(a)和表 9-2(b)所示。

从表 9-3(各指标相关系数表)中数据可以看出，总资产报酬率、净资产收益率、主营业务收入增长率之间相关系数较高，总资产周转率与社会贡献率之间的相关系数相对较高。

表 9-2(a) 物流企业竞争力评价指标体系原始数据表

STKCD	证券简称	总资产（亿元）	固定资产净值（亿元）	无形资产（亿元）	总资产报酬率	净资产收益率	主营利润率	主营业务收入增长率	资本保值增值率	总资产增长率
code	name	X_1	X_2	X_3	X_4	X_5	X_6	X_7	X_8	X_9
000022	深赤湾 A	42.571	21.476	6.307	0.128	0.254	0.568	0.143	1.138	0.074
000088	盐田港 A	40.699	10.088	0.763	0.171	0.203	1.259	0.045	0.957	−0.017
000582	北海新力	7.211	4.828	0.465	0.006	0.010	−0.429	−0.084	1.010	0.028
000996	捷利股份	4.837	2.006	0.186	0.012	−0.105	−0.410	0.423	1.015	−0.047
600018	上港集箱	135.916	80.065	4.416	0.057	0.156	0.439	0.101	1.091	0.531
600026	中海发展	115.226	82.532	0.053	0.205	0.177	0.339	0.341	1.257	0.150
600087	南京水运	18.169	9.380	0.027	0.114	0.169	0.305	0.320	1.107	0.155
600125	铁龙股份	10.604	5.125	0.269	0.077	0.091	0.270	0.133	1.110	0.382
600190	锦州港	23.733	17.695	0.168	0.045	0.108	0.361	0.069	1.122	0.276
600270	外运发展	37.444	6.175	0.309	0.098	0.147	0.208	0.297	1.124	0.262
600279	重庆港九	9.760	4.638	0.002	0.027	0.039	0.170	0.292	0.998	−0.116
600368	五洲交通	15.585	8.646	0.311	0.053	0.072	0.664	−0.118	1.041	0.057
600428	中远航运	31.228	23.346	0.002	0.179	0.177	0.287	0.843	1.174	0.223
600561	江西长运	6.732	2.953	0.818	0.053	0.117	0.188	0.313	1.081	0.108
600575	芜湖港	5.267	2.042	0.309	0.074	0.082	0.338	0.116	0.985	0.014
600692	亚通股份	7.642	2.900	0.550	0.029	0.065	0.113	0.340	1.060	0.076
600717	天津港	71.964	58.721	0.951	0.113	0.179	0.283	0.253	1.379	−0.112
600787	中储股份	23.166	4.462	0.807	0.018	0.033	0.023	0.524	1.396	0.565
600798	宁波海运	12.269	6.006	0.078	0.031	0.099	0.204	0.000	1.120	1.464
600896	中海海盛	10.849	3.027	0.003	0.095	0.115	0.093	0.294	1.106	0.080

表 9-2(b)　物流企业竞争力评价指标体系原始数据表

STKCD	证券简称	流动比率	速动比率	资产负债率	总资产周转率	应收账款周转率	人均利税	市场占有率	市净率	社会贡献率
code	name	X_{10}	X_{11}	X_{12}	X_{13}	X_{14}	X_{15}	X_{16}	X_{17}	X_{18}
000022	深赤湾 A	0.384	0.363	0.336	0.402	7.713	43.393	1.385	4.075	0.196
000088	盐田港 A	5.839	5.816	0.074	0.159	5.868	56.576	0.550	3.640	0.206
000582	北海新力	1.034	1.023	0.409	0.130	4.499	−3.608	0.092	1.839	0.049
000996	捷利股份	2.151	2.005	0.183	0.302	23.390	−13.303	0.090	1.464	0.019
600018	上港集箱	0.758	0.708	0.439	0.278	5.485	41.281	3.871	2.754	0.193
600026	中海发展	1.752	1.498	0.190	0.702	48.122	42.501	5.788	1.708	0.302
600087	南京水运	1.765	1.505	0.319	0.558	17.442	12.931	0.738	1.276	0.326
600125	铁龙股份	1.577	0.432	0.285	0.399	10.973	5.652	0.397	2.957	0.188
600190	锦州港	0.134	0.130	0.583	0.188	27.649	15.044	0.424	2.676	0.120
600270	外运发展	2.261	2.258	0.333	1.168	6.179	21.131	3.404	2.559	0.375
600279	重庆港九	2.479	2.433	0.117	0.290	12.196	2.116	0.184	1.111	0.107
600368	五洲交通	13.405	13.041	0.185	0.093	59.911	21.488	0.151	1.078	0.086
600428	中远航运	0.885	0.698	0.433	1.078	114.584	303.107	1.811	2.069	0.268
600561	江西长运	0.839	0.817	0.469	0.563	35.913	4.174	0.271	2.082	0.193
600575	芜湖港	4.727	4.678	0.095	0.314	17.616	3.102	0.133	1.678	0.175
600692	亚通股份	0.581	0.503	0.486	0.476	48.719	3.398	0.251	1.581	0.122
600717	天津港	0.863	0.855	0.272	0.348	17.301	14.603	1.684	1.794	0.191
600787	中储股份	1.194	1.028	0.570	1.755	42.508	2.134	3.053	1.532	0.142
600798	宁波海运	0.777	0.681	0.568	0.385	10.903	28.345	0.730	1.827	0.144
600896	中海海盛	5.847	5.525	0.091	0.644	15.703	39.149	0.501	1.346	0.188

表 9-3　企业竞争力评价指标体系各指标间的相关系数表

	X_1	X_2	X_3	X_4	X_5	X_6	X_7	X_8	X_9	X_{10}	X_{11}	X_{12}	X_{13}	X_{14}	X_{15}	X_{16}	X_{17}	X_{18}
X_1	1.00																	
X_2	0.96	1.00																
X_3	0.45	0.36	1.00															
X_4	0.48	0.47	0.09	1.00														
X_5	0.51	0.46	0.44	0.78	1.00													
X_6	0.31	0.21	0.26	0.58	0.71	1.00												
X_7	0.01	0.04	−0.18	0.29	0.01	−0.26	1.00											
X_8	0.39	0.44	0.07	0.22	0.26	−0.10	0.42	1.00										
X_9	0.07	0.02	0.02	−0.20	0.03	−0.03	−0.12	0.22	1.00									
X_{10}	−0.18	−0.21	−0.22	0.05	−0.09	0.39	−0.36	−0.34	−0.25	1.00								
X_{11}	−0.17	−0.21	−0.20	0.05	−0.08	0.39	−0.37	−0.35	−0.26	1.00	1.00							
X_{12}	0.00	0.01	0.14	−0.35	−0.01	−0.26	0.12	0.38	0.60	−0.59	−0.58	1.00						
X_{13}	0.03	−0.05	−0.11	0.15	0.06	−0.20	0.71	0.63	0.23	−0.25	−0.26	0.32	1.00					
X_{14}	−0.03	0.06	−0.27	0.28	0.02	0.00	0.62	0.26	−0.06	0.11	0.11	0.20	0.38	1.00				
X_{15}	0.16	0.18	0.00	0.58	0.41	0.22	0.56	0.13	0.06	−0.06	−0.06	0.09	0.29	0.72	1.00			
X_{16}	0.82	0.76	0.23	0.47	0.39	0.10	0.29	0.59	0.20	−0.24	−0.24	0.13	0.51	0.13	0.20	1.00		
X_{17}	0.28	0.16	0.64	0.36	0.57	0.52	−0.21	−0.07	0.07	−0.27	−0.27	0.11	−0.12	−0.30	0.15	0.13	1.00	
X_{18}	0.40	0.32	0.03	0.73	0.73	0.37	0.34	0.30	0.06	−0.15	−0.16	−0.05	0.45	0.08	0.35	0.57	0.24	1.00

注:表 9-3 中各变量的含义与表 9-2 中相同。

在进行数据分析之前进行 KMO 检验，Sig. 值接近 0，检验结果是显著的，表明数据之间具有一定的相关性，可进行因子分析(见表 9-4)。

表 9-4　球形检验结果

KMO and Bartlett's Test

Kaiser-Meyer-Olkin Measure of Sampling Adequacy.		.388
Bartlett's Test of Sphericity	Approx. Chi-Square	328.438
	df	136
	Sig.	.000

从因子分析的处理结果(如表 9-5 所示)看，因子分析的变量共同度均较高，表明变量中的大部分信息均被因子所提取，说明因子分析的结果是有效的。

表 9-5　变量共同度

	初始值	提取率
总资产	1.000	0.967
固定资产净值	1.000	0.926
无形资产	1.000	0.675
总资产报酬率	1.000	0.921
净资产收益率	1.000	0.898
主营利润率	1.000	0.861
主营业务收入增长率	1.000	0.914
资本保值增值率	1.000	0.730
总资产增长率	1.000	0.830
流动比率	1.000	0.956
速动比率	1.000	0.954
资产负债率	1.000	0.888
总资产周转率	1.000	0.815
应收账款周转率	1.000	0.947
人均利税	1.000	0.892
市场占有率	1.000	0.878
市净率	1.000	0.837
社会贡献率	1.000	0.896

根据表 9-6 的数据，只有前六个因子的特征值大于 1，并且前六个因子的特征值之和占特征值总和的 87.56%。因此，提取前六个因子作为主因子。

表 9-6 因子贡献率表

Total Variance Explained						
Component	Initial Eigenvalues		Cumulative %	Extraction Sums of Squared Loadings		
	Total	% of Variance		Total	% of Variance	Cumulative %
1	5.309	29.495	29.495	3.392	18.847	18.847
2	3.592	19.955	49.450	3.141	17.453	36.300
3	2.830	15.721	65.171	2.730	15.167	51.467
4	1.665	9.251	74.422	2.366	13.142	64.608
5	1.268	7.042	81.464	2.337	12.982	77.590
6	1.097	6.096	87.560	1.794	9.969	87.560
7	0.751	4.173	91.732			
8	0.503	2.795	94.528			
9	0.307	1.708	96.236			
10	0.283	1.572	97.807			
11	0.201	1.119	98.926			
12	0.099	0.551	99.478			
13	0.053	0.294	99.772			
14	0.022	0.123	99.895			
15	0.010	0.053	99.948			
16	0.007	0.041	99.989			
17	0.001	0.008	99.997			
18	0.001	0.003	100.000			

由于初始载荷阵的结构不够清晰，不便于对因子进行解释。因此对因子载荷阵实行旋转，达到简化结构的目的，使各变量在某些因子上有较高的载荷，而在其余因子上只有小到中等的载荷。采用方差最大旋转法进行因子旋转。

依据因子分析原理，六个因子之间具有不相关性，而每个因子与其所包含的变量之间具有高度相关性，一个因子包含的诸多变量之间也具有高度相关性。

表 9-7 中的系数为旋转后的因子载荷估计值，其统计意义就是变量与因子的相关系数。据此对表 9-7 进行以下分析：

(1) 因子 1 在总资产报酬率、净资产收益率、主营利润率、市净率、社会贡献率五个指标上有较高的载荷，这说明因子 1 反映了物流企业的赢利能力，其是企业竞争力的重要影响因子。这类指标与企业的收益、贡献能力关系密切，可以定义因子 1 为收益贡献因子。

(2) 因子 2 在总资产、固定资产净值、市场占有率指标上有较高的载荷，可定义因子 2 为规模及市场份额因子。

表 9-7 旋转后的因子载荷表

	1	2	3	4	5	6
总资产	0.290	0.937	−0.054	−0.013	−0.003	−0.012
固定资产净值	0.172	0.959	−0.079	0.072	−0.051	−0.058
无形资产	0.473	0.355	−0.317	−0.136	−0.408	0.095
总资产报酬率	0.675	0.322	0.121	0.333	0.333	−0.349
净资产收益率	0.874	0.306	−0.003	0.100	0.171	0.001
主营利润率	0.796	0.106	0.456	0.037	−0.086	0.005
主营业务收入增长率	−0.143	0.027	−0.376	0.648	0.539	−0.194
资本保值增值率	−0.084	0.514	−0.216	0.158	0.517	0.281
总资产增长率	0.047	0.036	−0.050	−0.082	0.134	0.889
流动比率	−0.018	−0.124	0.949	0.010	−0.117	−0.159
速动比率	−0.017	−0.116	0.946	0.010	−0.130	−0.162
资产负债率	−0.086	0.018	−0.489	0.172	−0.002	0.782
总资产周转率	−0.081	0.058	−0.196	0.283	0.802	0.240
应收账款周转率	−0.136	0.048	0.143	0.937	0.141	0.068
人均利税	0.348	0.051	−0.037	0.870	0.099	0.013
市场占有率	0.146	0.810	−0.091	0.048	0.452	0.105
市净率	0.808	0.029	−0.323	−0.128	−0.244	0.082
社会贡献率	0.586	0.221	−0.037	0.058	0.691	−0.093

(3) 因子 3 在流动比率、速动比率指标上有较高的载荷，可定义因子 3 为偿债能力因子。

(4) 因子 4 在应收账款周转率、人均利税、主营业务收入增长率指标上有较高的载荷，可定义因子 4 为业务成长因子。

(5) 因子 5 在总资产周转率指标上有较高的载荷，可定义因子 5 为资源利用因子。

(6) 因子 6 在总资产增长率、资产负债率指标上有较高的载荷，可定义因子 6 为规模扩张因子。

根据因子分析的原理，通过计算可得出不同上市公司的六个因子的得分，如表 9-8 所示。

为了对物流行业上市公司的竞争力进行综合评价，可将六个因子的得分与各自的权数(贡献率)进行线性加权平均求和，得到竞争力的综合得分及排名，如表 9-9 所示。

表 9-8 因子得分表

代码	证券名称	F_1	F_2	F_3	F_4	F_5	F_6
000022	深赤湾 A	2.088	0.076	−1.244	−0.256	−1.073	−0.126
000088	盐田港 A	2.214	−0.662	1.107	−0.315	−0.442	−0.770
000582	北海新力	−1.149	−0.381	−0.744	−0.621	−1.217	−0.146
000996	捷利股份	−1.961	−0.367	−0.663	0.061	−0.803	−1.185

（续表）

代码	证券名称	F_1	F_2	F_3	F_4	F_5	F_6
600018	上港集箱	0.419	2.452	−0.416	−0.402	−1.406	0.797
600026	中海发展	−0.068	2.612	0.392	0.178	1.160	−0.807
600087	南京水运	0.383	−0.546	−0.056	−0.462	1.267	−0.456
600125	铁龙股份	0.459	−0.747	−0.413	−0.653	0.110	0.139
600190	锦 州 港	0.127	−0.271	−0.586	0.037	−0.902	0.890
600270	外运发展	0.690	−0.263	−0.050	−1.015	2.108	0.025
600279	重庆港九	−0.881	−0.473	−0.071	−0.327	−0.283	−1.222
600368	五洲交通	−0.533	0.095	3.434	0.605	−1.102	0.532
600428	中远航运	0.617	−0.271	−0.524	3.893	0.440	−0.026
600561	江西长运	0.020	−0.748	−0.647	0.127	0.033	0.102
600575	芜 湖 港	−0.029	−0.687	0.688	−0.473	−0.045	−0.843
600692	亚通股份	−0.674	−0.569	−0.669	0.533	−0.464	0.103
600717	天 津 港	−0.221	1.492	−0.349	−0.257	0.166	−0.740
600787	中储股份	−1.235	0.252	−0.273	0.115	1.735	1.662
600798	宁波海运	0.004	−0.525	0.231	−0.556	−0.046	2.865
600896	中海海盛	−0.269	−0.468	0.851	−0.211	0.764	−0.794

表 9-9 因子分析法评价结果

代码	证券名称	综合得分	排序	代码	证券名称	综合得分	排序
000088	盐田港 A	0.746	1	600575	芜 湖 港	−0.010	11
000022	深赤湾 A	0.703	2	600026	中海发展	−0.023	12
600270	外运发展	0.232	3	600717	天 津 港	−0.075	13
600428	中远航运	0.208	4	600896	中海海盛	−0.091	14
600125	铁龙股份	0.155	5	600368	五洲交通	−0.180	15
600018	上港集箱	0.141	6	600692	亚通股份	−0.227	16
600087	南京水运	0.129	7	600279	重庆港九	−0.297	17
600190	锦 州 港	0.043	8	000582	北海新力	−0.387	18
600561	江西长运	0.007	9	600787	中储股份	−0.416	19

例 9-2 奥运会十项全能运动项目得分数据的因子分析

关于因子分析很著名的一个例子就是对奥运会十项全能运动项目得分数据的分析。统计第二次世界大战后奥运会上，男子十项全能运动 160 名运动员的成绩，可得到他们成绩的样本相关系数矩阵如表 9-10 所示。具体变量为：百米跑成绩（X_1）、跳远成绩（X_2）、铅球成绩（X_3）、跳高成绩（X_4）、400 米跑成绩（X_5）、百米跨栏成绩（X_6）、铁饼成绩（X_7）、撑杆跳远成绩（X_8）、标枪成绩（X_9）、1 500 米跑成绩（X_{10}）。

表 9-10　得分数据相关系数矩阵

	X_1	X_2	X_3	X_4	X_5	X_6	X_7	X_8	X_9	X_{10}
X_1	1									
X_2	0.59	1								
X_3	0.35	0.42	1							
X_4	0.34	0.51	0.38	1						
X_5	0.63	0.49	0.19	0.29	1					
X_6	0.40	0.52	0.36	0.46	0.34	1				
X_7	0.28	0.31	0.73	0.27	0.17	0.32	1			
X_8	0.20	0.36	0.24	0.39	0.23	0.33	0.24	1		
X_9	0.11	0.21	0.44	0.17	0.13	0.18	0.34	0.24	1	
X_{10}	−0.07	0.09	−0.08	0.18	0.39	0.01	−0.02	0.17	−0.02	1

用主成分分析法进行因子分析，取前四个公共因子，可得如表 9-11 所示的因子载荷阵：

表 9-11　未旋转的因子载荷阵

变量	F_1	F_2	F_3	F_4	共同度
X_1	0.691	0.217	−0.580	−0.206	0.84
X_2	0.789	0.184	−0.193	0.092	0.70
X_3	0.702	0.535	0.047	−0.175	0.80
X_4	0.674	0.134	0.139	0.396	0.65
X_5	0.620	0.551	−0.084	−0.419	0.87
X_6	0.687	0.042	−0.161	0.345	0.62
X_7	0.621	−0.521	0.109	−0.234	0.72
X_8	0.538	0.087	0.411	0.440	0.66
X_9	0.434	−0.439	0.372	−0.235	0.57
X_{10}	0.147	0.596	0.658	−0.279	0.89

从因子载荷阵可以看出，所有的变量在第一因子上都有较大的正载荷，可以称为一般运动因子。其他的三个因子不太容易解释。似乎是跑和投掷能力的对比，又似乎是长跑耐力和短跑速度的对比。于是考虑因子旋转，得表 9-12。

表 9-12　旋转后的因子载荷阵

变量	F_1	F_2	F_3	F_4	共同度
X_1	0.844	0.136	0.156	−0.113	0.84
X_2	0.631	0.194	0.515	−0.006	0.70
X_3	0.243	0.825	0.223	−0.148	0.81
X_4	0.239	0.150	0.750	0.076	0.65
X_5	0.797	0.075	0.102	0.468	0.87
X_6	0.404	0.153	0.635	−0.170	0.62
X_7	0.186	0.814	0.147	−0.079	0.72
X_8	−0.036	0.176	0.762	0.217	0.66
X_9	−0.048	0.735	0.110	0.141	0.57
X_{10}	0.045	−0.041	0.112	0.934	0.89

通过因子旋转，各因子有了较为明确的含义。百米跑(X_1)、跳远(X_2)和400米跑(X_5)，这三个需要爆发力的项目在F1上有较大的载荷，所以F_1可以称为短跑速度因子；铅球(X_3)、铁饼(X_7)和标枪(X_9)在F_2上有较大的载荷，所以F_2可以称为爆发性臂力因子；跳远(X_2)、跳高(X_4)、百米跨栏(X_6)和撑杆跳远(X_8)在F_3上有较大的载荷，所以F_3可以称为爆发腿力因子；1 500米跑(X_{10})在F_4上有较大的载荷，所以F_4可以称为长跑耐力因子。

例 9-3 城市人口素质的因子分析(本案例引自于参考文献10)

人力资本作为一种生产要素，其水平越高，对经济增长的贡献就越大。人口素质则是衡量人力资源的主要标准。本例以广东省各大城市人口素质为样本进行因子分析。以下是各变量的定义：

(1) X_1 为成人识字率(%)，指15岁及以上人口中识字人口所占比重。

(2) X_2 为婴儿死亡率指数，婴儿死亡率指数=(229-婴儿死亡率)/2.22。

(3) X_3 为一岁预期寿命指数，即把一岁的婴儿的未来预期寿命转换为指数形式，方法同上。

(4) X_4 为普通高校数。

(5) X_5 为人均科技活动经费支出(元)。

(6) X_6 为文化事业人员数，指从事专业文化工作和专业文化工作服务的，独立建制、单独核算单位的工作人员。

(7) X_7 为文化程度综合指数，为进行定量研究，将文化程度量化为：大学本科以上=32、高中=16、初中=8、小学=4、小学以下=2，文化程度综合指数=$\sum$各类人口比重×相应量化值。

(8) X_8 为人均拥有的医院床位数。

从城市统计年鉴上获得相关数据，如表9-13所示：

表 9-13 广东省各大城市人口素质数据表

城市	X_1	X_2	X_3	X_4	X_5	X_6	X_7	X_8
广州	0.908	100.189	96.179	51.00	87.82	2310.00	10.36	0.0042
深圳	0.946	100.455	97.436	5.00	121.10	1140.00	10.92	0.0019
珠海	0.894	99.784	99.487	2.00	17.36	242.00	9.97	0.0036
汕头	0.836	95.676	94.872	2.00	4.73	863.00	6.59	0.0016
佛山	0.898	100.414	97.436	5.00	29.55	1043.00	7.42	0.0055
韶关	0.839	96.275	89.744	2.00	6.26	584.00	6.46	0.0039
河源	0.818	97.635	89.744	1.00	0.94	563.00	7.15	0.0010
梅州	0.840	94.243	89.744	1.00	1.37	653.00	7.47	0.0025
惠州	0.860	100.441	93.564	2.00	18.13	422.00	5.37	0.0030
汕尾	0.762	93.063	89.744	1.00	0.47	390.00	8.74	0.0005
东莞	0.946	97.306	97.436	3.00	9.04	592.00	8.06	0.0042
中山	0.904	100.045	94.872	1.00	10.02	293.00	7.44	0.0013

（续表）

城市	X_1	X_2	X_3	X_4	X_5	X_6	X_7	X_8
江门	0.874	98.586	94.308	2.00	9.46	807.00	8.29	0.0017
阳江	0.834	96.491	89.744	1.00	0.90	299.00	6.47	0.0020
湛江	0.802	96.306	94.872	3.00	3.12	723.00	6.60	0.0021
茂名	0.801	97.613	89.744	2.00	2.85	709.00	6.26	0.0018
肇庆	0.825	96.216	93.590	4.00	3.52	401.00	6.61	0.0021
清远	0.817	98.068	89.744	1.00	1.00	306.00	6.26	0.0021
潮州	0.843	96.405	95.513	1.00	2.39	288.00	6.32	0.0010
揭阳	0.831	95.045	92.308	2.00	2.17	698.00	5.87	0.0011
云浮	0.828	95.892	89.744	1.00	0.19	240.00	6.28	0.0015

初始特征值(方差)及其贡献如表 9-14 所示：

表 9-14　因子贡献率表

因子	方差	贡献率(%)	累计贡献率(%)
1	4.535	56.693	56.693
2	1.320	16.504	73.198
3	0.855	10.684	83.882
4	0.487	6.086	89.967
5	0.329	4.115	94.082
6	0.221	2.767	96.849
7	0.166	2.081	98.930
8	0.086	1.070	100.000

从表 9-14 可以看出，前三个因子的累计方差贡献率达到 80%以上，是主要的三个因子，我们进一步分析因子载荷表，如表 9-15 所示。

表 9-15　因子载荷表

变量	U_1	U_2	U_3
X_1	0.8277	0.4241	−0.0604
X_2	0.7362	0.3895	0.0878
X_3	0.7402	0.4485	−0.1232
X_4	0.7031	−0.5981	0.2265
X_5	0.8600	−0.1906	−0.2889
X_6	0.7589	−0.5664	0.1620
X_7	0.7529	−0.1336	−0.4842
X_8	0.6193	0.2343	0.6577

从表 9-15 可以看出，各因子的实际意义并不很明显，所以必须进行因子旋转，因子旋转后的因子载荷表如表 9-16 所示：

表 9-16　旋转后因子载荷表

变量	P_1	P_2	P_3	共同度
X_1	0.8924	0.1770	0.2265	0.8790
X_2	0.7984	0.2010	0.1783	0.7096
X_3	0.8215	0.1094	0.2323	0.7408
X_4	0.0956	0.9303	0.1992	0.9143
X_5	0.6422	0.6768	−0.1649	0.8976
X_6	0.2958	0.8925	0.2311	0.9375
X_7	0.8294	0.4455	0.2008	0.9267
X_8	0.3596	0.2479	0.8777	0.9611

此时，各因子代表的实际意义非常明显。其中，第一因子 P_1 主要由成人识字率(X_1)、婴儿死亡率指数(X_2)、一岁预期寿命指数(X_3)、文化程度综合指数(X_7)四项指标构成，该因子反映了人口本身的综合素质，将身体素质和文化素质两方面都包括在其中。

第二因子 P_2 主要由普通高校数(X_4)、人均科技活动经费支出(X_5)、文化事业人员数(X_6)三项指标构成，该因子代表了社会对于文化教育事业的关注程度和资本投入情况，文化教育事业的发展是提高人口素质的重要途径，因此该因子也反映了人口素质提高的前景。

第三因子 P_3 主要由人均拥有的医院床位数(X_8)构成，集中反映了城市医疗卫生情况，是与人口身体素质有紧密联系的一个因子。

在此基础上，不仅可以计算出各城市的因子得分，而且可以利用线性加权的方法计算各城市人口素质综合得分，按此四项得分分别排名，如表 9-17 所示：

表 9-17　因子得分表

城市	因子 P_1	排名 1	因子 P_2	排名 2	因子 P_3	排名 3	总得分	总排名
广州	0.281	8	3.950	1	0.800	5	1.420	1
深圳	2.560	1	1.932	2	−2.170	21	1.110	2
珠海	1.620	2	1.000	4	0.838	4	0.490	4
汕头	−0.353	10	0.086	5	−0.290	13	−0.165	9
佛山	0.777	5	1.060	3	2.290	1	0.621	3
韶关	−0.758	18	0.060	11	1.360	3	−0.171	10
河源	−0.541	13	−0.470	16	−0.850	18	−0.360	16
梅州	0.932	20	0.074	7	0.390	7	−0.332	14
惠州	0.641	6	−0.570	17	0.399	6	0.157	7
汕尾	−1.570	21	−0.123	15	−1.070	20	−0.784	21
东莞	0.970	4	−0.692	19	1.540	2	0.411	5
中山	1.190	3	−0.049	10	−0.852	19	0.156	6
江门	0.410	7	−0.071	12	−0.439	15	0.085	8
阳江	−0.613	15	−0.361	14	−0.048	11	−0.382	19
湛江	−0.532	12	0.011	8	0.106	8	−0.214	11

（续表）

城市	因子 P_1	排名1	因子 P_2	排名2	因子 P_3	排名3	总得分	总排名
茂名	−0.838	19	0.080	6	−0.199	12	−0.340	15
肇庆	−0.415	11	−0.260	9	0.049	9	−0.253	12
清远	−0.568	14	−0.624	20	0.020	10	−0.361	17
潮州	0.083	9	−0.387	18	−0.821	17	−0.260	13
揭阳	−0.723	17	−0.083	13	−0.675	16	−0.377	18
云浮	−0.691	16	−0.867	21	−0.378	14	−0.461	20

按总得分排名后我们发现，排名靠前的几个城市是广州、深圳、佛山、珠海、东莞，而排名比较落后的城市有清远、揭阳、阳江、云浮、汕尾。

从因子 P_1 的排名可以看出，人口本身的综合素质以深圳为最高，这与深圳是最早的经济开放城市这一特殊性有着很大的关系。深圳作为经济开放的前沿城市，从改革开放以来就一直在经济发展上遥遥领先，也因此吸引了来自全国乃至全世界的优秀人才云集于此，从而进一步促进了经济发展，得分较高的其他城市也同样存在这种现象。相对而言，处于边远山区的一些城市，由于经济发展落后、文化教育基础薄弱，其人口受教育程度不但普遍较低，而且也面临着人才外流的危机。

从因子 P_2 来看，文化教育事业的关注程度和资本投入排名靠前的几个城市和因子 P_1 有所不同，得分最高的几个城市还是经济发展快的大城市，尤其是省会广州，单是普通高校数就远远高于其他城市，这与广州作为省会的背景有很大关系，作为经济发展起步较早的老城市，教育文化基础较坚实，而深圳、珠海虽然是新兴城市，但经济发展速度快，对科技发展和文化教育事业也比较重视；而湛江、茂名、梅州几个城市在因子 P_2 上的得分都有较大突破，可见这几个城市对文化发展做出了一定努力，并获得一定成效，尤其是在文化事业的从业人数上有了较大的优势，这势必为以后文化教育等方面的发展起到良好的推动作用。

而因子 P_3 则是衡量城市医疗卫生情况的一个重要因素，医疗水平的高低直接关系到人们的身体素质，进而影响社会各项事业的发展。从我们研究所得的结果来看，佛山、东莞和韶关是排在前三位的城市。

本章小结

本章介绍了因子分析的基本思想、基本原理和应用。通过本章的学习，读者应能了解：因子分析的基本思想、因子载荷的估计、因子旋转、因子得分，并能进行相应的应用和评价。重点掌握因子分析的基本思想和应用。

进一步阅读材料

1. 张尧庭、方开泰：《多元统计分析引论》，北京：科学出版社，1982。
2. Richard L. Gorsuch: *Factor Analysis*. Hillsdale, NJ: Erlbaum, 1983.

3. 方开泰:《实用多元统计分析》,上海:华东师范大学出版社,1989。
4. 王学仁、王松桂:《实用多元统计分析》,上海:上海科学技术出版社,1990。
5. Richard A. Johnson, Dean W. Wichern 著,陆璇译:《实用多元统计分析》,北京:清华大学出版社,2001。

练习题

1. 试述因子分析的基本思想。
2. 试述因子分析与主成分分析的区别。
3. 试述因子载荷的含义及其功能。
4. 试述如何计算因子得分。
5. 试寻找一个实例进行因子分析。

第十章　对应分析

教学目的

本章系统介绍了对应分析的基本原理。首先介绍了对应分析的基本思想，然后对对应分析的基本原理进行了说明，并运用案例分析了对应分析法的应用。通过本章的学习，希望读者能够：

1. 掌握对应分析的基本思想；
2. 了解对应分析适合解决的问题；
3. 掌握对应分析的基本原理；
4. 掌握对应分析的应用。

本章的重点是对应分析的基本思想及其应用。

第一节　对应分析的基本思想

对应分析(Correspondence Analysis)又称相应分析，是一种多元相依变量统计分析技术，是通过分析由定性变量构成的交互汇总数据来解释变量之间的内在联系的。同时，使用这种分析技术还可以揭示同一变量各个类别之间的差异以及不同变量各个类别之间的对应关系。而且，变量划分的类别越多，这种方法的优势就越明显。由于对应分析的问题简单明确，它的实际背景涉及自然科学和社会科学的许多领域，从 20 世纪 30 年代到 70 年代，许多著名的统计学家都参与并反复地研究它的数学模型和计算准则，各自声称独立地建立了一种新的统计方法，并冠以不同的名字：互平均方法(the Method of Reciprocal Averages)、可加得分(Additive Scoring)、恰当得分(Appropreate Scoring)、典型得分(Canonical Scoring)、Guttman 加权(Guttman Weighting)、定性资料的主成分分析(Principal Component Analysis of Qualitative Data)、最优标度(Optimal Scaling)、林知已夫的数量化理论(Hayashi's Theory of Quantification)、协同线性回归(Simultaneous Linear Regression)、双标度(Biplot)、对应因子分析(Correspondence Factor Analysis)、对应分析(Correspondence Analysis)、对偶标度(Dual Scaling)等。这些方法的名字虽然不同，但其最优化准则基本等价，计算结果基本一致，这在学科发展史上是比较罕见的现象。

对应分析最早的奠基性工作出现于 20 世纪 30 年代，具体体现在：第一，理查德森(Richardson)和库德(Kuder)在 1933 年首先提出互平均方法，包含了对应分析的基本思想，即求变量权和相应的样品得分向量 $\boldsymbol{V}=\boldsymbol{X}_a$，以降低样品内的方差，增加样品间的差异。缺点是他们在计算方法方面存在困难。第二，霍斯特(Horst)在 1935 年进一步明确了互平均方法的最优化准则，改进了前者的计算方法，把它用于二态变量，以后又把这种方法用于连续变量。第三，赫希菲尔德(Hirschfeld)在 1935 年提出协同线性回归准则，即给定离散的二元随机变量的分布，求变量值 u_i 和 v_j，使得双方回归都是线性的。按这种方式求出的解，正是对应分析的解。但上述这些工作一直没有引起人们的注意。在以后的几十年间，有许多著名统计学家仍然致力于这方面的研究，独立地提出了许多表面上不同但实质上等价的最优化准则和计算方法。这里仅列出其中某些重要的工作。

费希尔(Fisher)在 1940 年研究人的眼睛颜色与头发颜色的关系时，求出关于两个定性变量的两组得分，所用的方法就是前边所说的互平均。他还指出，每组得分是另一组得分的线性回归。

莫格(Maung)在 1941 年研究了定性变量二维表的相关性度量问题，为对应分析提出了三个等价的准则，即求出行和列的得分，使下列统计量能极大化：(1) 两组得分的典型相关系数；(2) 两组得分的乘积矩相关系数；(3) 列间(或行间)离差平方和与总离差平方和之比。

1941 年，古特曼(Guttman)在研究多重选择数据时，用内部一致性(Internal Consistency)作为对应分析的计算准则：求诸变量(或 response option)的权重，以使样品内部

(或 within subject)离差平方和与总离差平方和之比极小化。变量权重确定以后,再使样品得分与诸变量在该样品上的加权平均成比例。同样的准则也可用于先计算样品权重,再求变量得分。由此得到了对应分析变量得分与样品得分的对偶性。他这个准则与莫格的准则(3)是等价的,同时他也独立地得到了莫格的准则(2)。他在 1946 年首次把这套方法用于研究成对比较数据和秩顺序数据,扩展了对应分析的应用范围。

日本学者林知已夫(Hayashi,C.)在 20 世纪 50 年代建立了数量化理论,系统研究了定性数据的数量化方法。他的数量化理论Ⅲ所用的准则与古特曼的内部一致性准则基本一致,但他极大地推广了古特曼的结果,特别是在成对比较数据的多维数量化方面。

针对费希尔和莫格的对应分析模型,威廉姆斯(Williams)在 1952 年参考判别分析给出了假设检验方法。兰卡斯特(Lancaster)在 1953 年研究了将卡方统计量用于假设检验的方法。

至此,对应分析的数学模型和计算方法都以严格的形式建立起来了。自 20 世纪 60 年代以后,仍有许多著名的统计学家致力于这方面的研究。研究内容包括:软件开发(始于 Baker 的工作),计算方法的创新(如 Kruskal 在 1965 年将单调回归用于对应分析),扩大应用范围(如用于研究成对比较数据、多维定性数据),改善应用效果等。这期间在理论上的重要进展是搞清了对应分析与其他多元统计方法的关系。特别值得注意的是法国统计学家贝内译(Benzécri)等人的工作。他们在 20 世纪六七十年代以法文发表了大量研究论文和著名的专著,又以数据矩阵的重新标度为基础提出了一种新的数学模型,首次采用了对应分析(Correspondance Analysis)的名字。由于他们的工作被大量引用,对应分析也就成了这类方法比较通用的名字。本章主要介绍的是以法国统计学家贝内译为代表的主要成果。

对应分析法是在 R 型和 Q 型因子分析的基础上发展起来的一种多元统计分析方法,因此对应分析又称为 R-Q 型因子分析或相应分析。在因子分析中,如果研究的对象是样品,则需采用 Q 型因子分析;如果研究的对象是变量,则需采用 R 型因子分析。但是,这两种分析方法往往是相互对立的,必须分别对样品和变量进行处理。由因子分析的原理可知,因子分析可用最少的几个公共因子去提取研究对象的绝大部分信息,既减少了因子的数目,还把握了研究对象之间的相互关系。但因子分析也有不足之处:第一,它割裂了 R 型和 Q 型因子分析的有机联系,损失了很多有用的信息。而对应分析则将两者有机结合起来;第二,因子分析在某一问题的原始资料矩阵中,往往样品的数目远大于指标的数目,这样给 Q 型因子分析的计算带来了极大的困难。此外,由于数据的标准化处理对指标和样品是非对等的,这又给寻找 R 型和 Q 型因子分析的有机联系带来了困难。为克服因子分析的不足之处,人们在其基础上又发展了新的多元分析方法——对应分析。对应分析可找出 R 型和 Q 型因子分析的内在联系,由 R 型分析的结果可以方便地得出 Q 型分析的结果,克服了样品容量 n 很大时 Q 型分析计算上的困难。同时,对应分析把 R 型和 Q 型因子分析统一起来,把指标和样品同时反映到相同坐标轴的一张图形上,借以解释指标和样品间的如下对应关系:(1) 在图形上邻近的指标点表示各指标密切相关。(2) 图形上邻近的样品点群具有相似的性质,可解释为同一过程所产生的结果,或说明这些邻近的点群属于同一类型。(3) 属于同一类型的样品点群,可由与样品点群靠近的指标点所表征。这有助于解释样品类型，并通过样品在空间的分布了解过程的关系。

对应分析克服了因子分析的上述缺点，它综合了R型和Q型因子分析的优点，并将它们统一起来使得由R型的分析结果很容易得到Q型的分析结果，这就克服了Q型分析计算量大的困难。更重要的是，对应分析可以把变量和样品的载荷反映在相同的公因子轴上，这样就把变量和样品联系起来，便于对分析结果进行解释和推断。它主要应用于市场细分、产品定位、地质研究、品牌形象以及满意度研究、计算机工程等领域中。原因在于它是一种视觉化的数据分析方法，它能够将几组看不出任何联系的数据，通过视觉上可以接受的定位图展现出来。

对应分析的基本思想是将一个联列表的行和列中各元素的比例结构以点的形式在较低维的空间中表示出来。它最大的特点是能把众多的样品和众多的变量同时画到同一张图上，将样品的大类及其属性在图上直观而又明了地表示出来，具有直观性。另外，它还省去了因子选择和因子轴旋转等复杂的数学运算及中间过程，可以从因子载荷图上对样品进行直观的分类，而且能够给出分类的主要参数（主因子）以及分类的依据。所以说对应分析是一种直观、简单、方便的多元统计方法。

对应分析的整个处理过程由两部分组成：表格和关联图。对应分析中的表格是一个二维的表格，由行和列组成。每一行代表事物的一个属性，依次排开。列则代表不同的事物本身，它由样本集合构成，排列顺序并没有特别的要求。在关联图上，每个样本都浓缩为一个点集合，而样本的属性变量在图上同样也以点集合的形式显示出来。

第二节　对应分析的基本原理

由于因子分析根据观测数据的协方差阵或相关系数阵进行，而协方差阵是相关系数阵的基础，因此对应分析需从所考虑变量的协方差阵和所考虑样本的协方差阵出发。在对应分析中，设观测样本的容量为 n，观测指标的个数为 p，则观测数据矩阵可记为 $\boldsymbol{X}=(x_{ij})_{n\times p}$。

$$\boldsymbol{X}=\begin{pmatrix} x_{11} & x_{12} & \cdots & x_{1p} \\ x_{21} & x_{22} & \cdots & x_{2p} \\ \vdots & \vdots & \vdots & \vdots \\ x_{n1} & x_{n2} & \cdots & x_{np} \end{pmatrix}$$

要求 $\boldsymbol{X}$ 的元素的取值都大于0。若有小于0的数据，则对所有的数据同加一个数使其满足大于0的要求。

进行R型因子分析，需要计算所考察变量的协方差阵。对于所考察的 p 个变量，其变量间的样本离差阵是 $\boldsymbol{A}=(a_{ij})_{p\times p}$，其中

$$a_{ij}=\sum_{k=1}^{n}(x_{ki}-\bar{x}_i)(x_{kj}-\bar{x}_j),\quad i,j=1,2,\cdots,p$$

或直接用观测数据矩阵来表示，则有：

$$\boldsymbol{A}=\boldsymbol{X}'\boldsymbol{D}_n\boldsymbol{X}, \quad 其中\ \boldsymbol{D}_n=\boldsymbol{I}_n-\frac{1}{n}\boldsymbol{I}_n\boldsymbol{I}_n'$$

将样品看作变量时，它的样本离差矩阵为：

$$\boldsymbol{A}^*=(a_{ij}^*)_{n\times n}$$

直接用观测数据矩阵来表示，则有：

$$\boldsymbol{A}^*=\boldsymbol{X}\boldsymbol{D}_p\boldsymbol{X}'$$

其中，$\boldsymbol{D}_p=\boldsymbol{I}_p-\frac{1}{p}\boldsymbol{I}_p\boldsymbol{I}_p'$。显然，变量的离差阵 $\boldsymbol{A}$ 为 p 阶方阵，样品的离差阵 $\boldsymbol{A}^*$ 为 n 阶方阵，这两个离差阵的非零特征值并不一样。能否把数据矩阵 $\boldsymbol{X}$ 作一变换，成为 $\boldsymbol{Z}$，使得 $\boldsymbol{Z}\boldsymbol{Z}'$ 和 $\boldsymbol{Z}'\boldsymbol{Z}$ 分别起到变量和样品离差阵 $\boldsymbol{A}$ 和 $\boldsymbol{A}^*$ 的作用，由于 $\boldsymbol{Z}\boldsymbol{Z}'$ 和 $\boldsymbol{Z}'\boldsymbol{Z}$ 具有相同的非零特征值，其特征向量间也有密切关系，在计算时可带来许多方便。1970 年，贝内译提出了相应分析的方法，给出了上述求 $\boldsymbol{Z}$ 的方法，并且将变量和样品的主成分点画在同一张图上，给问题的分析带来很多方便。下面将分析如何从原始数据矩阵 $\boldsymbol{X}$ 转化为矩阵 $\boldsymbol{Z}$。

用 $x_{i\cdot}$，$x_{\cdot j}$ 和 $x_{\cdot\cdot}$ 分别表示 $\boldsymbol{X}$ 的行和、列和和总和。其中，$x_{i\cdot}=\sum_{j=1}^{p}x_{ij}$，$x_{\cdot j}=\sum_{i=1}^{n}x_{ij}$，$x_{\cdot\cdot}=\sum_{i=1}^{n}\sum_{j=1}^{p}x_{ij}\hat{=}T$。

令 $\boldsymbol{P}=\boldsymbol{X}/x_{\cdot\cdot}=(p_{ij})$，则有

$$p_{ij}=\frac{x_{ij}}{x_{\cdot\cdot}}$$

显然，p_{ij} 的取值在 0 和 1 之间，且有 $\sum_{i=1}^{n}\sum_{j=1}^{p}p_{ij}=1$。因而，$p_{ij}$ 可解释为概率。类似地，用 $p_{i\cdot}$，$p_{\cdot j}$ 分别表示矩阵 $\boldsymbol{P}$ 的行和、列和。

在列联表分析中，$\left(\frac{p_{i1}}{p_{i\cdot}},\frac{p_{i2}}{p_{i\cdot}},\cdots,\frac{p_{ip}}{p_{i\cdot}}\right)=\left(\frac{x_{i1}}{x_{i\cdot}},\frac{x_{i2}}{x_{i\cdot}},\cdots,\frac{x_{ip}}{x_{i\cdot}}\right)$ 称为第 i 行的形象，其和为 1。

类似地，有 $\left(\frac{p_{1j}}{p_{\cdot j}},\frac{p_{2j}}{p_{\cdot j}},\cdots,\frac{p_{pj}}{p_{\cdot j}}\right)=\left(\frac{x_{1j}}{x_{\cdot j}},\frac{x_{2j}}{x_{\cdot j}},\cdots,\frac{x_{pj}}{x_{\cdot j}}\right)$ 称为第 j 列的形象，其和为 1。

考虑行形象矩阵

$$\boldsymbol{N}(\boldsymbol{R})=\begin{bmatrix} p_{11}/p_{1\cdot} & p_{12}/p_{1\cdot} & \cdots & p_{1p}/p_{1\cdot} \\ p_{21}/p_{2\cdot} & p_{22}/p_{2\cdot} & \cdots & p_{2p}/p_{2\cdot} \\ \vdots & \vdots & \vdots & \vdots \\ p_{n1}/p_{n\cdot} & p_{n2}/p_{n\cdot} & \cdots & p_{np}/p_{n\cdot} \end{bmatrix}$$

由于 $0<p_{i\cdot}<1$ 且 $\sum_{i=1}^{n}p_{i\cdot}=1$，因而 $p_{i\cdot}$ 可看作样品 i 的形象出现的概率，由此可得样品形象的第 j 个分量的期望为：

$$\boldsymbol{E}(p_{ij}/p_{i\cdot})=\sum_{i=1}^{n}\frac{p_{ij}}{p_{i\cdot}}p_{i\cdot}=\sum_{i=1}^{n}p_{ij}=p_{\cdot j}, \quad j=1,2,\cdots,p$$

因为原始数据各个变量的数量级可能不同，所以为了减少各变量尺度差异的影响，将行形象矩阵中的各个元素均除以其期望的平方根 $\sqrt{p_{\cdot j}}$，并将此变换后的每一行形象看作由该行样品在由 p 个变量所给出的 p 维空间中的坐标值向量，从而得全部样品点的

坐标值矩阵为：

$$\boldsymbol{D}(\boldsymbol{R})=\begin{bmatrix}\dfrac{p_{11}}{p_{1.}\sqrt{p_{\cdot 1}}} & \dfrac{p_{12}}{p_{1.}\sqrt{p_{\cdot 2}}} & \cdots & \dfrac{p_{1p}}{p_{1.}\sqrt{p_{\cdot p}}}\\ \dfrac{p_{21}}{p_{2\cdot}\sqrt{p_{\cdot 1}}} & \dfrac{p_{22}}{p_{2\cdot}\sqrt{p_{\cdot 2}}} & \cdots & \dfrac{p_{2p}}{p_{2\cdot}\sqrt{p_{\cdot p}}}\\ \vdots & \vdots & \vdots & \vdots\\ \dfrac{p_{n1}}{p_{n\cdot}\sqrt{p_{\cdot 1}}} & \dfrac{p_{n2}}{p_{n\cdot}\sqrt{p_{\cdot 2}}} & \cdots & \dfrac{p_{np}}{p_{n\cdot}\sqrt{p_{\cdot p}}}\end{bmatrix}$$

由全部样品点的坐标值矩阵可得第 j 个变量坐标值的期望为：

$$E\left(\frac{p_{ij}}{p_{i\cdot}\sqrt{p_{\cdot j}}}\right)=\sum_{i=1}^{n}\frac{p_{ij}}{p_{i\cdot}\sqrt{p_{\cdot j}}}p_{i\cdot}=\frac{1}{\sqrt{p_{\cdot j}}}\sum_{i=1}^{n}p_{ij}=\sqrt{p_{\cdot j}}$$

根据样品点坐标值矩阵和各个变量坐标值的期望，可计算出任意两个变量之间的协方差为：

$$\begin{aligned}a_{ij}&=\sum_{a=1}^{n}\left[\frac{p_{ai}}{p_{a\cdot}\sqrt{p_{\cdot i}}}-\sqrt{p_{\cdot i}}\right]\left[\frac{p_{aj}}{p_{a\cdot}\sqrt{p_{\cdot j}}}-\sqrt{p_{\cdot j}}\right]p_{a\cdot}\\&=\sum_{a=1}^{n}\left[\frac{p_{ai}}{\sqrt{p_{a\cdot}}\sqrt{p_{\cdot i}}}-\sqrt{p_{a\cdot}}\sqrt{p_{\cdot i}}\right]\left[\frac{p_{aj}}{\sqrt{p_{a\cdot}}\sqrt{p_{\cdot j}}}-\sqrt{p_{a\cdot}}\sqrt{p_{\cdot j}}\right]\\&=\sum_{a=1}^{n}\left[\frac{p_{ai}-p_{a\cdot}p_{\cdot i}}{\sqrt{p_{a\cdot}p_{\cdot i}}}\right]\left[\frac{p_{aj}-p_{a\cdot}p_{\cdot j}}{\sqrt{p_{a\cdot}p_{\cdot j}}}\right]\\&=\sum_{a=1}^{n}z_{ai}z_{aj}\end{aligned}$$

其中，$z_{ai}=\dfrac{p_{ai}-p_{a\cdot}p_{\cdot i}}{\sqrt{p_{a\cdot}p_{\cdot i}}}=\dfrac{x_{ai}-x_{a\cdot}x_{\cdot i}}{\sqrt{x_{a\cdot}x_{\cdot i}}}$，$a=1,2,\cdots,n;i=1,2,\cdots,p$。

若令 $\boldsymbol{Z}$ 是由元素 z_{ai} 所组成的矩阵，即 $\boldsymbol{Z}=(z_{ij})_{n\times p}$。并令 $\mathbf{A}$ 是变量间的协方差阵，其元素为 a_{ij}。有 $\mathbf{A}=(a_{ij})_{p\times p}$，则此变量间协方差阵 $\mathbf{A}$ 可表示为 $\boldsymbol{Z}'\boldsymbol{Z}$ 的形式，即有：

$$\mathbf{A}=\boldsymbol{Z}'\boldsymbol{Z}$$

类似地，对于列形象矩阵：

$$\boldsymbol{N}(\boldsymbol{Q})=\begin{bmatrix}p_{11}/p_{\cdot 1} & p_{12}/p_{\cdot 2} & \cdots & p_{1p}/p_{\cdot p}\\ p_{21}/p_{\cdot 1} & p_{22}/p_{\cdot 2} & \cdots & p_{2p}/p_{\cdot p}\\ \vdots & \vdots & \vdots & \vdots\\ p_{n1}/p_{\cdot 1} & p_{n2}/p_{\cdot 2} & \cdots & p_{np}/p_{\cdot p}\end{bmatrix}$$

$p_{\cdot j}$ 可看作变量 j 的形象出现的概率，由此可得变量形象的第 i 个分量的期望为：

$$E(p_{ij}/p_{\cdot j})=\sum_{j=1}^{p}\frac{p_{ij}}{p_{\cdot j}}p_{\cdot j}=\sum_{j=1}^{p}p_{ij}=p_{i\cdot},\quad i=1,2,\cdots,n$$

将列形象矩阵中的各个元素均除以其期望的平方根 $\sqrt{p_{i\cdot}}$，并将此变换后的每一列形象看作由该列变量在由 n 个样品所给出的 n 维空间中的坐标值向量，从而得全部变量点的坐标值矩阵为：

$$
\boldsymbol{D}(\boldsymbol{Q}) = \begin{bmatrix} \dfrac{p_{11}}{\sqrt{p_{1.}p_{\cdot 1}}} & \dfrac{p_{12}}{\sqrt{p_{1.}p_{\cdot 2}}} & \cdots & \dfrac{p_{1p}}{\sqrt{p_{1.}p_{\cdot p}}} \\ \dfrac{p_{21}}{\sqrt{p_{2\cdot}p_{\cdot 1}}} & \dfrac{p_{22}}{\sqrt{p_{2\cdot}p_{\cdot 2}}} & \cdots & \dfrac{p_{2p}}{\sqrt{p_{2\cdot}p_{\cdot p}}} \\ \vdots & \vdots & \vdots & \vdots \\ \dfrac{p_{n1}}{\sqrt{p_{n\cdot}p_{\cdot 1}}} & \dfrac{p_{n2}}{\sqrt{p_{n\cdot}p_{\cdot 2}}} & \cdots & \dfrac{p_{np}}{\sqrt{p_{n\cdot}p_{\cdot p}}} \end{bmatrix}
$$

由全部变量点的坐标值矩阵可得第 i 个样品坐标值的期望为：

$$
E\left(\frac{p_{ij}}{\sqrt{p_{i\cdot}p_{\cdot j}}}\right) = \sum_{i=1}^{n} \frac{p_{ij}}{\sqrt{p_{i\cdot}p_{\cdot j}}} p_{\cdot j} = \frac{1}{\sqrt{p_{i\cdot}}} \sum_{j=1}^{p} p_{ij} = \sqrt{p_{i\cdot}}
$$

根据变量点坐标值矩阵和各个样品坐标值的期望，可计算出任意两个样品之间的协方差为：

$$
\begin{aligned}
b_{ij} &= \sum_{a=1}^{p} \left[\frac{p_{ia}}{\sqrt{p_{i\cdot}p_{\cdot a}}} - \sqrt{p_{i\cdot}}\right]\left[\frac{p_{ja}}{\sqrt{p_{j.}p_{\cdot a}}} - \sqrt{p_{j.}}\right] p_{\cdot a} \\
&= \sum_{a=1}^{p} \left[\frac{p_{ia}}{\sqrt{p_{i\cdot}}\sqrt{p_{\cdot a}}} - \sqrt{p_{i\cdot}}\sqrt{p_{\cdot a}}\right]\left[\frac{p_{ja}}{\sqrt{p_{j.}}\sqrt{p_{\cdot a}}} - \sqrt{p_{j.}}\sqrt{p_{\cdot a}}\right] \\
&= \sum_{a=1}^{p} \left[\frac{p_{ia} - p_{i\cdot}p_{\cdot a}}{\sqrt{p_{i\cdot}p_{\cdot a}}}\right]\left[\frac{p_{ja} - p_{j.}p_{\cdot a}}{\sqrt{p_{j.}p_{\cdot a}}}\right] \\
&= \sum_{a=1}^{p} z_{ia} z_{ja}
\end{aligned}
$$

其中，$z_{ia} = \dfrac{p_{ia} - p_{i\cdot}p_{\cdot a}}{\sqrt{p_{i\cdot}p_{\cdot a}}}$，$a = 1,2,\cdots,p; i = 1,2,\cdots,n$。

若令 $\boldsymbol{Z}$ 是由元素 z_{ia} 所组成的矩阵，即 $\boldsymbol{Z}=(z_{ij})_{n\times p}$。并令 $\boldsymbol{B}$ 是样品间的协方差阵，其元素为 a_{ij}。有 $\boldsymbol{B}=(b_{ij})_{n\times n}$，则此变量间协方差阵 $\boldsymbol{B}$ 可表示为 $\boldsymbol{ZZ}'$ 的形式，即有：

$$
\boldsymbol{B} = \boldsymbol{ZZ}'
$$

由此，若将原始数据矩阵 $\boldsymbol{X}$ 转换为矩阵 $\boldsymbol{Z}$，则可以很容易地求出变量间协方差阵 $\boldsymbol{A}=\boldsymbol{Z}'\boldsymbol{Z}$ 和样品间协方差阵 $\boldsymbol{B}=\boldsymbol{ZZ}'$，且 $\boldsymbol{A}$ 与 $\boldsymbol{B}$ 之间存在着对应关系。

由线性代数的知识可知，$\boldsymbol{A}$ 和 $\boldsymbol{B}$ 具有相同的非零特征根。原因在于：若 λ_k 是矩阵 $\boldsymbol{Z}'\boldsymbol{Z}$ 的第 k 个非零特征根，相应的特征向量为 $\boldsymbol{u}_k$，则有：

$$
\boldsymbol{Z}'\boldsymbol{Z}\boldsymbol{u}_k = \lambda_k \boldsymbol{u}_k
$$

在此式的两边都左乘上 $\boldsymbol{Z}$，可得：

$$
\boldsymbol{ZZ}'(\boldsymbol{Z}\boldsymbol{u}_k) = \lambda_k(\boldsymbol{Z}\boldsymbol{u}_k)
$$

这说明 λ_k 是矩阵 $\boldsymbol{ZZ}'$ 的一个非零特征根，相应的特征向量为 v_k，则有：

$$
\boldsymbol{ZZ}'(v_k) = \lambda_k(v_k)
$$

将此式的两边再都左乘 $\boldsymbol{Z}'$，可以得到：

$$
\boldsymbol{Z}'\boldsymbol{Z}(\boldsymbol{Z}'v_k) = \lambda_k(\boldsymbol{Z}'v_k)
$$

这说明 λ_k 也是矩阵 $\boldsymbol{Z}'\boldsymbol{Z}$ 的一个非零特征根，相应的特征向量为 $\boldsymbol{Z}'v_k$。

这样可建立 R 型与 Q 型因子分析的对应关系。从 R 型因子分析出发，通过简单的对应变换就可获得 Q 型因子分析的结果；反之，从 Q 型因子分析出发，通过简单的对应变换亦可获得 R 型因子分析的结果。在实践中，由于变量间协方差阵的阶数通常小于样品间协方差阵的阶数，所以从 R 型因子分析出发进行计算比较简单。

设 $\lambda_1 \geqslant \lambda_2 \geqslant \cdots \geqslant \lambda_l, 0 < l < \min(n,p)$ 为矩阵 $\boldsymbol{A}$ 与 $\boldsymbol{B}$ 的非零特征根，$\boldsymbol{u}_1, \boldsymbol{u}_2, \cdots, \boldsymbol{u}_l$ 为 $\boldsymbol{A}$ 的对应于 $\lambda_1, \lambda_2, \cdots, \lambda_l$ 的特征向量，$\boldsymbol{v}_1, \boldsymbol{v}_2, \cdots, \boldsymbol{v}_l$ 为 $\boldsymbol{B}$ 的对应于 $\lambda_1, \lambda_2, \cdots, \lambda_l$ 的特征向量，记 $\boldsymbol{\Lambda}$ 为由特征根 $\lambda_1, \lambda_2, \cdots, \lambda_l$ 构成的对角矩阵，$\boldsymbol{U}$ 为变量间协方差阵 $\boldsymbol{A}$ 的特征向量 $\boldsymbol{u}_1, \boldsymbol{u}_2, \cdots, \boldsymbol{u}_l$ 组成的矩阵，$\boldsymbol{V}$ 为样品间协方差阵 $\boldsymbol{B}$ 的特征向量 $\boldsymbol{v}_1, \boldsymbol{v}_2, \cdots, \boldsymbol{v}_l$ 组成的矩阵，即有：

$$\boldsymbol{\Lambda} = \begin{bmatrix} \lambda_1 & & & \\ & \lambda_2 & & \\ & & \ddots & \\ & & & \lambda_l \end{bmatrix}$$

$$\boldsymbol{U} = (\boldsymbol{u}_1, \boldsymbol{u}_2, \cdots, \boldsymbol{u}_l)$$

$$\boldsymbol{V} = (\boldsymbol{v}_1, \boldsymbol{v}_2, \cdots, \boldsymbol{v}_l)$$

则变量间协方差阵 $\boldsymbol{A}$ 的谱分解为：

$$\boldsymbol{A} = \boldsymbol{Z}'\boldsymbol{Z} = \boldsymbol{U}\boldsymbol{\Lambda}\boldsymbol{U}'$$

由此可得变量的因子载荷矩阵为：

$$\boldsymbol{R} = \boldsymbol{U}\boldsymbol{\Lambda}^{\frac{1}{2}} = (\boldsymbol{u}_1, \boldsymbol{u}_2, \cdots, \boldsymbol{u}_l) \begin{bmatrix} \sqrt{\lambda_1} & & & \\ & \sqrt{\lambda_2} & & \\ & & \ddots & \\ & & & \sqrt{\lambda_l} \end{bmatrix}$$

则样品间协方差阵 $\boldsymbol{B}$ 的谱分解为：

$$\boldsymbol{B} = \boldsymbol{Z}\boldsymbol{Z}' = \boldsymbol{V}\boldsymbol{\Lambda}\boldsymbol{V}' = (\boldsymbol{Z}\boldsymbol{U})\boldsymbol{\Lambda}(\boldsymbol{Z}\boldsymbol{U})'$$

由此得样品的因子载荷矩阵为：

$$\boldsymbol{Q} = \boldsymbol{V}\boldsymbol{\Lambda}^{\frac{1}{2}} = \boldsymbol{Z}\boldsymbol{U}\boldsymbol{\Lambda}^{\frac{1}{2}} = \boldsymbol{Z}\boldsymbol{R}$$

所以，Q 型因子分析的载荷阵可由 R 型因子分析的载荷阵经过一个线性变换而得到。

由于变量间协方差阵 $\boldsymbol{A}$ 与样品间协方差阵 $\boldsymbol{B}$ 有相同的非零特征根，而这些特征根表示各因子所提供的方差，故变量的第 k 个因子的方差与样品的第 k 个因子的方差相同，两者的贡献率也相同。由于变量的各个因子与样品的相应因子的尺度相同，所以可用相同的因子轴同时表示变量的因子和样品的因子，将变量和样品同时反映在一个因子空间中，从而把 R 型因子分析和 Q 型因子分析统一起来。

第三节　案例分析

例 10-1　工作类别与受教育程度的关系分析

在 SPSS 中自带的 employee data. sav 文件中，选择两个变量：Edu，受教育年限；Jobcat，工作类别。其中，受教育年限中最低为 8 年，最高为 21 年。Jobcat 的取值里，1 代表

Clerical,办事员;2 代表 Custodial,门卫;3 代表 Manager,经理。拟选用对应分析方法分析工作类别与受教育程度的关系。

在 SPSS 中输入如下命令:

```
CORRESPONDENCE
  TABLE = educ(8 21) BY jobcat(1 3)
  /DIMENSIONS = 2
  /MEASURE = CHISQ
  /STANDARDIZE = RCMEAN
  /NORMALIZATION = SYMMETRICAL
  /PRINT = TABLE RPOINTS CPOINTS RPROFILES CPROFILES
  /PLOT = NDIM(1,MAX) BIPLOT(20).
```

运行后可得如下结果:

Credit

CORRESPONDENCE
Version 1.1
By
Data Theory Scaling System Group (DTSS)
Faculty of Social and Behavioral Sciences
Leiden University, The Netherlands

Correspondence Table

Educational Level (years)	Employment Category			
	Clerical	Custodial	Manager	Active Margin
8	40	13	0	53
9	0	0	0	0
10	0	0	0	0
11	0	0	0	0
12	176	13	1	190
13	0	0	0	0
14	6	0	0	6
15	111	1	4	116
16	24	0	35	59
17	3	0	8	11
18	2	0	7	9
19	1	0	26	27
20	0	0	2	2
21	0	0	1	1
Active Margin	363	27	84	474

Row Profiles

Educational Level (years)	Employment Category			
	Clerical	Custodial	Manager	Active Margin
8	.755	.245	.000	1.000
9	.000	.000	.000	.000
10	.000	.000	.000	.000
11	.000	.000	.000	.000
12	.926	.068	.005	1.000
13	.000	.000	.000	.000
14	1.000	.000	.000	1.000
15	.957	.009	.034	1.000
16	.407	.000	.593	1.000
17	.273	.000	.727	1.000
18	.222	.000	.778	1.000
19	.037	.000	.963	1.000
20	.000	.000	1.000	1.000
21	.000	.000	1.000	1.000
Mass	.766	.057	.177	

Column Profiles

Educational Level (years)	Employment Category			
	Clerical	Custodial	Manager	Mass
8	.110	.481	.000	.112
9	.000	.000	.000	.000
10	.000	.000	.000	.000
11	.000	.000	.000	.000
12	.485	.481	.012	.401
13	.000	.000	.000	.000
14	.017	.000	.000	.013
15	.306	.037	.048	.245
16	.066	.000	.417	.124
17	.008	.000	.095	.023
18	.006	.000	.083	.019
19	.003	.000	.310	.057
20	.000	.000	.024	.004
21	.000	.000	.012	.002
Active Margin	1.000	1.000	1.000	

Summary

Dimension	Singular Value	Inertia	Chi Square	Sig.	Proportion of Inertia		Confidence Singular Value	
					Accounted for	Cumulative	Standard Deviation	Correlation 2
1	.811	.658			.889	.889	.028	.017
2	.286	.082			.111	1.000	.064	
Total		.740	350.756	.000[a]	1.000	1.000		

[a] 26 degrees of freedom.

Overview Row Points[a]

Educational Level (years)	Mass	Score in Dimension		Inertia	Contribution				
					Of Point to Inertia of Dimension		Of Dimension to Inertia of Point		
		1	2		1	2	1	2	Total
8	.112	.569	1.370	.089	.045	.734	.328	.672	1.000
9	.000	.	.	.	.	.	.	.	.
10	.000	.	.	.	.	.	.	.	.
11	.000	.	.	.	.	.	.	.	.
12	.401	.499	−.058	.081	.123	.005	.995	.005	1.000
13	.000	.	.	.	.	.	.	.	.
14	.013	.493	−.617	.004	.004	.017	.644	.356	1.000
15	.245	.396	−.517	.050	.047	.228	.625	.375	1.000
16	.124	−1.216	−.097	.150	.227	.004	.998	.002	1.000
17	.023	−1.602	.021	.048	.073	.000	1.000	.000	1.000
18	.019	−1.747	.065	.047	.071	.000	1.000	.000	1.000
19	.057	−2.281	.227	.241	.365	.010	.997	.003	1.000
20	.004	−2.387	.260	.020	.030	.001	.996	.004	1.000
21	.002	−2.387	.260	.010	.015	.000	.996	.004	1.000
Active Total	1.000			.740	1.000	1.000			

[a] Symmetrical normalization.

Overview Column Points[a]

Employment Category	Mass	Score in Dimension		Inertia	Contribution				
					Of Point to Inertia of Dimension		Of Dimension to Inertia of Point		
		1	2		1	2	1	2	Total
Clerical	.766	.400	−.176	.106	.151	.083	.936	.064	1.000
Custodial	.057	.652	2.142	.094	.030	.913	.208	.792	1.000
Manager	.177	−1.937	.074	.540	.819	.003	.999	.001	1.000
Active Total	1.000				.740	1.000	1.000		

[a] Symmetrical normalization.

从图 10-1 中可看出，门卫与受教育年限 8 较近，办事员与受教育年限 12—15 较近，而经理与受教育年限 16—21 较近，说明工作类别与受教育年限有着密切的关系，受教育年限越长，工作类别越高。

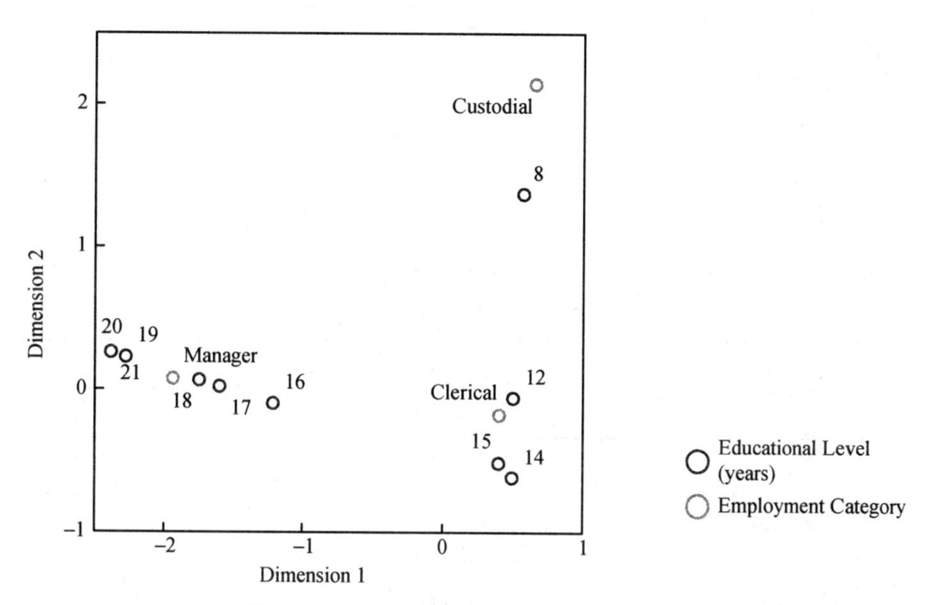

图 10-1　工作类别与受教育年限的对应图

例 10-2　问卷调查的其中一个内容是名称联想调查，即选定品牌在消费者的心目中是否达到了预想的效果，是否与品牌名称设计者的事先设想一致。待测的品牌共有 6 个，分别为玉泉、雪源、期望、波澜、天山绿、美纯。调查的题目为：

上面的 6 个品牌，您认为它们分别最像什么商品的名称？

1. 雪糕　2. 纯水　3. 碳酸饮料　4. 果汁饮料

5. 保健食品　6. 空调　7. 洗衣机　8. 毛毯

基于对应分析方法的特点，并结合我们的调查目的，在上面纯水品牌名称测试的案例中，我们可以使用对应分析法来分析调查数据。

首先，对上述的行、列变量品牌名称和商品名称作变量转换，生成表 10-1：

表 10-1　对应表

品牌名称	产品名称							
	雪糕	纯水	碳酸饮料	果汁饮料	保健饮料	空调	洗衣机	毛毯
玉泉	50	508	55	109	34	11	20	2
雪源	442	110	68	95	29	28	12	4
期望	21	51	36	41	302	146	64	36
波澜	14	83	71	36	37	113	365	29
天山绿	50	88	47	125	135	39	13	272
美纯	20	605	37	43	42	20	8	9

在表 10-1 的基础之上，作对应分析，得到行、列变量各类在两个维度上的得分，如表 10-2、表 10-3 所示：

表 10-2　行变量的形象

品牌	维度得分	
	维度 1	维度 2
玉泉	0.753	0.611
雪源	0.706	−1.417
期望	−0.877	−0.084
波澜	−1.173	0.394
天山绿	−0.414	−0.402
美纯	0.837	0.902

表 10-3　列变量的形象

产品	维度得分	
	维度 1	维度 2
雪糕	0.772	−1.649
纯水	0.809	0.795
碳酸饮料	−0.066	−0.123
果汁饮料	0.182	−0.254
保健饮料	−0.724	−0.136
空调	−0.963	0.008
洗衣机	−1.413	0.467
毛毯	−0.700	−0.458

根据对应分析，以上行、列变量各类在两个维度上的得分见图 10-2。

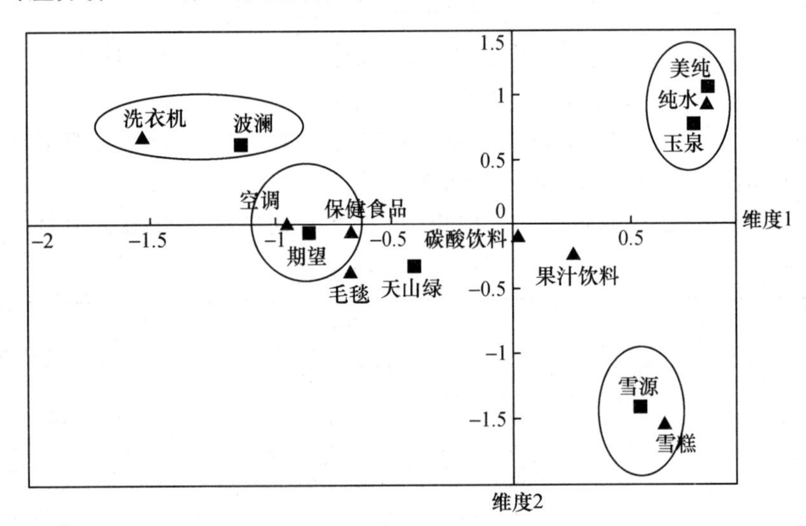

图 10-2　品牌与产品的对应图

在该案例的对应分析中，我们所感兴趣的是行变量（品牌名称）和列变量（产品名称）的类之间的关系，因此选择对称标准化方法。为从图 10-2 中直观地检验行、列变量各类之间的关系，只要从坐标轴原点向每个列变量（产品名称）的点作一条直线，然后从行变量（品牌名称)的点向这些直线作垂线(投影),两条直线的交点到列变量的点之间的距离就表示两个变量的类之间的相关程度。这个距离越近,表示两个变量的类之间的关系越紧密。根据这一判定原则,在图 10-2 中距离比较近的变量的类分别为:“雪源”和“雪糕”;“玉泉”“美纯”和“纯水”;“波澜”和“洗衣机”;“期望”和“保健食品”;“天山绿”和“毛毯”,这表明这些类之间具有相似性。也就是说,当消费者听到这些品牌名称时会联想到这些产品名称。

该企业原本计划使用“波澜”作为其生产的纯水品牌,经过调查,我们发现,在消费者心目中,“波澜”更容易使人联想到洗衣机,可见“波澜”并不是一个好的纯水品牌。而“玉泉”“美纯”这两个品牌名称与消费者心目中的纯水品牌更为接近。

例 10-3 犬类种源及特性对应分析(本案例引自参考文献 40)

1982 年,法国统计学家布雷费(Bréfort)曾利用对应分析方法,对犬的种源进行了比较详细的分析研究。在犬的饲养和繁殖过程中,人们常希望有选择地繁殖具有某些特定的生理和心理特征的犬,使它们能够更好地适应某种需要(如陪伴、狩猎、守卫、救护、引导盲人或作为警犬等)。同时,人们希望它们的后代也能很好地保留这些品性。这就需要对现有犬的种源有较详细的认识。

布雷费共选取了 27 种具有代表性的犬,它们各自具有特定的生理和心理特征。例如,Chihuahau 体态玲珑,Levrier 奔跑速度快,Berger 能很好地服从命令,Dobemann 则有很强的攻击性等。

所选取的生理和心理特征变量共有六个,它们分别是:身材大小(x_1),体重(x_2),敏捷性(x_3),聪颖性(x_4),友善性(x_5),进攻性(x_6)作为参考变量,x_7 为所谓的功用,它主要包括三个方面,即陪伴(Co.)、狩猎(Ch.)和益犬(Ut.,如守卫、救护、引导盲人、作为警犬等)。我们期待利用对应分析,能通过近似图示,指出哪些种源的犬更适合某种功用,它具有哪些特定的生理和心理特征(理想的结果是将陪伴、狩猎和益犬各自分成一类)。这里 x_7 只是对照变量,没有参加计算。

其原始数据见表 10-4,有关特征值及累计贡献率见表 10-5,样品点及变量点对应分析结果见表 10-6 和表 10-7。

根据对应分析计算结果,将 27 种犬类和 16 个变量标注在 F_1—F_2 因子平面上,如图 10-3 所示,从中可以看出,27 种犬类可以分成四类:

表 10-4 犬类种源的原始数据表

犬类种源名称	身材大小 (x_1)			体重 (x_2)			敏捷性 (x_3)			聪颖性 (x_4)			友善性 (x_5)		进攻性 (x_6)		功用 (x_7)		
	−	+	++	−	+	++	−	+	++	−	+	++	−	+	−	+	Co.	Ch.	Ut.
1 Beauccron	0	0	1	0	1	0	0	0	1	0	1	0	0	1	0	1	0	0	1
2 Basset	1	0	0	1	0	0	1	0	0	1	0	0	1	0	0	1	0	1	0
3 Berget allemand	0	0	1	0	1	0	0	0	1	0	0	1	0	1	0	1	0	0	1
4 Boxer	0	1	0	0	1	0	0	1	0	0	1	0	0	1	0	1	1	0	0
5 Bull-Dog	1	0	0	1	0	0	1	0	0	0	1	0	0	1	1	0	1	0	0
6 Bull-Mastiff	0	0	1	0	0	1	1	0	0	0	0	1	1	0	0	1	0	0	1

（续表）

犬类种源名称	身材大小 (x_1)			体重 (x_2)			敏捷性 (x_3)			聪颖性 (x_4)			友善性 (x_5)		进攻性 (x_6)		功用 (x_7)		
	−	+	++	−	+	++	−	+	++	−	+	++	−	+	−	+	Co.	Ch.	Ut.
7 Caniche	1	0	0	1	0	0	0	1	0	0	0	1	0	1	1	0	1	0	0
8 Chihuahua	1	0	0	1	0	0	1	0	0	1	0	0	0	1	1	0	1	0	0
9 Cocker	0	1	0	1	0	0	1	0	0	0	1	0	0	1	0	1	1	0	0
10 Celley	0	0	1	0	1	0	0	0	1	0	1	0	0	1	1	0	1	0	0
11 Dalmatien	0	1	0	0	1	0	0	1	0	0	1	0	0	1	1	0	1	0	0
12 Dobennan	0	0	1	0	1	0	0	0	1	0	0	1	1	0	0	1	0	0	1
13 Dogue allemand	0	0	1	0	0	1	0	0	1	1	0	0	1	0	0	1	0	0	1
14 Epagneal breton	0	1	0	0	1	0	0	1	0	0	0	1	0	1	1	0	0	1	0
15 Epagneul francais	0	0	1	0	1	0	0	1	0	0	1	0	1	0	1	0	0	0	1
16 Fox-Hound	0	0	1	0	1	0	0	0	1	1	0	0	1	0	0	1	0	1	0
17 Fax-Terrier	1	0	0	1	0	0	0	1	0	0	1	0	0	1	0	1	1	0	0
18 Grand Bleu de Gascogne	0	0	1	0	1	0	0	1	0	1	0	0	1	0	0	1	0	1	0
19 Labrador	0	1	0	0	1	0	0	1	0	0	1	0	0	1	1	0	0	1	0
20 Levrier	0	0	1	0	1	0	0	0	1	1	0	0	1	0	1	0	0	1	0
21 Mast iff	0	0	1	0	0	1	1	0	0	1	0	0	1	0	0	1	0	0	1
22 Pekinois	1	0	0	1	0	0	1	0	0	1	0	0	0	1	1	0	1	0	0
23 Pointer	0	0	1	0	1	0	0	0	1	0	0	1	1	0	1	0	0	1	0
24 Saint-Bemard	0	0	1	0	0	1	1	0	0	0	1	0	1	0	0	1	0	0	1
25 Setter	0	0	1	0	1	0	0	0	1	0	1	0	1	0	1	0	0	1	0
26 Tecket	1	0	0	1	0	0	1	0	0	0	1	0	0	1	1	0	1	0	0
27 Terre-Neuve	0	0	1	0	0	1	1	0	0	0	1	0	1	0	1	0	0	0	1

表 10-5　特征值及累计贡献率表

h	特征值	贡献率(%)	累计贡献率(%)
1	0.4816	28.90	28.90
2	0.3847	23.03	51.98
3	0.2110	12.66	64.64
4	0.1576	9.45	74.09
5	0.1501	9.01	83.10
6	0.1233	7.40	90.50
7	0.0815	4.89	95.38
8	0.0457	2.74	98.12
9	0.0235	1.41	99.54
10	0.0077	0.46	100.00
总和	1.6677		

表 10-6　样本点分析的结果

犬类编号	主成分			贡献率(CTR)		
	1	2	3	1	2	3
1	－0.32	0.42	0.10	0.8	1.7	0.2
2	0.25	－1.10	0.19	0.5	11.7	0.6
3	－0.49	0.46	0.50	1.8	2.1	4.4
4	0.45	0.88	－0.69	1.5	7.5	8.4
5	1.01	－0.55	0.16	7.9	2.9	0.5
6	－0.75	－0.55	－0.50	4.4	2.9	4.3
7	0.91	0.02	0.58	6.4	0.0	5.8
8	0.84	－0.84	0.47	5.4	6.9	3.9
9	0.73	－0.08	－0.66	4.1	0.1	7.7
10	－0.12	0.53	0.33	0.1	2.7	2.0
11	0.65	0.99	－0.46	3.2	9.4	3.7
12	－0.87	0.32	0.45	5.9	1.0	3.6
13	－1.05	－0.51	－0.17	8.4	2.5	0.5
14	0.48	1.04	－0.06	1.8	10.4	0.1
15	－0.14	0.52	－0.12	0.2	2.6	0.2
16	0.88	－0.03	0.36	5.9	0.0	2.3
17	0.88	－0.14	－0.05	6.0	0.2	0.1
18	－0.52	0.11	－0.04	2.1	0.1	0.0
19	0.65	0.99	－0.46	3.2	9.4	3.7
20	－0.68	0.08	0.60	3.5	0.1	6.2
21	－0.76	－0.89	－0.59	4.4	7.6	6.1
22	0.84	－0.84	0.47	5.4	6.9	3.9
23	－0.67	0.42	0.69	3.5	1.7	8.3
24	－0.58	－0.59	－0.89	2.6	3.4	14.0
25	－0.50	0.38	0.29	2.0	1.4	1.5
26	1.01	－0.55	0.16	7.9	2.9	0.5
27	－0.38	－0.49	－0.66	1.1	2.3	7.7

表 10-7　变量各状态的分析结果

变量名	状态	主成分			贡献率(CTR)		
		1	2	3	1	2	3
身材大小	TA－	1.18	－0.92	0.62	12.6	9.6	7.8
	TA＋	0.85	1.23	－1.02	4.6	12.2	15.1
	TA＋＋	－0.84	0.02	0.05	13.5	0.0	0.1
					30.7	21.8	23.0
体重	PO－	1.17	－0.82	0.36	14.0	8.7	3.0
	PO＋	－0.31	0.82	0.23	1.7	15.1	2.2
	PO＋＋	－1.02	－0.97	－1.22	6.6	7.6	21.8
					22.3	31.4	27.0

(续表)

变量名	状态	主成分			贡献率(CTR)		
		1	2	3	1	2	3
敏捷性	VE−	0.32	−1.04	−0.40	1.3	17.5	4.7
	VE+	0.60	0.89	−0.36	3.7	10.1	3.0
	VE++	−0.89	0.37	0.76	9.2	2.0	15.3
					14.2	29.6	23.0
聪颖性	IN−	−0.35	−0.81	0.35	1.2	8.4	2.9
	IN+	0.37	0.29	−0.49	2.3	1.7	9.3
	IN++	−0.34	0.46	0.60	0.9	2.0	6.3
					4.4	12.1	18.5
友善性	Af−	−0.84	−0.29	−0.07	11.6	1.7	0.2
	Af+	0.78	0.27	0.06	10.8	1.6	0.2
					22.4	3.3	0.3
进攻性	Ag−	0.40	0.19	0.31	2.9	0.8	3.9
	Ag+	−0.43	0.21	−0.33	3.1	0.9	4.2
					6.0	1.8	8.2

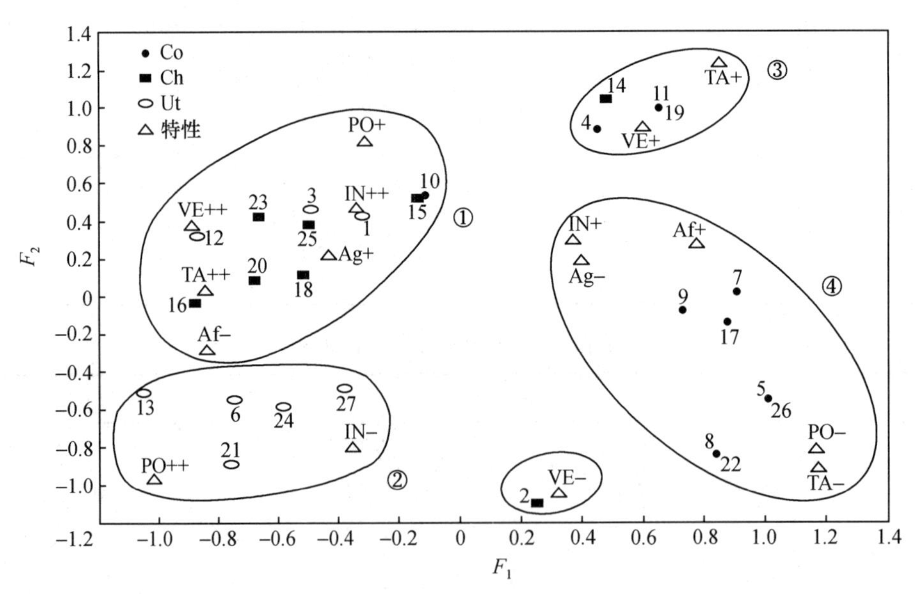

图 10-3　27 种犬类和 16 个变量的对应分析标度图

第一类所含犬类编号是 1、3、10、12、15、16、18、20、23、25。在因子平面图上，它们与特性 IN＋＋、VE＋＋、TA＋＋、Ag＋、Af－、PO＋所处的位置相近，它们具有进攻性强、敏捷性好、友善性差、聪颖性强等特点，具有狩猎犬的特性。

第二类所含犬类编号是 6、13、21、24、27。在因子平面图上，它们与代表体重大、聪颖性差的 PO＋＋、IN－相近，表明它们具有益犬的特性。

第三类所含犬类编号是 4、11、14、19。在因子平面图上，它们与代表身材中等、敏捷性中等的 TA+和 VE+相近，可以作为陪伴犬。

第四类所含犬类编号为 5、7、8、17、22、26。在因子平面图上，它们与 TA-、PO-、Af+、IN+、Ag-点相近，具有身材小、体重小、友善性强、聪颖性中等、进攻性差等特点，具有陪伴犬应具备的特点。

2 号犬孤立地自成一类。由原始数据表可以看出，它除了进攻性强以外，其余特性都是“-”号，这是品质较差的犬，与其余犬类都不相似。

尽管某些犬类的分类结果与 x_7 所表示的功能不一致（见表 10-8），根据其具有的特性它仍可以与同类其他犬类一样具有这种功能，或按这种功能犬使用，这就是对应分析给我们提供的有用信息。

表 10-8 犬类品性描述表

类别	犬名	典型的品性	本类中具有该品性的犬所占百分比	具有此品性的犬被划分为该类的百分比
1	Beauceron			
	Colley	狩猎	60	67
	Setter	身材很大	100	67
	Pointer	体重中等	100	71
	Berger allem ande	敏捷性好	80	89
	Dobermann	友善性弱	70	54
	Levrier	聪颖性好	30	50
	Fox-Hound			
	Epaneul Francais			
	Grand Bleu de Gascogne			
2	Dogue allem ande	益犬	100	63
	Mastiff	身体很大	100	33
	Bull-Mastiff	体重很重	100	100
	Saint-Bernard	友善性弱	100	38
	Terre-Neuve	敏捷性弱	80	40
	Terre-Neuve	攻击性弱	80	31
		聪颖性弱	40	25
3	Cocker	陪伴	60	30
	Epaneul Breton	身体中等	100	100
	Boxer	体重中等	80	29
	Labrador	敏捷性中等	80	50
	Dalmatien	友善性强	100	36
		聪颖性一般	80	31

（续表）

类别	犬名	典型的品性	本类中具有该品性的犬所占百分比	具有此品性的犬被划分为该类的百分比
4	Fox-Terrier	陪伴	86	60
	Caniche	身材小	100	100
	Teckel	体重轻	100	100
	Bull-Dog	敏捷性弱	71	50
	Basset	友善性强	86	43
	Chihuahua	攻击性弱	71	36
	Pekinois	聪颖性弱	43	38

本章小结

本章介绍了对应分析的基本思想、基本原理和应用。通过本章的学习，读者应能了解：对应分析的基本思想、基本原理，并能进行相应的应用。重点掌握对应分析的基本思想和应用。

进一步阅读材料

1. 任若恩、王惠文：《多元统计分析数据分析——理论、方法、实例》，北京：国防工业出版社，1997。

2. Richard A. Johnson, Dean W. Wichern 著，陆璇译：《实用多元统计分析》，北京：清华大学出版社，2001。

3. 陶凤梅：《对应分析的数学模型》，吉林大学博士论文，2005。

练习题

1. 试述对应分析的基本思想。
2. 试述对应分析的特点。
3. 试述对应分析方法的基本功能。
4. 试寻找一个实例进行对应分析。

第十一章 典型相关分析

教学目的

本章系统介绍了典型相关分析的基本原理和应用。首先介绍了典型相关分析的基本思想，并对典型相关分析的数学模型、典型变量及相关系数的求法，典型相关系数的检验，典型相关分析的应用进行了总结。通过本章的学习，希望读者能够：

1. 掌握典型相关分析的基本思想；
2. 了解典型相关分析适合解决的问题；
3. 掌握典型相关系数的含义；
4. 理解典型相关系数的检验原理；
5. 掌握典型相关的应用。

本章的重点是典型相关分析的基本思想及其应用。

在统计学中，对两个随机变量之间的关系，可用线性相关系数来分析；研究一个随机变量与多个随机变量之间的关系，可用复相关系数来分析。然而在对社会经济现象问题的研究中，通常需要考察多个变量与多个变量之间即两组变量之间的相关性。例如，为了研究证券市场走势与宏观经济之间的关系，需要分析反映证券市场状况的指标（如股票价格指数、股票市值、股票融资量等）与经济增长率、物价指数、固定资产投资、失业率、进出口额等宏观经济变量两组变量之间的相关关系。在分析评估某种社会经济投入与产出系统，研究投入和产出情况之间的联系时，投入情况可以从人力、物力、财力等多个方面反映，产出情况也可以从产值、利税、收入等方面反映。在分析影响居民消费的因素时，可将劳动者报酬、家庭经营收入、转移性收入等变量构成反映居民收入情况的变量组，而将食品支出、医疗保健支出、交通和通信支出等变量构成反映居民支出情况的变量组，然后通过研究两变量组之间的关系来分析影响居民消费的因素。典型相关分析（Canonical Correlation Analysis）就是测度两组变量之间相关程度的一种多元统计方法，它是对相关关系的进一步推广。

第一节　典型相关分析的基本原理

一、典型相关分析的基本思想

典型相关分析方法最早出自霍特林于1936年在《生物统计》期刊上发表的一篇论文《两组变式之间的关系》。他所提出的方法经过多年的应用及发展，逐渐完善，在20世纪70年代臻于成熟。

由于典型相关分析涉及大量的矩阵计算，其应用在早期曾受到相当大的限制。但随着当代信息技术的迅速发展，典型相关分析中的困难不复存在，因此它的应用开始普及化。

典型相关分析是研究两组变量之间相关关系的一种统计分析方法。为了研究两组变量 $X_1, X_2, \cdots, X_p$ 和 $Y_1, Y_2, \cdots, Y_q$ 之间的相关关系，采用类似于主成分分析的方法，在两组变量中，分别选取若干有代表性的变量组成有代表性的综合指标，通过研究这两组综合指标之间的相关关系，来代替这两组变量间的相关关系，这些综合指标称为典型变量。

二、典型相关分析的数学描述

设有两个随机变量组 $\boldsymbol{X}=(X_1, X_2, \cdots, X_p)'$ 和 $\boldsymbol{Y}=(Y_1, Y, \cdots, Y_q)'$，不妨设 $p \leqslant q$。

对于 $\boldsymbol{X}, \boldsymbol{Y}$，不妨设第一组变量的均值和协方差阵为：

$$E(\boldsymbol{X}) = \boldsymbol{\mu}_1, \quad \mathrm{Cov}(\boldsymbol{X}) = \boldsymbol{\Sigma}_{11}$$

第二组变量的均值和协方差阵为：

$$E(\boldsymbol{Y}) = \boldsymbol{\mu}_2, \quad \mathrm{Cov}(\boldsymbol{Y}) = \boldsymbol{\Sigma}_{22}$$

第一组与第二组变量的协方差阵为：

$$\mathrm{Cov}(\boldsymbol{X},\boldsymbol{Y}) = \boldsymbol{\Sigma}_{12} = \boldsymbol{\Sigma}'_{21}$$

于是，对于矩阵

$$\boldsymbol{Z} = \begin{bmatrix} \boldsymbol{X} \\ \boldsymbol{Y} \end{bmatrix}$$

有均值向量

$$\boldsymbol{\mu} = E(\boldsymbol{Z}) = E\begin{bmatrix} E(\boldsymbol{X}) \\ E(\boldsymbol{Y}) \end{bmatrix} = \begin{bmatrix} \boldsymbol{\mu}_1 \\ \boldsymbol{\mu}_2 \end{bmatrix}$$

和协方差阵

$$\begin{aligned} \underset{(p+q)\times(p+q)}{\boldsymbol{\Sigma}} &= E(\boldsymbol{Z}-\boldsymbol{\mu})(\boldsymbol{Z}-\boldsymbol{\mu})' \\ &= \begin{bmatrix} E(\boldsymbol{X}-\boldsymbol{\mu}_1)(\boldsymbol{X}-\boldsymbol{\mu}_1)' & E(\boldsymbol{X}-\boldsymbol{\mu}_1)(\boldsymbol{Y}-\boldsymbol{\mu}_2)' \\ E(\boldsymbol{Y}-\boldsymbol{\mu}_2)(\boldsymbol{X}-\boldsymbol{\mu}_1)' & E(\boldsymbol{Y}-\boldsymbol{\mu}_2)(\boldsymbol{Y}-\boldsymbol{\mu}_2)' \end{bmatrix} \\ &= \begin{bmatrix} \underset{(p\times p)}{\boldsymbol{\Sigma}}{}_{11} & \underset{(p\times q)}{\boldsymbol{\Sigma}}{}_{12} \\ \underset{(q\times p)}{\boldsymbol{\Sigma}}{}_{21} & \underset{(q\times q)}{\boldsymbol{\Sigma}}{}_{22} \end{bmatrix} \end{aligned}$$

要研究两组变量 $X_1, X_2, \cdots, X_p$ 和 $Y_1, Y_2, \cdots, Y_q$ 之间的相关关系，首先分别作两组变量的线性组合，即

$$U = a_1X_1 + a_2X_2 + \cdots + a_pX_p = \boldsymbol{a}'\boldsymbol{X}$$

$$V = b_1Y_1 + b_2Y_2 + \cdots + b_qY_q = \boldsymbol{b}'\boldsymbol{Y}$$

$\boldsymbol{a}=(a_1, a_2, \cdots, a_p)'$，$\boldsymbol{b}=(b_1, b_2, \cdots, b_q)'$分别为任意非零常系数向量，则可得：

$$\mathrm{Var}(U) = \boldsymbol{a}'\mathrm{Cov}(\boldsymbol{X})\boldsymbol{a} = \boldsymbol{a}'\boldsymbol{\Sigma}_{11}\boldsymbol{a}$$

$$\mathrm{Var}(V) = \boldsymbol{b}'\mathrm{Cov}(\boldsymbol{Y})\boldsymbol{b} = \boldsymbol{b}'\boldsymbol{\Sigma}_{22}\boldsymbol{b}$$

$$\mathrm{Cov}(U,V) = \boldsymbol{a}'\mathrm{Cov}(\boldsymbol{X},\boldsymbol{Y})\boldsymbol{b} = \boldsymbol{a}'\boldsymbol{\Sigma}_{12}\boldsymbol{b}$$

则称 U 与 V 为典型变量，它们之间的相关系数 ρ 称为典型相关系数，即：

$$\rho = \mathrm{Corr}(U,V) = \frac{\boldsymbol{a}'\boldsymbol{\Sigma}_{12}\boldsymbol{b}}{\sqrt{\boldsymbol{a}'\boldsymbol{\Sigma}_{11}\boldsymbol{a}}\ \sqrt{\boldsymbol{b}'\boldsymbol{\Sigma}_{22}\boldsymbol{b}}}$$

典型相关分析研究的问题是：如何选取典型变量的最优线性组合。选取原则是：在所有线性组合 U 和 V 中，选取典型相关系数为最大的 U 和 V，即选取 $\boldsymbol{a}^{(1)}$ 和 $\boldsymbol{b}^{(1)}$ 使得 $U_1=\boldsymbol{a}'^{(1)}\boldsymbol{X}$ 与 $V_1=\boldsymbol{b}'^{(1)}\boldsymbol{Y}$ 之间的相关系数达到最大（在所有的 U 和 V 中），然后选取 $\boldsymbol{a}^{(2)}$ 和 $\boldsymbol{b}^{(2)}$ 使得 $U_2=\boldsymbol{a}'^{(2)}\boldsymbol{X}$ 与 $V_2=\boldsymbol{b}'^{(2)}\boldsymbol{Y}$ 的相关系数在与 U_1 和 V_1 不相关的组合 U 和 V 中最大，如此进行下去，直到分别与 $U_1, U_2, \cdots, U_{p-1}$ 和 $V_1, V_2, \cdots, V_{p-1}$，都不相关的线性组合 U_p, V_p 为止。此时 p 等于 X 与 Y 之间的协方差阵的秩。

典型变量 U_1 和 V_1，U_2 和 $V_2 \cdots U_p$ 和 V_p 是根据它们的相关系数由大到小逐对提取的，直到两组变量之间的相关性被分解完毕为止。

第二节　典型变量与典型相关系数的求法

一、总体典型变量与典型相关系数

由上一节的数学描述可知，典型相关分析希望寻求 $\boldsymbol{a}$ 和 $\boldsymbol{b}$ 使得 ρ 达到最大，但是由于随机变量乘以常数时不改变它们之间的相关系数，为了防止不必要的结果重复出现，最好的限制是令 $\mathrm{Var}(U)=1$ 和 $\mathrm{Var}(V)=1$。于是，我们的问题就转化为：在约束条件为 $\mathrm{Var}(U)=1$ 和 $\mathrm{Var}(V)=1$ 下，寻找非零常数向量 $\boldsymbol{a}$ 和 $\boldsymbol{b}$ 使得相关系数 $\mathrm{Corr}(U,V)=\boldsymbol{a}'\boldsymbol{\Sigma}_{12}\boldsymbol{b}$ 达到最大。

根据数学分析中条件极值的求法，引入拉格朗日乘数，问题则转化为求

$$\phi(\boldsymbol{a},\boldsymbol{b})=\boldsymbol{a}'\boldsymbol{\Sigma}_{12}\boldsymbol{b}-\frac{\lambda}{2}(\boldsymbol{a}'\boldsymbol{\Sigma}_{11}\boldsymbol{a}-1)-\frac{\nu}{2}(\boldsymbol{b}'\boldsymbol{\Sigma}_{11}\boldsymbol{b}-1)$$

的极大值点，其中 λ,ν 是拉格朗日乘数。由极值的必要条件，需要求 ϕ 对 $\boldsymbol{a}$ 和 $\boldsymbol{b}$ 的偏导数，并令其等于零，得到的极值条件为：

$$\begin{cases}\dfrac{\partial\phi}{\partial\boldsymbol{a}}=\boldsymbol{\Sigma}_{12}\boldsymbol{b}-\lambda\boldsymbol{\Sigma}_{11}\boldsymbol{a}=0\\[2ex]\dfrac{\partial\phi}{\partial\boldsymbol{b}}=\boldsymbol{\Sigma}_{21}\boldsymbol{a}-\nu\boldsymbol{\Sigma}_{22}\boldsymbol{b}=0\end{cases}$$

将分别以 $\boldsymbol{a}'$ 和 $\boldsymbol{b}'$ 左乘上式，得

$$\boldsymbol{a}'\boldsymbol{\Sigma}_{12}\boldsymbol{b}=\lambda\boldsymbol{a}'\boldsymbol{\Sigma}_{11}\boldsymbol{a}=\lambda$$
$$\boldsymbol{b}'\boldsymbol{\Sigma}_{21}\boldsymbol{a}=\nu\boldsymbol{b}'\boldsymbol{\Sigma}_{22}\boldsymbol{b}=\nu$$

又因为 $(\boldsymbol{a}'\boldsymbol{\Sigma}_{12}\boldsymbol{b})'=\boldsymbol{b}'\boldsymbol{\Sigma}_{12}\boldsymbol{a}$，故

$$\lambda=\nu=\boldsymbol{a}'\boldsymbol{\Sigma}_{12}\boldsymbol{b}=\rho$$

说明 λ 的值就是线性组合 U 和 V 之间的相关系数。因此上述方程可写成：

$$\begin{cases}-\lambda\boldsymbol{\Sigma}_{11}\boldsymbol{a}+\boldsymbol{\Sigma}_{12}\boldsymbol{b}=0\\\boldsymbol{\Sigma}_{21}\boldsymbol{a}-\lambda\boldsymbol{\Sigma}_{22}\boldsymbol{b}=0\end{cases}$$

为求解方程，先以 $\boldsymbol{\Sigma}_{12}\boldsymbol{\Sigma}_{22}^{-1}$ 左乘上述第二式，并将第一式代入，得

$$(\boldsymbol{\Sigma}_{12}\boldsymbol{\Sigma}_{22}^{-1}\boldsymbol{\Sigma}_{21}-\lambda^2\boldsymbol{\Sigma}_{11})\boldsymbol{a}=0$$

同理，将 $\boldsymbol{\Sigma}_{21}\boldsymbol{\Sigma}_{11}^{-1}$ 左乘上述第一式，并将第二式代入，得

$$(\boldsymbol{\Sigma}_{21}\boldsymbol{\Sigma}_{11}^{-1}\boldsymbol{\Sigma}_{12}-\lambda^2\boldsymbol{\Sigma}_{22})\boldsymbol{b}=0$$

将上边两式分别左乘 $\boldsymbol{\Sigma}_{11}^{-1}$ 和 $\boldsymbol{\Sigma}_{22}^{-1}$，得

$$\boldsymbol{\Sigma}_{11}^{-1}\boldsymbol{\Sigma}_{12}\boldsymbol{\Sigma}_{22}^{-1}\boldsymbol{\Sigma}_{21}-\lambda^2)\boldsymbol{a}=0$$
$$(\boldsymbol{\Sigma}_{22}^{-1}\boldsymbol{\Sigma}_{21}\boldsymbol{\Sigma}_{11}^{-1}\boldsymbol{\Sigma}_{12}-\lambda^2)\boldsymbol{b}=0$$

令

$$A = \boldsymbol{\Sigma}_{11}^{-1}\boldsymbol{\Sigma}_{12}\boldsymbol{\Sigma}_{22}^{-1}\boldsymbol{\Sigma}_{21}$$
$$B = \boldsymbol{\Sigma}_{22}^{-1}\boldsymbol{\Sigma}_{21}\boldsymbol{\Sigma}_{11}^{-1}\boldsymbol{\Sigma}_{12}$$

则得

$$\begin{cases} \boldsymbol{Aa} = \lambda^2 \boldsymbol{a} \\ \boldsymbol{Bb} = \lambda^2 \boldsymbol{b} \end{cases}$$

说明，λ^2 既是矩阵 $\boldsymbol{A}$，同时也是矩阵 $\boldsymbol{B}$ 的特征值，同时也表明，相应的 $\boldsymbol{a}$ 与 $\boldsymbol{b}$ 分别是特征值 λ^2 的特征向量。

而且可以证明，矩阵 $\boldsymbol{A}$ 和 $\boldsymbol{B}$ 的特征值还具有以下的性质：

(1) 矩阵 $\boldsymbol{A}$ 和 $\boldsymbol{B}$ 有相同的非零特征值，且相等的非零特征值的数目等于 p。

(2) 矩阵 $\boldsymbol{A}$ 和 $\boldsymbol{B}$ 的特征值非负。

(3) 矩阵 $\boldsymbol{A}$ 和 $\boldsymbol{B}$ 的全部特征值均在 0 和 1 之间。

我们已经知道，$\lambda = \nu = \boldsymbol{a}'\boldsymbol{\Sigma}_{12}\boldsymbol{b} = \rho$，所以 λ 为其典型变量 U 和 V 之间的简单相关系数。

又由于要求其相关系数达到最大(按习惯考虑为正相关)，所以取矩阵 $\boldsymbol{A}$ 或 $\boldsymbol{B}$ 的最大特征值 λ_1^2 的平方根 λ_1 作为相关系致，同时由特征值 λ_1^2 所对应的两个特征向量 $\boldsymbol{a}^{(1)}$ 和 $\boldsymbol{b}^{(1)}$ 有：

$$U_1 = \boldsymbol{a}'^{(1)}\boldsymbol{X} \quad 和 \quad V_1 = \boldsymbol{b}'^{(1)}\boldsymbol{Y}$$

这就是所要选取的第一对线性组合，也即第一对典型变量，它们在所有的线性组合 U 和 V 中具有最大的相关系数 λ_1。

若求出矩阵 $\boldsymbol{A}$ 或 $\boldsymbol{B}$ 的 p 个非零特征根(p 是矩阵 $\boldsymbol{\Sigma}_{12}$ 的秩，这里实际上 $p<q$)，设为

$$\lambda_1^2 \geqslant \lambda_2^2 \geqslant \cdots \geqslant \lambda_p^2 \geqslant 0$$

相应的特征向量是 $\boldsymbol{a}^{(1)}, \boldsymbol{a}^{(2)}, \cdots, \boldsymbol{a}^{(k)}$ 和 $\boldsymbol{b}^{(1)}, \boldsymbol{b}^{(2)}, \cdots, \boldsymbol{b}^{(k)}$，则可得 k 对线性组合：

$$\begin{cases} U_1 = \boldsymbol{a}_1^{(1)}\boldsymbol{X}_1 + \boldsymbol{a}_2^{(1)}\boldsymbol{X}_2 + \cdots + \boldsymbol{a}_p^{(1)}\boldsymbol{X}_p \\ U_2 = \boldsymbol{a}_1^{(2)}\boldsymbol{X}_1 + \boldsymbol{a}_2^{(2)}\boldsymbol{X}_2 + \cdots + \boldsymbol{a}_p^{(2)}\boldsymbol{X}_p \\ \qquad\vdots \\ U_p = \boldsymbol{a}_1^{(k)}\boldsymbol{X}_1 + \boldsymbol{a}_2^{(k)}\boldsymbol{X}_2 + \cdots + \boldsymbol{a}_p^{(k)}\boldsymbol{X}_p \end{cases}$$

和

$$\begin{cases} V_1 = \boldsymbol{b}_1^{(1)}\boldsymbol{Y}_1 + \boldsymbol{b}_2^{(1)}\boldsymbol{Y}_2 + \cdots + \boldsymbol{b}_q^{(1)}\boldsymbol{Y}_q \\ V_2 = \boldsymbol{b}_1^{(2)}\boldsymbol{Y}_1 + \boldsymbol{b}_2^{(2)}\boldsymbol{Y}_2 + \cdots + \boldsymbol{b}_q^{(2)}\boldsymbol{Y}_q \\ \vdots \\ V_p = \boldsymbol{b}_1^{(k)}\boldsymbol{Y}_1 + \boldsymbol{b}_2^{(k)}\boldsymbol{Y}_2 + \cdots + \boldsymbol{b}_q^{(k)}\boldsymbol{Y}_q \end{cases}$$

它们的相关系数为 $\lambda_1 \geqslant \lambda_2 \geqslant \cdots \geqslant \lambda_p$。称 $\lambda_1 \geqslant \lambda_2 \geqslant \cdots \geqslant \lambda_p$ 为典型相关系数，称 U_1、V_1，U_2、V_2……U_p、V_p 为其典型变量。

将 $\boldsymbol{a}^{(i)}$ 和 $\boldsymbol{b}^{(i)}$ 的值和原始数据 $\boldsymbol{X}_i$、$\boldsymbol{Y}_i$ 分别代入 U_i、V_i 的表达式中求得的值，称为第 i 个典型变量的得分。同因子得分一样，典型变量的得分可以构成得分平面等值图，借此进行分类和统计分析。

这里，我们直接给出典型变量所具有的性质：

性质 1 由 $X_1, X_2, \cdots, X_p$ 所组成的典型相关变量 $U_1, U_2, \cdots, U_p$ 互不相关，同样由

$Y_1, Y_2, \cdots, Y_q$ 所组成的典型相关变量 $V_1, V_2, \cdots, V_p$ 也互不相关，并且它们的方差均等于1。数学表达式为：

$$\mathrm{Var}(U_k) = \mathrm{Var}(V_k) = 1$$
$$\mathrm{Cov}(U_k, U_l) = \mathrm{Corr}(U_k, U_l) = 1, \quad k = l$$
$$\mathrm{Cov}(U_k, U_l) = \mathrm{Corr}(U_k, U_l) = 0, \quad k \neq l$$

其中，$k, l = 1, 2, \cdots, p$

$$\mathrm{Cov}(V_k, V_l) = \mathrm{Corr}(V_k, V_l) = 1, \quad k = l$$
$$\mathrm{Cov}(V_k, V_l) = \mathrm{Corr}(V_k, V_l) = 0, \quad k \neq l$$
$$k, l = 1, 2, \cdots, q$$

性质 2 X 与 Y 的同一对典型变量 U_i 和 V_i 之间的相关系数为 λ_i，而不同对的典型变量 U_i 和 $V_j (i \neq j)$ 之间不相关，也就是协方差为 0，即

$$\mathrm{Cov}(U_i, V_j) = \mathrm{Corr}(U_i, U_j) = \begin{cases} \lambda_i \neq 0 & i = j; i = 1, 2 \cdots p \\ 0 & i \neq j \\ 0 & i > p \end{cases}$$

因此，严格地说，一个典型相关系数描述的只是一对典型变量之间的相关关系，而不是两个变量组之间的相关关系。而各对典型变量之间构成的多维典型相关关系共同揭示了两个观测变量组之间的相关关系。

二、原始变量与典型变量之间的相关系数

设典型变量为 U 和 V，原始变量与典型变量之间的相关系数为 G_U, G_V，则有：

$$G_U = \mathrm{Cov}(\boldsymbol{X}, U) = \mathrm{Cov}(\boldsymbol{X}, \boldsymbol{a}'\boldsymbol{X}) = E(\boldsymbol{X}U') = E(\boldsymbol{X}\boldsymbol{X}'\boldsymbol{a}) = E(\boldsymbol{X}\boldsymbol{X}')\boldsymbol{a} = \boldsymbol{\Sigma}_{11}\boldsymbol{a}$$

类似的有：

$$G_V = \mathrm{Cov}(\boldsymbol{Y}, V) = \mathrm{Cov}(\boldsymbol{Y}, \boldsymbol{b}'\boldsymbol{X}) = \boldsymbol{\Sigma}_{22}\boldsymbol{b}$$

这里，G_U, G_V 是衡量原始变量与典型变量相关性的尺度，如 X_i 与第一典型变量 U 的相关系数 G_{U_i} 最大，则表明变量 X_i 与第一典型变量 U 的关系密切；反之则不密切。对于 G_U，G_V，有的书中也称为典型负载系数(Canonical Loading)或结构相关系数(Structure Correlation)。

相应的，某一组中典型变量与另外一组的原始变量之间的两两简单相关系数，则称为交叉负载系数(Cross-Loadings)。则交叉负载系数有：

$$\mathrm{Cov}(\boldsymbol{X}, V) = \mathrm{Cov}(\boldsymbol{X}, \boldsymbol{b}'\boldsymbol{Y}) = \boldsymbol{\Sigma}_{12}\boldsymbol{b}$$
$$\mathrm{Cov}(\boldsymbol{Y}, U) = \mathrm{Cov}(\boldsymbol{Y}, \boldsymbol{a}'\boldsymbol{X}) = \boldsymbol{\Sigma}_{21}\boldsymbol{a}$$

在典型相关分析中，常常把典型变量对本组原始变量总方差解释比例的分析以及典型变量对另外一组原始变量总方差交叉解释比例的分析统称为冗余分析(Redundancy Analysis)。这里的“冗余”有冗长、多余、重复、过剩的意思。在统计上，如果一个变量中的部分方差可以由另外一个变量的方差来解释或预测，就说这个方差部分与另一变量方差相冗余，相当于说变量的这个方差部分可以由另一个变量的一部分方差所解释或预

测。典型相关分析中的冗余分析是对分组原始变量总变化的方差分析。

类似于因子分析，典型相关系数可以看作该典型变量组从原始变量中提取的方差，这样第一组典型变量 U 提取的方差百分数为 $G_U'G_U/p$，第二组典型变量 V 提取的方差百分数为 $G_V'G_V/q$。

因此，$G_U'G_U\lambda_i/p$ 便是第一组典型变量提取的方差被第二组典型变量重复的百分数，它称为在第一组冗余而在第二组存在的冗余测度，记为 $R_{du}^{(i)}$，即

$$R_{du}^{(i)}=\frac{G_U'G_U\lambda_i}{p}$$

类似地，在第二组冗余而在第一组中存在的冗余测度为：

$$R_{dv}^{(i)}=\frac{G_V'G_V\lambda_i}{q}$$

可见，冗余的本质是共享方差百分比。

三、样本典型相关变量和样本典型相关系数

以上讨论都是基于总体情况下的讨论，然而在实际应用中，总体的均值向量和总体协方差阵往往都是未知的，和其他多元统计分析方法的应用一样，这就需要从总体中随机抽取一个样本，根据样本资料对总体的均值向量和总体协方差阵进行估计，进而求出样本典型相关变量及其典型相关系数。

设 $\boldsymbol{X},\boldsymbol{Y}$ 中有 $p+q$ 个变量，每个变量的 n 个观察值的随机样本可以构成 $n\times(p+q)$ 的矩阵，设数据矩阵为：

$$\begin{bmatrix} x_{11} & x_{12} & \cdots & x_{1p} & y_{11} & y_{12} & \cdots & y_{1q} \\ x_{21} & x_{2} & \cdots & x_{2p} & y_{21} & y_{22} & \cdots & y_{2q} \\ & & \vdots & & & & \vdots & \\ x_{n1} & x_{n2} & \cdots & x_{np} & y_{n1} & y_{n2} & \cdots & y_{nq} \end{bmatrix}$$

样本协方差矩阵为：

$$\boldsymbol{S}=\begin{bmatrix} S_{11} & S_{12} \\ S_{21} & S_{22} \end{bmatrix}$$

其中，$S_{11}=\dfrac{1}{n-1}\sum_{i=1}^{n}(\boldsymbol{X}_i-\bar{\boldsymbol{X}})(\boldsymbol{X}_i-\bar{\boldsymbol{X}})'$；$S_{22}=\dfrac{1}{n-1}\sum_{i=1}^{n}(\boldsymbol{Y}_i-\bar{Y})(\boldsymbol{Y}_i-\bar{\boldsymbol{Y}})'$；$S_{12}=\dfrac{1}{n-1}\sum_{i=1}^{n}(\boldsymbol{X}_i-\bar{\boldsymbol{X}})(\boldsymbol{Y}_i-\bar{\boldsymbol{Y}})'=\boldsymbol{S}_{21}'$。

可以证明，样本协方差阵 $\boldsymbol{S}$ 就是总体协方差阵 $\boldsymbol{\Sigma}$ 的极大似然估计 $\hat{\boldsymbol{\Sigma}}$。于是我们就可以用 $\hat{\boldsymbol{\Sigma}}$ 代替 $\boldsymbol{\Sigma}$，也就是用 $\boldsymbol{S}_{11}^{-1}\boldsymbol{S}_{12}\boldsymbol{S}_{22}^{-1}\boldsymbol{S}_{21}$ 代替 $\boldsymbol{\Sigma}_{11}^{-1}\boldsymbol{\Sigma}_{12}\boldsymbol{\Sigma}_{22}^{-1}\boldsymbol{\Sigma}_{21}$，用 $\boldsymbol{S}_{22}^{-1}\boldsymbol{S}_{21}\boldsymbol{S}_{11}^{-1}\boldsymbol{S}_{12}$ 代替 $\boldsymbol{\Sigma}_{22}^{-1}\boldsymbol{\Sigma}_{21}\boldsymbol{\Sigma}_{11}^{-1}\boldsymbol{\Sigma}_{12}$，求出特征值 $\hat{\lambda}_1^2\geqslant\hat{\lambda}_2^2\geqslant\cdots\geqslant\hat{\lambda}_p^2\geqslant 0$，特征向量 $\hat{\boldsymbol{a}}^{(1)},\hat{\boldsymbol{a}}^{(2)},\cdots,\hat{\boldsymbol{a}}^{(k)}$ 和 $\hat{\boldsymbol{b}}^{(1)},\hat{\boldsymbol{b}}^{(2)},\cdots,\hat{\boldsymbol{b}}^{(k)}$，称 $\hat{\lambda}_1\geqslant\hat{\lambda}_2\geqslant\cdots\geqslant\hat{\lambda}_p$ 为样本典型相关系数，称 $\hat{U}_1$、$\hat{V}_1$，$\hat{U}_2$、$\hat{V}_2$，$\cdots$，$\hat{U}_p$、$\hat{V}_p$ 为样本典型相关变量。

而且，数理统计上还可以证明 $\hat{\lambda}_1^2 \geqslant \hat{\lambda}_2^2 \geqslant \cdots \geqslant \hat{\lambda}_p^2 \geqslant 0$，$\hat{\boldsymbol{a}}^{(1)}, \hat{\boldsymbol{a}}^{(2)}, \cdots, \hat{\boldsymbol{a}}^{(k)}$ 和 $\hat{\boldsymbol{b}}^{(1)}, \hat{\boldsymbol{b}}^{(2)}, \cdots, \hat{\boldsymbol{b}}^{(p)}$ 分别是 $\lambda_1^2 \geqslant \lambda_2^2 \geqslant \cdots \geqslant \lambda_p^2 \geqslant 0$，$\boldsymbol{a}^{(1)}, \boldsymbol{a}^{(2)}, \cdots, \boldsymbol{a}^{(k)}$ 和 $\boldsymbol{b}^{(1)}, \boldsymbol{b}^{(2)}, \cdots, \boldsymbol{b}^{(p)}$ 的极大似然估计。

另外，在实际计算过程中，如果对原始数据进行了标准化变化，也可以从原始数据相关矩阵出发，求样本的典型相关系数和样本典型相关变量。

第三节　典型相关系数的检验

在对两组变量 $\boldsymbol{X}$ 和 $\boldsymbol{Y}$ 进行典型相关分析之前，首先应检验两组变量是否相关，若两者不相关，即 $\mathrm{Cov}(\boldsymbol{X},\boldsymbol{Y})=\boldsymbol{0}$，则作典型相关分析就没有任何实际意义。因此，在根据样本数据进行典型相关分析时，首先应该进行检验假设。典型相关系数显著性检验，主要采用的是巴特莱特(Bartlett)关于大样本的 χ^2 检验。

如果两组变量 $\boldsymbol{X}$ 和 $\boldsymbol{Y}$ 之间互不相关，则协方差阵 $\boldsymbol{\Sigma}_{12}$ 仅包含零，因而典型相关系数都变为零。为此，

$$H_0: \boldsymbol{\Sigma}_{12} = 0, \quad \text{即 } \mathrm{Cov}(\boldsymbol{X},\boldsymbol{Y}) = \boldsymbol{0}$$

$$H_1: \boldsymbol{\Sigma}_{12} \neq \boldsymbol{0}$$

对于矩阵 $\boldsymbol{A}$ 的 p 个特征值，按照大小排列为 $\hat{\lambda}_1^2 \geqslant \hat{\lambda}_2^2 \geqslant \cdots \geqslant \hat{\lambda}_p^2 \geqslant 0$，这时作乘积：

$$\Lambda_1 = \prod_{i=1}^{p}(1-\hat{\lambda}_i^2) = (1-\hat{\lambda}_1^2)(1-\hat{\lambda}_2^2)\cdots(1-\hat{\lambda}_p^2)$$

其中，λ_i^2 是 $\boldsymbol{A}=\boldsymbol{\Sigma}_{22}^{-1}\boldsymbol{\Sigma}_{21}\boldsymbol{\Sigma}_{11}^{-1}\boldsymbol{\Sigma}_{12}$ 的特征根。

当 n 充分大，H_0 成立时，统计量

$$Q_1 = -\left[n-1-\frac{1}{2}(p+q+1)\right]\ln\Lambda_1$$

近似服从 $p \times q$ 个自由度的 χ^2 分布，若在给定的显著性水平 α 下，$Q_1 \geqslant \chi^2(p \times q)$，则拒绝原假设 H_0，则至少可以认为第一对典型变量具有相关性，相关系数为 λ_1，第一个典型相关系数 λ_1 是显著的。

接下来，为检验其余典型相关系数的显著性，先将 λ_1 剔出，再作乘积，

$$\Lambda_2 = \prod_{i=2}^{p}(1-\hat{\lambda}_i^2)$$

在此基础上构造统计量为

$$Q_2 = -\left[n-2-\frac{1}{2}(p+q+1)\right]\ln\Lambda_2$$

它近似服从自由度为 $(p-1)(q-1)$ 的 χ^2 分布，若在给定的显著性水平 α 下，$Q_1 \geqslant \chi^2(p-1)(q-1)$，则拒绝原假设，认为 λ_2 显著，即第二对典型相关变量具有相关性。

如此进行下去，直到第 k 个典型相关系数 λ_k 检验为不显著时，即第 k 对典型变量不具有相关性时停止。

一般的，当检验第 r 个典型相关系数的显著性时，检验统计量为：

$$Q_r = -\left[n - r - \frac{1}{2}(p+q+1)\right]\ln\Lambda_r$$

其中，$\Lambda_r = \prod_{i=r}^{p}(1-\hat{\lambda}_i^2)$。$Q_r$ 近似服从 χ^2 分布，自由度为$(p-r+1)(q-r+1)$。

第四节　典型相关分析的计算步骤及案例分析

1. 根据分析目的建立原始矩阵

原始数据矩阵为：

$$\begin{bmatrix} x_{11} & x_{12} & \cdots & x_{1p} & y_{11} & y_{12} & \cdots & y_{1q} \\ x_{21} & x_{2} & \cdots & x_{2p} & y_{21} & y_{22} & \cdots & y_{2q} \\ & & \vdots & & & & \vdots & \\ x_{n1} & x_{n2} & \cdots & x_{np} & y_{n1} & y_{n2} & \cdots & y_{nq} \end{bmatrix}$$

2. 对原始数据进行标准化变化并计算相关系数矩阵

$$\boldsymbol{R} = \begin{bmatrix} \boldsymbol{R}_{11} & \boldsymbol{R}_{12} \\ \boldsymbol{R}_{21} & \boldsymbol{R}_{22} \end{bmatrix}$$

其中，$\boldsymbol{R}_{11}$，$\boldsymbol{R}_{22}$分别为第一组变量和第二组变量的相关系数阵，$\boldsymbol{R}_{12}=\boldsymbol{R}'_{21}$为第一组变量和第二组变量的相关系数。

3. 求典型相关系数和典型变量

计算矩阵 $\boldsymbol{A}=\boldsymbol{R}_{11}^{-1}\boldsymbol{R}_{12}\boldsymbol{R}_{22}^{-1}\boldsymbol{R}_{21}$ 以及矩阵 $\boldsymbol{B}=\boldsymbol{R}_{22}^{-1}\boldsymbol{R}_{21}\boldsymbol{R}_{11}^{-1}\boldsymbol{R}_{12}$ 的特征值和特征向量，分别得典型相关系数和典型变量。

4. 检验各典型相关系数的显著性

利用上一节的方法进行检验。

例 11-1　为研究人口出生与受教育程度、生活水平等的相关性，我们选择了部分地区的相关指标，如表 11-1 所示。其中，X_1、X_2、X_3、X_4、X_5 分别代表多孩率、综合节育率、初中及以上受教育程度的人口比例、人均国民收入和城镇人口比例。人口出生情况用多孩率(X_1)、综合节育率(X_2)来刻画，受教育程度、生活水平用初中及以上受教育程度的人口比例(X_3)、人均国民收入(X_4)、城镇人口比例(X_5)来刻画。试进行典型相关分析。

表 11-1　原始数据表

序号	X_1	X_2	X_3	X_4	X_5
1	0.94	89.89	64.51	3 577	73.08
2	2.58	92.32	55.41	2 981	68.65
3	13.46	90.71	38.20	1 148	19.08
4	12.46	90.04	45.12	1 124	27.68

（续表）

序号	X_1	X_2	X_3	X_4	X_5
5	8.94	90.46	41.83	1 080	36.12
6	2.80	90.17	50.64	2 011	50.86
7	8.91	91.43	46.32	1 383	42.65
8	8.82	90.78	47.33	1 628	47.17
9	0.80	91.47	62.36	4 822	66.23
10	5.94	90.31	40.85	1 696	21.24
11	2.60	92.42	35.14	1 717	32.81
12	7.07	87.97	29.51	933	17.90
13	14.44	88.71	29.04	1 313	21.36
14	15.24	89.43	31.05	943	20.40
15	3.16	91.21	37.85	1 372	27.34
16	9.04	88.76	39.71	880	15.52
17	12.02	87.28	38.76	1 248	28.91
18	11.15	89.13	36.33	976	18.23
19	22.46	87.72	38.38	1 845	36.77
20	24.34	84.86	31.07	798	15.10
21	33.21	83.79	39.44	1 193	24.05
22	4.78	90.57	31.26	903	20.25
23	21.56	86.00	22.38	654	18.93
24	14.09	80.96	21.49	956	14.72
25	32.31	87.60	7.70	865	12.59
26	11.18	89.71	41.01	930	21.49
27	13.80	86.33	29.69	938	22.04
28	25.34	81.56	31.30	1 100	27.35
29	20.84	81.45	34.59	1 024	25.72
30	39.60	64.90	38.47	1 374	31.91

在 SPSS 中输入如下命令：

```
INCLUDE 'D:\SPSS\Cannoical correlation.sps'.
  CANCORR SET1 = x1 x2/
    SET2 = x3 x4 x5.
```

运行后可得如下结果：

Correlations for Set-1*

	X_1	X_2
X_1	1.0000	−.7610
X_2	−.7610	1.0000

* 第一组变量相关系数

Correlations for Set-2*

	X_3	X_4	X_5
X_3	1.0000	.7712	.8488
X_4	.7712	1.0000	.8777
X_5	.8488	.8777	1.0000

* 第二组变量相关系数

Correlations Between Set-1 and Set-2*

	X_3	X_4	X_5
X_1	−.5418	−.4528	−.4534
X_2	.2929	.2528	.2447

* 第一组与第二组变量之间的相关系数

Canonical Correlations*

1	.578
2	.025

* 典型相关系数

Test that remaining correlations are zero*

	Wilk's	Chi-SQ	DF	Sig.
1	.666	10.584	6.000	.102
2	.999	.017	2.000	.992

* 维度递减检验结果(降维检验)

Standardized Canonical Coefficients for Set-1*

	1	2
X_1	−1.319	.797
X_2	−.486	1.463

* 标准化典型系数(第一组)

Raw Canonical Coefficients for Set-1*

	1	2
X_1	−.131	.079
X_2	−.091	.275

* 未标准化系数(第一组)

Standardized Canonical Coefficients for Set-2*

	1	2
X_3	.997	−.261
X_4	.292	2.075
X_5	−.274	−1.743

* 标准化典型系数(第二组)

Raw Canonical Coefficients for Set-2*

	1	2
X_3	.086	−.023
X_4	.000	.002
X_5	−.017	−.107

* 未标准化系数(第二组)

Canonical Loadings for Set-1*

	1	2
X_1	−.949	−.316
X_2	.517	.856

* 典型负载系数(第一组)

Cross Loadings for Set-1*

	1	2
X_1	−.548	−.008
X_2	.299	.022

* 交叉负载系数(第一组原始变量)

Canonical Loadings for Set-2*

	1	2
X_3	.990	−.140
X_4	.821	.344
X_5	.829	−.143

* 典型负载系数(第二组)

Cross Loadings for Set-2*

	1	2
X_3	.572	−.004
X_4	.474	.009
X_5	.479	−.004

* 交叉负载系数(第二组原始变量)

Redundancy Analysis

Proportion of Variance of Set-1 Explained by Its Own Can. Var. *

	Prop Var
CV1-1	.584
CV1-2	.416

* 冗余分析
（第一组原始变量总方差中由本组变式代表的比例）

Proportion of Variance of Set-1 Explained by Opposite Can. Var. *

	Prop Var
CV2-1	.195
CV2-2	.000

* 第一组原始变量总方差中由第二组的变式所解释的比例

Proportion of Variance of Set-2 Explained by Its Own Can. Var. *

	Prop Var
CV2-1	.780
CV2-2	.053

* 第二组原始变量总方差中由本组变式代表的比例

Proportion of Variance of Set-2 Explained by Opposite Can. Var. *

	Prop Var
CV1-1	.261
CV1-2	.000

* 第二组原始变量总方差中由第一组的变式所解释的比例

—END MATRIX—

另外，在数据表中还输出了以下结果：s1_cv001：第一组的第一个典型变量；s2_cv001：第二组的第一个典型变量；s1_cv002：第一组的第二个典型变量；s2_cv002：第二组的第二个典型变量。

例 11-2 城市竞争力与城市基础设施关系的典型相关分析(本案例引自参考文献 20)

1. 城市竞争力指标与城市基础设施指标

城市竞争力主要取决于产业经济效益、对外开放程度、基础设施、市民素质、政府管理及环境质量等因素。城市基础设施是以物质形态为特征的城市基础结构系统，指城市可利用的各种设施及质量，包括交通、通信、能源动力系统，住房储备，文、卫、科教机构和设施等。基础设施是城市经济、社会活动的基本载体，它的规模、类型、水平直接影响着城市产业的发展和价值体系的形成。因此，基础设施竞争力是城市竞争力的重要组成部分，对提高城市竞争力非常重要。

本案例选取了从不同角度表现城市竞争力的四个关键性指标，构建了城市竞争力指标体系：市场占有率、GDP 增长率、劳动生产率和居民人均收入。城市基础设施指标体系主要包含六个指标：对外设施指数（由城市货运量和客运量指标综合构成）；对内设施指数（由城市能源、交通、道路、住房等具体指标综合而成）；每百人拥有电话机数；技术性设施指数（是城市现代交通、通信、信息设施的综合指数，由港口个数、机场等级、高速公路、高速铁路、地铁条数、光缆线路数等加权综合构成）；文化设施指数（由公共藏书量、文化馆数量、影剧院数量等指标加权综合构成）；卫生设施指数（由医院个数、万人医院床位数综合构成）。

本案例选取了20个最具有代表性的城市，城市名称和竞争力、基础设施各项指标数据如表11-2、表11-3所示，表中数据都是把原始数据经过无量纲化处理后得到的。

表11-2　城市竞争力表现要素得分

城市	劳动生产率(Y_1)	市场占有率(Y_2)	居民人均收入(Y_3)	GDP增长率(Y_4)	城市	劳动生产率(Y_1)	市场占有率(Y_2)	居民人均收入(Y_3)	GDP增长率(Y_4)
上海	45 623.05	2.50	8 439	16.27	青岛	33 334.62	0.63	6 222	11.63
深圳	52 256.67	1.30	18 579	21.50	武汉	24 633.27	0.59	5 573	16.39
广州	46 551.87	1.13	10 445	11.92	温州	39 258.78	−0.69	9 034	22.43
北京	28 146.76	1.38	7 813	15.00	福州	38 201.47	−0.34	7 083	18.53
厦门	38 670.43	0.12	8 980	26.71	重庆	16 524.32	0.44	5 323	12.22
天津	26 316.96	1.37	6 609	11.07	成都	31 855.63	−0.02	6 019	11.88
大连	45 330.53	0.56	6 070	12.40	宁波	22 528.80	−0.16	9 069	15.70
杭州	45 853.89	0.28	7 896	13.93	石家庄	21 831.94	−0.15	5 497	13.56
南京	35 964.64	0.74	6 497	8.97	西安	19 966.36	−0.15	5 344	12.43
珠海	55 832.61	−0.12	13 149	9.22	哈尔滨	19 225.71	−0.16	4 233	10.16

资料来源：倪鹏飞等：《城市竞争力蓝皮书：中国城市竞争力报告NO.1》，北京：社会科学出版社，2003。

表11-3　城市基础设施构成要素得分

城市	对外设施指数(X_1)	对内设施指数(X_2)	每百人电话数(X_3)	技术性设施指数(X_4)	文化设施指数(X_5)	卫生设施指数(X_6)	城市	对外设施指数(X_1)	对内设施指数(X_2)	每百人电话数(X_3)	技术性设施指数(X_4)	文化设施指数(X_5)	卫生设施指数(X_6)
上海	1.03	0.42	50	2.15	1.23	1.64	青岛	0.01	−0.14	24	0.37	−0.40	−0.49
深圳	1.34	0.13	131	0.33	−0.27	−0.64	武汉	0.02	−0.47	28	0.03	0.15	0.26
广州	1.07	0.40	48	1.31	0.49	0.09	温州	−0.47	0.03	45	−0.76	−0.46	−0.75
北京	−0.43	0.19	20	0.87	3.57	1.80	福州	−0.45	−0.2	34	−0.45	−0.34	−0.52
厦门	−0.53	0.25	32	−0.09	−0.33	−0.84	重庆	0.72	−0.83	13	0.05	−0.09	0.56
天津	−0.11	0.07	27	0.68	−0.12	0.87	成都	0.37	−0.54	21	−0.11	−0.24	−0.02
大连	0.35	0.06	31	0.28	−0.30	−0.16	宁波	0.01	0.38	40	−0.17	−0.40	−0.71
杭州	−0.50	0.27	38	−0.78	−0.12	1.61	石家庄	−0.81	−0.49	22	−0.38	−0.21	−0.59
南京	0.31	0.25	43	0.49	−0.09	−0.06	西安	−0.24	−0.91	18	−0.05	−0.27	0.61
珠海	−0.28	0.84	37	−0.79	−0.49	−0.98	哈尔滨	−0.53	−0.77	27	−0.45	−0.18	1.08

资料来源：倪鹏飞等：《城市竞争力蓝皮书：中国城市竞争力报告NO.1》，北京：社会科学出版社，2003。

2. 城市竞争力与基础设施的典型相关分析

将上述经过整理的指标数据采用SAS统计软件中的CANCORR过程进行处理，得出如下结果：

① 典型相关系数及其检验。典型相关系数及其检验如表 11-4 所示：

表 11-4　典型相关系数

序号	典型相关系数	特征值	百分比	累计百分比	标准误	$P_r > P$
1	0.959862	11.7122	0.7498	0.7498	0.018541	0.0002
2	0.872660	3.1935	0.2044	0.9542	0.056207	0.0432
3	0.572693	0.4880	0.0312	0.9855	0.158397	0.4870
4	0.429835	0.2266	0.0145	1.0000	0.192154	0.4666

由表 11-4 可知，前两个典型相关系数均较高，表明相应典型变量之间密切相关。但要确定典型变量相关性的显著程度，还需进行相关系数的 χ^2 统计量检验，具体做法是：比较统计量 χ^2 计算值与临界值的大小，据比较结果判定典型变量相关性的显著程度。其结果如表 11-5 所示：

表 11-5　相关系数检验表

序号	自由度	χ^2 计算值	χ^2 临界值($\alpha=0.05$)
1	24	92.029	36.415
2	15	31.179	24.996

从表 11-5 可以看出，这两对典型变量均通过了 χ^2 统计量检验，表明相应典型变量之间相关关系显著，能够用城市基础设施变量组来解释城市竞争力变量组。

② 典型相关模型。鉴于原始变量的计量单位不同，不宜直接比较，这里采用标准化的典型系数，同时给出典型相关模型，如表 11-6 所示：

表 11-6　典型相关模型

1	$U_1=0.0081X_1+0.1102X_2-0.1099X_3+0.7412X_4+0.3162X_5+0.2383X_6$ $V_1=-0.2505Y_1+0.8132Y_2-0.2025Y_3-0.0477Y_4$
2	$U_2=-0.0107X_1+1.1912X_2-0.2147X_3-0.3091X_4-0.0016X_5+0.0872X_6$ $V_2=-0.2005Y_1-0.0467Y_2+1.1109Y_3+0.6153Y_4$

由表 11-6 中的第一组典型相关方程可知：基础设施方面的主要因素依次是 X_4、X_5、X_6(典型载荷分别为 0.7412，0.3162，0.2383)，说明基础设施中影响城市竞争力的主要因素是技术性设施指数(X_4)、文化设施指数(X_5)和卫生设施指数(X_6)；城市竞争力的第一典型变量 V_1 与 Y_2 呈高度相关，说明在城市竞争力中，市场占有率(Y_2)占主要地位。根据第二组典型相关方程，对内设施指数(X_2)是基础设施方面的主要因素，而居民人均收入(Y_3)和 GDP 增长率(Y_4)(典型载荷分别为 1.1109，0.6153)，也是反映城市竞争力的两个重要指标。由于第一组典型变量占有信息量的比重较大，所以总体上基础设施方面的主要因素按重要程度依次是 X_4、X_5、X_6、X_2，反映城市竞争力的主要指标是 Y_2、Y_3 和 Y_4。

③ 典型结构。结构分析是依据原始变量与典型变量之间的相关系数给出的，如表 11-7 所示。

表 11-7　结构分析(相关系数)

	U_1	U_2	V_1	V_2
X_1	0.8193	0.2686	0.4025	0.2344
X_2	−0.3522	0.9238	−0.3380	0.9062
X_3	−0.4799	0.2508	−0.4606	0.2188
X_4	0.9771	−0.0607	0.9419	−0.0530
X_5	0.9520	−0.1732	0.8930	−0.1512
X_6	0.8957	−0.2898	0.5622	−0.2529
	V_1	V_2	U_1	U_2
Y_1	−0.5517	0.3813	−0.4336	0.3327
Y_2	0.9633	0.3151	0.9767	0.2750
Y_3	−0.6074	0.9243	−0.5830	0.8932
Y_4	−0.5736	−0.0035	−0.4546	−0.0031

由表 11-7 可知,X_1、X_4、X_5、X_6 与基础设施组的第一典型变量 U_1 均呈高度相关关系关系,说明对外设施、技术设施、文化设施和卫生设施在反映城市基础设施方面占有主导地位,其中又以技术设施居于首位。同时,X_4、X_5 与竞争力组的第一典型变量高度相关,X_1、X_6 与之相关性也较强,说明技术设施和文化设施是基础设施中反映城市竞争力的重要因素,对外设施和卫生设施对于城市竞争力也有一定影响。X_2 与基础设施组的第二变量和竞争力组的第二变量都呈高度相关关系,但由于 U_2、V_2 所含信息量比较低,故总体上看 X_2 对城市竞争力的影响较小。竞争力组的第一典型变量 V_1 与 Y_2 的相关系数均比较高,体现了 Y_2 在反映城市竞争力的指标中占有主导地位。Y_3 与 V_1 呈低相关关系,与 V_2 呈高度相关关系,但 V_2 凝聚的信息量有限,因而 Y_3 对竞争力的贡献也明显低于 Y_2。由于第一对典型变量之间的高度相关,导致基础设施组中四个主要变量与竞争力组中的第一典型变量呈高度相关关系;而竞争力组中的 Y_2 则与基础设施组的第一典型变量也呈高度相关关系。这种一致性从数量上体现了基础设施组对竞争力组的本质影响作用,与指标的实际经济联系非常吻合,说明典型相关分析结果具有较高的可信度。

值得一提的是,与线性回归模型不同,典型相关系数与典型系数可以有不同的符号。如基础设施方面的 U_1 与 X_2,U_2 与 X_1、X_3 相关系数为负(或正)值(−0.3522、0.2686、0.2508),而典型系数却为正(或负)值(0.2102、−0.0107、−0.2147);竞争力方面的 V_2 与 Y_1、Y_2 的相关系数为正值(0.3813、0.3151),而典型系数却为负值(−0.2005、−0.0467)。由于出现这种反号的情况,故称 X_1、X_2、X_3、Y_1、Y_2 为抑制变量(Suppressor)。由表 11-7 的相关系数还可以看出,影响组的第一典型变量 U_1 对 Y_2 和 U_2 对 Y_3 有相当高的预测能力,系数值分别为 0.9767 和 0.8932,而对 Y_1 和 Y_4 的预测能力较差,系数值仅为 0.3075 和−0.0031。

④ 典型冗余分析与解释能力。典型相关系数的平方表示两组典型变量间享有的共同变异的百分比,可进一步分解为各自的解释能力。设 U_i 和 V_i 分别为 X、Y 的第 i 对典型变量,则 U_i 对 X 方差的解释能力和 V_i 对 Y 方差的解释能力分别为:

$$r^2(X \mid U_i) = \left[\sum_{j=1}^{p} r(X_i, U_j)^2\right] / p,$$

$$r^2(Y \mid V_i) = \left[\sum_{j=1}^{q} r(Y_i, V_j)^2\right] / q$$

例如，$r^2(X|U_1)=[0.8193^2+(-0.3522)^2+(-0.4799)^2+0.9771^2+0.952^2+0.8957^2]\div 6=0.6148$。类似地，可求得 V_i 对 Y 方差的解释能力。如 $r^2(Y|V_1)=[(-0.5517)^2+0.9633^2+(-0.5736)^2]\div 3=0.4813$。将"解释能力"乘以典型相关系数的平方，即为第二典型冗余(Redundancy)，它表示一组变量的方差被对方典型变量解释的平均比例。从表 11-8 可以看出，两对典型变量 U_1、U_2 和 V_1、V_2 均较好地预测了对应的那组变量，而且交互解释能力也比较强。来自城市竞争力组的方差被基础设施组典型变量 U_1、U_2 解释的比例和为 75.25%；来自基础设施组的方差被竞争力组典型变量 V_1、V_2 解释的方差比例和为 70.68%。城市竞争力变量组被其自身及其对立典型变量解释的百分比、基础设施变量组被其自身及其对立典型变量解释的百分比均较高，尤其是第一对典型变量具有较高的解释百分比，反映出两者之间具有较高的相关性。

表 11-8　典型变量的解释能力

典型变量	第一典型冗余(1)	典型相关系数的平方(2)	第二典型冗余(3)=(1)×(2)
V_1	0.4813	0.9213	0.4434
V_2	0.2746	0.7615	0.2091
V_1+V_2	0.7559	—	0.7525
U_1	0.6148	0.9213	0.5664
U_2	0.1844	0.7615	0.1404
U_1+U_2	0.7992	—	0.7068

根据城市竞争力与基础设施之间关系的典型相关分析结果，城市竞争力与基础设施之间的关系可从下列三个方面进行阐述：

(1) 市场占有率是决定城市竞争力水平的首要指标，技术设施、文化设施和卫生设施是影响城市竞争力的主要基础设施变量。

市场占有率是竞争力大小的最直接表现，它反映一个城市域外产品需求的大小和其产品在全部城市产品市场中的份额，反映了一个城市创造价值的相对规模。根据典型载荷的大小可知，影响市场占有率的最主要因素是技术设施指数。技术设施指数是城市现代交通、通信、信息设施的综合指数，由先进交通设施指标如港口个数、机场等级、高速公路、高速铁路、地铁条数、光缆线路数加权而成，是一个主客观结合指标，它代表了一个城市的物流和信息流的传播水平和扩散速度。同时，文化设施和卫生设施对提高市场占有率也有较为显著的影响，说明知识传播及卫生条件对市场占有率也有重要作用。第一典型变量显示，城市竞争力中的市场占有率与基础设施关系最密切，影响一个城市市场占有率的基础设施因素主要是交通和信息设施，这与信息时代的发展相一致。因此，第一典型变量真实地反映了城市竞争力与基础设施之间的本质联系，它将市场占有率从竞争力中提取出来，强调了信息基础设施建设对提升城市竞争力的重要性。

(2) 城市居民人均收入和GDP增长率是反映城市竞争力的另外两个重要变量，基础设施中的对内设施对城市竞争力也有较大影响。

城市居民人均收入和GDP增长率综合反映了城市在域内和域外创造价值的状况。城市居民人均收入是城市创造价值在其域内成员收益上的直接反映，而城市吸引、占领、争夺、控制资源和市场创造价值的能力、潜力及持续性决定于GDP的长期增长，即GDP增长率反映了城市价值扩展的速度和潜力。因此，居民人均收入和GDP增长率可以综合反映一个城市吸引、控制资源和创造市场价值的能力和潜力。基础设施建设中的对内设施指数通过城市能源、交通、道路、住房和卫生设施条件等影响并制约着城市吸引、利用资源并创造价值的能力和水平。由于现在城市的竞争不再是自然资源的单一竞争，人才竞争已成为竞争的主要对象和核心，占有人才便控制了城市竞争的制高点，也就决定了城市创造价值的能力和潜力。而城市能源是价值创造的基础，交通、道路、住房及卫生设施等决定着城市利用资源和对人才的吸引力。因此，城市基础设施中的对内设施建设对提升城市竞争力具有重要作用。第二对典型变量还说明，每百人电话数和技术设施指数与居民人均收入和GDP增长率反方向增长，电话和技术设施方面的投资在一定程度上影响了城市利用资源、创造价值的水平。因为电话的数量和技术设施投资必然要占用城市有限的人力、物力资源，短时期内会影响城市居民人均收入水平和GDP的增长。

3. 劳动生产率在我国城市竞争力中的作用尚不明显

从以上典型分析结果可以得出，目前我国劳动生产率在城市竞争力中的重要作用尚不明显，这可能源于两个原因：一是我国各城市的劳动生产率低，对城市竞争力的贡献率不高；二是城市基础设施建设与劳动生产率之间的相关度不高。但相关研究成果显示，中国目前的劳动生产率并不低，不能否认劳动生产率在城市竞争力中的作用，如果这一结论成立，则对这一问题唯一的解释就是城市基础设施建设与劳动生产率的关联度不高。

城市竞争力与城市基础设施的典型相关分析结果表明，市场占有率是城市竞争力与基础设施的关系中最具有表现性的一个指标，与市场占有率关联度高的城市基础设施指标主要是技术设施、文化设施、卫生设施指数和对内设施，这充分反映了在信息时代，交通、通信及知识传播渠道等信息基础设施建设对提升城市竞争力的重要性。居民人均收入和GDP增长率是反映一个城市竞争力的另一个相对重要的指标，它们的主要影响因素是城市能源、交通、道路、住房等对内设施建设状况，这表明城市利用、控制资源和创造市场价值的能力取决于其能源状况和吸引人才的交通、住房等基础设施建设情况。因此，从基础设施角度考虑，提高城市竞争力的措施有：

第一，大力推进技术性基础设施建设。改善交通、通信、信息等基础设施环境，加快城市信息化进程，为提高市场占有率、增加城市竞争力创造硬环境。

第二，加强文化设施和卫生设施建设。建立适应城市经济的教育基础设施体系，提高城市知识传播渠道和传播速度，为科技发展奠定基础。同时，重视卫生设施建设和城市卫生条件的改善。

第三，提高城市能源储备和利用能力，这是城市价值创造和长期经济增长的基本要求。

第四，重视城市交通、道路和住房建设，建立适宜的生活性和社会性基础设施，为城市吸引人才、使用资源、创造市场价值创造条件。

本章小结

本章介绍了典型相关分析的基本思想、基本原理及其应用。通过本章的学习，读者应能了解典型相关分析的基本思想、基本原理，典型变量及相关系数的求解思路，典型相关系数的检验，并能进行相应的应用。重点掌握典型相关分析的基本思想和应用。

进一步阅读材料

1. 于秀林、任雪松：《多元统计分析》，北京：中国统计出版社，1999。
2. Richard A. Johnson、Dean W. Wichern 著，陆璇译：《实用多元统计分析》，北京：清华大学出版社，2001。
3. 余锦华、杨维权：《多元统计分析与应用》，广州：中山大学出版社，2005。

练习题

1. 试述典型相关分析的基本思想。
2. 试述典型相关分析方法的基本功能。
3. 研究国民经济发展水平与交通运输发展状况的相关关系。
4. 研究房地产业发展状况与国民经济发展水平之间的相关关系。
5. 试寻找一个实例进行典型相关分析。

第十二章 偏最小二乘回归分析

教学目的

本章系统介绍偏最小二乘回归分析的基本原理。首先介绍偏最小二乘回归分析的基本思想，并对偏最小二乘回归分析的数学模型及其应用进行说明。通过本章的学习，希望读者能够：

1. 掌握偏最小二乘回归分析的基本思想；

2. 掌握偏最小二乘回归分析适合解决的问题；

3. 理解偏最小二乘回归分析的基本原理；

4. 掌握偏最小二乘回归分析的应用。

本章的重点是偏最小二乘回归分析的基本思想及其应用。

第一节　引言

无论是在经济管理、社会科学还是在工程技术的研究中，回归分析都是一种普遍应用的统计分析与预测技术，多元线性回归就试图用自变量的线性组合来预测因变量的值，而多元线性回归模型中自变量的基本要求是，模型中应包含所有对因变量有重要解释意义的因素，并且在反映这些因素的自变量之间不存在密切的线性关系。而实际问题中，当涉及的自变量较多时，我们很难找到一组自变量，它们之间互不相关；或者，当我们所取得的样本点数量小于自变量个数时，会引起多重共线性问题。这时，在多元线性回归分析中，如果采用普通的最小二乘法(Least Squares，LS)，这种变量多重共线性就会严重危害参数估计，扩大模型误差，并破坏模型的稳健性。特别地，当对多个因变量与多个自变量关系进行回归分析时，原有的多元多重回归分析模型一方面形式较复杂，同时受变量间共线性的影响，效果往往并不理想(因此在本书中，不再单独介绍相关多元多重回归分析的理论和模型)。于是，人们开始寻找新的方法，而偏最小二乘回归分析可以很好地解决这一问题。

偏最小二乘法(Partial Least Squares，PLS)是最小二乘法的一种拓展，最先产生于化学领域，由化学界的 S. 沃德(S. Wold)和奥尔本诺(C. Albano)在 1983 年提出。它利用对系统中数据进行分解和筛选的方式，提取对因变量解释性最强的综合变量，剔除多重相关信息和无解释意义的信息，从而克服了变量多重共线性在系统建模中的不良作用。偏最小二乘回归模型与最小二乘法或其他建模方法(如神经网络)相比，具有简单稳健、计算量小、预测精度较高、无需剔除任何解释变量或样本点等优点，因而得到了广泛应用。

沃德在 1983 年提出 PLS 方法后，随后进一步与他的合作者开展了广泛深入的理论探讨，并且开发了在 Windows 下面运行的 SIMCA-P 数据分析软件，用以支持偏最小二乘回归分析的计算和结果解释。沃德、霍斯卡尔德森(Hoskuldson)和盖拉蒂(Geladi)研究指出，在多因变量对多自变量的回归建模中，当各变量集合内部存在较高程度的相关性时，用偏最小二乘回归分析建模，比对逐个因变量作多元回归更加有效，其结论更加可靠，整体性更强。赫兰(Helland)通过分析偏最小二乘回归建模过程发现，回归方程是观测向量 Y 在自变量资料向量所张成的子空间中的投影，故而需逐次还原出核心向量 t_1，t_2，…，通过理论推导，其提出一个简便算法(Helland 算法)。沃德等在 1989 年提出了非线性的偏最小二乘回归方法，爱德华(Edward)在原有理论基础上，针对多维数据提出了非线性偏最小二乘回归方法与神经网络联合建模，应用效果良好。1996 年 10 月，在法国高等商业教育组织的资助下，在巴黎召开了一次有关偏最小二乘回归方法理论与实践的学术研讨会，福恩(Fornen)教授将偏最小二乘回归称为第二代回归分析方法。

近年来，偏最小二乘回归方法在我国的经济、化学、水利等诸多领域开展了应用研究，并取得了较好效果。王惠文、任若恩等对偏最小二乘回归的统计概念做了较为全面且简明的解释，重点介绍了偏最小二乘回归方法的基本功能、思想方法和应用技巧，并揭示了偏最小二乘回归与其他多元分析方法的联系。王惠文还通过分析偏最小二乘回归对多变量信息的综合与筛选作用，揭示了偏最小二乘回归在多重相关条件下建模的机理，同时也展示了这一新型多元分析方法应用范围的广泛性。

高惠漩、王惠文等对主成分回归和偏最小二乘回归两种成分提取方法进行了详细的对比分析，指出利用主成分分析提取的主成分进行回归，效果往往不好，其原因是在对自变量系统中的信息作综合提取时，只注重尽可能多地概括自变量系统中的信息，而对因变量的解释性却毫不考虑。而偏最小二乘回归在对自变量进行信息综合时，不但考虑了要最好地概括自变量系统中的信息，而且注重要求所提取的成分必须对因变量也有较好的解释性。蒋红卫、叶莺等应用医学实例对一般最小二乘回归(OLS)和偏最小二乘回归进行了对比分析。实例结果对比表明，偏最小二乘回归对数据的拟合度和预测精度均优于一般最小二乘回归。偏最小二乘回归作为一种数据"软"建模的稳健统计方法，它无需剔除任何解释变量或样本点，具有简单稳健、易于定性解释、预测精度较高等优点。尤其当解释变量个数多、样本量少时，其数据的探索性分析更有效。肖琳、马智明、王惠文等还深入探讨了偏最小二乘回归理论在消除多重共线性中的作用。通过计算分析得出，PLS 可以在自变量多重相关的条件下，有效地构造出对系统解释性最强的子空间，进行回归建模，使模型的精度和可靠性得到很大的提高。

在工程技术预测研究中，偏最小二乘方法也得到了较为广泛的应用研究。邓念武等采用偏最小二乘方法对大坝位移监测资料进行建模，并应用于某土石坝的沉降资料分析中，结果表明，该方法有较高的预报精度。徐洪钟等在建立坝顶水平位移统计模型，杨杰等在绕坝渗流建模中和解华明等在强夯置换深度估算上均采用了偏最小二乘方法。综合分析表明，相对于逐步回归和多元回归方法，偏最小二乘方法对系统信息和噪声有良好的辨识能力，能使模型结果对实测变量的物理成因解释更趋于合理。

偏最小二乘方法以其优越性还被广泛应用于环保、水利、电力等方面。梅自良等以 27 组降雨监测数据作为样本数据，应用偏最小二乘方法建立 PH 预测模型，分析比较了影响宜宾地区酸雨 PH 值的离子的重要性和离子来源。李林等则用偏最小二乘方法建立了城市水资源承载能力模型，得到较满意的效果。罗批等用偏最小二乘方法进行了电路成品率估计研究，其预测精度能满足实际电路设计和分析的要求。而张伏生等对偏最小二乘方法在电力系统短期负荷预测中的应用进行了研究，认为该方法可有效地进行数据分析和样本预处理，并可以对输入因素进行成分提取，提取出的成分具有线性无关的特点，对日负荷有较好的解释能力，且利于建模和预测。董春等在建立地理因子库和经济因子库的基础上，利用偏最小二乘方法对地理因子与经济因子进行了回归建模，得到的回归系数能较好地解释两类因子之间的相关关系。

近年来偏最小二乘回归方法得到了迅速的发展，特别是分析多组变量关系上出现了偏最小二乘通径回归模型、偏最小二乘递阶回归模型，具体内容可参见王惠文等的《偏最小二乘回归的线性和非线性方法》。今后，偏最小二乘回归将继续向非线性化、海量数据的处理方面发展，以不断适应新的发展形势。

第二节　偏最小二乘回归分析的基本原理

一、基本思路

设有 q 个因变量$\{y_1,y_2,\cdots,y_q\}$和 p 个自变量$\{x_1,x_2,\cdots,x_p\}$。为研究因变量与自变量之间的关系，我们观测了 n 个样本点。于是可得到包含 p 个自变量 n 个样本点的数据表 $\boldsymbol{X}=\{x_1,x_2,\cdots,x_p\}_{n\times p}$和包含 q 个因变量 n 个样本点的数据表 $\boldsymbol{Y}=\{y_1,y_2,\cdots,y_q\}_{n\times q}$。分别在 X 与 Y 中提取出成分 t_1 和 u_1，显然这两个成分分别是对应变量组的线性组合。在提取这两个成分时，t_1 和 u_1 必须满足下面两个条件：

(1) t_1 和 u_1 应尽可能多地携带它们各自数据表中的变异信息；

(2) t_1 和 u_1 的相关程度能够达到最大。

之所以提出上面的要求，原因在于 t_1 和 u_1 应尽可能好地代表数据表 X 和 Y，同时自变量的成分 t_1 对因变量的成分 u_1 有很高的解释能力。

在第一个成分 t_1 和 u_1 被提取后，偏最小二乘回归分别实施 X 对 t_1 的回归及 Y 对 u_1 的回归。如果回归方程已经达到满意的精度，则算法终止；否则，将利用 X 被 t_1 解释后的残余信息以及 Y 被 t_1 解释后的残余信息进行第二轮的成分提取。如此反复，直到达到一个较满意的精度为止。若最终对 X 共提取了 m 个成分 $t_1,t_2,\cdots,t_m$，偏最小二乘回归将通过利用 $y_k(k=1,2,\cdots,q)$对 $t_1,t_2,\cdots,t_m$ 的回归，然后表达成 y_k 关于自变量 $x_1,x_2,\cdots,x_p$ 的回归方程。

二、计算方法

为推导方便，首先对数据进行标准化处理。设 X 经过标准化处理以后的数据矩阵为 $\boldsymbol{E}_0=(E_{01},E_{02},\cdots,E_{0p})_{n\times p}$，$Y$ 经过标准化处理以后的数据矩阵为 $\boldsymbol{F}_0=(F_{01},F_{02},\cdots,F_{0q})_{n\times q}$。

第一，记 t_1 是 $\boldsymbol{E}_0$ 的第一个成分。$t_1=\boldsymbol{E}_0\boldsymbol{w}_1$，$\boldsymbol{w}_1$ 是 $\boldsymbol{E}_0$ 的第一个轴，它是一个单位向量，即有：

$$\|\boldsymbol{w}_1\|=1$$

记 u_1 是 $\boldsymbol{F}_0$ 的第一个成分。$u_1=\boldsymbol{F}_0\boldsymbol{c}_1$，$\boldsymbol{c}_1$ 是 $\boldsymbol{F}_0$ 的第一个轴，它是一个单位向量，即有：

$$\|\boldsymbol{c}_1\|=1$$

要求 t_1 和 u_1 能分别很好地代表 X 与 Y 中的数据变异信息，根据主成分分析的原理，应当有 $\mathrm{Var}(t_1)$和 $\mathrm{Var}(u_1)$均取得最大值。即：

$$\mathrm{Var}(t_1) \to \max,\ \mathrm{Var}(u_1) \to \max$$

另一方面,根据建立模型的需要,要求 t_1 对 u_1 有最大的解释能力,按典型相关分析的原理,即 t_1 和 u_1 的相关程度应达到最大值,即:

$$r(t_1, u_1) \to \max$$

因此,综合起来,在偏最小二乘回归中体现为 t_1 与 u_1 的协方差达到最大,即:

$$\mathrm{Cov}(t_1, u_1) = \sqrt{\mathrm{Var}(t_1)\mathrm{Var}(u_1)}\, r(t_1, u_1) \to \max$$

于是上述问题的求解用数学表述后为求解下列优化问题,即:

$$\max\langle \boldsymbol{E}_0 \boldsymbol{w}_1, \boldsymbol{F}_0 \boldsymbol{c}_1 \rangle$$
$$\text{s. t.} \begin{cases} \boldsymbol{w}_1' \boldsymbol{w}_1 = 1 \\ \boldsymbol{c}_1' \boldsymbol{c}_1 = 1 \end{cases} \tag{12-1}$$

(12-1)式就是在约束条件 $\| \boldsymbol{w}_1 \|^2 = 1$ 和 $\| \boldsymbol{c}_1 \|^2 = 1$ 之下,求解 $\boldsymbol{w}_1' \boldsymbol{E}_0' \boldsymbol{F}_0 \boldsymbol{c}_1$ 的最大值。

采用拉格朗日算法,记:

$$s = \boldsymbol{w}_1' \boldsymbol{E}_0' \boldsymbol{F}_0 \boldsymbol{c}_1 - \lambda_1(\boldsymbol{w}_1' \boldsymbol{w}_1 - 1) - \lambda_2(\boldsymbol{c}_1' \boldsymbol{c}_1 - 1) \tag{12-2}$$

对 s 分别求关于 $\boldsymbol{w}_1, \boldsymbol{c}_1, \lambda_1, \lambda_2$ 的偏导数,并令之为 0,有

$$\frac{\partial s}{\partial \boldsymbol{w}_1} = \boldsymbol{E}_0' \boldsymbol{F}_0 \boldsymbol{c}_1 - 2\lambda_1 \boldsymbol{w}_1 = 0 \tag{12-3}$$

$$\frac{\partial s}{\partial \boldsymbol{c}_1} = \boldsymbol{F}_0' \boldsymbol{E}_0 \boldsymbol{w}_1 - 2\lambda_2 \boldsymbol{c}_1 = 0 \tag{12-4}$$

$$\frac{\partial s}{\partial \lambda_1} = -(\boldsymbol{w}_1' \boldsymbol{w}_1 - 1) = 0 \tag{12-5}$$

$$\frac{\partial s}{\partial \lambda_2} = -(\boldsymbol{c}_1' \boldsymbol{c}_1 - 1) = 0 \tag{12-6}$$

解由上式组成的联立方程组,可推得:

$$2\lambda_1 = 2\lambda_2 = \boldsymbol{w}_1' \boldsymbol{E}_0' \boldsymbol{F}_0 \boldsymbol{c}_1 = \langle \boldsymbol{E}_0 \boldsymbol{w}_1, \boldsymbol{F}_0 \boldsymbol{c}_1 \rangle$$

记 $\theta_1 = 2\lambda_1 = 2\lambda_2 = \boldsymbol{w}_1' \boldsymbol{E}_0' \boldsymbol{F}_0 \boldsymbol{c}_1$,所以,$\theta_1$ 正是优化问题的目标函数值。

将(12-3)式和(12-4)式写成:

$$\boldsymbol{E}_0' \boldsymbol{F}_0 \boldsymbol{c}_1 = \theta_1 \boldsymbol{w}_1 \tag{12-7}$$

$$\boldsymbol{F}_0' E_0 \boldsymbol{w}_1 = \theta_1 \boldsymbol{c}_1 \tag{12-8}$$

将(12-8)式代入(12-7)式,则有

$$\boldsymbol{E}_0' \boldsymbol{F}_0 \boldsymbol{F}_0' \boldsymbol{E}_0 \boldsymbol{w}_1 = \theta_1^2 \boldsymbol{w}_1 \tag{12-9}$$

同理可得:

$$\boldsymbol{F}_0' \boldsymbol{E}_0 \boldsymbol{E}_0' \boldsymbol{F}_0 \boldsymbol{c}_1 = \theta_1^2 \boldsymbol{c}_1 \tag{12-10}$$

由此可见,$\boldsymbol{w}_1$ 是矩阵 $\boldsymbol{E}_0' \boldsymbol{F}_0 \boldsymbol{F}_0' \boldsymbol{E}_0$ 的特征向量,对应的特征值为 θ_1^2。θ_1 是目标函数值,它要求取最大值,所以,$\boldsymbol{w}_1$ 是与 $\boldsymbol{E}_0' \boldsymbol{F}_0 \boldsymbol{F}_0' \boldsymbol{E}_0$ 矩阵最大特征值对应的单位特征向量。同理,$\boldsymbol{c}_1$ 是矩阵 $\boldsymbol{F}_0' \boldsymbol{E}_0 \boldsymbol{E}_0' \boldsymbol{F}_0$ 对应的最大特征值 θ_1^2 的单位特征向量。

应由 $\boldsymbol{w}_1$ 和 $\boldsymbol{c}_1$ 即可得到成分:

$$t_1 = \boldsymbol{E}_0 \boldsymbol{w}_1$$
$$u_1 = \boldsymbol{F}_0 \boldsymbol{c}_1$$

然后，分别求得 $\boldsymbol{E}_0$ 和 $\boldsymbol{F}_0$ 对 t_1 与 u_1 的回归方程：

$$\boldsymbol{E}_0 = t_1\boldsymbol{p}_1' + \boldsymbol{E}_1$$

$$\boldsymbol{F}_0 = u_1\boldsymbol{q}_1' + \boldsymbol{F}_1^*$$

$$\boldsymbol{F}_0 = t_1\boldsymbol{r}'_1 + \boldsymbol{F}_1$$

其中回归系数向量是：

$$\boldsymbol{p}_1 = \frac{\boldsymbol{E}_0' t_1}{\| t_1 \|^2}$$

$$\boldsymbol{q}_1 = \frac{\boldsymbol{F}_0' u_1}{\| u_1 \|^2}$$

$$\boldsymbol{r}_1 = \frac{\boldsymbol{F}_0' t_1}{\| t_1 \|^2}$$

$\boldsymbol{E}_1$、$\boldsymbol{F}_1^*$、$\boldsymbol{F}_1$ 分别是回归方程的残差矩阵。

第二，用残差矩阵 $\boldsymbol{E}_1$ 和 $\boldsymbol{F}_1$ 取代 $\boldsymbol{E}_0$ 和 $\boldsymbol{F}_0$，然后，求第二个轴 $\boldsymbol{w}_2$ 和 $\boldsymbol{c}_2$ 以及第二个成分 t_2 与 u_2，有

$$t_2 = \boldsymbol{E}_1\boldsymbol{w}_2$$

$$u_2 = \boldsymbol{F}_1\boldsymbol{c}_2$$

$$\theta_2 = \langle t_2, u_2 \rangle = \boldsymbol{w}_2'\boldsymbol{E}_1'\boldsymbol{F}_1\boldsymbol{c}_2$$

$\boldsymbol{w}_2$ 是矩阵 $\boldsymbol{E}_1'\boldsymbol{F}_1\boldsymbol{F}_1'\boldsymbol{E}_1$ 对应的最大特征值 θ_2^2 的特征向量，$\boldsymbol{c}_2$ 是矩阵 $\boldsymbol{F}_1'\boldsymbol{E}_1\boldsymbol{E}_1'\boldsymbol{F}_1$ 对应的最大特征值 θ_2^2 的单位特征向量。下面回归系数：

$$\boldsymbol{p}_2 = \frac{\boldsymbol{E}_1' t_2}{\| t_2 \|^2}$$

$$\boldsymbol{r}_2 = \frac{\boldsymbol{F}_1' t_2}{\| t_2 \|^2}$$

因此，得到两个回归方程：

$$\boldsymbol{E}_1 = t_2\boldsymbol{p}_2' + \boldsymbol{E}_2$$

$$\boldsymbol{F}_1 = t_2\boldsymbol{r}_2' + \boldsymbol{F}_2$$

如此计算下去，如果 $\boldsymbol{X}$ 的秩是 A，则会有：

$$\boldsymbol{E}_0 = t_1\boldsymbol{p}_1' + t_2\boldsymbol{p}_2' + \cdots + t_A\boldsymbol{p}'_A \tag{12-11}$$

$$\boldsymbol{F}_0 = t_1\boldsymbol{r}_1' + t_2\boldsymbol{r}_2' + \cdots + t_A\boldsymbol{r}_A' \tag{12-12}$$

由于 $t_1, t_2, \cdots, t_A$ 均可以表示成 $\boldsymbol{E}_{01}, \boldsymbol{E}_{02}, \cdots, \boldsymbol{E}_{0p}$ 的线性组合，因此(12-12)式可还原为 $\boldsymbol{y}_k^* = \boldsymbol{F}_{0k}$ 关于 $\boldsymbol{x}_j^* = \boldsymbol{E}_{0j}$ 的回归方程形式，即

$$\boldsymbol{y}_k^* = a_{k1}\boldsymbol{x}_1^* + a_{k2}\boldsymbol{x}_2^* + \cdots + a_{kp}\boldsymbol{x}_p^* + \boldsymbol{F}_{Ak} \quad (k = 1, 2, \cdots, q)$$

其中，$\boldsymbol{F}_{Ak}$ 是残差矩阵 $\boldsymbol{F}_A$ 的第 k 列。

三、成分数的选取

在大多数情况下，偏最小二乘回归并不需要选用全部的成分 $t_1, t_2, \cdots, t_A$ 进行回归建模，而是可以采用截尾的方式选择前 m 个成分，仅用这 m 个成分就可以得到一个预测性

能较好的模型。事实上，如果后续的成分已经不能为解释 $\boldsymbol{Y}$ 提供更有意义的信息时，采用过多的成分只会破坏对统计趋势规律的认识，导致错误的预测结论。

因而在偏最小二乘回归方程中，究竟选取多少个成分合适，可通过考察增加一个新的成分后，模型的预测功能是否有明显的改进来考虑。在很多实际应用中都使用如下的方法选取成分数：在所有 n 组数据中除去第 i 个样本点，用这部分样本点并使用 h 个成分拟合一个回归方程。然后把被排除的样本点 i 代入前面拟合的回归方程，得到 y_i 在样本点 i 上的拟合值 $\hat{y}_{hj(-i)}$。对于每一个 $i=1,2,\cdots,n$，复重上述做法，定义 y_j 的预测误差平方和为 $S_{\mathrm{PRESS},hj}$，有：

$$S_{\mathrm{PRESS},hj}=\sum_{i=1}^{n}(y_{ij}-\hat{y}_{hj(-i)})^2 \tag{12-13}$$

定义 $\boldsymbol{Y}$ 的预测误差平方和为 $S_{\mathrm{PRESS},h}$，有：

$$S_{\mathrm{PRESS},h}=\sum_{j=1}^{q}S_{\mathrm{PRESS},hj} \tag{12-14}$$

显然，如果回归方程的稳健性不好，误差很大，它对样本点的变动就会十分敏感，这种扰动误差的作用就会加大 $S_{\mathrm{PRESS},h}$ 的值。

此外，再采用所有的样本点，拟合含 h 个成分的回归方程。这时，记第 i 个样本点的预测值为 $\hat{y}_{hji}$，则可以定义 y_j 的误差平方和为 $S_{\mathrm{SS},hj}$，有：

$$S_{\mathrm{SS},hj}=\sum_{i=1}^{n}(y_{ij}-\hat{y}_{hij})^2 \tag{12-15}$$

定义 $\boldsymbol{Y}$ 的误差平方和为 $S_{\mathrm{SS},h}$，有：

$$S_{\mathrm{SS},h}=\sum_{j=1}^{q}S_{\mathrm{SS},hj} \tag{12-16}$$

一般来说，总是有 $S_{\mathrm{PRESS},h}$ 大于 $S_{\mathrm{SS},h}$，而 $S_{\mathrm{SS},h}$ 则总是小于 $S_{\mathrm{SS},h-1}$。$S_{\mathrm{SS},h-1}$ 是用全部样本点拟合的具有$(h-1)$个成分回归方程的拟合误差；$S_{\mathrm{PRESS},h}$ 增加了 1 个成分 t_h，但含有样本点的扰动误差。如果 h 个成分回归方程的含扰动误差能在一定程度上小于$(h-1)$个成分回归方程的拟合误差，则认为增加 1 个成分 t_h，会使预测的精度明显提高。因此，希望 $S_{\mathrm{PRESS},h}/S_{\mathrm{SS},h-1}$ 的值越小越好。一般认为，当 $\sqrt{S_{\mathrm{PRESS},h}}\leqslant 0.95\sqrt{S_{\mathrm{SS},h-1}}$ 时，增加成分 t_h 是有益的。

另一种定义称为交叉有效性。对于每个因变量 y_k，定义

$$Q_{hk}^2=1-\frac{S_{\mathrm{PRESS},hk}}{S_{\mathrm{SS},(h-1)k}} \tag{12-17}$$

对于全部因变量 $\boldsymbol{Y}$，定义

$$Q_h^2=1-\frac{\sum_{k=1}^{q}S_{\mathrm{PRESS},hk}}{\sum_{k=1}^{q}S_{\mathrm{SS},(h-1)k}}=1-\frac{S_{\mathrm{PRESS},h}}{S_{\mathrm{SS},h-1}} \tag{12-18}$$

用交叉有效性测量成分对预测模型精度的边际贡献有如下两个标准：

第一，当 $Q_h^2\geqslant(1-0.95)^2=0.0975$ 时，认为成分 t_h 的边际贡献是显著的，对模型质量的提高是显著的。这和前面的 $\sqrt{S_{\mathrm{PRESS},h}}\leqslant 0.95\sqrt{S_{\mathrm{SS},h-1}}$ 规则是等价的决策原则。

第二，对于 $k=1,2,\cdots,q$，至少有一个 k 使得 $Q_{hk}^2 \geqslant 0.0975$ 时，认为增加成分 t_h 至少使一个因变量的预测模型质量得到显著的改进，即增加成分 t_h 是有显著作用的。

第三节　案例分析与上机实现

例 12-1　交通运输业和旅游业是相关行业，两者之间存在密切的关系。一方面，旅游业是综合产业，它的发展会带动交通运输等产业的发展，交通运输业的主力客源正是旅游者。另一方面，交通运输业对旅游业有着重要影响：第一，交通运输是发展旅游业的前提和命脉。交通运输作为旅游业"行、游、住、食、购、娱"六要素中的"行"，是旅游业发展的硬件基础，旅游地只有注重交通运输建设，具备良好的可进入性，旅游人数才会逐年增加，旅游业才能得到发展。第二，交通运输是旅游业中旅游收入和旅游创汇的重要来源。第三，交通运输业会影响旅游者的旅游意愿。交通运输业的发展状况、价格、服务质量、便利程度等都会影响人们的旅游意愿，从而影响旅游业的发展。交通运输的建设布局和运力投入，可以调节旅游业的发展规模。但旅游业与交通运输业存在着相辅相成、相互制约的关系。交通的阻塞问题已经成为旅游业发展的瓶颈。

为研究交通运输业与旅游业之间的关系，我们选择了客运量指标及旅游业相关指标。客运量指标包括铁路客运量、公路客运量、水运客运量、民航客运量四个指标。为反映旅游业的发展情况我们选择了旅行社数(个)、旅行社从业人员(人)、入境旅游人数(万人次)、国内居民出境人数(万人次)、国内旅游人数(亿人次)、国际旅游(外汇)收入(亿美元)、国内旅游收入(亿元)等七个指标。指标数据来源于《中国统计年鉴》，数据区间为1996—2012年。拟运用偏最小二乘法分析这些变量之间的关系。

在 SAS 中输入如下命令：

```
data plsn;
input x1 - x7 y1 - y4 @@;
cards;
4 252   87 555   5 112.75   758.82   6.39   102   1 638.38   94 796   1 122 110
22 895   5 555
4 986   94 829   5 758.79   817.54   6.44   120.74   2 112.7   93 308   1 204 583
22 573   5 630
6 222   100 448   6 347.84   842.56   6.945   126.02   2 391.18   95 085   1 257 332
20 545   5 755
7 326   108 830   7 279.56   923.24   7.19   140.99   2 831.92   100 164   1 269 004
19 151   6 094
8 993   164 336   8 344.39   1 047.26   7.44   162.24   3 175.54   105 073
1 347 392   19 386   6 722
10 532   192 408   8 901.29   1 213.44   7.84   177.92   3 522.36   105 155
1 402 798   18 645   7 524
```

```
    11 552    229 147    9 790.83    1 660.23    8.78    203.85    3 878.36    105 606
1 475 257   18 693   8 594
    13 361    249 802    9 166.21    2 022.19    8.7    174.06    3 442.27    97 260
1 464 335   17 142   8 759
    14 927    246 219    10 903.8218    2 885    11.02    257.39    4 710.71    111 764
1 624 526   19 040   12 123
    16 245    248 919    12 029.23    3 102.63    12.12    292.96    5 285.86    115 583
1 697 381   20 227   13 827
    17 957    293 318    12 494.21    3 452.36    13.94    339.49    6 229.7    125 655.7958
1 860 487   22 047   15 967.8448
    18 943    307 977    13 187.33    4 095.4    16.1    419.19    7 770.6    135 670
2 050 680   22 835   18 576.2112
    20 110    321 655    13 002.74    4 584.44    17.12    408.43    8 749.3    146 192.8479
2 682 114   20 334   19 251.11599
    20 399    340 894    12 647.59    4 765.62    19.02    396.75    10 183.69
152 451.1926   2 779 081   22 314   23 051.6387
    22 784    277 262    13 376.22    5 738.65    21.03    458.14    12 579.77    167 609.023
3 052 738   22 392   26 769.1437
    23 690    299 755    13 542.35    7 025    26.41    484.64    19 305.39    186 226.0728
3 286 220   24 556   29 316.6582
    24 944    318 223    13 240.53    8 318.17    29.57    500.28    22 706.22
189 336.8511   3 557 010   25 752   31 936.0505;
    proc pls data = plsn   cv = split cvtest(seed = 12345)DETAILS;
    model y1 - y4 = x1 - x7/solution;
    run;
```

运行可得如下结果：

The PLS Procedure

Data Set	WORK. PLSN
Factor Extraction Method	Partial Least Squares
PLS Algorithm	NIPALS
Number of Response Variables	4
Number of Predictor Parameters	7
Missing Value Handling	Exclude
Maximum Number of Factors	7
Validation Method	7-fold Split-sample Validation
Validation Testing Criterion	Prob T * * 2>0.1
Number of Random Permutations	1000
Random Permutation Seed	12345

Number of Observations Read	16
Number of Observations Used	16

The PLS Procedure

Split-sample Validation for the Number of Extracted Factors

Number of Extracted Factors	Root Mean PRESS	T * * 2	Prob> T * * 2
0	1.01166	8.876739	0.0330
1	0.516829	7.839216	0.0420
2	0.463208	0	1.0000
3	0.470349	4.661972	0.3390
4	0.481852	5.77167	0.1700
5	0.496809	5.644798	0.2010
6	0.510676	8.03713	0.0330
7	0.581801	9.202891	0.0100

Minimum root mean PRESS	0.4632
Minimizing number of factors	2
Smallest number of factors with p>0.1	2

The PLS Procedure

Percent Variation Accounted for

by Partial Least Squares Factors

Number of Extracted Factors	Model Effects		Dependent Variables	
	Current	Total	Current	Total
1	92.2128	92.2128	75.1061	75.1061
2	6.4607	98.6736	12.3407	87.4468

Model Effect Loadings

Number of Extracted Factors	x_1	x_2	x_3	x_4	x_5	x_6	x_7
1	0.388392	0.354462	0.374032	0.389038	0.384056	0.388942	0.365353
2	−0.209632	−0.611351	−0.421143	0.189349	0.317566	−0.013321	0.517750

Dependent Variable Weights

Number of Extracted Factors	y_1	y_2	y_3	y_4
1	0.552383	0.550791	0.267238	0.565761
2	0.366908	0.295349	0.853292	0.223695

Parameter Estimates for Centered and Scaled Data

	y1	y2	y3	y4
Intercept	0.0000000000	0.0000000000	0.0000000000	0.0000000000
x1	0.0487049018	0.0662091027	−.1455640814	0.0879502897
x2	−.1120816364	−.0677589777	−.4759739388	−.0198722463
x3	−.0338439341	−.0025411308	−.3154845875	0.0326578757
x4	0.2421046240	0.2242979189	0.2811256663	0.2110571881
x5	0.3044906302	0.2750025470	0.4215541069	0.2501407745
x6	0.2020333643	0.1912516737	0.1955092769	0.1849219671
x7	0.3301115095	0.2949210999	0.4879001831	0.2642393604

The PLS Procedure

Parameter Estimates

	y1	y2	y3	y4
Intercept	78 411.5955	712 787.1073	21 512.3813	−755.7603
x1	0.2166	7.3096	−0.0464	0.1090
x2	−0.0368	−0.5521	−0.0112	−0.0018
x3	−0.3308	−0.6165	−0.2211	0.0889
x4	3.5004	80.4896	0.2914	0.8502
x5	1 430.9684	32 076.5213	142.0379	327.5091
x6	43.3997	1 019.6789	3.0111	11.0671
x7	2.0039	44.4330	0.2123	0.4469

通过上述交叉验证的分析结果，我们最终对 X 和 Y 各选取了 2 个因子。对因变量组的解释比率为 87.44%，对自变量组的解释比率为 98.67%。这说明效果还是不错的。

此外，上述结果还给出了各因子的估计：

$$
\begin{aligned}
t_1 &= 0.388392x_1 + 0.354462x_2 + 0.374032x_3 + 0.389038x_4 \\
&\quad + 0.384056x_5 + 0.388942x_6 + 0.365353x_7 \\
t_2 &= -0.209632x_1 - 0.611351x_2 - 0.421143x_3 + 0.189349x_4 \\
&\quad + 0.317566x_5 - 0.013321x_6 + 0.517750x_7 \\
u_1 &= 0.552383y_1 + 0.550791y_2 + 0.267238y_3 + 0.565761y_4 \\
u_2 &= 0.366908y_1 + 0.295349y_2 + 0.853292y_3 + 0.223695y_4
\end{aligned}
$$

根据上述结果，可得最终估计的偏最小二乘回归方程为：

$$
\begin{aligned}
y_1 &= 78\,411.5955 + 0.2166x_1 - 0.0368x_2 - 0.3308x_3 + 3.5004x_4 \\
&\quad + 1\,430.9684x_5 + 43.3997x_6 + 2.0039x_7 \\
y_2 &= 712\,787.1073 + 7.3096x_1 - 0.5521x_2 - 0.6165x_3 + 80.4896x_4 \\
&\quad + 32\,076.5213x_5 + 1\,019.6789x_6 + 44.4330x_7 \\
y_3 &= 21\,512.3813 - 0.0464x_1 - 0.0112x_2 - 0.2211x_3 + 0.2914x_4 \\
&\quad + 142.0379x_5 + 3.0111x_6 + 0.2123x_7 \\
y_4 &= -755.7603 + 0.1090x_1 - 0.0018x_2 + 0.0889x_3 + 0.8502x_4 \\
&\quad + 327.5091x_5 + 11.0671x_6 + 0.4469x_7
\end{aligned}
$$

本章小结

本章介绍了偏最小二乘回归分析的基本思想、基本原理及其应用。通过本章的学习，读者应能了解：偏最小二乘回归分析的基本思想、基本原理，并能结合实例进行分析应用。重点掌握偏最小二乘回归分析的基本思想和应用。

进一步阅读材料

1. H. Wold: *Partial Least Squares*, *Advanced Methods of Marketing Research*, Cambridge: Basil Blackwell, 1994.

2. 任若恩、王惠文：《多元统计分析数据分析——理论、方法、实例》，北京：国防工业出版社，1997。

3. 王惠文：《偏最小二乘回归方法及其应用》，北京：国防工业出版社，1999。

4. 王惠文、吴载斌、孟洁：《偏最小二乘回归的线性与非线性方法》，北京：国防工业出版社，2006。

练习题

1. 试述偏最小二乘回归分析的基本思想。
2. 试述偏最小二乘回归分析方法的基本功能。
3. 研究国民经济发展水平与交通运输发展状况的关系。
4. 研究收入结构状况与消费结构状况之间的关系。
5. 试寻找一个实例进行偏最小二乘回归分析。

第十三章 结合分析

教学目的

本章系统介绍了结合分析的基本原理和应用。首先介绍了结合分析的基本思想和特点，对结合分析的基本原理进行了说明，并运用案例说明了结合分析方法的应用。通过本章的学习，希望读者能够：

1. 掌握结合分析的基本思想；
2. 了解结合分析适合解决的问题；
3. 理解结合分析的基本原理和流程；
4. 掌握结合分析的应用。

本章的重点是结合分析的基本思想及其应用。

在市场营销的研究中经常遇到这样一个问题：在所研究的产品/服务中，具有哪些属性的产品最能够受到消费者的欢迎。一件产品通常具有许多属性，如价格、颜色、款式及产品的特有功能等，那么每个属性对消费者的重要程度如何？在同样的（机会）成本下，产品具有哪些属性最能使消费者满意？传统的市场调查让受访者单个评估每一项标准，但这样得出来的结果是不令人满意的。受访者当然希望产品或服务的每一项都是最好的，即做到物美价廉，但这样的产品和服务可能不存在。因而我们希望能选用一种可以将所有属性结合起来评估的方法，让管理人员看到每个属性在消费者心中的相对重要性，从而制定有针对性的策略来提高顾客满意度。结合分析正是这样一种可以测量顾客对某一对象（产品、品牌、商店等）显著特征的相对重要性和属性水平的效用，并据以分析消费者最愿意购买的属性组合的对象的方法。

结合分析（Conjoint Analysis）方法最早由数理心理学家 Luce 和统计学家 Tukey 于 1964 年提出，1972 年 Green、Wind 和 Jain 将其应用于商业领域，成为描述消费者在多个属性的产品/服务并做出决策的一种重要方法。发展至今，大量研究者对结合分析方法的不断改进以及各种分析模型的日趋成熟，使它在欧美等国的商业、环境经济学、交通经济学及医疗服务等领域获得了广泛的认可和应用。在我国，该分析方法在商业、营销、医疗卫生领域也有了初步应用，仍处于一个相对较新的领域。本章旨在说明结合分析方法的基本原理及应用。

结合分析方法的基本思想是：通过假定分析对象具有某些特征，对现实的对象进行模拟，然后让消费者根据自己的喜好对这些虚拟对象进行评价，再采用数理统计方法将这些属性与属性水平的效用分离，从而对每一属性及属性水平的重要程度做出量化评价，使评价结果与消费者的给分尽量保持一致，据此分析研究消费者的选择行为。它主要具有以下功能：在顾客选择过程中确定属性的相对重要性；给出顾客最愿意、偏好度最高的组合对象；根据顾客对属性水平的偏好程度，进行市场细分研究；对市场进行预测等。

结合分析主要具有以下特点：

首先，结合分析在对产品或服务的属性进行评价时使用的方法是其他方法所不能提供的。传统的调查方法让消费者对每个属性进行评估，这对任何人来说都是困难的。而结合分析将整个工作转化成一系列的选择或评级。利用这些选择或评价等级，可以计算出每个属性的相对重要性，对每个属性的重要性，结合分析使用"推导重要性"方法，而非"规定重要性"方法。通过消费者的选择过程可以确定属性的相对重要性，给出消费者最愿意购买、偏好度最高的组合产品，并根据消费者对属性水平的偏好程度，进行市场细分研究。

其次，结合分析可以将研究结果做成市场模拟模型，并能很好地应用于未来的市场策划与营销。随着新竞争者的进入、新产品的问世、价格战的爆发及厂商广告策略的变动，市场也会随之发生变动。传统的研究方法是每当市场发生重大变动，就需要进行调查，以发现消费者对这种变动的感受及它将如何影响消费者的购买行为。使用结合分析，将产品或现有产品的改变一起输入模拟模型，可以得出消费者对这些变动做出何种反应的预测。在大多数市场上，这些模型可以维持 2—3 年的精确性，直到需要进行小规模研究来决定是否调整该模型。

最后,为新产品或各种市场营销方案提供参考信息。用结合分析可以确定消费者赋予某些突出属性(变量)的相对重要性,以及该属性各个水平的效用。这些信息是从消费者对由这些属性及其相应水平所构成的商品、产品或品牌的评价中抽取的。即从消费者总体中抽取一个样本进行调查,要求被调查者对各种属性水平的组合作评价(排序或评分),然后按结合分析的方法估计分配到各种属性水平上的效用值,使估计的效用与被调查者给出的评价尽可能接近。也就是说,要根据被调查者的主观评价构造和估计效用函数,用于描述消费者赋予各种属性水平上的效用。

有关结合分析的统计术语主要有:

(1) 分值函数(Part-Worth Functions),也叫效用函数(Utility Functions),用于描述消费者赋予每种属性的各个水平上的效用。

(2) 相对重要性权数(Relative Importance Weights),其估计值用于表示在消费者做出选择时,属性影响的重要程度。

(3) 属性水平(Attribute Levels),表示属性所呈现的值。

(4) 全轮廓(Full Profiles),也叫完全轮廓(Complete Profiles),品牌的全轮廓是由全部属性的各种水平组合而成的(通过设计方案规定)。

(5) 配对表(Pairwise Tables)。在配对表中,被调查者每次评价两个属性,直到所有可能的属性(每两个属性)都被评价完毕为止。

(6) 循环设计(Cyclical Designs),用于减少配对比较数目。

(7) 正交表(Orthogonal Arrays),是一种设计用表,可以减少全轮廓方法中被评价的组合数量,且能有效地估计所有主要的效应。

(8) 内部效度(Internal Validity),表示预测的效用与被调查者评价的效用之间的相关程度。

第一节　结合分析的基本原理

结合分析是在已知应答者对某一产品/服务整体评估结果的情况下,经过分解来估计其偏好结构的一种多元统计分析方法。它用于确定哪些产品/或服务的属性(Attributes)与水平(Levels)对于消费者来说是最重要的,其目的主要是测量消费者对产品/服务属性的偏好,这些偏好参数可以是分值(Part-Worths)、权重(Importance Weights)、理想点(Ideal Points)等。在结合分析中,其因变量是消费者对某一轮廓的整体偏好评价。某一轮廓的整体也称为全轮廓,是由全部属性的各个水平组合构成的。自变量是组成各轮廓的不同属性(因子)水平。因此,结合分析是在已知消费者对全轮廓的评价结果(Overall Evaluations)的基础上,经过分解的方法(Decompositional Approach)来估计其偏好结构的一种分析法。

在结合分析中,轮廓是由研究人员事先按照某种因子结构(Factorial Structure)采用部分因子正交实验加以设计的。结合分析有三个主要目的：(1) 确定消费者赋予某个预测变量(水平)的贡献和效用，以及属性的相对重要性；(2) 寻找消费者可接受的某种产品的最佳市场组合，这种组合最初可能并没有被消费者所评价；(3) 模拟市场，估计市场占有率和市场占有率的变化。为了达到这些研究目的，首先要估计不同属性水平的效用，进一步计算属性的相对重要性(Attributes Relative Importance)和轮廓效用(Profile Utilities)，以便定量化地测量消费者的偏好，然后基于消费者的偏好采用最大效用模型、Bradley-Terry-Luce(BTL)模型或 Logit 模型来估计市场占有率。

一、水平效用

水平效用用来描述消费者赋予每个属性的各个水平的重要性。每个水平效用由结合分析模型估计得到。一般根据消费者对全轮廓的偏好或评价(因变量)，分解成所有属性水平的效用值，水平作为预测变量(自变量)，采用虚拟变量的 OLS 模型得到回归系数(效用值)。常规的或传统的全轮廓结合分析模型可以用下面的公式表示：

$$Y = a + \sum \nu x$$

其中，Y＝全轮廓的偏好得分；a＝截距；$x=\begin{cases}1 & \text{如果某个属性的水平出现}\\ 0 & \text{其他}\end{cases}$；$v$＝估计的效用；$x$＝指定不同属性水平的哑变量。

二、属性相对重要性

属性相对重要性的计算，基于这样一个假定：差值越大表示该属性在全轮廓中的重要性越大，差值越小表示越不重要。一般用百分比来表示属性相对重要性，计算公式如下：

$$W_j = \frac{\max(v_{ij}) - \min(v_{ij})}{\sum_{j=1}^{J}[\max(v_{ij}) - \min(v_{ij})]} \times 100\%$$

其中，W_j＝第 j 个属性的相对重要性；$\max(v_{ij})$＝第 j 个属性的最大水平效用值；$\min(v_{ij})$＝第 j 个属性的最小水平效用值。

三、轮廓的效用

计算结合分析模型的全轮廓效用，一般最常用和最基本的模式是加法模式(Additive Model)。它认为消费者只是把每个属性的价值(效用值)加起来就得到某种属性组合(产品、服务)的总价值(轮廓效用)。因此，可以通过计算轮廓效用来比较消费者对不同轮廓

(产品、服务的组合形式)的偏好。轮廓效用的计算公式如下：

$$U_k(x) = \sum_j^J \sum_i^J v_{ijk} x_{ijk}$$

$$x_{ijk} = \begin{cases} 1 & \text{如果第 } k \text{ 个轮廓的第 } j \text{ 个属性的第 } i \text{ 个水平出现；} \\ 0 & \text{其他。} \end{cases}$$

其中，$U_k(x)$=第 k 个轮廓的总效用；v_{ijk}=第 k 个轮廓的第 j 个属性($j=1,2,\cdots,J$)的第 i 个水平($i=1,2,\cdots,I$)的效用值。

四、模拟估计市场占有率

在许多结合分析研究中，获得属性水平的效用值往往并不是市场研究的最终目的，更重要的是寻找产品、服务的最佳市场组合，模拟消费者的市场选择和估计市场占有率，这种市场占有率是基于消费者偏好的市场份额。同时，也可以模拟一种新产品进入市场以后，市场占有率的变化。

最普遍使用的模拟市场占有率的方法是最大效用模型。它假定每一个消费者总是购买其认为具有最大轮廓效用的产品，不同消费者选择每一种产品的概率平均，可以得到预测的市场份额(占有率)。

其他模拟市场占有率的方法有 Bradley-Terry-Luce(BTL)模型和 Logit 模型。在 BTL 模型中，选择概率是效用的线性函数；在 Logit 模型中，选择概率是效用的 Logit 函数，Logit 函数是非线性的严格单调递增函数。三种模型的概率计算如下：

最大效用模型

$$p_k = 1.00, \text{当 } U_k = \max(U_k(x)); \text{否则 } P_k = 0.00$$

BTL 模型

$$p_k = U_k \Big/ \sum_{k=1}^{K} U_k(x), \quad K = \text{轮廓数}$$

Logit 模型

$$p_k = \exp(U_k) \Big/ \sum_{k=1}^{K} \exp(U_k(x))$$

全轮廓结合分析是一种常规的、传统的结合分析，可以采用纸笔的方式进行调查和收集数据。全轮廓结合分析的数据要求得到被访者对全轮廓偏好估计的评分。一般在部分因子正交实验设计的基础上，要求消费者针对属性水平所构造的每一个轮廓进行评分。消费者对每一个轮廓的评分，表明了其购买意向或购买的可能性大小。例如，可以要求消费者在指定的 1-9 的数字中，依次对每一个轮廓给出评分，数值越大表示对其越偏好。

第二节　结合分析的步骤

结合分析是通过假定产品具有某些属性，对现实产品进行模拟，然后让消费者根据自己的喜好对这些虚拟产品进行评价，并采用数理统计方法将这些特性与属性水平的效用分离，从而对每一属性及属性水平的重要程度做出量化评价的方法。

一、结合分析的基本假定

结合分析假定分析的对象——某种产品或服务——是由一系列的基本属性（如质量、方便程度、价格）及产品的专有属性（如电脑的 CPU 速度、说明书的详尽程度等）所组成的。消费者的抉择是通过理性地考虑这些属性而进行的。

二、结合分析的工作原理

结合分析的工具原理是根据其不同的类型，使用不同的统计方法，如普通最小二乘法、加权最小二乘法等，将受访者的回答转化成重要性或效用。

用这些统计方法获得的实际数值并不是最重要的，最重要的是与各种属性相关的价值，或各种属性彼此之间的关系。这些计算方法的目的是以一种能够揭示受访者对每种属性自觉或半自觉的潜在评价的方式来评估受访者的回答。任何一位理性的受访者，在产品其他方面都相同的条件（质量、属性等）下，会选择价格 100 元而非 200 元的产品。我们不清楚的是每个人对 100 元的不同敏感程度。有些人永远不会考虑支付 200 元来买东西，而另一些人则对不同价格的敏感程度几乎没有什么区别。不考虑价格，一个人如果常选择 X 品牌而非 Y 品牌，很显然，他对品牌名称比价格水平看得更重。结合分析可以计算这些选择与另一些选择之间的相对评价。

三、结合分析的主要步骤

1. 确定产品或服务的属性和属性水平

结合分析首先对产品或服务的属性和属性水平进行识别，所确定产品或服务的属性是影响消费者偏好的突出属性，它们对市场而言是最重要的。从经营管理角度来看，属性和属性水平应该是可操作的。如果你告诉一个投资者，与品牌机相比，目前消费者更喜欢兼容机，这对他是毫无帮助的，你必须用投资者所能控制的属性来定义兼容机和品牌机。为识别和确定属性，研究者可能要与管理和工业专家讨论、分析二手数据，做定性研究或试调查等。一个典型的结合分析包含6—7个显著因素，经验、管理直觉和定性研究是确定产品和服务的主要属性所必不可少的。仔细考虑，确定属性是非常关键的。属性过多会加重消费者负担，或者降低模型预测的精确性；属性太少，又会严重降低模型的预测能力，因为模型中丢失了一些关键信息。

确定了属性之后，还应该确定这些属性的恰当水平，属性和属性水平的个数将决定分析过程中要估计的参数的个数，也将影响被调查者所要评价的组合个数。为减轻被调查者的负担，同时又使参数估计保证一定的精度，这就需要限制属性水平的个数。一个属性的各个水平的效用函数可能是连续性的，如价格可能是非连续性的，如颜色中的红色、绿色、蓝色等；可能是二项的，如一种软件附带耳机或不附带耳机；也可能是多项的，如电脑软件所适用的操作系统，如DOS、Linux、Windows等。确定属性及属性水平的关键因素在于：如果不能通过使用属性水平很好地定义产品属性，那么产品就不能被准确地模拟。如果一个选择没有被涵盖，它没有落入指定的任意两个属性水平的边界范围内，那么受访者是如何对该属性反应的就无从了解了。该属性或该属性水平相对于其他属性的重要性也无法得知，在模型中也无法计算。研究者既应考虑市场上普遍的价格情况，还应考虑研究的目的。如果采用的属性水平超出了市场的实际范围，那么将会降低评价工作的可信度，但会增加参数估计的精确程度。研究者必须在过多选择和过少选择中找到平衡点。因此选定属性水平的一般准则是：范围稍大于市场上的流行范围，但又不能大到看起来影响评价的可信度。

我们使用一个比较简单的例子来说明结合分析方法。首先，通过定性方法确定了旅游鞋的三个突出属性——鞋底、鞋面和价格。每个属性按三个水平定义，如表13-1所示。这些属性及其水平将用于构造结合分析的产品模拟。

表13-1　旅游鞋的属性水平

属性	鞋底			鞋面			价格(美元)		
水平	1	2	3	1	2	3	1	2	3
名称	塑料	聚氨酯	橡胶	猪皮	牛皮	羊皮	15	30	45

2. 产品模拟

结合分析将产品的所有属性与属性水平通盘考虑，并采用正交设计的方法将这些属性与属性水平进行组合，生成一系列虚拟产品。在实际应用中，通常每一种虚拟产品被分别描述在一张卡片上。

结合分析的产品模拟主要有两大类方法：配对法和全轮廓法。

配对法也叫两项法(或双因子评价法，Two-Factors Evaluations)，被调查者每次评价两个属性，直至所有的属性对都被评价完毕为止。以旅游鞋为例，鞋底、鞋面和价格三个属性中每两个属性水平的所有组合为3×3=9个。如表13-2中鞋底与价格的组合，消费者需要按他们自己的喜好程度在每种组合中对相应的模拟出来的产品从1(表示最不喜欢)至9(或7，表示最喜欢)打分与排序，直到全部填写完毕。同理，对鞋底与鞋面、鞋面与价格两属性因素的产品模拟，也按如上方法进行处理，将全部数据填写完毕。

表 13-2　收集结合分析数据的配对法(排序矩阵:鞋底×价格)

	塑料	聚氨酯	橡胶
15 美元			
30 美元			
45 美元			

全轮廓法也叫多项法(或多因子评价法,Multiple-Factor Evaluation)。由全部属性的某个水平构成的一个组合叫做一个轮廓(Profile)。每个轮廓分别用一张卡片表示,如下列组合产品——鞋底:橡胶;鞋面:皮革;价格:45 美元。这样来算,旅游鞋属性水平的轮廓组合就有 $3^3=27$ 种,即消费者要对 27 种轮廓进行评价。

其实,并不需要对所有组合产品进行评价,而且在属性水平较多时实施难度也较大。在配对法中,通常用循环设计来减少组合数。在全轮廓法中,采用正交设计等方法,以减少组合数且突出主效应(见表 13-3)。当然,正交设计有一个前提:不包括属性间的交互效应。一般收集两组数据:一组是估计数据集,用于计算属性水平的效用函数;一组用于估计可靠性与有效的数据集。

表 13-3　正交设计法产生的虚拟属性组合产品

组合产品	1	2	3	4	5	6	7	8	9
鞋底	1	1	1	2	2	2	3	3	3
鞋面	1	2	3	1	2	3	1	2	3
价格	1	2	3	2	3	1	3	1	2

配对法的优点是受访者易判断回答,缺点是比全轮廓法要做出更多的评价。同时,仅考虑两种属性,而不考虑其他属性,对事物的评价也不太现实,因而人们更常用全轮廓法。

3. 数据收集

请消费者对虚拟产品进行评价,通过排序、打分等方法调查消费者对虚拟产品的喜好、购买的可能性等。排序法是对产品模拟组合中的所有属性水平做相对的评价,要求对每个组合给出一个不同的等级(秩)。对于配对法,由消费者对每两属性组合的所有产品模拟按自己的意愿进行评价,全轮廓法则需要对所有产品模拟组合排序。通过排序可以准确地反映出市场中消费者的行为。打分法是对每一个产品模拟独立地评分,判断可独立进行。采用此方法的人认为此方法对消费者来说比排序更为便利,分析时也容易得多。总的说来,排序和打分形式均可,但近年来人们对打分形式应用得更为普遍。

在结合分析中,因变量是购买偏好或意愿,即由受访者根据自己的购买偏好或意愿来提供数据。当然,因变量也可以是实际购买与选择。在上述旅游鞋的例子中,受访者需要对估计数据集的 9 个属性组合进行打分评价,表的形式是采用九级李特克量表。表 13-4 是一个消费者的回答。

表 13-4　某消费者的评价

组合产品	鞋底	鞋面	价格	偏好打分
1	1	1	1	9
2	1	2	2	7
3	1	3	3	5
4	2	1	2	6
5	2	2	3	5
6	2	3	1	6
7	3	1	3	5
8	3	2	1	7
9	3	3	2	6

4. 计算属性的效用

从收集的信息中分离出消费者对每一个属性及属性水平的偏好值，这些偏好值也就是该属性的“效用”。计算属性的模型和方法有多种，一般来说，人们主要用一般最小二乘法回归(OLS)模型、多元方差分析(MANOVA)模型、Logit 模型等方法。这里我们以最基本的 OLS 模型为例进行说明。OLS 模型对一组自变量组成的模拟矩阵进行分析，每个自变量表示一个属性水平的有或无，因变量是消费者对通过自变量所描述的一个轮廓的主观评价值。

运用 OLS 模型，首先需要对所有的属性及属性水平做因子分析或主效应分析设计，确定有多少显著的属性需要消费者进行评价，有多少种属性水平组合，排序法和评分法哪个比较合适，不同的轮廓是按个体还是按集合进行分析。如果按个体分析，每个个体的数据要分别分析；如果按集合分析，应先对消费者分类，一般方法是先按个体估计分值或效用函数，然后根据分值的相似性将消费者分类，再对每类做集合分析，最后形成一个属性水平的清单和估计模型。

一般来说，属性水平的估计模型有三种：间断线性模型(Piecewise Linear Model)、线性矢量模型(Linear Vector Model)和曲线模型(Curvilinear Model)。

间断线性模型是最简单的估计模型，它用间断的线段来描述产品、服务的属性，设定的模型为：

$$U(j)=\sum_{p=1}^{t}X_{ij}\cdot\alpha_{ij}$$

其中，$U(j)$ = 对属性水平 j 的效用估计；X_{ij} = 属性 i 的第 j 个水平是否出现；α_{ij} = 属性 i 的第 j 个水平的分值贡献或效用。

根据研究设计的考虑，在间断线性模型中，一般设定属性水平为 5，虽然在实际情形中，属性水平的取值会从 2 到 9 不等。估计间断线性模型的方法有多种，其中最简单的方法，也是越来越普及的方法，叫虚拟变量回归法(Dummy Variable Regression)。其预测变量为表示属性水平的虚拟变量。如果某属性有 j 个水平，那么就可以用 $j-1$ 个虚拟变量来为其编码。如果数据是按评价法得到的，那么得分(假定是定距的度量)就形成了因变量。如果数据是按排序法得到的，那么就要通过比较配对(品牌)将等级(秩)转换成

0 或 1。在这种情况下，预测变量表示被比较的品牌的属性水平之差。

线性向量模型假设随着一种产品/服务功能属性 i 的数量的增加，消费者对其的偏好也会线性增大，设定的模型为：

$$U(j) = \sum_{p=1}^{t} W_i \cdot \alpha_{ij}$$

其中，W_p = 消费者对属性 i 每个水平的权数估计；α_{ij} = 属性 i 的第 j 个水平的分值贡献或效用。

线性向量模型中将 α_{ij} 视为连续变量，其每个属性的水平分布在一条直线上，与间断线性模型不同，前者要求消费者评价的是一个线性矢量参数，而后者则要求消费者对一系列虚拟变量表示的属性水平分别进行评价。

曲线模型非常适用于定性研究，比如对于口味和气味的分析。它需要在参数选择和权数距离之间确定一个理想模型，其理想的属性水平构成曲线的峰点。设定的模型为：

$$d_j^2 = \sum_{p=1}^{t} W_i (\alpha_{ij} - X_i)^2$$

其中，α_{ij} = 属性 i 的第 j 个水平的分值贡献或效用；X_i = 消费者的心理评分；W_i = 消费者对属性 i 的权数估计。

在曲线模型中，不仅要像间断线性模型一样对 $j-1$ 个虚拟变量进行判断，而且要对 W_i 和 X_i 两个 i 参数做出判断。

在以上三种估计模型中，目前我们所采用的一般还是间断线性模型，其表达式为：

$$U(j) = \sum_{p=1}^{t} X_{ij} \cdot \alpha_{ij}$$

其中，$U(x)$ = 所有属性的总效用；k_i = 属性 i 的水平数目；m = 属性个数；α_{ij} = 属性 i 的第 j 个水平的分值贡献或效用；$X_{ij}=1$ 如果第 i 个属性的第 j 个水平出现；0 其他情形。

属性的重要性 I_i 定义为该属性水平的最大分值与最小分值之差：

$$C_i = \{\mathrm{Max}(a_{ij}) - \mathrm{Min}(a_{ij})\}$$

每个属性的重要性 W_i 是经过标准化处理的，以此表示其相对于别的属性的重要性：

$$W_i = \frac{C_i}{\sum_{i=1}^{m} C_i} \times 100\%$$

显然，各属性的相对重要性之和为 1。

例如，表 13-4 的旅游鞋数据是用于含虚拟变量的一般最小二乘法回归方法分析的。因变量为偏好打分。独立变量或预测变量是 6 个虚拟变量，每种属性用 2 个虚拟变量表示。表 13-5 为数据的转换形式。由于数据是关于每个被调查者的，因此按个体进行分析。每个属性水平的分值或效用以及每个属性的相对重要性的估计值如表 13-6 所示。

表 13-5　转换后的数据表

评价得分	鞋底		鞋面		价格	
	X_1	X_2	X_3	X_4	X_5	X_6
9	1	0	1	0	1	0
7	1	0	0	1	0	1
5	1	0	0	0	0	0
6	0	1	1	0	0	1
5	0	1	0	1	0	0
6	0	1	0	0	1	0
5	0	0	1	0	0	0
7	0	0	0	1	1	0
6	0	0	0	0	0	1

表 13-6　不同属性水平的效用和相对重要性

属性	水平	描述	效用	相对重要性
鞋底	3	橡胶	0.778	0.286
	2	聚氨酯	−0.556	
	1	塑料	−0.222	
鞋面	3	牛皮	0.445	0.214
	2	猪皮	0.111	
	1	羊皮	−0.556	
价格	3	15 美元	1.111	0.500
	2	30 美元	0.111	
	1	45 美元	−1.222	

用于估计的模型可表示如下：

$$U = b_0 + b_1 x_1 + b_2 x_2 + b_3 x_3 + b_4 x_4 + b_5 x_5 + b_6 x_6$$

其中，x_1 至 x_6 均为 0—1 变量，x_1、x_2 是鞋底属性的 0—1 变量，其中属性水平的规定如表 13-7 所示：

表 13-7　鞋底属性水平数据表

		X_1	X_2
橡胶	水平 1	1	0
聚氨酯	水平 2	0	1
塑料	水平 3	0	0

对以上数据进行最小二乘法处理，可得估计参数如下：

$$b_0 = 4.222 \quad b_1 = 1.000 \quad b_2 = -0.333$$
$$b_3 = 1.000 \quad b_4 = 0.667 \quad b_5 = 2.333$$
$$b_6 = 2.333$$

根据 0—1 变量系数的特点，每个 0—1 变量系数代表不同水平效用与基础水平效用的差距，于是对鞋底属性有：

$$a_{11} - a_{13} = b_1$$
$$a_{12} - a_{13} = b_2$$

另外还有线性约束，

$$a_{11} + a_{12} + a_{13} = 0$$

解联立方程组可得：

$$a_{11} = 0.778$$
$$a_{12} = -0.556$$
$$a_{13} = -0.222$$

同理可求出其他属性水平的效用。同时根据效用可计算不同属性的重要性。

$$a_{21} - a_{23} = b_3 \qquad a_{31} - a_{33} = b_5$$
$$a_{22} - a_{23} = b_4 \qquad a_{32} - a_{33} = b_6$$
$$a_{21} + a_{22} + a_{23} = 0 \qquad a_{31} + a_{32} + a_{33} = 0$$

最后整理结果如下：

$$\begin{aligned}\text{分值范围之和} &= [0.778 - (-0.556)] + [0.445 - (-0.556)] \\ &\quad + [1.111 - (-1.222)] \\ &= 4.668\end{aligned}$$

$$\text{鞋底的相对重要性} = 1.334/4.668 = 0.286$$
$$\text{鞋面的相对重要性} = 1.001/4.668 = 0.214$$
$$\text{价格的相对重要性} = 2.333/4.668 = 0.500$$

上述对分值及相对重要性权数的估计给出了解释结果的根据。

5. 解释结果

由表 13-6 的结果可知，对鞋底属性而言，受访者对橡胶底的偏好最大，其次是塑料底，最后是聚氨酯。对鞋面属性而言，牛皮鞋面最受欢迎，其次是猪皮鞋面，最后是羊皮鞋面。对价格属性而言，70 元的效用最高，130 元的效用最低。

从相对重要性上看，第一位是价格，第二位是鞋底，第三位是鞋面。由于价格是该消费者最关注的因素，可把此消费者标记为价格敏感型。

6. 评价信度和效度

建立模型后还要对结果的信度和效度进行评价，以评价在消费者个体层次和消费者群体层次上结合分析模型的正确性。评价结合分析结果的信度和效度有多种方法，常用的有：

(1) 评价估计模型的拟合优度(Goodness-of-Fit)。例如，如果采用的是虚拟变量回归，那么可以用 R^2 的值来说明模型对数据的拟合程度。一般来说，拟合程度应在 0.8 以上。如果模型的拟合程度过低，则说明结果是令人怀疑的。上述例子中，模型的拟合程度为 0.934，表明模型拟合是良好的。

(2) 用检验—再检验法(Test-Retest)来评价信度。即在调查的后一阶段，让消费者重新评价某些选用的模拟产品。然后计算两组模拟产品分值之间的相关系数来评价效度。

(3) 用估计出来的分值函数作为对产品模拟的评价的预测值。计算该预测值与消费者的实际评估值之间的相关系数,用以确定内部效度。在上例中,模型的预测与原始资料的相关分析表明,相关系数为 0.95,表明预测能力良好。

(4) 如果数据是按集合进行分析的,那么可以将样本分割成几个部分,再对子样本实施结合分析。比较这些子样本的结果就可以评价结合分析的解的稳定性。

在以上模型分析的基础上,可根据分析结果对问题原来的定义进行重新思考,以验证和修正我们对研究问题的认识。

7. 市场预测与市场模拟

利用效用值来预测消费者将如何在不同产品中进行选择,从而决定应该采取的措施,帮助构建市场模拟模型,预测现有产品发生变动带来的影响和新产品的上市。

同时我们也可根据不同的消费偏好对消费者进行细分,做进一步分析,研究不同性别、收入、区域的消费者是否有相似性。即按照某种属性的偏好将样本分类,对每一个消费者的偏好计算不同属性水平的效用值和属性的相对重要性,并分析个体/群体对产品/服务的不同组合的偏好反应属性;当然也可根据不同属性将消费者分类,分析不同群体或整个群体之间的偏好反应属性。

有了每种属性水平的效用,将所有属性的效用值相加计算出产品的价值。对于每种属性,挑出与产品关系最近的属性水平,并记录其效用值。如果某种产品的一个属性落入两个水平之间(如产品价格为 150 元,但价格水平是 100 元和 200 元),插入新的产品效用值。对每个属性重复这一过程。然后把记录的每个属性的效用值相加,计算该产品的整体效用。以此类推,对所有需要通过比较来生成市场模拟模型的产品都可以这样做。

市场份额或产品偏好份额通常用该产品的效用值与整个市场的效用值之比来表示。市场模拟程序可以迅速且轻易地完成这些计算工作,并将结果用图形或数据表格的形式表现出来。

通过这个简单的例子,我们可以将其很容易地推广到更多的属性、更多的属性水平。而对于更多的消费者,在计算出消费者个人的效用函数后,通过聚类分析,可以将消费者划分为不同的消费者群体,然后将这些群体作为同质个体处理。

第三节　结合分析的应用及进展

虽然结合分析是一种功能很强的统计技术,但它具有一定的局限性。因此在此基础上做了些改进,出现了混合型的结合分析(Hybrid Conjoint Analysis)或适应型的结合分析(Adaptive Conjoint Analysis)。

一、结合分析的假定和局限性

结合分析的假定之一是产品的重要属性是可以识别和确定的；假定之二是消费者可以根据这些属性对各种可供选择的方案做评价；假定之三是属性间的交互作用可以忽略。

但是在实际情况中上述假定不一定成立。例如，有时品牌的名称和形象十分重要，消费者不一定按属性去评价品牌或其他各种方案。即使消费者考虑了产品的属性，前面介绍的模型也不一定能很好地代表他们的选择过程。另一个局限性是收集数据的过程比较复杂，特别是当所涉及的属性数目较大，并且模型又要按个体来估计时。而且，应注意到分值函数并不是唯一的。

二、混合型的结合分析

混合型的结合分析是结合分析的一种形式，它可以简化收集数据的工作；它不但可以估计主效应，还可以估计交互效应。

在传统的结合分析中，每个被调查者要评价大量的轮廓（组合），数据通常也只是用于估计简单的分值，而不考虑任何交互效应。在简单的分值模型或主效应模型中，轮廓的值就是各个主效应（简单的分值）的和。而在实际情况中，两种属性可能有交互作用，即被调查者给某个轮廓的评分值可能会大于各个部分的平均贡献。

混合型的结合分析用于：(1) 通过减少每个消费者的负担来简化收集数据的过程；(2) 按个体水平估计所有主效应（或简单效应），同时按子集合水平估计某些交互效应。

在该分析方法中，消费者只评价有限个结合刺激（如全轮廓），一般不超过 9 个。这些轮廓是从总设计中抽取出来的，不同的消费者评价不同的轮廓集合，因此通过一组消费者，可使所有感兴趣的轮廓都能被评价。此外，还要求消费者直接评价每种属性的相对重要性，以及每种属性水平的合意性。将这些直接的评价和那些对刺激的评价相结合，就有可能按集合水平来估计模型，同时可以保留一些个体的差异。

三、结合分析的软件化

结合分析采用一系列的现代数理统计方法，如正交设计、回归分析等，这些方法的计算量巨大，只有通过电脑才能实现。因此实际的市场研究中，必须有专门的软件来实现从虚拟产品设计到估计效用模型、预测等这一系列的过程。

一些常用的统计软件如 SPSS、SAS 和 BMDP 中都包含结合分析的基本模型，此外还有一些结合分析用的专门程序。MONANOVA（Monotone Analysis of Variance）用于分析排序法得到的全轮廓数据。TRADEOFF 用于分析配对法，要求数据也是由排序法得到的。此外常用的还有 LINMAP、ACA(Adaptive Conjoint Analysis)、Conjoint Designer、Conjoint Analyzer、Conjoint Linmap、SIMGRAF 和 BRIDER POSSE(Product Optimization and Selected Segmentation Evaluation)，这些都是采用混合型结合分析和实验设计法来优化产品的一般系统。

Sawtooth 公司是专门从事市场研究软件开发的公司，其开发的结合分析软件包是目前较有代表性的软件。它包含 ACA(主要用于多个属性与属性水平的情况，必须使用电脑在现场产生问卷进行采访)、CBC(Choice-Based Conjoint，可以采用现成问卷手工采访，主要用于定价研究)、CVA 模型(Conjoint Value Analysis，可以使用现成问卷手工采访)等数个结合分析模型。同时 Sawtooth 每年都举行世界范围内的研讨会，专门探讨结合分析的理论与应用方法，并在因特网上公布(详见 http://www.sawtoothsoftware.com)。

下面以 Sawtooth 公司开发的应用最为广泛的软件为例进行说明。

(一) ACA 软件

ACA 是 Sawtooth 公司于 1985 年推出的第一个结合分析软件。在美国和欧洲的调查业及调研领域，ACA 有着很高的知名度和广泛的商业应用。ACA 是公认的目前为止最好的结合分析软件，消费者用不着对所有的属性及属性水平进行分析，就可以提供比一般的全轮廓法更加全面的属性分析，从而大大减轻消费者的负担。但是不要就此以为 ACA 的分析水平有限，ACA 最多可以对 30 种属性进行结合分析。

ACA 属于混合型的结合分析，是综合数据收集(直接用计算机做调查)和数据分析于一体的实用性软件。下面主要介绍其数据收集方法。

ACA 的调查访问过程由四个阶段组成：

第一阶段，消费者依次对每一个属性的各个水平按其喜好排序，允许消费者对某些水平完全不能接受。

第二阶段，先向消费者显示在第一阶段中得到的每一个属性的最好水平和最差水平。然后让其对属性的重要性评分。评分按 1 至 4 的等距量表进行，其中 4 表示最重要。

第三阶段，要求消费者给一组轮廓评分。这些轮廓可以由全部或部分属性组成。在计算机屏幕的两端各显示一个轮廓，消费者在其间的 9 级等距量表上评分，说明自己更喜欢哪种轮廓和喜欢的程度。例如，9 表示十分喜欢右端的轮廓，1 表示十分喜欢左端的轮廓，而 5 表示对两个轮廓的喜好差不多。ACA 将这个量表自动转换成－4 至＋4 的量表，其中 0 表示无差别的点。

第四阶段，消费者将会看到 2—9 个轮廓，每个轮廓最多由 8 个属性组成。消费者按其购买这些轮廓的产品的可能性大小，在 0—100％购买可能性量表上评分。

ACA 的关键是第三阶段给轮廓对评分，这被称为“适应型的”(Adaptive)，是因为在这一阶段给这些轮廓对评分时，可以利用前两阶段所得到的信息。ACA 的研发人 Johnson 采用现代的 OLS 回归(他称之为贝叶斯回归)来调整第一、二阶段得到的试验性的分值，以适应消费者在第三阶段的判断。

（二）CVA 和 CBC 软件

CVA 是一种全轮廓结合分析软件，全轮廓结合分析已经成为近十年来结合分析的重要组成部分。与 ACA 实现计算机操作不一样，CVA 是通过纸笔来收集消费者评价数据的。当然，与电脑访谈系统结合之后，CVA 也同样可以实现计算机操作。CVA 也适用于配对表的结合分析，无论是排序还是评分都适用。

CVA 一般可以对 10—15 个属性进行分析，全部属性水平参数个数以 100 个为限。使用混合型的结合分析方法，CVA 可以计算诸如品牌与价格属性之间的交互作用，如果品牌和价格各有两个属性水平，这四个参数就可以综合成一个四水平变量参与分析。

如果存在更多的属性水平综合，则需要使用 CBC 模型。CBC 也属于全轮廓结合分析，它直接模拟具有不同属性水平的产品/服务，以定量的方法再现消费者进行消费时的选择过程，也可以选择“None”以拒绝消费。CBC 实际上强调了经过因子分析或主成分分析后的显著属性，CBC 目前可以分析 6 种属性，属性水平可以达到 9 个，在今后的版本中会扩展到 8×15＝120 个参数。

CBC 可以通过纸笔来收集消费者评价数据，也可以直接进行计算机操作。CBC 以前只能从集合的水平来进行结合分析，在最近发行的版本中，其也可以从个体的水平进行分析了。

总体而言，如果要考察多种属性，ACA 是最合适的；如果要分析属性之间的交互作用，用 CBC 更好一些；在许多情况下，结合分析的数据收集不能通过计算机进行，那就可以从 CVA 和 CBC 中进行选择。这三种软件特性的对比如表 13-8 所示。在现实的营销调研中，研究者往往会用到多种结合分析方法，在这种情况下，就要求研究者能结合使用多种统计分析软件。

表 13-8　三种软件的特性

	ACA	CVA	CBC
6 个及 6 个以下属性	√	√	√
6 个以上属性	√	√	
每个属性具有 9 个以上属性水平		√	
计算机操作	√	√	√
纸笔记录		√	√
交互作用分析			√
小样本结合分析	√	√	
个体水平结合分析	√	√	

四、结合分析的应用与前景

结合分析是对消费者购买决策的一种现实模拟。因为在实际的抉择过程中，由于价格等原因，消费者要对产品的多个属性进行综合考虑，往往要在满足一些要求的前提下，牺牲部分其他特性，是一种对属性的权衡与折衷。通过结合分析，我们可以模拟出消费者的抉择行为，可以预测不同类型的消费者群体抉择的结果。因此，通过结合分析，我们可以了解消费者对产品各属性的重视程度，并利用这些信息开发出具有竞争力的产品。

结合分析目前已经广泛应用于消费品、工业品、金融及其他服务等领域。在现代市场研究的各个方面，如新产品的概念筛选、开发，竞争分析，产品定价，市场细分，广告，分销，品牌等领域，都可以看到结合分析的应用。随着我国市场经济的发展，结合分析将逐渐为我国相关的研究机构所重视，并在定量研究中显现出强大的威力。

（一）品牌价值和品牌形象

结合分析擅长估计某一品牌名称相对于其竞争对手的价值。不同于其他估计品牌价值的技术，结合分析可以获得相对于另一产品的特点和价格，某一产品的品牌价值有多高的信息。如果所处的市场对价格非常敏感或期望产品具有特殊的特点能够补偿为品牌价值所做的投资，在这种情况下，只具有品牌优势是不够的。运用结合分析，可以估测市场是如何在品牌、价格和其他一些特点之间做出权衡的。

（二）价格敏感度

如前面提到的，结合分析可以测量个体对品牌名称、价格和其他属性的敏感度。每种价格水平的效用值，可以用来测算市场或细分市场对价格差异的敏感度。当计算价格和其他属性间的交互作用时，可以测算不同品牌名称对价格和其他属性的敏感差异有多大。具有较强品牌形象的产品，通常价格敏感度比没有品牌形象的产品要低。

（三）用结合分析进行市场细分

结合分析是测算购买者利益追求的最佳方法。测算实际利益或感知利益的关键在于市场细分的方法。了解人们注重产品或服务的哪一方面，可以帮助修正营销计划，进行利益交流，并重新设计现有产品或者开发新产品。

（四）概念测试

概念测试是指与合适的目标消费者小组一起测试新产品的概念。这些概念可以用符号或实体的形式展示出来。对于某些概念测试而言，一般用文字或图画表现就足够了，但是对概念更具体和形象的阐述会增加概念测试的可靠性。消费者对不同产品概念的偏好可用结合分析来衡量。结合分析可以区分消费者对一个物体的各个属性的效用价值。它向被测试者显示这些属性在不同组合水平中的情况，要求他们根据偏好对各种情况进行排序。使用结合分析的概念测试模型能清晰地告诉市场决策者，最有吸引力的产品应包括哪些因素，不同因素的取舍会导致市场份额如何变化，公司利润如何变化等一系列管理问题的答案。

第四节　案例分析

例 13-1　上海通用汽车赛欧轿车市场的结合分析案例研究（本案例引自参考文献 27）

赛欧轿车即将面世，市场公布了赛欧轿车基本型 SL、选装 I 型 SLX、选装 II 型 SLX AT 三种不同配置的车型，价格分别为 10 万元、11.2 万元、12.5 万元。为了测试不同配置的赛欧轿车的消费者偏好和不同配置的市场占有率，下面选择有关赛欧轿车的 7 个属性，包括价格、颜色、音响、售后服务、动力性、ABS 和安全气囊。其中价格、颜色和音响各有 3 个水平，其他分别有 2 个水平。若采用全因子设计，有 $3\times3\times3\times2\times2\times2\times2=432$ 种组合轮廓，远远超过消费者的理性判断范围，因此采用正交排列法来减少组合轮廓。SPSS 的 ORTHOPLAN、PLANCARD 过程和 SAS 8.1 的宏%MKTRUNS()、%MKTDES()可以生成和展示正交设计的可能组合轮廓。

组合轮廓的最小数目的计算公式如下：

$$NC = NL - NA + 1$$

其中，NC=最小组合轮廓数目；NL=所有属性水平数的和；NA=所有属性数的和。

因此上述研究中的组合轮廓的最小数目为 $(3+3+3+2+2+2+2)-7+1=11$。当我们用这个最小数目来研究时，说明消费者的估计误差就会有困难，一般推荐的组合轮廓数目应该是最小数目的 1.5 到 2 倍。可选择 16 个组合轮廓，另外为了检验模型拟合选择了 4 个组合，这 4 种组合在结合分析中不参与效用的计算，只用来检验模型的拟合效果。这样共 20 个不同组合，制作成 20 张辅有赛欧彩色图片的卡片，按评分法依次让被访者从 1 到 9 给出评分，1 代表肯定不购买，9 代表肯定购买。

本项研究共获得 72 份偏好数据，其中男性 51 人，女性 21 人，月平均收入约为 3 500 元。当收集所有数据资料后，将数据投入 SPSS 和 SAS 的 Conjoint Analysis 过程进行分析，计算效用值和属性相对重要性。表 13-9 给出了所有被访者群体的效用值、属性相对重要性和不同性别属性相对重要性的比较（所有数据均采用 SPSS 8.0 和 SAS 8.1 软件分析）。

表 13-9　群体效用值和属性相对重要性

属性	水平	全体效用值	全体属性相对重要性	男性效用值	男性属性相对重要性	女性效用值	女性属性相对重要性
价格	10 万元	0.2743	18.13%	0.3219	18.44%	0.1587	17.38%
	11.2 万元	0.0712		0.1283		−0.0675	
	12.5 万元	−0.3455		−0.4502		−0.0913	
颜色	金属银灰色	0.1840	15.08%	0.1585	15.40%	0.2460	14.31%
	金属深蓝色	0.1181		0.0972		0.1687	
	金属正红色	−0.3900		−0.2557		−0.4147	
音响	卡座两喇叭扬声系统	−0.2836	16.63%	−0.2859	16.32%	−0.2778	17.39%
	CD 机四喇叭扬声系统	−0.1065		−0.1070		−0.1052	
	CD 机六喇叭扬声系统	0.3900		0.3930		0.3829	
售后服务	一年/两万公里	−0.2422	9.93%	−0.2390	10.01%	−0.2500	9.71%
	两年/四万公里	0.2422		0.2390		0.2500	
动力性	五挡手动挡	−0.0668	11.40%	0.0208	9.34%	−0.2798	16.42%
	四挡电控自动挡	0.0668		−0.0208		0.2798	
ABS	有 ABS 防抱死系统	0.4401	14.01%	0.4988	15.31%	0.2976	10.85%
	无 ABS 防抱死系统	−0.4401		−0.4988		−0.2976	
安全气囊	有安全气囊	0.4905	14.82%	0.4841	15.19%	0.5060	13.95%
	无安全气囊	−0.4905		−0.4841		−0.5060	

从表 13-9 中我们可以发现，当消费者考虑购买赛欧轿车时考虑的因素依次是价格、音响、颜色、安全气囊、ABS、动力性和售后服务。从效用值分析可以看出，效用值越大表明消费者越偏好该属性水平，在价格方面消费者偏好 10 万元的轿车，其他依次是 11.2 万元和 12.5 万元的轿车；在颜色方面消费者最偏好金属银灰色，其他依次是金属深蓝色、金属正红色；在音响方面消费者最偏好 CD 机六喇叭扬声系统，其他依次是 CD 机四喇叭扬声系统、扬声两喇叭卡座系统；在售后服务方面消费者最偏好两年/4 万公里；在动力性方面消费者最偏好四挡电控自动挡；同时，消费者分别偏好有 ABS 防抱死系统和有安全气囊。从不同性别来看，男性和女性在购买赛欧轿车时考虑的因素略有不同。男性考虑因素排在前三位的与整个群体的看法一致，依次是价格、音响、颜色，男性相对女性更关注是否有 ABS 防抱死系统；而女性前三位的考虑因素则依次是音响、价格、动力性，这说明女性更看重汽车的音响系统，更注重驾驶操作性(动力性能)，也比较关注是否有安全气囊。从属性水平的效用值来看，男性偏好五挡手动挡，而女性偏好四挡电控自动挡；其他方面的水平偏好男女没有差别。

为了比较赛欧轿车基于 7 个不同属性水平组合的消费者偏好，可以通过计算所有可能的轮廓组合(432 种)的效用值，以寻找消费者偏好的最佳轿车配置。表 13-10 给出了排在效用值前 15 位的组合形式。

表 13-10 排在前 10 位的效用值最大的组合形式

	价格	颜色	音响	售后服务	动力性	ABS	安全气囊	效用值
1	12.5 万元	金属银灰色	CD 机六喇叭	两年/四万公里	五挡手动挡	有	有	**7.625**
2	10 万元	金属银灰色	CD 机六喇叭	两年/四万公里	五挡手动挡	有	有	**7.625**
3	11.2 万元	金属银灰色	CD 机六喇叭	两年/四万公里	五挡手动挡	有	有	**7.625**
4	12.5 万元	金属银灰色	CD 机六喇叭	一年/二万公里	五挡手动挡	有	有	**7.500**
5	12.5 万元	金属银灰色	CD 机六喇叭	两年/四万公里	四挡电控自动挡	有	有	**7.500**
6	10 万元	金属银灰色	CD 机六喇叭	一年/二万公里	五挡手动挡	有	有	**7.500**
7	10 万元	金属银灰色	CD 机六喇叭	两年/四万公里	四挡电控自动挡	有	有	**7.500**
8	11.2 万元	金属银灰色	CD 机六喇叭	一年/二万公里	五挡手动挡	有	有	**7.500**
9	11.2 万元	金属银灰色	CD 机六喇叭	两年/四万公里	四挡电控自动挡	有	有	**7.500**
10	12.5 万元	金属银灰色	CD 机六喇叭	一年/二万公里	四挡电控自动挡	有	有	**7.375**
11	12.5 万元	金属银灰色	CD 机四喇叭	两年/四万公里	五挡手动挡	有	有	**7.375**
12	10 万元	金属银灰色	CD 机六喇叭	一年/二万公里	四挡电控自动挡	有	有	**7.375**
13	11.2 万元	金属银灰色	CD 机六喇叭	一年/二万公里	四挡电控自动挡	有	有	**7.375**
14	10 万元	金属银灰色	CD 机四喇叭	两年/四万公里	五挡手动挡	有	有	**7.375**
15	11.2 万元	金属银灰色	CD 机四喇叭	两年/四万公里	五挡手动挡	有	有	**7.375**

从表 13-10 可以看出，在基于 7 个属性的所有水平的组合中，消费者偏好的 15 种最佳赛欧轿车配置是：银灰色、CD 机六喇叭扬声系统、有 ABS 防抱死系统、有安全气囊；另外五挡手动挡的配置要好于四挡电控自动挡，两年/四万公里的售后服务要好于一年/两万公里的售后服务，但对消费者的选择影响不大；最后是价格，前面分析中我们知道价格是消费者购买赛欧轿车的最重要因素，但是实际上价格因素在这里并不重要，也就是说，只要其他属性的配置满足了消费者的需求，三种价格下消费者都愿意购买。

为了进一步分析不同配置的赛欧轿车的市场占有率，根据赛欧轿车公布的三种配置(基本型 SL、选装 I 型 SLX、选装 II 型 SLX AT)和三种价格，与不同的三种颜色(金属银灰色、金属深蓝色、金属正红色)组合得到九种不同的赛欧轿车配置。表 13-11 给出了最大效用模型的市场占有率。

表 13-11 最大效用模型的市场占有率分析

组合	价格	颜色	音响	售后服务	动力性	ABS	安全气囊	最大效用模型市场占有率
1	10 万元	金属银灰	卡座二喇叭	两年/四万公里	五挡手动挡	有	有	16.44%
2	11.2 万元	金属银灰	CD 机六喇叭	两年/四万公里	五挡手动挡	有	有	14.12%
3	12.5 万元	金属银灰	CD 机六喇叭	两年/四万公里	四挡电控自动挡	有	有	18.98%
4	10 万元	金属深蓝	卡座二喇叭	两年/四万公里	五挡手动挡	有	有	15.74%

（续表）

组合	价格	颜色	音响	售后服务	动力性	ABS	安全气囊	最大效用模型市场占有率
5	11.2万元	金属深蓝	CD机六喇叭	两年/四万公里	五挡手动挡	有	有	12.04%
6	12.5万元	金属深蓝	CD机六喇叭	两年/四万公里	四挡电控自动挡	有	有	5.79%
7	10万元	金属正红	卡座二喇叭	两年/四万公里	五挡手动挡	有	有	2.55%
8	11.2万元	金属正红	CD机六喇叭	两年/四万公里	五挡手动挡	有	有	6.48%
9	12.5万元	金属正红	CD机六喇叭	两年/四万公里	四挡电控自动挡	有	有	7.87%

从表13-11可以看出，在不考虑其他可能的颜色配置下，单独考虑赛欧轿车自身不同配置的市场占有率，金属银灰色的SLX AT（组合23）赛欧轿车占有最大的市场份额，为18.98%；其次是金属银灰色的基本型SL（组合21）占有16.44%的市场占有率；其他依次是金属深蓝色的SL、金属银灰色的SLX、金属深蓝色的SLX，市场占有率都在10%以上，其他几种组合的市场占有率则都低于10%。

在不考虑颜色的基础上，以金属银灰色为例，我们来分析当某种配置的价格变化时，三种不同配置的赛欧轿车的市场占有率如何变化。我们假设如果选装II型SLX AT的价格下降到11.2万元时，表13-12给出了最大效用模型市场占有率的变化。

表13-12　市场占有率变化分析

组合	配置	价格	最大效用模型市场占有率（降价前）	最大效用模型市场占有率（降价后）	市场占有率变化
1	基本型SL	10万元	34.72%	33.33%	−1.39%
2	选装型I SLX	11.2万元	32.64%	22.92%	−9.72%
3	选装型II SLX AT	12.5万元	32.64%		
+	选装型II SLX AT	11.2万元		43.75%	+11.11%

从表13-12可以看出，对于同一种颜色（金属银灰色）的三种赛欧轿车配置，效用值分析表明消费者的偏好由高到低是组合22、组合23和组合21，但是市场占有率由高到低为组合21、组合22和组合23，基本型SL占有率最高，两种选装型具有相同的市场占有率。如果选装II型SLX AT的价格降为11.2万元，市场占有率将发生变化，选装I型SLX的市场占有率约下降10个百分点，而选装II型SLX AT的市场占有率将上升10多个百分点。效用值分析表明消费者的偏好也有了改变，依次是组合23、组合22和组合21。研究人员可以根据自己的研究目的，模拟不同的市场组合和市场变化。

另外研究人员也可以在现有的三种配置类型和价格下，分析消费者对颜色的偏好情况。我们分别计算金属银灰色、金属深蓝色和金属正红色在同一种配置下的市场占有率。表13-13给出了市场占有率的分析。

表 13-13　不同颜色市场占有率分析(基本型、选装 I 型、选装 II 型)

颜色	最大效用模型市场占有率
金属银灰色	49.54%
金属深蓝色	33.56%
金属正红色	16.90%

从表 13-13 我们可以得到如下结论:在同一种赛欧轿车的配置和价格都相同的情况下,只考虑颜色对消费者购车时的影响,金属银灰色的购买比例最高,市场占有率为 49.54%;其次是金属深蓝色,市场占有率为 33.56%;最后是金属正红色,市场占有率为 16.90%。这表明赛欧轿车的生产商或经销商在考虑生产或订货时,如果生产或订购 100 辆同一种配置的车型,应该生产或订购 50 辆金属银灰色、33 辆金属深蓝色、17 辆金属正红色的车,这样才能最有效地满足市场需求。

结合分析的内容是非常丰富的,研究人员可以根据不同的市场营销目的,模拟不同的市场,寻找最佳的市场营销方案,估计市场占有率。同时,结合分析也可以针对每一个消费者分析该消费者的不同偏好结构,获得对每一个消费者类似于前面群体分析的结论。我们也可以进一步根据消费者的不同背景资料,分析不同群体的偏好结构,如不同的性别、年龄、收入等,也可以根据消费者的效用值进行快速聚类分析(Cluster Analysis),找出具有相同或相似偏好的消费者,进行市场细分。

本章小结

本章介绍了结合分析的基本思想、基本原理和应用。通过本章的学习,读者应能了解:结合分析法的基本思想、特征和分析步骤,并能结合案例运用软件进行相应的应用。重点掌握结合分析的基本思想和应用。

进一步阅读材料

1. Paul E. Green, and V. Srinivasan: "Conjoint Analysis in Consumer Research: Issues and Outlook", *Journal of Consumer Research*, 1978, 9(5).

2. Paul E. Green, J. Pouglas Carroll, and Stephen M. Goldberg: "A General Approach to Product Design Optimization via Conjoint Analysis", *Journal of Marketing*, 1981, Summer(43).

3. Anders Gustafsson, Andreas Herrmann, and Frank Huber: *Conjoint Measurement: Methods and Applications*, Berlin, New York: Springer, 2001.

练习题

1. 试述结合分析的基本思想。
2. 试述结合分析的特点。
3. 试述结合分析方法的基本功能。
4. 试寻找一个实例进行结合分析。

第十四章 多维标度法

教学目的

本章系统介绍了多维标度法的基本原理。首先介绍了多维标度法的基本思想、功能，并对多维标度法的基本原理进行了说明，对非度量方法进行了介绍，并运用案例说明了多维标度法的应用。通过本章的学习，希望读者能够：

1. 掌握多维标度法的基本思想；
2. 了解多维标度法适合解决的问题；
3. 理解多维标度法的基本原理；
4. 掌握多维标度法的应用。

本章的重点是多维标度法的基本思想及其应用。

在实际中我们会遇到如下的问题：给你一组城市名单和一张地图，你很快就可以量出这张地图上任何两个城市间的距离。但若给你若干个城市之间的距离，你能不能在纸上确定它们之间的相对位置呢？再进一步，假定给你的仅仅是这些城市的等级距离，即只让你知道哪两个城市最近，哪两个城市次近等，你是否还能在纸上确定它们之间的相对位置？在心理学、教育学或一般的行为科学中，这类问题可以有许多种变式。例如，假设你已经通过实验知道了若干种产品在消费者的心理空间中的距离（或接近程度），你能否确定这些产品在消费者心理空间中的相对位置呢？假如你已经知道被试对若干概念之间相似程度的判断，你能否将这些概念在被试概念空间中的相对位置加以表示呢？显然，这是一类令人感兴趣的问题。多年来，统计学家一直试图解决这类问题。1967 年，托格森（Torgerson）和杨（Young）对 15 个城市间的等级距离数据进行了计算，所得城市坐标与实际位置基本重合，他们用的方法叫做多维标度法（Multi-Dimensional Scaling，MDS）。这是近年来十分常用的一种结构分析方法，在市场调查、心理学、社会学、生物学、政治学等很多领域中有广泛的应用。

"Scaling"一词，含有量表的制作、刻度值的确定等意义，中国台湾有些学者将它译成量度化，在本书中则称它为标度化或标度法。在一般心理统计学家的术语中，心理标度化（Psychological Scaling）是一种由实验对象对客体进行测量，进而导出客体在实验对象心理空间中的相对位置的过程。这种理解实际上蕴涵着一个重要假设：与所关心的客体的集合相对应，存在着一个实验对象的心理空间，客体集合中的每一个点都与心理空间中的某一点相对应。若记客体集合为 I，心理空间为 X，那么心理标度化的任务实际上是确定 I 与 X 的对应关系 ϕ。这个关于心理空间的假设是否合理取决于所关心的那些客体之间的关系能否借助空间关系得到有效的说明。经验表明，这个假设在很多场合下是相当有用的。

当所关心的客体的性质比较单纯，它们之间的关系可以用大小、强弱、先后这种单维度指标加以描述时，对应的心理空间 X 往往可以假设为一维的，这时的心理标度化方法就称为单维标度法。心理物理学中许多心理物理量表都可以看作单维心理标度化的结果。当然，心理标度化的研究对象不仅仅是单纯的物理刺激，它还可以对概念、命题这种语义刺激做出标度，也可以对广告、产品等复杂刺激做出标度。当然，刺激的性质越复杂，相应的心理空间的维数就越大，这时就要运用多维标度法了。

多维标度法往往是从收集实验对象对客体间的相似性（或不相似性）评价开始的。例如，可以让实验对象对所关心客体集合 I 中的每一个三元组（O_i，O_j，O_k）做出判断，即 O_i 离 O_j 近还是离 O_k 近？然后统计所有被试的反应，求出各种反应频率。再用 Thurstone 的比较判断法则将各种频率转换成正态分布下的标准分数，进而求出 O_i 与 O_j 的相对距离（或不相似性度量），O_i 与 O_k 的相对距离等。在有些多维标度法中，相似性数据的收集可以只在顺序量表的水平上进行，即只要给出哪两个客体最相似，哪两个客体次相似这类等级数据就可以了。在得到客体间相似性数据以后，多维标度法要求把相似性数据或不相似性数据转换成绝对距离数据。一般认为，不相似数据与距离数据之间存在单调关系，但不一定是线性关系。

在上述工作的基础上，运用多维标度法模型就可以得到所关心的客体在空间中的相对位置坐标或图像。一个成功的多维标度化工作能够帮助我们确定解释客体所引起的心理活动所需要的因素个数,给出每个客体在各个维度上的相对坐标,在这个基础上我们会对各个因素命名,或者对客体进行某种分类。近年来的一些研究工作是将多维标度化的结果作为中间结果,进而导出一些有用的认识模型。如鲁默哈特(Rumelhart)和亚伯拉罕森(Abrahamsen)的类比推理模型就利用了多维标度法给出的概念之间的心理距离。

总之,多维标度法是一种利用客体间的相似性数据来揭示它们之间空间关系的统计分析方法。它是通过一系列技巧,识别构成实验对象对样品进行评价基础的关键维数,并在确定维数空间中估计一组样品的坐标,其基础数据是配对样品的距离。因此,有不少文献作者将它称为研究相似性数据的空间表示的方法。

多维标度法有多种模型,按不同标准有不同的分类。按分析数据的类型,可分为度量化模型与非度量化模型。若模型所需要的相似性数据是用距离尺度或比率尺度表示的,这类模型是度量化模型。若模型只需要顺序量表水平的相似数据,它们就称为非度量化模型。按是否考虑个体差异,可分为二向度模型与三向度模型。二向度模型是不考虑实验对象在做相似性评判时的个体差异的,二向度模型导出的空间解只有一个公共空间解。但有些模型却将实验对象的个体差异列入考察范围,最后不仅导出一个公共空间解,而且还能给出各个实验对象独有的空间解,这类模型就称为三向度模型。

第一节　多维标度法的基本原理

一、多维标度法的定义

定义　一个 $n\times n$ 矩阵 $\boldsymbol{D}=(d_{ij})$,若满足 $\boldsymbol{D}'=\boldsymbol{D}, d_{ii}=0, d_{ij}\geqslant 0(i,j=1,2,\cdots,n;i\neq j)$,则称矩阵 $\boldsymbol{D}$ 为距离阵。

对此距离阵 $\boldsymbol{D}=(d_{ij})$,多维标度法的实质就是寻找 k 和在 k 维实数空间 R^k 中的 n 个点,$\boldsymbol{x}_1,\boldsymbol{x}_2,\cdots,\boldsymbol{x}_n$。用 $\hat{d}_{ij}$ 表示 $\boldsymbol{x}_i$ 与 $\boldsymbol{x}_j$ 的欧氏距离,定义 $\hat{\boldsymbol{D}}=(\hat{d}_{ij})$,使得 $\hat{\boldsymbol{D}}=(\hat{d}_{ij})$ 与 $\boldsymbol{D}=(d_{ij})$ 在某种意义上相近。在实践中,k 取 1,2 或 3。

令 $\boldsymbol{X}=(\boldsymbol{x}_1,\boldsymbol{x}_2,\cdots,\boldsymbol{x}_n)$,则 $\boldsymbol{X}$ 为距离阵 $\boldsymbol{D}$ 的拟合构造点。当 $\hat{\boldsymbol{D}}=\boldsymbol{D}$ 时,$\boldsymbol{X}$ 称为 $\boldsymbol{D}$ 的构造点。

多维标度法的解并不是唯一的。若 $\boldsymbol{X}$ 为解,令

$$\boldsymbol{y}_i=\boldsymbol{\Gamma}\boldsymbol{x}_i+\boldsymbol{a}$$

其中,$\boldsymbol{\Gamma}$ 为正交矩阵,$\boldsymbol{a}$ 为常数向量,则显然 $\boldsymbol{Y}=(\boldsymbol{y}_1,\boldsymbol{y}_2,\cdots,\boldsymbol{y}_n)$ 也是多维标度法的解,因为平移和正交变换并不改变欧氏距离。

二、欧氏距离矩阵

定义 若存在某个正整数 p 及 p 维空间中的 n 个点 $\boldsymbol{x}_1,\boldsymbol{x}_2,\cdots,\boldsymbol{x}_n$，使得

$$d_{ij}^2=(\boldsymbol{x}_i-\boldsymbol{x}_j)'(\boldsymbol{x}_i-\boldsymbol{x}_j),\quad i,j=1,2,\cdots,n$$

则称具有上述特征的元素构成的距离阵 $\boldsymbol{D}=(d_{ij})$ 为欧氏距离矩阵。

如何判断一个距离矩阵是否是欧氏距离矩阵？如何求得欧氏距离矩阵所对应的 n 个点？下面我们分别进行讨论。

令

$$\boldsymbol{A}=(a_{ij}),\quad a_{ij}=-\frac{1}{2}d_{ij}^2$$

$$\boldsymbol{B}=\boldsymbol{HAH},\quad \boldsymbol{H}=\boldsymbol{I}_n-\frac{1}{n}\boldsymbol{1}_n\boldsymbol{1}_n'$$

下面的定理给出了判断 $\boldsymbol{D}$ 是否为欧氏距离矩阵的充要条件。

定理 14-1 设 $\boldsymbol{D}$ 是 $n\times n$ 距离阵，$\boldsymbol{B}=\boldsymbol{HAH}$，则 $\boldsymbol{D}$ 是欧氏距离矩阵当且仅当 $\boldsymbol{B}\geqslant 0$。

若 $\boldsymbol{B}\geqslant 0$，记 $p=\text{rank}(\boldsymbol{B})$，$\lambda_1\geqslant\lambda_2\geqslant\cdots\geqslant\lambda_p$ 为 $\boldsymbol{B}$ 的正特征根，$x_{(1)},x_{(2)},\cdots,x_{(p)}$ 为相应的特征向量，且

$$\boldsymbol{x}_{(i)}'\boldsymbol{x}_{(j)}=\delta_{ij}\lambda_i$$

此时，令 $\boldsymbol{X}=(\boldsymbol{x}_{(1)},\boldsymbol{x}_{(2)},\cdots,\boldsymbol{x}_{(p)})$，它是一个 $n\times p$ 矩阵，它的行用 $\boldsymbol{x}_1,\boldsymbol{x}_2,\cdots,\boldsymbol{x}_n$ 表示。在此条件下，$\boldsymbol{X}$ 则是 $\boldsymbol{D}$ 的构造点。

需要指出的是，$\boldsymbol{B}=\boldsymbol{XX}'$。即当 $\boldsymbol{D}$ 为欧氏距离矩阵时，b_{ij} 是 $\boldsymbol{x}_i$ 与 $\boldsymbol{x}_j$ 中心化后的内积，即 $\boldsymbol{B}$ 是 $\boldsymbol{X}$ 中心化后的内积阵。上述定理的证明参见相关文献。

三、多维标度法的古典解

显然上述定理给出了当 $\boldsymbol{D}$ 为欧氏距离矩阵时，如何求构造点 $\boldsymbol{X}$ 的办法。

然而，当 $\boldsymbol{D}$ 不是欧氏距离矩阵时，不存在距离阵的构造点，只能寻找 $\boldsymbol{D}$ 的拟合构造点，记为 $\hat{\boldsymbol{X}}$，以区分真正的构造点 $\boldsymbol{X}$。在实际应用中，即使 $\boldsymbol{D}$ 是欧氏距离矩阵，它的构造点也是 $n\times p$ 矩阵。当 p 较大时，其也失去了实用的价值。此时，宁可不用 $\boldsymbol{X}$，而去寻求低维的拟合构造点 $\hat{\boldsymbol{X}}$。受上述定理中由距离阵 $\boldsymbol{D}$ 求 $\boldsymbol{X}$ 的方法的启示，我们可采用类似的方法来给出距离阵的拟合构造点。基于这种思想得到的拟合构造点称为多维标度法的古典解。

多维标度法的古典解是由托格森所提出的。在多维标度法的发展史上，托格森是一位承前启后的人物。他总结了瑟斯通（Thurstone）自 20 世纪二三十年代以来在一维标度法方面的工作，吸收了理查森（Richardson）和克林伯格（Klingberg）等人在三四十年代对多维标度法的一些建设性想法，在其 1951 年的博士论文及以后的几篇文章中提出了自己的多维标度法模型，即多维标度法的古典解模型。

求古典解的步骤如下：

第一，由距离阵 $\boldsymbol{D}=(d_{ij})$ 构造距离 $\boldsymbol{A}=(a_{ij})=\left(-\frac{1}{2}d_{ij}^2\right)$。

第二，令 $\boldsymbol{B}=(b_{ij})$，使

$$b_{ij}=a_{ij}-\bar{a}_{i\cdot}-\bar{a}_{\cdot j}+\bar{a}_{\cdot\cdot}$$

第三，求矩阵 $\boldsymbol{B}$ 的特征根 $\lambda_1\geqslant\lambda_2\geqslant\cdots\geqslant\lambda_p$，若无负的特征根，表明 $\boldsymbol{B}\geqslant 0$，从而 $\boldsymbol{D}$ 是欧氏距离矩阵；若有负的特征根，$\boldsymbol{D}$ 一定不是欧氏距离矩阵。令

$$a_{1,k}=\frac{\sum_{i=1}^{k}\lambda_i}{\sum_{i=1}^{n}|\lambda_i|},\quad a_{2,k}=\frac{\sum_{i=1}^{k}\lambda_i^2}{\sum_{i=1}^{n}\lambda_i^2}$$

这两个量相当于主成分分析中的累积贡献率，当然我们希望 k 的取值不要太大，而使 $a_{1,k}$ 和 $a_{2,k}$ 比较大。当取定 k 后，用 $\hat{\boldsymbol{x}}_{(1)},\hat{\boldsymbol{x}}_{(2)},\cdots,\hat{\boldsymbol{x}}_{(k)}$ 表示 $\boldsymbol{B}$ 对应于其特征根 $\boldsymbol{\lambda}_1,\boldsymbol{\lambda}_2,\cdots,\boldsymbol{\lambda}_k$ 的正交化特征向量，使得

$$\hat{\boldsymbol{x}}_{(i)}'\hat{\boldsymbol{x}}_{(i)}=\boldsymbol{\lambda}_i,\quad i=1,2,\cdots,k$$

通常要求特征根 $\boldsymbol{\lambda}_k$ 大于零，若 λ_k 小于零，则要缩小 k 的值。

第四，令 $\hat{\boldsymbol{X}}=(\hat{\boldsymbol{x}}_{(1)},\hat{\boldsymbol{x}}_{(2)},\cdots,\hat{\boldsymbol{x}}_{(k)})$，则 $\hat{\boldsymbol{X}}$ 的行向量 $\boldsymbol{x}_1,\boldsymbol{x}_2,\cdots,\boldsymbol{x}_n$ 即为所求的古典解。

有些情况下，我们得到的不是 n 个样品之间的距离阵，而是相似系数矩阵 $\boldsymbol{C}$。在聚类分析中我们曾讨论过相似系数的概念，定义 $\boldsymbol{C}=(c_{ij})$ 为相似系数矩阵，若 $\boldsymbol{C}$ 为对称矩阵，且有

$$c_{ij}\leqslant c_{ii},\quad\forall_{i,j}$$

显然，$c_{ii}+c_{jj}-2c_{ij}\geqslant 0$。

按照相似系数和距离阵的联系，我们可从相似系数矩阵 $\boldsymbol{C}$ 来产生一个距离矩阵 $\boldsymbol{D}=(d_{ij})$，其中：

$$d_{ij}=(c_{ii}+c_{jj}-2c_{ij})^{\frac{1}{2}}$$

由于 $c_{ii}+c_{jj}-2c_{ij}\geqslant 0$，故 d_{ij} 的定义有意义，显见 $d_{ii}=0,d_{ij}=d_{ji}$，可见矩阵 $\boldsymbol{D}$ 为距离阵。

定理 14-2 当相似系数矩阵 $\boldsymbol{C}$ 为非负定矩阵时，矩阵 $\boldsymbol{D}=(d_{ij})=\left((c_{ii}+c_{jj}-2c_{ij})^{\frac{1}{2}}\right)$ 为欧氏距离矩阵。

需要指出的是，$\boldsymbol{B}=\boldsymbol{XX}'$。即当 $\boldsymbol{D}$ 为欧氏距离矩阵时，b_{ij} 是 x_i 与 x_j 中心化后的内积，即 $\boldsymbol{B}$ 是 $\boldsymbol{X}$ 中心化后的内积阵。上述定理的证明参见相关文献。

四、古典解的优良性

设 $\boldsymbol{X}$ 是一个 $n\times p$ 矩阵，令 $\boldsymbol{A}=\boldsymbol{X}'\boldsymbol{HX}$，$\boldsymbol{H}=\boldsymbol{I}_n-\frac{1}{n}\boldsymbol{1}_n\boldsymbol{1}_n'$，$\boldsymbol{A}$ 的特征根记作 $\lambda_1\geqslant\lambda_2\geqslant\cdots\geqslant\lambda_p$，为简单起见，设 $\lambda_1>\lambda_2>\cdots>\lambda_p>0$，可见 $\lambda_1,\lambda_2,\cdots,\lambda_p$ 也为 $\boldsymbol{B}=\boldsymbol{HXX}'\boldsymbol{H}$ 的非零特征

根。由于 $\boldsymbol{HX}$ 的行是 $\boldsymbol{X}$ 的行中心化，因此 $\boldsymbol{B}=(b_{ij})$ 中的元素可表示为：

$$b_{ij} = (\boldsymbol{x}_i - \bar{\boldsymbol{x}})'(\boldsymbol{x}_i - \bar{\boldsymbol{x}})$$

记 $\boldsymbol{v}_{(i)}$ 为 $\boldsymbol{B}$ 对应于 $\boldsymbol{\lambda}_i$ 的特征向量，且 $\boldsymbol{v}'_{(i)}\boldsymbol{v}_{(i)}=\boldsymbol{\lambda}_i, i=1,2,\cdots,p$，此时令

$$\boldsymbol{V}_{(k)} = (\boldsymbol{v}_{(1)}, \boldsymbol{v}_{(2)}, \cdots, \boldsymbol{v}_{(k)}) = (\boldsymbol{v}_1, \boldsymbol{v}_2, \cdots, \boldsymbol{v}_n)'$$

则称 $(\boldsymbol{v}_1,\boldsymbol{v}_2,\cdots,\boldsymbol{v}_n)$ 为 $\boldsymbol{X}$ 的 k 维主坐标。

显然主坐标的概念是从构造点的古典解引出来的。若将 $\boldsymbol{X}$ 的行看作 p 维实数空间的 n 个点，它们之间的欧氏距离矩阵记作 $\boldsymbol{D}$。由定理 14-1 可知，$\boldsymbol{D}$ 在 k 维实数空间中拟合构造点的古典解就是 $\boldsymbol{X}$ 的 k 维主坐标。

定理 14-3 $\boldsymbol{X}$ 的 k 维主坐标是将 $\boldsymbol{X}$ 中心化后 n 个样品的前 k 个主成分的值。

在一切形如 $\hat{\boldsymbol{X}}=\boldsymbol{X\Gamma}_1$ 的 k 维构造点中，$\boldsymbol{\Gamma}_1=\boldsymbol{\Gamma}_k$ 为最优，即拟合度最高。而 $\hat{\boldsymbol{X}}=\boldsymbol{X\Gamma}_k$ 正是 $\boldsymbol{X}$ 的 k 维主坐标，这表明古典解的优良性。

五、权重多维标度法

上面的讨论均基于单个距离阵数据进行的，但在实践中，往往需要确定多个距离阵的感知图。如由 12 个人分别对 6 个品牌的电子产品进行两两相似评价，结果得到 12 个相似性矩阵，那么我们如何根据这 12 个人的评测结果得到 6 个品牌的电子产品的相似性感知图呢？显然按照古典多维标度法，只能每一个相似性矩阵确定一个感知图，12 个人分别确定 12 个感知图。可是我们想得到的是这 12 个人共同的感知图，而非 12 个。下面我们介绍由 Carroll 和 Chang 提出的解决此类问题的方法——权重多维标度法(WMDS)。基础权重多维标度法又称权重个体差异欧几里得距离模型。

设由 m 个个体对 n 个对象进行比较评测，得到 m 个 $n\times n$ 相似矩阵，然后将其转换为距离阵。由于每个距离阵都有自己的拟合构造空间，权重个体差异欧几里得距离模型通过给予不同个体不同的权重，综合得到 m 个个体的公共拟合构造空间。设 $\boldsymbol{X}_{it}$ 表示对象 i 在公共拟合构造空间的 t 维坐标，则对于对象 i 第 k 个个体在公共拟合空间的 t 维坐标为 $\boldsymbol{Y}_{it}^{(k)}$：

$$\boldsymbol{Y}_{it}^{(k)} = w_{kt}^{1/2}\boldsymbol{X}_{it} \tag{14-1}$$

其中，$w_{kt}^{1/2}$ 为第 k 个个体在 t 维的权重。对于第 k 个个体，对象 i 和 j 的欧几里得距离为

$$d_{kij} = \sqrt{\sum_{t=1}^{r}(\boldsymbol{Y}_{it}^{(k)} - \boldsymbol{Y}_{jt}^{(k)})^2} \tag{14-2}$$

将(14-1)式代入(14-2)式得：

$$d_{kij} = \sqrt{w_{k1}(X_{i1}-X_{j1})^2 + \cdots + w_{kr}(X_{ir}-X_{jr})^2} \tag{14-3}$$

(14-3)式中 $\boldsymbol{w}_k=(w_{k1},w_{k2},\cdots,w_{kr})'$ 是个体间唯一不同的参数，而所有个体在公共感知图中的坐标定义均是相同的。在此基础上，依据古典 MDS 求内积的方法，可得：

$$b_{kij} = \sum_{t=1}^{r} w_{kt}X_{it}X_{jt} \tag{14-4}$$

Carroll 和 Chang 采用非线性迭代最小平方法求得 $\boldsymbol{X}$ 的最优解，最终得到公共拟合构造点。

第二节 非度量方法

古典解是基于主成分分析的思想，此时有：

$$d_{ij} = \hat{d}_{ij} + e_{ij} \tag{14-5}$$

其中，$\hat{d}_{ij}$ 是 d_{ij} 的拟合值，e_{ij} 是误差。但有时，d_{ij} 和 $\hat{d}_{ij}$ 之间的拟合关系可以表示为：

$$d_{ij} = f(\hat{d}_{ij} + e_{ij}) \tag{14-6}$$

其中，f 是一个未知的单调增加的函数。此时，可用来构造 $\hat{d}_{ij}$ 的唯一信息就是 d_{ij} 的秩。将 d_{ij} 按升序进行排列，不失一般性，设 $i<j$，则有：

$$d_{i_1j_1} \leqslant d_{i_2j_2} \leqslant \cdots \leqslant d_{i_mj_m}, \quad m = \frac{n(n-1)}{2}$$

(i,j)所对应的 d_{ij} 在上面的排列中的名次称为(i,j)或 d_{ij} 的秩。我们现寻找一个拟合构造点，使后者相互之间的距离也有如上的次序：

$$d_{i_1j_1} \leqslant d_{i_2j_2} \leqslant \cdots \leqslant d_{i_mj_m}$$

并记为：

$$\hat{d}_{ij} \xrightarrow{\text{单调}} d_{ij}$$

在相似系数矩阵中经常用到上述模型，因为相似系数强调的是样品之间的相似性，而非它们之间的距离。

求解上述模型的解有多种方法，通常 Shepard-Kruskal 算法流行最广。该算法由斯巴德(Shepard)和克鲁斯克(Kruskal)于 20 世纪 60 年代前半期提出的，是一种二向度非度量化模型。它只需要输入顺序量表水平的相似性数据，计算过程是一个迭代求解过程，目的是对一个称为应力(Stress)的损失函数求极小值点。这种方法的优点是只要求得出顺序量表水平的相似性测量数据，可用来解决本章开头提出的那个地图复原的问题。但由于损失函数的形式比较复杂，算法的收敛点可能只是一个局部极小值点，所以在求解过程中应该加倍小心。

该算法的步骤如下：

第一，已知一个相似系数矩阵 $\mathbf{D}=(d_{ij})$，将其非对角线元素由小到大进行排列：

$$d_{i_1j_1} \leqslant d_{i_2j_2} \leqslant \cdots \leqslant d_{i_mj_m}, \quad m = \frac{n(n-1)}{2}, \quad i_1 < j_1, l = 1,2,\cdots,m$$

第二，设 $\hat{\mathbf{X}}(n\times k)$ 是 k 维拟合构造点，相应的距离阵 $\hat{\mathbf{D}}=(\hat{d}_{ij})$，令

$$S^2(\hat{\mathbf{X}}) = \frac{\min\sum_{i<j}(d_{ij}^* - \hat{d}_{ij})^2}{\sum_{i<j} d_{ij}^2} \tag{14-7}$$

$$\text{STRESS} = \sqrt{\frac{\min\sum_{i<j}(d_{ij}^* - \hat{d}_{ij})^2}{\sum_{i<j} d_{ij}^2}} \tag{14-8}$$

若 $\hat{d}_{ij} \xrightarrow{\text{单调}} d_{ij}$，在(14-7)式中取 $d_{ij}^* = \hat{d}_{ij} (i<j)$，此时，$S^2(\hat{\boldsymbol{X}})=0$，$\hat{\boldsymbol{X}}$ 是 $\boldsymbol{D}$ 的构造点。

若将 $\boldsymbol{X}$ 的列作一正交平移变换：

$$y_i = \boldsymbol{\Gamma} x_i + b \tag{14-9}$$

式中 $\boldsymbol{\Gamma}$ 为正交矩阵，$\boldsymbol{b}$ 为常数向量，则式 $\min\sum_{i<j}(d_{ij}^* - \hat{d}_{ij})^2$ 不变。

第三，若 k 固定，且能存在一个 $\hat{\boldsymbol{X}}_0$，使得

$$S(\hat{\boldsymbol{X}}_0) = \min_{\hat{X};n\times k} S(\hat{\boldsymbol{X}}) \equiv S_k \tag{14-10}$$

则称 $\hat{\boldsymbol{X}}_0$ 为 k 维最佳拟合构造点。

第四，由于应力指数 S_k 是 k 的单调下降序列，取 k 使得 S_k 适当地小。

非度量方法就是采用梯度法进行迭代，找到使 STRESS 尽可能小的 r 维空间中 n 个对象的坐标。对于找到的拟合构造点，当 STRESS=0 时，表示拟合完美；当 0<STRESS≤2.5%时，表示拟合非常好；当 2.5%<STRESS≤5%时，表示拟合好；当 5%<STRESS≤10%时，表示拟合一般；当 10%<STRESS≤20%时，表示拟合差。

另一种测量偏离完美匹配程度的指标是由塔卡杨(Takane)等人提出的，已成为应用更广的准则。对给定维数 r，将此量度记为 S 应力，其定义为：

$$S\text{应力} = \sqrt{\frac{\sum_i \sum_j (d_{ij}^2 - \hat{d}_{ij}^2)^2}{\sum_i \sum_j d_{ij}^4}} \tag{14-11}$$

其中，S 应力是将 STRESS 中的 d_{ij} 和 $\hat{d}_{ij}$ 用其平方替代后所得到的指标。S 应力的取值在 0 和 1 之间。当 S 应力的值小于 0.1 时，意味着多维标度法对数据的拟合程度较高。

在非度量 MDS 分析中，需要解决的另一个问题是感知图中空间维数的确定。我们制作应力$-r$ 图确定感知图的维数。由前面的讨论可知，对每一个 r，可以找到使应力达到最小的点结构。随着 r 的增加，最小应力将在运算误差的范围内逐渐下降，且当 $r=n-1$ 时达到零。从 $r=1$ 开始，将应力 $S(r)$ 对 r 作图。这些点随着 r 的上升而逐渐下降。若找到一个 r，使上述趋势从这一点开始接近水平状态，像肘形一样，此时的 r 便是最佳维数。

非度量 MDS 分析虽然是基于非度量尺度数据的分析方法，但当定量尺度的距离阵中的数据不可靠，而当距离大小的顺序可靠时，采用非度量 MDS 分析方法比度量 MDS 方法得到的结果更接近实际。

正如我们已经指出的那样，三十多年来，多维标度法已经成为许多心理学家收集与分析数据，构建理论模型的重要方法之一。这当然不会只是因为相似性数据比较容易收集，更加深刻的原因是它的有效性。事实上人们一直在设法验证多维标度法的效度：一方面，人们通过大量的应用实例去理解各种模型的可用性；另一方面，心理统计学家则在艰难地用比较和分析的手段去揭示其有效性。例如，比较不同的数据采集或归纳方法下得到的多维标度结构，比较不同的判断准则对多维标度结构的影响，比较多维标度法导出解和其他一维判断的关系等，许多研究给出了支持多维标度法有效性的证据。

但是，多维标度法的有效性是有条件的。一个最基本的条件是所关心的客体之间的关系可以用空间距离关系来加以表示。这个条件并不总是可以满足的。例如，我们有时

会发现所收集的相似性数据存在明显的不对称现象。即在所关心的客体中，至少有两个客体 O_i 和 O_j 的相似性数据不满足对称性的条件，这在实践中是常有的事，此时不能简单地套用多维标度法。

另外，多维标度法还存在着一些技术上的困难：一个是上文提到的局部极值点问题；另一个是空间维数 k 的确定。在 Shepard-Kruskal 方法中，可以通过损失函数的极小值在各个维数的空间中的变化情况决定，但在其他方法中，就不得不更多地依赖于研究者的经验了。最后，应该对相似性数据做些分析。如前所述，相似性数据比较容易采集。按照库姆斯的观点，他提出的四大类数据中，除了相似性数据本身外，还有两大类数据的采集方法都可以用来采集相似性数据。另外，相似性概念还可以不依赖于被试主观判断而用客观的方法加以测量，这就更增加了多维标度法的应用可能性。但是相似性判断在很大程度上依赖于所关心客体集合包含哪些内容。同样两个客体，在不同的背景下会得到截然不同的相似性评定。这就给多维标度法的应用造成很大麻烦。假如客体集合中元素选择不当，很可能使多维标度法得出的结论失去意义。当然，任何统计方法都是有条件的和有限制的，但是任何统计方法都是有用的。

多维标度法的有效性并没有由于它的种种局限性而消失，相反，近年来人们为了更好地应用这种工具，正在从多个方面发展着这套方法。一个方面是将维度分析与树状结构分析结合起来的混合模型，这种模型在数据结构的解释方面显示出很大的优越性。另一个令人感兴趣的方面是出现了一些处理非对称数据的方法。这两个方面的发展和其他方面的努力（如对空间加以某种限制的模型等）汇总在一起，将会推动多维标度法的不断发展。

第三节　案例分析与上机实现

例 14-1　多维标度法的一个经典例子是根据给出的 12 个英国城市之间的公路距离，重现这 12 个城市的地理位置。由于公路是弯弯曲曲的，表 14-1 中的距离并不是 12 个城市间的真正的“几何”距离。多维标度法就是设法在一个两维的平面上给出 12 个“构造点”，使这些构造点之间的距离能够尽可能地接近表 14-1 中相应城市间的“距离”。

这 12 个城市的代号为：

1＝Aberystwyth　　5＝Exetes　　9＝Leeds
2＝Brighton　　6＝Glasgow　　10＝London
3＝Carlisle　　7＝Hull　　11＝Newcastle
4＝Dover　　8＝Inverness　　12＝Norwich

我们用 SPSS 来求这个经典例子的解。首先输入表 14-1（即距离矩阵）。

表 14-1　12 个城市之间的距离

	1	2	3	4	5	6	7	8	9	10	11	12
1	0											
2	244	0										
3	218	350	0									
4	284	77	369	0								
5	197	167	347	242	0							
6	312	444	94	463	441	0						
7	215	221	150	236	279	245	0					
8	469	283	251	598	598	169	380	0				
9	166	242	116	257	269	210	55	349	0			
10	212	53	298	72	170	392	168	531	190	0		
11	253	325	57	340	359	143	117	264	91	274	0	
12	270	168	284	164	277	378	143	514	173	111	256	0

然后输入如下命令：

```
ALSCAL
  VARIABLES = var00001  var00002  var00003  var00004  var00005
    var00006  var00007  var00008  var00009  var00010  var00011  var00012
  /SHAPE = SYMMETRIC
  /LEVEL = ORDINAL
  /CONDITION = MATRIX
  /MODEL = EUCLID
  /CRITERIA = CONVERGE(.001) STRESSMIN(.005) ITER(30) CUTOFF(0) DIMENS(2,2)
  /PLOT = ALL.
```

这时计算机输出的文件显示两个模型拟合好坏的指标：

(1) STRESS＝0.0173，这个值是基于克鲁斯克的公式计算的。一般说 $S\leqslant 0.05$ 最好；$0.05\leqslant S\leqslant 0.1$，次之；而当 $S>0.1$ 时，较差。这里 $S\approx 0.0$，所以 MDS 结果是令人满意的。

(2) RSQ＝0.999，这是与多元回归中的复相关系数平方类似的一个量度，是城市间距离之方差的平方中量表数据(即 Scaled Data)方差所占的比例。此值越接近于 1 越好。

从这两个指标看，MDS 的结果是令人满意的，表 14-1 给出了 12 个城市的两维坐标。图 14-1 是 SPSS 的输出图之一，这些城市的相对位置与实际情况很接近。

附带说明的是，如果在 Model 中选 Minimum＝1，Maximum＝2，则 SPSS 会给出一维和二维的两个解。

MDS 也称为 Perceptual Mapping，意味着降维后的图示。研究者可以利用得到的图，描述性地将变量或样品进行分类，可以对隐藏在原始数据背后的维度做出相应的判断。在这个意义上说 MDS 也可以起与因子分析相类似的作用，因为 MDS 也可以找出隐藏在数据背后的维度结构。但因 MDS 对数据的要求比因子分析更低，所以 MDS 的应用范围更广。

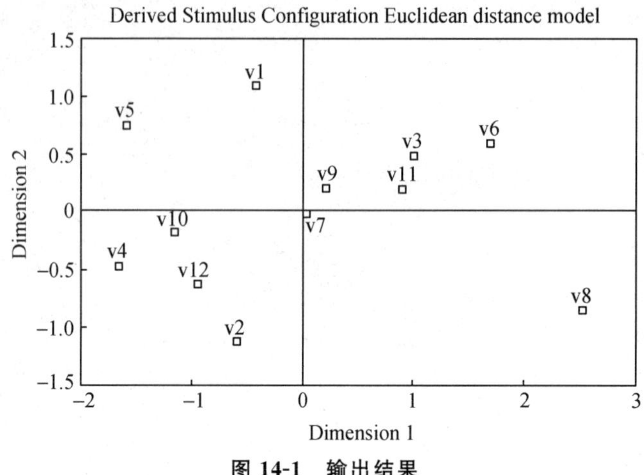

图 14-1　输出结果

例 14-2　为了分析东欧地区不同国家和地区的社会经济发展水平，构建了如下指标体系：urban（城市人口比例）、lifeexpf（女性平均寿命）、lifeexpm（男性平均寿命）、literacy（识字率）、babymort（婴儿死亡率）、gdp_cap（人均 GDP）、birth_rt（出生率）、death_rt（死亡率）。要求运用多维标度法对东欧地区不同国家和地区的社会经济发展水平进行分析。

以某年度东欧国家和地区的指标数据为例。原始数据如表 14-2 所示。

表 14-2　东欧不同国家和地区的相关指标数据表

Country	urban	lifeexpf	lifeexpm	literacy	babymort	gdp_cap	birth_rt	death_rt
Belarus	65	76	66	99	19.0	6500	13	11
Bosnia	36	78	72	86	12.7	3098	14	6
Bulgaria	68	75	69	93	12.0	3831	13	12
Croatia	51	77	70	97	8.7	5487	11	11
Estonia	72	76	67	99	19.0	6000	14	12
Georgia	56	76	69	99	23.0	4500	16	9
Hungary	64	76	67	99	12.5	5249	12	13
Latvia	71	75	64	99	21.5	7400	14	12
Lithuania	69	77	68	99	17.0	6710	15	10
Poland	62	77	69	99	13.8	4429	14	10
Romania	54	75	69	96	20.3	2702	14	10
Russia	74	74	64	99	27.0	6680	13	11
Ukraine	67	75	65	97	20.7	2340	12	13

在 SPSS 中输入如下命令：

```
PROXIMITIES urban lifeexpf lifeexpm literacy babymort gdp_cap birth_rt
  death_rt/PRINT NONE /MATRIX
  OUT('C:\DOCUME~1\user\LOCALS~1\Temp\spss496\spssalsc.tmp')
  /MEASURE = EUCLID /STANDARDIZE = VARIABLE Z /VIEW = CASE.
SPLIT FILE OFF.
ALSCAL
  /MATRIX = IN('C:\DOCUME~1\user\LOCALS~1\Temp\spss496\spssalsc.tmp')
  /LEVEL = INTERVAL
  /CONDITION = MATRIX
  /MODEL = EUCLID
  /CRITERIA = CONVERGE(.001) STRESSMIN(.005) ITER(30) CUTOFF(0) DIMENS(2,2).
ERASE FILE = 'C:\DOCUME~1\user\LOCALS~1\Temp\spss496\spssalsc.tmp'.
```

其中,PROXIMITIES 命令是从原始数据中产生距离阵。ALSCAL 命令是进行多维标度法分析。

每个观测值代表的样品如表 14-3 所示:

表 14-3　不同国家序号表

序号	Country	序号	Country
1	Belarus	8	Latvia
2	Bosnia	9	Lithuania
3	Bulgaria	10	Poland
4	Croatia	11	Romania
5	Estonia	12	Russia
6	Georgia	13	Ukraine
7	Hungary		

运行后得到如下结果:

输出结果 1　　　　输出结果的选项

```
Alscal Procedure Options
Data Options-
    Number of Rows (Observations/Matrix) ..............  13
    Number of Columns (Variables) .....................  13
    Number of Matrices ................................  1
    Measurement Level .................................  Interval
    Data Matrix Shape .................................  Symmetric
    Type ..............................................  Dissimilarity
    Approach to Ties ..................................  Leave Tied
    Conditionality ....................................  Matrix
    Data Cutoff at ....................................  000000
    Model Options-
    Model .............................................  Euclid
```

Maximum Dimensionality	2
Minimum Dimensionality	2
Negative Weights	Not Permitted
Output Options-	
Job Option Header	Printed
Data Matrices	Printed
Configurations and Transformations	Plotted
Output Dataset	Not Created
Initial Stimulus Coordinates	Computed
Algorithmic Options-	
Maximum Iterations	30
Convergence Criterion	.00100
Minimum S-stress	.00500
Missing Data Estimated by	Ulbounds

输出结果 2　样本的距离阵(标准化变量的样品距离阵)

Raw (unscaled) Data for Subject 1

	1	2	3	4	5
1	.000				
2	6.459	.000			
3	3.111	5.651	.000		
4	3.482	5.136	3.327	.000	
5	1.256	6.732	2.872	3.994	.000
6	3.264	5.407	4.134	4.967	3.071
7	2.025	6.631	2.408	2.552	2.211
8	1.794	7.780	3.932	5.102	1.822
9	2.092	5.938	3.656	4.035	1.787
10	2.423	5.006	2.852	2.879	2.349
11	3.205	4.996	2.677	4.083	3.207
12	2.642	8.252	4.414	5.788	2.863
13	3.083	7.156	2.892	4.529	3.091

	6	7	8	9	10
6	.000				
7	4.415	.000			
8	3.918	3.165	.000		
9	2.540	3.255	2.958	.000	
10	2.605	2.625	3.860	1.856	.000
11	2.343	3.558	4.109	3.584	2.655
12	4.369	3.987	1.747	4.057	4.685
13	4.565	2.720	3.537	4.519	3.857

	11	12	13
11	.000		
12	4.198	.000	
13	3.076	3.436	.000

输出结果 2 是样品之间的距离阵，这里采用的是欧式距离，距离阵为欧式距离阵。

输出结果 3　迭代过程和距离阵的古典解

Iteration history for the 2 dimensional solution (in squared distances)

Young's S-stress formula 1 is used.

Iteration	S-stress	Improvement
1	.13259	
2	.11397	.01862
3	.11195	.00202
4	.11182	.00013

Iterations stopped because
S-stress improvement is less than .001000
Stress and squared correlation (RSQ) in distances
RSQ values are the proportion of variance of the scaled data (disparities)
in the partition (row, matrix, or entire data) which
is accounted for by their corresponding distances.
Stress values are Kruskal's stress formula 1.
For matrix
Stress=.13816　　RSQ=.92434
Configuration derived in 2 dimensions
Stimulus Coordinates

Stimulus Number	Stimulus Name	Dimension 1	Dimension 2
1	VAR1	.5374	.0369
2	VAR2	−3.2810	.3083
3	VAR3	−.2055	−.7806
4	VAR4	−.9715	−1.2304
5	VAR5	.6516	.1404
6	VAR6	−.3208	1.2619
7	VAR7	.4061	−.8157
8	VAR8	1.4251	.3364
9	VAR9	.0414	.8228
10	VAR10	−.5256	.1007
11	VAR11	−.5007	.3536
12	VAR12	1.8258	.4281
13	VAR13	.9178	−.9623

Optimally scaled data (disparities) for subject 1

	1	2	3	4	5
1	.000				
2	3.772	.000			

	1	2	3	4	5
3	1.345	3.186	.000		
4	1.614	2.813	1.501	.000	
5	.000	3.970	1.172	1.985	.000
6	1.456	3.010	2.086	2.690	1.316
7	.557	3.897	.835	.939	.693
8	.390	4.730	1.940	2.788	.410
9	.606	3.394	1.740	2.015	.385
10	.846	2.718	1.157	1.177	.792
11	1.413	2.711	1.030	2.050	1.415
12	1.005	5.071	2.290	3.285	1.165
13	1.324	4.277	1.186	2.373	1.331

	6	7	8	9	10
6	.000				
7	2.290	.000			
8	1.930	1.384	.000		
9	.931	1.449	1.234	.000	
10	.978	.993	1.888	.435	.000
11	.788	1.669	2.068	1.688	1.015
12	2.257	1.980	.356	2.031	2.486
13	2.399	1.061	1.654	2.366	1.886

	11	12	13
11	.000		
12	2.133	.000	
13	1.319	1.580	.000

输出结果 3 反映了迭代过程的一些结果，并且得到了各个样品的古典解(二维的坐标)。从分析结果可以看出，Young 压力指数为 0.13816，RSQ 为 92.4%，可认为模型的拟合效果是较好的。输出结果 3 中最后的距离阵是拟合的不同国家之间的距离阵。

由于我们在维数中选择了二维，所以可以用二维平面图比较直观地反映各个样品(国家)的位置。图 14-2 就是在二维平面上直观反映 13 个东欧国家或地区所处的位置。由图 14-2 可以很清楚地看到，处在同一象限或间隔距离很近的国家或地区，它们在社会经济发展方面具有很大的相似性，如 Hungary 与 Ukraine 较相似。Belarus、Estonia、Latvia 和 Russia 的社会经济发展水平较高，而 Bulgaria、Croatia 的社会经济发展水平最低。

图 14-3 中的线性拟合图是欧式距离模型线性拟合的散点图。由散点图可以看出，欧式距离(实际距离)与差异点(拟合距离)是在 $y=x$ 直线的附近，这说明模型拟合的效果是比较理想的。

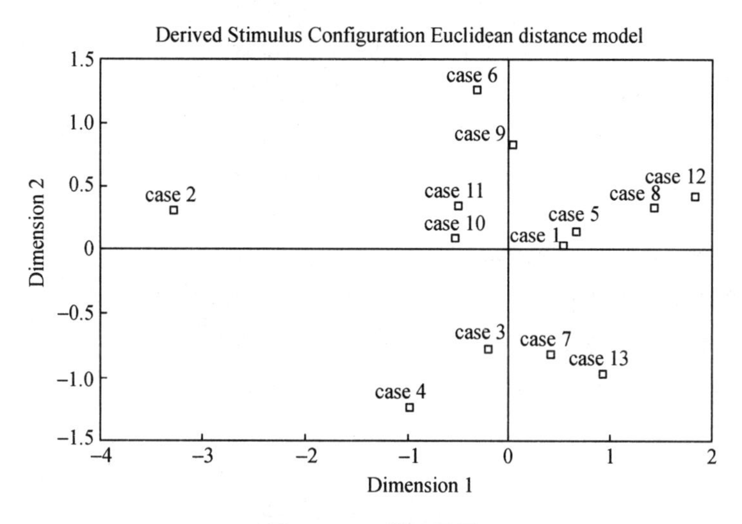

图 14-2　二维平面图

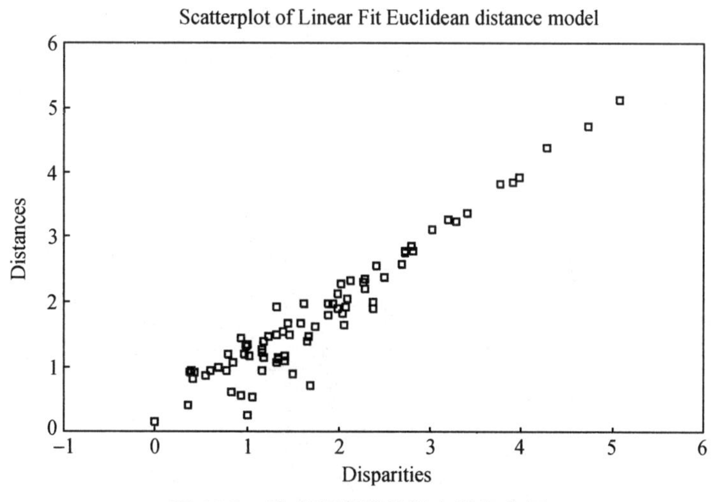

图 14-3　欧式距离线性拟合的散点图

本章小结

本章介绍了多维标度法的基本思想、基本原理和应用。通过本章的学习，读者应能了解：多维标度法的基本思想、基本原理，并能结合实例进行相应的应用。重点掌握多维标度法的基本思想和应用。

进一步阅读材料

1. 任若恩、王惠文：《多元统计分析数据分析——理论、方法、实例》，北京：国防工业出版社，1997。

2. 于秀林、任雪松:《多元统计分析》,北京:中国统计出版社,1999。

3. Richard A. Johnson, Dean W. Wichern 著,陆璇译:《实用多元统计分析》,北京:清华大学出版社,2001。

练习题

1. 试述多维标度法的基本思想。
2. 试述多维标度法的特点。
3. 试述多维标度法的基本功能。
4. 试寻找一个实例运用多维标度法进行分析。

第十五章　路径分析

教学目的

本章系统介绍了路径分析的基本原理，首先介绍了路径分析的基本思想、功能，并对路径分析的基本原理进行了说明，对非度量方法进行了介绍，最后运用案例说明了路径分析的应用。通过本章的学习，希望读者能够：

1. 掌握路径分析的基本思想；
2. 了解路径分析适合解决的问题；
3. 理解路径分析的基本原理；
4. 掌握路径分析的应用。

本章的重点是路径分析的基本思想及其应用。

变量间的因果关系是很多学科和领域都关注和研究的问题，而路径分析方法则是探索系统因果关系的统计工具。路径分析方法最早于1921年由休厄尔·赖特(Sewall Wright)提出，主要应用于群体遗传学。1934年，赖特在 *The Method of Path Coefficients* 中正式作为一种统计方法介绍路径分析。路径分析方法提出后，一直没有被统计学家和社会学家所重视。直到1966年，美国社会学家邓肯(Duncan)教授首次将路径分析方法运用到社会学领域，并把路径分析的应用性文章发表在行为科学的探索性杂志上。尽管路径分析建立在显变量的相关系数矩阵的基础上，但社会学家可以运用这种方法探索和分析变量间的直接效应、间接效应和总效应。1966年社会学家布莱克(Blalock)和邓肯(Duncan)发现了路径分析理论和解释多变量间因果关系及相关关系的潜在价值。1968年怀特(Wright)教授，1979年肯尼(Kenny)教授分别对路径分析理论做了详尽的论述。1973年社会学家乔斯考格(Joreskog)和威利(Wiley)掀起了把路径分析方法运用于社会学领域的又一个高潮，运用结构方程组和路径图来解释和分析社会学领域的现象。心理学家博勒(Benler)教授分别在1980年和1986年详细地论述了路径分析在心理学领域的应用前景。洛林(Loehlin)教授在1987年对包含隐变量的路径模型和线形结构方程模型做了出色的介绍。1989年博伦(Bollen)给出了解决带隐变量的结构方程的更好的方法。心理学家博勒教授1985年将自己创立的EQS软件运用到心理学领域，并很快得到广泛应用；1998年运用SAS软件的CALIS过程处理路径分析的问题。其应用领域从最初的群体遗传学、行为学扩展到农业、畜牧业、生态学、社会学、经济计量学、经济管理学、心理学和医学的各个分支学科，越来越成为许多统计学家研究的一个热点。

从国内看，路径分析也得到了不断的应用和发展。学者李景均和耿旭分别在1975年和1980年对路径系数的统计原理及作用做了比较全面的论述。马恒运1995年发表了《研究经济变量间关系的路径分析方法》。20世纪90年代，路径分析开始应用于遗传流行病学现场调查领域。2001年张伦俊发表了《路径分析在税收研究中的应用》。2002年国内学者论述了《路径分析在经济统计研究中的应用》。目前，国内学者多数运用路径分析进行显变量间因果关系的研究。发展至今，路径分析成为多元统计分析的一个重要方法，已被广泛应用于遗传学、社会学、经济学、市场研究、心理学等多个领域，并用来揭示事物之间的因果关系，以比较各种因素之间的相对重要程度。

在路径分析中，通常用路径图表示内生变量与外生变量间的因果关系。路径分析的基本理论应包括三部分内容：路径图(Path Diagram)、路径分析的数学模型及路径系数(Path Coefficient)的确定和模型的效应分解。一般地，路径分析要经过五个步骤：模型设定、模型识别、模型估计、模型评价、模型调试及修改。实际工作者根据专业知识先构造一个路径图，由路径图求出各个表型变量的相关系数矩阵，然后与由样本资料获得的可测变量的相关系数矩阵进行拟合，并计算拟合统计量，从而达到通过比较两个或多个模型并挑选出最适合专业理论的路径模型。

路径分析的优点在于：第一，能够通过相关系数来衡量变量间的相关程度或通过路径系数来确定变量间的因果关系；第二，它不仅能说明变量间的直接效应，而且能说明变量间的间接效应。

路径分析是结构方程模型(Structural Equation Modeling，SEM)的一种形式。路径分析一般运用回归分析的检验方法进行假设检验，并且要借助数理统计的方法和原理进行模型的拟合，然后比较模型的优劣，并寻找出最适合的模型。在现代路径分析中引入了隐变量，并允许变量间存在测量误差，用极大似然估计方法代替了最小二乘法，并成为主流的分析方法。通常我们把基于最小二乘法的传统的路径分析称为路径分析，而把基于极大似然估计的路径分析称为结构方程式模型。本章中主要介绍传统的路径分析。

路径分析是线性回归分析的深化和拓展，可利用路径图分析变量之间的关系。一般地，建立回归方程的一个目的是预测，而路径分析关心的是通过建立与观测数据一致的"原因""结果"的路径结构，对变量之间的关系做出合理的解释。

多元回归分析是因果关系模型的一种，但它是简单的因果关系模型，不存在多环节的因果关系结构。在多元回归模型中，各个自变量被假定处于相同的地位，每个自变量对因变量的作用被假设为并列存在的。以二元回归模型为例，Z 为因变量，X，Y 为自变量，如图 15-1 所示。

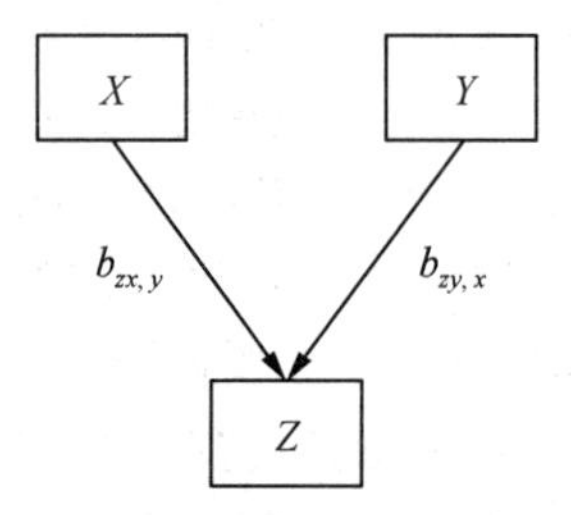

图 15-1　二元回归模型的因果关系

回归模型中的回归系数表示在其他自变量被控制的情况下每个自变量对因变量的独立净作用。实践中，上述假设过于简单，不能反映变量间真实的因果关系。此外，在回归模型中，自变量之间或多或少地存在着相关关系，但在回归分析中则不关注自变量之间的相关关系，仅是在产生严重的多重共线性并对参数估计产生影响时加以处理，对相关关系的具体性质并不关心。

但理论和实践表明，变量间的因果关系往往是复杂的，一个变量对于某些变量是原因变量，对另一些变量则是结果变量，此时对变量仅用因变量、自变量分类并不能满足需要，回归分析模型框架显然不能解决此类问题。

路径分析的主要工具就是路径图，它采用一条带箭头的线表示变量之间的关系。单箭头表示变量之间的因果关系，双箭头表示变量之间的相关关系。图 15-2 是一个简单的路径图，变量 Z_1、Z_2 之间存在着相关关系，Z_1、Z_2 共同决定了变量 Z_3。

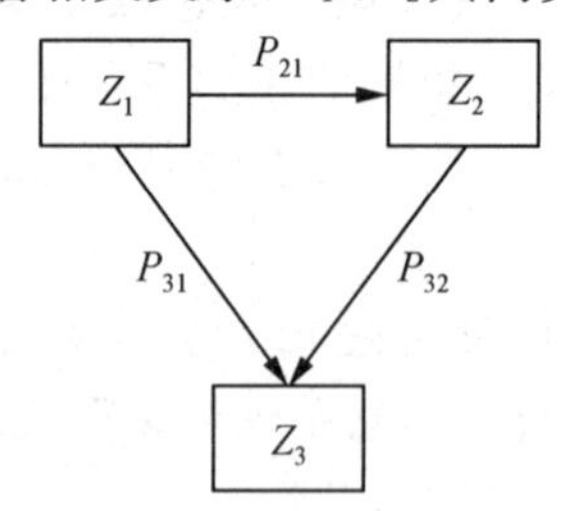

图 15-2　路径图

箭头上的字母 P 表示路径系数，反映了原因变量对结果变量的直接影响程度。同时也可以把图 15-2 用结构方程组的形式表示，即：

$$Z_2 = P_{21}Z_1 \tag{15-1}$$

$$Z_3 = P_{31}Z_1 + P_{32}Z_2 \tag{15-2}$$

图 15-2 中，Z_1和 Z_2之间的路径箭头指向 Z_2，说明 Z_1作用于 Z_2。这一因果关系对应着上述结构方程组中的(15-1)式。对于这一因果关系(Z_1作用于 Z_2)的强度，用路径系数 P_{21}来表示。如上所述，对于路径模型，往往很难用因变量和自变量来划分，因为这两个概念只有在一个方程中才能确定。对于拥有多个联立方程的整个路径分析模型则无法应用。例如，就(15-1)式而言，Z_2是因变量；但在(15-2)式中，Z_2是 Z_3的一个自变量。因此，在路径模型中，一般不采用 Y 作为因变量，而是根据因果链条以序号来命名变量。为了区分不同的路径系数，一般用该路径箭头所指的结果变量的下标作为路径系数的第一个下标，而用该路径的原因变量的下标作为路径系数的第二下标。例如路径系数 P_{32}代表了 Z_2对 Z_3的作用。

路径分析的重要功能是研究变量之间关系的不同形式。通过前面多元回归分析的讨论，大家知道多元回归分析相对于简单回归分析而言，考虑因素全面，更为科学合理。在简单回归分析中，简单回归系数反映了自变量对因变量作用的毛测量；在多元回归分析中，自变量对因变量的影响系数为偏回归系数，偏回归系数是自变量对因变量作用的净测量。那么，简单回归系数与偏回归系数存在着怎样的关系？传统的回归分析对此无法解释，路径分析则可以帮助我们进一步揭示简单回归系数与偏回归系数的数量关系。路径分析可以将毛作用分解为直接作用(净作用)和各种形式的间接作用，使我们对系统中变量间的因果关系有更为深入、客观、具体的理解。

路径分析不仅可以对变量之间的回归系数进行分解，也可以对简单相关系数进行分解。路径分析就是从分解相关系数发展出来的，它通过分解原因变量与结果变量之间的相关系数，抽离出原因变量对结果变量的直接影响和间接影响。分解相关系数和分解回归系数两者并不矛盾，两者往往是相混合的。通常变量之间是否具有相关关系往往是因果关系存在的必要条件之一，因此对相关系数的分解更具有一般方法论的意义。本章中对相关系数的路径分析也进行了介绍，便于读者提高统计理论和方法的基本素养。

第一节　路径分析的基本原理

一、路径分析的基本概念

由于路径分析中涉及很多概念，下面逐一介绍。

1. 路径模型(Path Modeling)。它是由自变量、中间变量、因变量组成并通过单箭头、双箭头连接起来的路径图。在路径图中，单箭头表示外生变量或中间变量与内生变量的因果关系。另外,单箭头也表示误差项与各自的内生变量的关系。双箭头表示外生变量间的相关关系。显变量用长方形或正方形表示,隐变量用椭圆或圆圈表示。一般地,显变量的误差项用大写字母"E"表示,隐变量的误差项用大写字母"D"表示。误差项又称残差项,通常指路径模型中用路径无法解释的变量产生的效应与测量误差的总和。

变量 X 对变量 Y 的影响分两种情况:若 X 直接通过单箭头对 Y 具有因果影响,称 X 对 Y 有直接作用;若 X 对 Y 的作用是间接地通过其他变量 Z 起作用,称 X 对 Y 有间接作用,称 Z 为中间变量。

2. 外生变量(Exogenous Variable)和内生变量(Endogenous Variable)。按变量的因果关系分类,即把路径图中箭头起始的变量称为外生变量或独立变量,此变量的变化通常由路径图以外的原因导致。把箭头终点指向的变量称为内生变量、因变量或结果变量,此变量的变化依赖箭头上端变量的变化及误差项。中间变量既接受指向它的箭头且发出箭头。

3. 路径系数(Path Coefficient)。路径系数指内生变量在外生变量上的偏回归系数。当显变量的数据为标准化数据时,该路径系数就是标准化回归系数,即用来描述路径模型中变量间因果关系强弱的指标。

4. 递归路径模型(Recursive Path Modeling)。递归路径模型指因果关系结构中全部为单向链条关系,无反馈作用的模型。模型中各内生变量与其原因变量的误差之间或两个内生变量的误差之间是相互独立的。递归路径模型是不可识别的。

5. 直接效应(Direct Effect)。直接效应指外生变量与内生变量之间的关系为单向因果关系时所产生的效应。

6. 间接效应(Indirect Effect)。间接效应指外生变量通过中间变量对内生变量所产生的因果效应。

7. 总效应(Total Effect)。总效应指一个变量对另一个变量所产生直接效应与间接效应的总和。

8. 误差项(Disturbance Terms)。误差项又称残差项(Residual Error Terms),通常指路径模型中用路径无法解释的变量产生的效应与测量误差的总和。

二、路径分析的基本理论

路径分析的基本理论应包括三部分内容:路径图、路径分析的数学模型及路径系数的确定和模型的效应分解。第一,路径图是结构模型方程组的图形解释,表明了包括误差项在内的所有变量间的关系。第二,路径分析的数学模型及路径系数的确定是根据路径分析的假设和一些规则,通过模型的拟合、结构方程组的求解确定待定参数。第三,效应分解是分析一个变量对另一个变量的直接效应、间接效应和总效应。其中,间接效应必须通过至少一个中间变量传递因果关系,而总效应是直接效应和间接效应的总和。

(一) 路径图的设计

1. 路径图

路径图是由自变量、中间变量、因变量组成并通过单箭头、双箭头连接起来的图形。研究者根据已经掌握的专业知识以及变量间的直接关系和间接关系建立初步的路径图。在建立初步路径图的过程中，要先确定一套模型参数，即固定参数和待估参数。通常情况下，固定参数的估计并不来自样本数据，而认为是 0 或 1，可以在路径图中用数字直接标出。而待估参数的确定一般要利用已知变量构造的路径图或确立的方程组对待估参数进行估计。通常在样本数据与初步假设的路径图进行拟合的过程中，研究者选择并决定该参数是固定参数还是待估参数是相当重要的。

需要指出的是，路径模型的因果关系结构必须根据实际经验的总结并在一定的理论假设之上设置，一般通过变量之间的逻辑关系、时间关系来设置因果结构。在社会学、经济学、心理学、医学研究中，尽管人们运用路径分析探索和分析各个系统内部错综复杂的因果关系，在相关矩阵的基础上，先根据已有的知识和理论对系统内部的因果关系提出各种可行性的假设，并对这些假设寻求理论和实践两方面合理全面的解释，但路径分析并不能证实系统内部的这种复杂的因果关系。在社会学、心理学领域都会出现许多如智力、能力、信任、自尊、动机、成功、雄心、偏见等无法直接测量的概念，而人们只能借助其他可测变量进行推导和衡量这些隐变量所起作用的大小。另外，路径模型的理论本身存在一定的假设和运行规则，在这种前提下，通过样本数据可以找到更多的因果关系模型与原模型相接近。面对这些情况，人们可能产生各种疑虑，究竟哪一种因果关系模型是最优化模型？它与其他因果关系模型有什么区别？其他因果关系模型是否准确？是否合理？人们需要找到合理的统计学检验方法来评价和鉴别这些因果关系模型，更需要专业知识加以验证。实际上，许多学者利用路径分析来解释各领域专业知识中错综复杂的因果关系，并提出可行性的理论模型，有待进一步专业知识验证。

2. 追溯路径链的规则

按照怀特教授 1934 年提出的追溯路径链的规则，在显变量进行数据标准化后构造出的合适的路径图中，任何两变量的相关系数就是联结两点的所有路径链上的相关系数或路径系数的乘积之和。该规则包括：

(1) 在每条路径链上都要“先退后进”，而不能“先进后退”。

(2) 在每条路径链上通过某一个变量只能一次。

(3) 在每条路径链上只可以有一个双箭头。

(二) 路径分析的数学模型及路径系数的确定

路径模型有两种类型：递归模型与非递归模型。两种模型在分析时有所不同。递归模型可直接通过常规最小二乘法来估计路径系数，而非递归模型则不能如此。尽管本章主要介绍基于最小二乘法的路径分析，但要求读者能够正确判断一个模型的类型，才能保证在应用时不会出现研究对象错误的问题。

在因果关系中全部为单向链条关系、无反馈作用的模型称为递归模型。无反馈作用意味着各内生变量与其原因变量的误差项之间或两个内生变量的误差项之间必须相互独立。图 15-2 就是典型的递归模型。

与递归模型相对立的另一类模型是非递归模型。一般来说,非递归模型相对容易判断,如果一个模型不包括非递归模型的特征,则它就是递归模型。

如果一个路径模型中包括以下几种情况,便是非递归模型:

第一,模型中任何两个变量之间存在直接反馈作用,在路径图上表示为双向因果关系,如图 15-3 所示。

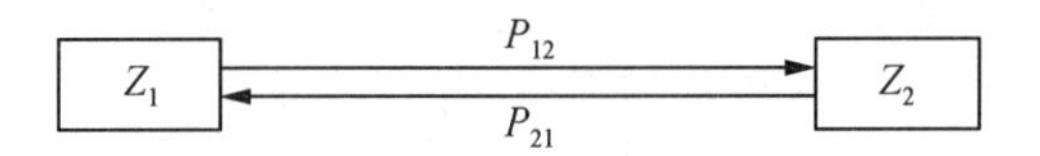

图 15-3 存在双向因果关系的路径图

第二,某变量存在自身反馈作用,即该变量存在自相关,如图 15-4 中的 Z_3 变量存在自反馈。

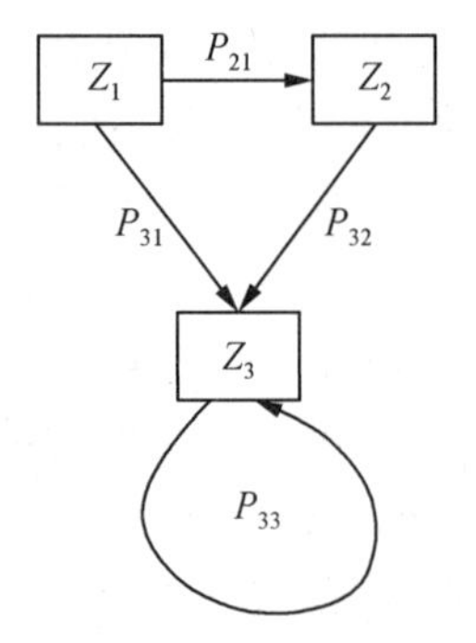

图 15-4 存在自反馈的路径图

第三,变量之间虽然没有直接反馈,但存在间接反馈作用,即顺着某一变量及随后变量的路径方向循序渐进,经过若干变量后,又能返回这一起始变量。如图 15-5 所示,变量 Z_1、Z_2、Z_3 之间形成了间接循环圈。

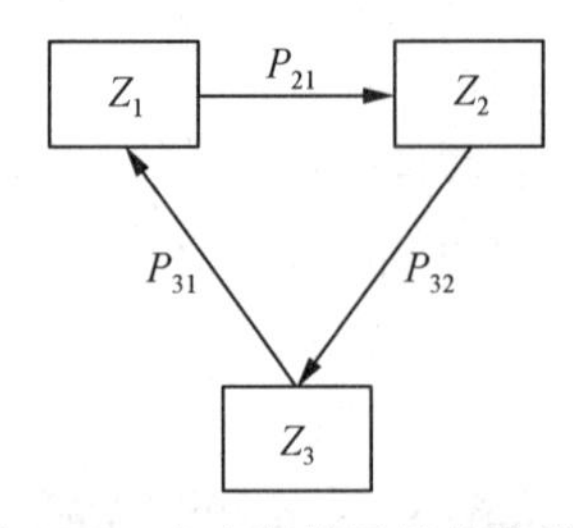

图 15-5 存在间接反馈的路径图

第四,内生变量的误差项与其他有关项相关,如结果变量的误差项与其原因变量相关,或不同变量的误差项相关。

对于非递归模型,通常不能用最小二乘法进行估计,其参数估计过程比较复杂,有时可能无解，而且对整个模型也无法检验。本章我们主要介绍的是递归模型的求解。

对于递归模型，一般有如下的假定和限制：

第一，路径模型中各变量之间的关系都是线性、可加的因果关系。模型变量间的关系必须是线性关系，意味着在设立因果关系时，原因变量每一个单位的变化量引起结果变量的变化量不变。当一个结果变量在受多个原因变量作用时，各原因变量的作用可以相加。

第二，每一个内生变量的误差项与其前置变量是不相关的，同时也不与其他内生变量的误差项相关。

第三，路径模型中因果关系是单方向的，不包括各种形式的反馈作用。

第四，路径模型中各变量均为间距测度等级。

第五，各变量的测量不存在误差。

第六，变量间的多重共线性不能太高，否则会影响路径系数的估计。

第七，要求样本含量是待估参数的10—20倍，并要求样本资料的分布是正态的。对于偏态样本资料，一般要运用渐近分布自由法(ADF)，该法一般要求样本含量超过2 500个。

对于任何一个递归路径模型，可以用如下的结构方程组表示：

$$\boldsymbol{\eta} = \boldsymbol{\beta}\boldsymbol{\eta} + \boldsymbol{\gamma}\boldsymbol{\zeta} \tag{15-3}$$

其中，$\boldsymbol{\beta}$ 是 $m \times m$ 内生变量间的结构系数矩阵；$\boldsymbol{\gamma}$ 是 $m \times n$ 内生变量与外生变量和误差项之间的结构系数矩阵；$\boldsymbol{\eta}$ 为随机向量，$\boldsymbol{\eta}$ 的分量对应于内生变量；$\boldsymbol{\zeta}$ 为随机向量，$\boldsymbol{\zeta}$ 的分量对应于外生观测变量和误差项。

在 $\boldsymbol{\eta}$ 和 $\boldsymbol{\zeta}$ 中的变量可以是显变量，也可以是隐变量。在 $\boldsymbol{\eta}$ 中的内生变量可以表示成其余内生变量和 $\boldsymbol{\zeta}$ 中的外生变量以及 $\boldsymbol{\zeta}$ 中的误差项的线形组合。结构系数矩阵 $\boldsymbol{\beta}$ 反映了 $\boldsymbol{\eta}$ 中的这些内生变量之间的相关关系；结构系数矩阵 $\boldsymbol{\gamma}$ 反映了 $\boldsymbol{\eta}$ 中的内生变量与 $\boldsymbol{\zeta}$ 中的外生变量和误差项之间的相关关系。

在上述假设下，可采用最小二乘法，对方程组中的每个方程利用多元回归分析方法求解各个参数的无偏估计。所得的偏回归系数就是相应的路径系数。路径系数可采用非标准化的回归系数，也可采用标准化的回归系数。通常采用标准化的回归系数作为路径系数，这会使得路径分析的表述较简明。因而本章将标准化变量作为研究对象。

（三）效应分解

在路径图中，外生变量对内生变量的因果效应包括外生变量对内生变量的直接效应和外生变量通过中间变量作用于内生变量的间接效应。效应的分解等同于回归分析的变异的分解。总效应包括误差效应和总因果效应，而总因果效应又包括直接效应和间接效应。对于原始数据而言，外生变量对内生变量的效应等于偏回归系数。对于标准化数据而言，外生变量对内生变量的效应等于标准化回归系数。由于路径模型中各变量之间的关系都是线性、可加的因果关系，变量 i 对变量 j 的总效应是变量 i 对变量 j 的直接效应与间接效应的总和。

下面我们以一个简单的回归系数分析的例子说明效应的分解。在图 15-2 中，(15-1)式代入(15-2)式，则有：

$$Z_3 = P_{31}Z_1 + P_{32}Z_2 = (P_{31} + P_{32}P_{21})Z_1$$

最终反应变量 Z_3 被表示为 Z_1 的函数，变量 Z_1 对变量 Z_3 产生的总效应为($P_{31}+P_{32}P_{21}$)。它由两项组成，第一项是变量 Z_1 对 Z_3 产生的直接效应 P_{31}，第二项为变量 Z_1 对变量 Z_3 产生的间接效应 $P_{32}P_{21}$。从间接效应的路径系数下标可看出，它是由 Z_1 通过 Z_2 再传递到 Z_3 的间接影响。所谓变量 Z_1 对变量 Z_3 产生的总效应实际上就是以 Z_3 为因变量对 Z_1 作简单回归得到的标准化的回归系数值。

三、路径分析模型的识别

模型的识别过程是根据路径模型列出的结构方程组对每一个待估参数进行求解，并判定每一个待估参数是否得到唯一解的过程。如果一个待估参数至少可以由可测变量的方差协方差矩阵中的一个或多个元素的代数函数来表达，那么这个参数被称为识别参数。如果一个待估参数可以由一个以上的不同函数来表达，那么这个参数被称为过度识别参数。如果模型中的待估参数都是可识别的，那么这个模型就是识别模型。当一个模型中的每一个参数都是识别的且至少有一个参数是过度识别的，这个模型就是过度识别模型。当一个模型中的每一个参数都是识别的且没有一个参数是过度识别的，那么这个模型就恰好是识别模型。如果模型中至少有一个不可识别的参数，那么这个模型就是不可识别模型。一个模型是不可识别模型时，所有参数都无法进行估计。

递归法则是路径模型识别的充分条件，而不是路径模型识别的必要条件。递归法则要求路径模型中的内生变量间结构系数矩阵 $\boldsymbol{B}$ 必须是下三角矩阵，并且残差项的方差协方差矩阵 $\boldsymbol{\Phi}$ 必须是对角矩阵。如果路径模型同时具备以上两个条件，那么该路径模型是递归模型，是可识别的模型。模型识别实际上是用较少的参数拟合样本数据，以便使变量之间的关系能在统计学和相关专业上得到合理解释的过程。

四、路径模型的调试

路径分析是用来探索和分析系统内两个或多个变量间因果关系的一种统计分析工具。在很多情况下，路径模型的分析先从饱和模型的建立开始，但是饱和模型并不是我们实际上想要的最终模型，饱和模型经常作为一个起点或基准，真正能够检验的是非饱和模型，而饱和模型则无法进行整个模型的统计检验。在对路径模型中的观察变量进行回归分析时，首先要考虑观察数据是来自试验研究还是来自非试验研究。如果观察数据来自试验研究，在进行回归分析的过程中，一些变量的回归系数统计性不显著，应考虑将其对应的路径从模型中删除。由于试验研究中实际因果关系比较明确，并且有可能对于模型外部的各种因素采取某种直接控制或随机化，因此回归系数能够较好地反映自变量对因变量的作用。如果观察数据来自非试验研究，如社会学、经济学以及心理学领域的观察数据，属于调查数据资料，变量之间的因果关系并不明确，同时也不可能对外部因素采取与试验研究类似的预处理或控制，那么回归系数的解释变得较为复杂。这可能有以下两方面的原因：第一，由于社会学、经济学以及心理学领域中的变量很难精确测量或根本无法测量，经常采用替代变量或标识来替代，同时需要考虑变量本身的测量误差问题。第二，社会学、经济学以及心理学领域中的变量之间存在较高程度的相关，经常使回归出现多重共线性问题，所以在进行路径分析时不能根据统计检验来删除变量，特别是那些作为研究焦点的变量。

针对这些情况，既要依赖理论根据，又要依赖统计结果的实际意义。作为研究焦点的假设因果关系必须有足够的理论依据，即使其统计检验不显著，仍然应加以反复研究。例如，检查回归系数的符号是否符合原来的假设。如果符合，就进一步考虑各个变量是否因采用了标识而缺乏可靠性和有效性，还要考虑是否存在多重共线性问题。为了判断是否存在多重共线性问题，不仅需要检验回归系数的 t 检验结果，还要看回归的整体检验（F 检验）结果。如果整体检验显著，但单个系数的 t 检验都不显著，可能存在多重共线性问题。此时删除哪一条路径不一定仅仅依据它们的 t 检验统计显著程度来决定。此外，一个显著的系数也不一定要保留在模型中。在路径分析中，不仅要考虑统计结果是否显著，还要考虑回归系数的实际意义是否显著。对于一个非研究焦点的路径系数，统计性虽然显著，但非标准化的回归系数值相对很小，没有实际意义，也可以考虑删除该条路径，其结果可能会减少多重共线性问题，并使作为研究焦点的路径变得更加显著。判定实际意义是否显著依据不同的研究情况而定，在没有特定的参考标准时，可以将标准化回归系数 $\beta<0.05$ 作为判定实际意义不显著的标准。

需要说明的是，一个路径模型需要反复进行模型调试及修改，才能探索出比较适合的路径图。要改进一个拟合度不高的模型，可以改变计量部分，增加参数，设定某些误差项或者限制某些参数。最重要的是，模型的修改不能过分追求统计上的合理，而应尽量使路径模型具有实际意义。即使我们可以建立一个统计上拟合很好的模型，如果其结果完全没有实际意义，那么该模型也是没有意义的。最终的目标是探索尽可能简单的结构，同时能很好地拟合样本数据，而且每一个参数都能得到符合专业解释的理论模型，最终实现模型的简约性。

五、关于路径模型的检验

路径模型检验是对事先根据理论构造的路径模型进行检验，判定经过调试得到的模型与原假设模型是否一致，并评价该检验模型与假设模型的拟合状况。检验模型如果完全与假设模型相同，那么不再需要检验。如果有所不同，其统计检验的意义是通过检验模型与实际观察数据的拟合情况，来反映这两个模型之间的差别。如果统计检验不显著，说明它不拒绝原模型假设。如果统计检验显著，说明检验模型不同于原假设模型。路径分析的模型检验不是检验原模型假设是否符合观察数据，而是检验调试以后的模型是否与原假设模型一致。实际上，路径模型的分析过程是一个需要反复进行模型调试及修改的过程，只有这样，才能探索出比较适合的路径模型。

在路径模型的检验过程中，对每个方程进行的回归分析检验并不是对整个模型的检验。每个方程检验（包括方程整体的 F 检验和单个自变量系数的 t 检验）与整个路径模型的检验虽然有联系，但有很大的差别。一个路径模型往往是由多个结构方程组成的方程组。根据系统论的原理，整个系统并不是各个部分的简单叠加。即使在各回归方程中所有变量都显著的情况下，整个路径模型的检验也有可能得到路径模型拟合数据不好的结果，因而拒绝该因果关系结构的模型假设。

对于递归模型而言，饱和的递归模型是指所有变量之间都有单向路径或表示相关的带双向箭头的弧线所连接的模型，它是恰好识别的模型。过度识别模型是饱和模型中删除若干路径后所形成的模型。饱和模型能够完全拟合数据，是完善拟合的代表，可作为评价非饱和模型（即过度识别模型）的基准。由于非饱和模型是饱和模型的一部分，是饱和模型删除了某些路径形成的，其他部分与饱和模型是相同的，这种关系称为嵌套。

对非饱和模型检验的原假设为：该模型从饱和模型中删除的那些路径系数等于零。

对于每一个路径模型，我们都可以写出其结构方程组，且方程的个数和内生变量的个数相等，不妨设有 m 个内生变量，则对于 m 个方程，设其回归后的决定系数分别为 $R_{(1)}^2, R_{(2)}^2, \cdots, R_{(m)}^2$。每个 R^2 代表相应内生变量的方差中回归方程所解释的比例，$1-R^2$ 则表示相应内生变量的方差中回归方程不能解释的残差部分的比例。于是我们可以定义整个路径模型的拟合指数为：

$$R_c^2 = 1-(1-R_{(1)}^2)(1-R_{(2)}^2)\cdots(1-R_{(m)}^2) \tag{15-4}$$

R_c^2 是路径模型中已解释的广义方差占需要得到解释的广义方差的比例，显然 R_c^2 的值域为[0,1]。对饱和模型计算该指数是为了给非饱和模型提供评价基准，因而一般称 R_c^2 为基准解释指数，$(1-R_c^2)$ 为基准残差指数。

同理，可求得嵌套的非饱和模型的相应拟合指数为：

$$R_t^2 = 1-(1-R_{(1)}^2)(1-R_{(2)}^2)\cdots(1-R_{(m)}^2) \tag{15-5}$$

对非饱和模型计算该指数是为了对非饱和模型进行检验，因而称 R_t^2 为待检验解释指数，显然有 $R_t^2 \leqslant R_c^2$。在两者的基础上，我们定义一个关于检验模型拟合度的统计量 Q。

$$Q = \frac{1-R_c^2}{1-R_t^2} \tag{15-6}$$

Q 统计量的分布很难求出，但依据 Q 统计量可构造如下统计量 W：

$$W = -(n-d)\ln Q \tag{15-7}$$

其中，n 为样本容量，d 为检验模型与饱和模型的路径数目之差。在大样本情况下，统计量 W 服从自由度为 d 的卡方分布。显然，我们可以对非饱和模型进行检验。

只要待检验模型与基准模型存在着嵌套关系，即使基准模型不是饱和模型，同样可以进行模型的检验。设 R_c^2 为基准解释指数，R_t^2 为待检验解释指数，则所用的检验统计量 W 的构造与上面的一样，其分布特征也相同，可以对待检模型进行检验。

第二节　分解简单相关系数的路径分析

路径分析最初是由相关系数的分解发展出来的，因而相关系数的分解在路径分析中占有重要的地位。通过对原因变量和结果变量的相关系数的分解，可以找出产生相关关系的各种原因，清楚地揭示出路径分析的原理。因此，我们专门对其进行讨论。

这里仍以简单的路径结构模型为例介绍相关系数的分解，如图 15-6 所示。在进行相关系数的分解时，不仅要考虑内生变量的误差项，还要考虑外生变量的误差项。外生变量误差项代表模型外所有因素的集合作用，可用 e 加上相应下标来表示。

根据统计学的基本原理，两个标准化变量之间的相关系数等于其未标准化之前原变量之间的相关系数，同时也等于标准化的回归系数。

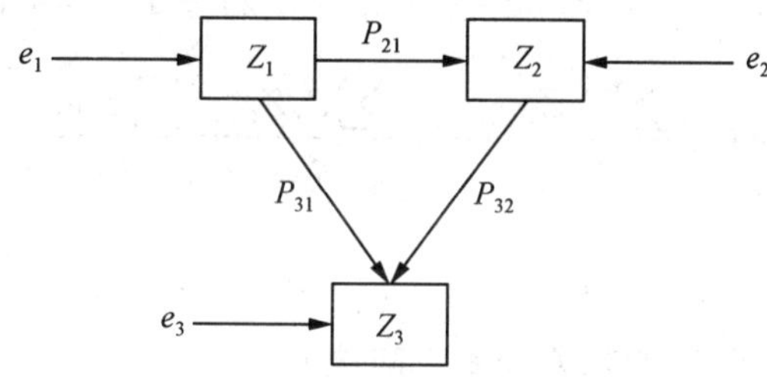

图 15-6　路径图

对于上述路径图，其对应的结构方程组为：

$$Z_1 = e_1 \tag{15-8}$$

$$Z_2 = P_{21}Z_1 + e_2 \tag{15-9}$$

$$Z_3 = P_{31}Z_1 + P_{32}Z_2 + e_3 \tag{15-10}$$

上述方程组的各方程中均有误差项的影响，它表示未列入模型的各变量的影响。Z_1 是唯一的外生变量，它完全是由模型外部因素决定的。

首先，我们先分析 Z_1 和 Z_2 的相关关系。对于任意两个变量 x 和 y 之间的相关系数，按照其定义，有：

$$r_{xy} = \frac{\sigma_{xy}}{\sigma_x\sigma_y} = \frac{\sum(x-\bar{x})(y-\bar{y})}{n\sigma_x\sigma_y} = \frac{1}{n}\sum\left(\frac{x-\bar{x}}{\sigma_x}\right)\left(\frac{y-\bar{y}}{\sigma_y}\right) = \frac{1}{n}Z_xZ_y \tag{15-11}$$

于是，类似地，对于上述结构方程组，可推出相关系数

$$r_{12} = \frac{1}{n}\sum Z_1Z_2 \tag{15-12}$$

将(15-9)式代入(15-12)式，有：

$$r_{12} = \frac{1}{n}\sum Z_1Z_2 = \frac{1}{n}\sum Z_1(P_{21}Z_1 + e_2) = P_{21}\frac{\sum Z_1Z_1}{n} + \frac{\sum Z_1e_2}{n} \tag{15-13}$$

上式中，$\frac{\sum Z_1 Z_1}{n}$为Z_1的方差，由于Z_1为标准化变量，其方差为1；$\frac{\sum Z_1 e_2}{n}$为Z_1与e_2的协方差，根据递归模型的假设，误差项与变量无关，协方差为0。因此，上式简化为：

$$r_{12} == P_{21} \tag{15-14}$$

同时，由于Z_1对Z_2方差解释的比例为r_{12}^2，e_2对Z_2方差解释的比例为$(1-r_{12}^2)$。e_2与Z_2之间的相关系数为$\sqrt{1-r_{12}^2}$，e_2至Z_2的路径系数也等于$\sqrt{1-r_{12}^2}$。同理，标准化的外生变量Z_1与误差项e_1的相关系数为$\sqrt{1-0^2}=1$。这代表了模型中外生变量与其误差项关系的一般规律。

其次，我们分析Z_1与Z_3的相关关系。同理可知，

$$r_{13} = \frac{1}{n}\sum Z_1 Z_3 \tag{15-15}$$

将(15-10)式代入(15-15)式，有：

$$\begin{aligned} r_{13} &= \frac{1}{n}\sum Z_1 Z_3 = \frac{1}{n}\sum Z_1(P_{31}Z_1 + P_{32}Z_2 + e_3) \\ &= P_{31}\frac{\sum Z_1 Z_1}{n} + P_{32}\frac{\sum Z_1 Z_2}{n} + \frac{\sum Z_1 e_3}{n} \end{aligned} \tag{15-16}$$

与前类似，可得：

$$r_{13} = P_{31} + P_{32}r_{12} = P_{31} + P_{32}P_{21} \tag{15-17}$$

最后，我们分析Z_2与Z_3的相关关系。同理可知，

$$r_{23} = \frac{1}{n}\sum Z_2 Z_3 \tag{15-18}$$

将(15-10)式代入(15-18)式，有：

$$\begin{aligned} r_{23} &= \frac{1}{n}\sum Z_2 Z_3 = \frac{1}{n}\sum Z_2(P_{31}Z_1 + P_{32}Z_2 + e_3) \\ &= P_{31}\frac{\sum Z_2 Z_1}{n} + P_{32}\frac{\sum Z_2 Z_2}{n} + \frac{\sum Z_2 e_3}{n} \end{aligned} \tag{15-19}$$

与前类似，可得：

$$r_{23} = P_{31}r_{12} + P_{32} = P_{31}P_{21} + P_{32} \tag{15-20}$$

通过上述分析，我们可以发现在路径分析中将标准化回归系数直接作为路径系数的原因。对于两个标准化变量来说，其回归系数、标准化回归系数、相关系数完全相等。且回归系数可双向使用，即$b_{xy}=b_{yx}$。由于路径分析描述的是两两变量相互之间的关系，因此可以完整地表达整个模型系统的内在联系。

将上面分析所得的相关系数分解的结果放在一起，加以讨论：

$$r_{12} = P_{21}$$
$$r_{13} = P_{31} + P_{32}P_{21}$$
$$r_{23} = P_{31}P_{21} + P_{32}$$

在路径分析模型中，变量Z_1是这一模型中唯一的外生变量，变量Z_3是这一模型的最终结果变量，因此对它们之间的相关关系的分解是我们关注的焦点。从上面结果看，相

关系数 r_{13} 已表示为路径系数的函数，它由两部分构成：一部分是 P_{31}，反映了 Z_1 对 Z_3 的直接作用；另一部分是 $P_{32}\times P_{21}$，反映了变量 Z_1 经过中间变量 Z_2 对变量 Z_3 产生的间接作用。相关系数 r_{13} 分解为直接作用和间接作用，与前面效应分解的结果是相同的。相关系数 r_{13} 实际上等于简单回归系数 β_{31}。需要注意的是间接作用中两个路径系数的下标排列，从右向左看，首先由 1 至 2，然后由 2 至 3。它们体现了阶段性，同时也体现了传递性。这一特征在相关系数的分解中十分重要。在模型中所有变量以其因果序号作为自己的下标时，可以提供判断若干连乘路径系数项性质的简明依据。在此情况下，凡是下标序号可以连接起来的都是间接作用。

相关系数 r_{23} 的分解也是值得关注的。由于 Z_2 与 Z_3 相邻，中间不存在中间变量，因此 $r_{23}=\beta_{23}$ 似乎不存在分解问题。其实并非如此。从前面的分解结果看，r_{23} 也可分解为两部分：一部分是 $P_{31}\times P_{21}$；另一部分是 P_{32}。其中，P_{32} 是从路径图上可直接看到的直接作用，但对于 $P_{31}\times P_{21}$，我们有待进一步分析。注意这两个相乘的路径系数的下标是无法连接起来的，并且在对应的路径模型上也找不到其他间接作用的路径链条。因此我们称相关系数 r_{23} 的这一部分为伪相关。它的产生是由于这一相关系数涉及的两个变量 Z_2 和 Z_3 有一个共同的原因变量 Z_1。由于 Z_1 的变化引起 Z_2 与 Z_3 同时变化，从而产生伪相关。伪相关是统计学中面临的重要问题，检验和排除伪相关是需要关注的问题。有时一些没有多大关系的变量也会出现较高的相关。当理论上认为实际的因果关系与伪相关混在一起时，常在控制其他变量的情况下采用偏相关分析检验两者是否相关，因而偏相关分析是判断因果关系的必要条件。但是，偏相关分析只能对伪相关进行控制从而得到净相关，而路径分析对于相关系数的分解却能够进一步直接将相关系数分解为因果关系和伪相关两部分，从而对这两部分效应的大小进行比较，以确定变量间真实的因果关系。显然，由于判断伪相关在科学研究中很重要，路径分析对于相关系数的分解技术是科学研究中十分有用的工具之一。

第三节　案例分析

国内生产总值(GDP)是一定时期内(一个季度或一年)，一个国家或地区的经济中所生产出的全部最终产品和劳务的价值，被公认为衡量国家经济状况的最佳指标。它是反映一国经济增长、经济规模、人均经济发展水平、经济结构和价格总水平变化的一个基础性指标，而且是我国新国民经济核算体系中的核心指标。它是普遍使用的考察国民经济发展变化的重要工具。正确认识并合理使用这一指标，对于考察和评价我国经济全面协调可持续发展的状况具有重要意义。

为分析我国 GDP 的主要影响因素，拟采用路径分析法进行分析。我们以国内生产总值(Y)为因变量，以能源消费总量(X_1)、从业人数(X_2)、居民消费水平(X_3)、农业总产值(X_4)、社会消费品零售总额(X_5)、进出口贸易总额(X_6)为自变量，分析影响 GDP 的主要因素。数据如表 15-1 所示。

表 15-1　GDP 及其影响因素数据表

年份	GDP（亿元）	能源消费总量（万吨标准煤）	从业人数（万人）	居民消费水平（元）	农业总产值（亿元）	社会消费品零售总额（亿元）	进出口贸易总额（亿元）
	Y	X_1	X_2	X_3	X_4	X_5	X_6
2000	99 214.6	145 531.0	72 085.0	3 632.0	13 873.6	39 105.7	39 273.2
2001	109 655.2	150 406.0	72 797.0	3 886.9	14 462.8	43 055.4	42 183.6
2002	120 332.7	159 431.0	73 280.0	4 143.7	14 931.5	48 135.9	51 378.2
2003	135 822.8	183 792.0	73 736.0	4 474.5	14 870.1	52 516.3	70 483.5
2004	159 878.3	213 456.0	74 264.0	5 032.0	18 138.4	59 501.0	95 539.1
2005	184 937.4	235 997.0	74 647.0	5 596.2	19 613.4	67 176.6	116 921.8
2006	216 314.4	258 676.0	74 978.0	6 298.6	21 522.3	76 410.0	140 971.5
2007	265 810.3	280 508.0	75 321.0	7 309.6	24 658.1	89 210.0	166 740.2
2008	314 045.4	291 448.0	75 564.0	8 430.1	28 044.2	108 487.7	179 921.5
2009	340 902.8	306 647.0	75 828.0	9 283.3	30 777.5	132 678.4	150 648.1
2010	401 512.8	324 939.0	76 105.0	10 522.4	36 941.1	156 998.4	201 722.1
2011	473 104.0	348 002.0	76 420.0	12 570.0	41 988.6	183 918.6	236 402.0
2012	518 942.1	361 732.0	76 704.0	14 098.2	46 940.5	210 307.0	244 160.2

资料来源：《中国统计年鉴 2013》。

在 SPSS 中输入如下命令：

```
REGRESSION
  /MISSING LISTWISE
  /STATISTICS COEFF OUTS R ANOVA ZPP
  /CRITERIA = PIN(.05) POUT(.10)
  /NOORIGIN
  /DEPENDENT Y
  /METHOD = ENTER X1 X2 X3 X4 X5 X6.
```

运行后得如表 15-2、表 15-3、表 15-4 所示的结果：

表 15-2　模型汇总（Model Summary）

Model	R	R Square	Adjusted R Square	Std. Error of Estimate
1	.999[a]	.999	.998	7 042.82588

a. Predictors:(Constant), X_6, X_5, X_2, X_1, X_3, X_4.

表 15-3　方差分析表（ANOVA[b]）

Model		Sum of Squares	df	Mean Square	F	Sig.
1	Regression	2.425E11	6	4.042E10	814.903	.000[a]
	Residual	2.976E8	6	49 601 396.416		
	Total	2.428E11	12			

a. Predictors:(Constant), X_6, X_5, X_2, X_1, X_3, X_4.

b. Dependent Variable: Y.

表 15-4　参数估计表(Coefficients[a])

Model		Unstandardized Coefficients		Standardized Coefficients	t	Sig.
		B	Std. Error	Beta		
1	(Constant)	470 829.436	791 314.107		.595	.574
	X_1	.343	.287	.182	1.194	.278
	X_2	−7.319	11.008	−.074	−.665	.531
	X_3	19.380	15.250	.468	1.271	.251
	X_4	−.426	5.278	−.033	−.081	.938
	X_5	.869	1.209	.348	.719	.499
	X_6	.232	.316	.116	.736	.490

a. Dependent Variable: Y.

在 SPSS 中输入如下命令：

```
CORRELATIONS
   /VARIABLES = Y X1 X2 X3 X4 X5 X6
   /PRINT = TWOTAIL NOSIG
   /MISSING = PAIRWISE.
```

运行后可得如表 15-5 所示的结果：

表 15-5　相关系数表(Correlations)

		Y	X_1	X_2	X_3	X_4	X_5	X_6
Y	Pearson Correlation	1	.964**	.929**	.998**	.997**	.994**	.965**
	Sig. (2-tailed)		.000	.000	.000	.000	.000	.000
	N	13	13	13	13	13	13	13
X_1	Pearson Correlation	.964**	1	.985**	.953**	.947**	.937**	.987**
	Sig. (2-tailed)	.000		.000	.000	.000	.000	.000
	N	13	13	13	13	13	13	13
X_2	Pearson Correlation	.929**	.985**	1	.916**	.906**	.898**	.967**
	Sig. (2-tailed)	.000	.000		.000	.000	.000	.000
	N	13	13	13	13	13	13	13
X_3	Pearson Correlation	.998**	.953**	.916**	1	.998**	.997**	.955**
	Sig. (2-tailed)	.000	.000	.000		.000	.000	.000
	N	13	13	13	13	13	13	13
X_4	Pearson Correlation	.997**	.947**	.906**	.998**	1	.998**	.951**
	Sig. (2-tailed)	.000	.000	.000	.000		.000	.000
	N	13	13	13	13	13	13	13
X_5	Pearson Correlation	.994**	.937**	.898**	.997**	.998**	1	.936**
	Sig. (2-tailed)	.000	.000	.000	.000	.000		.000
	N	13	13	13	13	13	13	13

（续表）

		Y	X_1	X_2	X_3	X_4	X_5	X_6
X_6	Pearson Correlation	.965**	.987**	.967**	.955**	.951**	.936**	1
	Sig. (2-tailed)	.000	.000	.000	.000	.000	.000	
	N	13	13	13	13	13	13	13

**. Correlation is significant at the 0.01 level(2-tailed).

通过对上述结果的分析，可以发现：从总的效应看，各个自变量对因变量的影响程度基本相同。从直接效应看，6 个影响因素对 GDP 直接影响的大小顺序为：居民消费水平（X_3）＞社会消费品零售总额（X_5）＞能源消费总量（X_1）＞进出口贸易总额（X_6）＞从业人数（X_2）＞农业总产值（X_4）（见表 15-6）。这表明居民消费水平、社会消费品零售总额是直接影响 GDP 的主要因素。

表 15-6　因素效应分解表

因素	总效应	直接效应	间接效应					
			$X_1 \to Y$	$X_2 \to Y$	$X_3 \to Y$	$X_4 \to Y$	$X_5 \to Y$	$X_6 \to Y$
X_1	0.964	0.182		−0.073	0.446	−0.031	0.326	0.114
X_2	0.929	−0.074	0.179		0.429	−0.030	0.313	0.112
X_3	0.998	0.468	0.173	−0.068		−0.033	0.347	0.111
X_4	0.997	−0.033	0.172	−0.067	0.467		0.347	0.110
X_5	0.994	0.348	0.171	−0.066	0.467	−0.033		0.109
X_6	0.965	0.116	0.180	−0.072	0.447	−0.031	0.326	

而且，从表 15-6 可知，各因素的总效应和直接效应大小的顺序并不一致，这说明间接效应也在 GDP 中起着重要作用。

本章小结

本章介绍了路径分析的基本思想、基本原理和应用。通过本章的学习，读者应能了解：路径分析的基本思想，路径图的绘制，相关系数的分解，并能结合实例进行相应的应用。重点掌握路径分析的基本思想和应用。

进一步阅读材料

1. 卜向东、钱宇平：《路径分析及其在流行病学中的应用. 流行病学进展》，北京：人民卫生出版社，1986。

2. 任若恩、王惠文：《多元统计分析数据分析——理论、方法、实例》，北京：国防工业出版社，1997。

3. 郭志刚等：《社会统计分析方法——SPSS 软件应用》，北京：中国人民大学出版社，1999。

4. 孙尚拱:《医学多变量统计与统计软件》,北京:北京医科大学出版社,2000。

5. N. G. Wa Uer, and P. E. Meeh: "Risky Tests, Verisimilitude and Path Analysis", *Psychological Methods*, 2002. 7(3).

练习题

1. 试述路径分析的基本思想。
2. 试述路径分析的特点。
3. 试述路径分析的基本功能。
4. 试寻找一个实例运用路径分析进行分析。

第十六章 结构方程模型

教学目的

本章系统介绍了结构方程模型的基本原理。首先介绍了结构方程模型的基本思想、功能，并对结构方程模型的形式、估计、检验、修正等进行了说明，最后运用案例说明了结构方程模型的应用。通过本章的学习，希望读者能够：

1. 掌握结构方程模型的基本思想；
2. 了解结构方程模型适合解决的问题；
3. 理解结构方程模型的基本原理；
4. 掌握结构方程模型的应用。

本章的重点是结构方程模型的基本思想及其应用。

在社会经济、管理领域的研究中，我们经常会碰到如智力、学习动机、家庭社会经济地位、顾客满意度、顾客忠诚度等变量，这类变量无法准确、直接地测量，我们称之为潜变量(Latent Variable)。这些潜变量虽不能直接准确地测量，但可以通过某些间接的手段去估算它。例如，可以使用一些观测指标(Observable Indicators)(相对于潜变量而言，那些可直接准确观测到的指标)去测量那些潜变量。例如，在研究学生的学业成就方面的问题时，研究人员可以将学生的语文、数学、外语等学科的成绩(观测变量)作为学生学业成就(潜变量)的衡量指标。传统的统计分析方法如多元回归分析、多元相关分析、因子分析及主成分分析等并不能很好地处理这些潜变量，而结构方程模型则能很好地处理这些潜变量及其指标。相对来说，结构方程模型是一个包含面很广的数学模型，它可以分析一些涉及潜变量的非常复杂的关系。在统计分析中，研究人员以前所使用的许多传统的统计分析方法(典型的如回归分析)，虽然容许因变量含有测量误差，但在回归模型中它需要假定自变量是能准确测量的，没有误差的，否则就无法进行整个模型的回归分析。例如，在研究父母身高和子女身高的关系这一问题时，研究人员可以用回归分析方法来基于父母的身高预测其子女的身高(父母的身高为自变量，子女的身高为因变量)。在这些例子中，研究人员在设计模型进行分析时，事先假定父母的身高、父母的教育程度是准确测量到的且没有误差的，而子女的身高、子女的考试成绩在模型中则是允许有误差的。如果没有自变量可准确测量、无误差的假定，那么在上面的例子模型中，就无法进行统计分析。

为解决此类问题，20 世纪 70 年代初，瑞典统计学家、心理测量学家卡尔·乔瑞斯考格(Karl. Joreskgo)及其合作者提出了结构方程模型。结构方程模型(Structural Equation Modeling，SEM)的理论依据是：虽然某些潜在变量无法直接观测，但它可以由一个或几个显在变量表征，因此可通过观测变量来分析潜在变量之间的关系。它是一种非常通用的、主要的线性统计建模技术。结构方程模型广泛应用于心理学、经济学、社会学、行为科学等领域。实际上，结构方程模型是计量经济学、计量社会学与计量心理学等领域的统计分析方法的综合。多元回归、因子分析和路径分析等方法都只是结构方程模型中的特例。结构方程模型是统计分析方法中一个新的发展领域。在统计应用领域里它已经树立了很高的声誉，被众多著名学者推崇为“第二代多元统计方法”。

结构方程模型的理论原理开始于 20 世纪 20—30 年代，以后其理论原理经过逐步发展和完善。结构方程模型的应用始见于 20 世纪 60 年代发表的研究论文中，到 90 年代初期开始得到广泛的应用。结构方程模型的应用与研究在国外虽然有比较长的时间，但它在国内应用与研究的历史并不长。国内台湾及香港地区的学者应用结构方程模型的历史相对内地来说较长，这些地区的学者在 90 年代就已经较多地应用结构方程模型。

结构方程模型的重要性就在于其具有传统的统计分析模型所不具有的许多优点，概括起来，结构方程模型有以下优点(Bollen&Long，1993)：

1. 结构方程模型可以同时处理多个多组因变量

与传统的回归分析或路径分析比较，结构方程模型可同时考虑并处理多个因变量。传统分析中，就算统计结果的图表中展示了多个因变量，但实际在计算回归系数或路径系数时，还是对每一个因变量逐一进行计算。所以图表看上去好像同时考虑了多个因变量，但实际计算对某一个因变量的影响或两者关系时，都忽略了其他因变量的存在及其他因变量对该变量的影响。

2. 结构方程模型允许自变量和因变量存在测量误差

像顾客满意度、态度、行为等不可直接准确测量的潜变量，往往存在误差，这种误差也是很难避免的，研究人员不能简单地用某单个指标去测量它。就像前面所说到的那样，用结构方程模型分析这类问题时容许自变量和因变量都含有测量误差。潜变量可以用多个指标去测量。用传统统计分析方法计算的潜变量（如用指标的均值作为潜变量的观测值，存在误差）间的相关系数与用结构方程模型计算得出的潜变量（通过测量方程排除了误差部分）间的相关系数的差别可能很大。显然，这种差距的大小取决于潜变量与其指标间的关系强弱。

3. 结构方程模型能同时估计因子间的结构和因子间的关系

假设需要了解潜变量之间的相关性，每个潜变量都用多个指标去测量，那传统上所使用的一个常用分析方法就是对每个潜变量先用因子分析法计算潜变量与指标间的关系（即因子负荷），进而得到因子得分，作为潜变量的观测值（就像前面所举的例子那样，学生自信的因子得分作为这个变量的观测值）。在得到这个观测值后，就可以用这个观测值去计算因子得分（学生的自信与学生的性格之间的因子得分）的相关系数，计算得到的这个相关系数可以作为潜变量之间的相关系数。这两个步骤是相互独立的，用上面的例子来说，就是在计算学生自信的因子得分的时候，传统分析方法并没有考虑学生性格因子；反过来，在计算学生性格的因子得分时，也并没有考虑学生自信因子。但是在用结构方程模型分析这个问题时，上述的两个步骤是同时进行的，即潜变量与测量指标之间的关系和潜变量与潜变量之间的关系同时考虑。比如，学生自信与其测量指标、学生性格与其测量指标以及学生自信与学生性格之间的关系，在同一个步骤中进行估计。

4. 结构方程模型允许更大弹性的测量

传统的统计建模方法要在研究人员进行统计确立以后使用。也就是说，传统的统计建模方法是在我们确定统计模型的基础上进行的，如果要调整模型，那么研究人员就只有重新设计，重新计算分析，前面所做的工作就没有什么作用了。并且，传统的统计分析方法只允许一个指标从属一个单一的因子。相比较来说，结构方程模型就不是这样了。结构方程模型的建模分析过程本身就是一个动态的过程。研究中所进行的每一次计算分析，都是基于原始模型的调整来做的。每一次的计算分析结果都是下一次进行模型调整的依据。研究人员要根据每一次的计算及自身的经验或对问题的具体认识去改变指标与因子间的关系。并且，在结构方程模型中，一个指标可以从属于多个因子。举个例子来说，让学生去做用英语写的数学试卷，以测量学生的数学能力。那显然学生的得分既反映了学生的数学能力，也反映了学生的英语能力。如果用传统的因子分析法，将很难处理这样一个指标同时从属于多个因子（两个以上）的复杂模型。

5. 结构方程模型能估计整个模型的拟合程度

结构方程模型是路径分析与因子分析的综合。传统的路径分析只估计每一个路径（变量间关系）包含的关系情况。而在结构方程模型中，除了上述参数的估计外，还可以通过设计不同的模型来对同一个样本数据进行拟合，然后通过比较这些拟合结果来判断哪一个模型更能反映样本数据所呈现的关系，从而得到最优的拟合模型，也得到最符合事实的模型解释。

通过结构方程模型分析数据是一个动态的不断修改的过程。在建模过程中，研究人员要通过每次建模计算得到的结果来分析这个模型的合理性，然后依据经验及前一模型的拟合结果不断调整模型的结构，最终得到一个最合理的、与事实相符的模型。

根据结构方程模型的分析类型来看，可以分为三大类：纯粹验证（Strictly Confirmatory，SC）、选择模型（Alternative Models，AM）和产生模型（Model Generating，MG）。

在纯粹验证的应用中，从应用者的角度来看，其所分析的数据只有一个模型是最合理和最符合所调查数据的。应用结构方程建模分析数据的目的，就是验证模型是否拟合样本数据，从而决定是接受还是拒绝这个模型。这一类的分析并不太多，因为无论是接受还是拒绝这个模型，从应用者的角度来说，还是希望有更好的选择。

在选择模型分析中，结构方程模型的应用者提出几个不同的可能模型（也称为替代模型或竞争模型），然后根据各个模型对样本数据拟合的优劣情况来决定哪个模型是最可取的。这种类型的分析虽然较纯粹验证多，但从应用的情况来看，即使模型应用者得到了一个最可取的模型，但仍然要对模型做出不少修改，这样就成为产生模型类的分析。

结构方程模型的应用中，最常见的是产生模型分析。在这类分析中，模型应用者先提出一个或多个基本模型，然后检查这些模型是否拟合样本数据，基于理论或样本数据，分析并找出模型拟合不好的部分，据此修改模型，并通过同一样本数据或同类的其他样本数据，来检查修正模型的拟合程度。这样一个完整的分析过程的目的就是要产生一个最佳的模型。

因此，结构方程模型除可用作验证模型和比较不同的模型外，也可以用作评估模型及修正模型。一些结构方程模型的应用都是先从一个预设的模型开始，然后将此模型与所掌握的样本数据相互印证。如果发现预设的模型与样本数据拟合得并不是很好，那么就将预设的模型进行修改，然后再检验，不断重复这样一个过程，直至最终获得一个研究人员认为与数据的拟合度达到他的满意度，同时各个参数估计值也有合理解释的模型。

第一节　结构方程模型的基本原理

传统的统计分析方法，如方差分析、多元回归、因子分析等，都是从已有的数据中探索、发现客观规律，属于探索性分析。以结构方程模型（SEM）为代表的验证性分析则不同，其基本思想是：首先根据已有的理论和知识，经过推论和假设，形成一个关于一组变量之间相互关系（常常是因果关系）的模型。经过抽样调查后，获得一组观测变量的数据和此数据产生的协方差矩阵 $\boldsymbol{S}$。利用 $\boldsymbol{S}$ 估计模型成立时的理论协方差矩阵 $\boldsymbol{\Sigma}$，则检验模型对数据拟合的好坏，就归结到 $\boldsymbol{\Sigma}$ 与 $\boldsymbol{S}$ 的差异是否足够小。

为便于分析，首先提出几个基本概念及一些后面要用到的符号。刘大维曾把 SEM 的基本原理中的概念归纳为“三个二”，具体地说就是：两类变量、两个模型和两种路径。

两类变量是指显在变量和潜在变量；两个模型是指度量模型和结构模型；而两种路径是指潜在变量与显在变量之间的路径和潜在变量之间的路径。

一、变量的分类

显在变量是指可直接观测和度量的变量，又称为可观测变量、指示变量，如职业、经济收入、身高、体重等。潜在变量是指不能被直接观测的因素或特质，它可能是某种理论构思、研究假设，或者是尚不能用现存方法精确并直接测量的客观实在，但它可以通过显在变量度量，又称为隐变量，相当于因子分析中的公因子。例如，一个人的社会地位是无法直接观测的，因此它是一个潜在变量，但可以通过他（她）的职业、经济收入和受教育年限等可观测变量来衡量。

内生变量是指在一个假定的因果关系模型中，受其他变量影响或被其他变量说明的变量，即因变量。外生变量是指“引起”其他变量且假定自身变化由因果关系模型外其他因素所决定的变量，即自变量。此时认为任一内生变量是由外生变量和其余内生变量联合作用的结果。

二、路径图的表示法和 SEM 变量的名称

用路径图可以直观地表现 SEM 变量间的相互关系。应用 SEM 的各种统计软件都有一套自己的符号体系，这里以 LISREL 软件的规定来说明路径图的表示法和各种变量的名称：x 为外生显在变量，y 为内生显在变量，画在方框或长方框内；ξ 为外生潜在变量，η 为内生潜在变量，画在圆圈或椭圆内。δ、ε 分别表示 x 变量和 y 变量的测量误差，ζ 表示用 ξ 预测 η 时的剩余误差。

两个变量间的单向箭头表示一个变量（起点）对另一个变量（终点）的直接影响；两个变量间的双向箭头（或曲线）表示这两个变量间可能互为影响，或两个变量可能是相关的。箭头上的数字表示效应大小。

三、结构方程模型的基本原理

（一）结构方程模型的基本形式

SEM 包括两种基本形式：一种是描述显在变量与潜在变量之间的测度关系，称为测量模型（Measurement Model）；另一种是描述潜在变量之间的结构关系，称为结构模型。

测量模型为：

$$\boldsymbol{X} = \boldsymbol{\Lambda}_x \boldsymbol{\xi} + \boldsymbol{\delta} \tag{16-1}$$

$$\boldsymbol{Y} = \boldsymbol{\Lambda}_y \boldsymbol{\eta} + \boldsymbol{\varepsilon} \tag{16-2}$$

测量模型是表示观测变量 $\boldsymbol{X}$,$\boldsymbol{Y}$ 与潜变量 $\boldsymbol{\eta}$,$\boldsymbol{\xi}$ 之间关系的方程组。

结构模型为：

$$\boldsymbol{\eta} = \boldsymbol{B}\boldsymbol{\eta} + \boldsymbol{\Gamma}\boldsymbol{\xi} + \boldsymbol{\zeta} \tag{16-3}$$

结构模型是表示潜变量与潜变量之间关系的方程。

方程说明：

$\boldsymbol{X}$——由 p 个外生(Exogenous)显在变量组成的 $p\times 1$ 维向量；

$\boldsymbol{Y}$——由 q 个内生(endogenous)显在变量组成的 $q\times 1$ 维向量；

$\boldsymbol{\Lambda}_x$——$\boldsymbol{X}$ 在 $\boldsymbol{\xi}$ 上的 $p\times m$ 维负荷矩阵,反映了外生显在变量与外生潜在变量之间的关系；

$\boldsymbol{\Lambda}_y$——$\boldsymbol{Y}$ 在 $\boldsymbol{\eta}$ 上的 $q\times n$ 维负荷矩阵,反映了内生显在变量与内生潜在变量之间的关系；

$\boldsymbol{\delta}$——由 p 个测量误差组成的 $p\times 1$ 维向量,是外生显在变量 $\boldsymbol{X}$ 的误差项；

$\boldsymbol{\varepsilon}$——由 q 个测量误差组成的 $q\times 1$ 维向量,是内生显在变量 $\boldsymbol{Y}$ 的误差项；

$\boldsymbol{\xi}$——由 m 个外生潜在变量组成的 $m\times 1$ 维向量；

$\boldsymbol{\eta}$——由 n 个内生潜在变量组成的 $n\times 1$ 维向量；

$\boldsymbol{B}$——由 $n\times n$ 维系数矩阵,表示内生潜在变量之间的相互关系；

$\boldsymbol{\Gamma}$——由 $n\times m$ 维系数矩阵,表示外生潜在变量 $\boldsymbol{\xi}$ 对内生潜在变量 $\boldsymbol{\eta}$ 的影响；

$\boldsymbol{\zeta}$——由 n 个解释误差组成的 $n\times 1$ 维向量,是结构方程的残差项。

由这两组方程,再加上一些模型的设定,通过一种迭代求解过程,就能计算出结构方程模型中的各个参数。

通常,模型假设显在变量和潜在变量都是中心化的,且有如下假定：

第一,误差项 $\boldsymbol{\delta}$、$\boldsymbol{\varepsilon}$ 和 $\boldsymbol{\zeta}$ 的均值为零；

第二,测量误差项 $\boldsymbol{\delta}$、$\boldsymbol{\varepsilon}$ 与外生潜在变量 $\boldsymbol{\xi}$ 及内生潜在变量 $\boldsymbol{\eta}$ 均不相关,同时,$\boldsymbol{\delta}$ 和 $\boldsymbol{\varepsilon}$ 之间也不相关；

第三,结构方程的误差项 $\boldsymbol{\zeta}$ 与外生潜在变量 $\boldsymbol{\xi}$ 以及测量误差项 $\boldsymbol{\delta}$、$\boldsymbol{\varepsilon}$ 不相关；

第四,矩阵($\boldsymbol{I}-\boldsymbol{B}$)可逆,其中 $\boldsymbol{I}$ 为单位矩阵。

将全部显在变量$(\boldsymbol{X}',\boldsymbol{Y}')'_{(p+q)\times 1}$的总体协方差矩阵记为 $\boldsymbol{\Sigma}$,其对应的样本协方差矩阵为 $\boldsymbol{S}$。而根据(16-1)式至(16-3)式,也可以求出协方差矩阵,记为 $\boldsymbol{\Sigma}(\theta)$。

对于(16-1)式,有：

$$\begin{aligned}\boldsymbol{\Sigma}_{XX}(\theta) &= \mathrm{Cov}(\boldsymbol{X}) = E(\boldsymbol{\Lambda}_x\boldsymbol{\xi}+\boldsymbol{\delta})(\boldsymbol{\Lambda}_x\boldsymbol{\xi}+\boldsymbol{\delta})' \\ &= \boldsymbol{\Lambda}_x E(\boldsymbol{\xi}\boldsymbol{\xi}')\boldsymbol{\Lambda}'_x + E(\boldsymbol{\delta}\boldsymbol{\delta}') \\ &= \boldsymbol{\Lambda}_x\boldsymbol{\Phi}\boldsymbol{\Lambda}'_x + \boldsymbol{\Theta}_\delta \end{aligned} \tag{16-4}$$

同理,对于(16-2)式,有：

$$\boldsymbol{\Sigma}_{YY}(\theta) = \mathrm{Cov}(\boldsymbol{Y}) = \boldsymbol{\Lambda}_Y E(\boldsymbol{\eta}\boldsymbol{\eta}')\boldsymbol{\Lambda}'_Y + \boldsymbol{\Theta}_\varepsilon \tag{16-5}$$

对(16-3)式进行变换,可得：

$$\boldsymbol{\eta} = (\boldsymbol{I}-\boldsymbol{B})^{-1}(\boldsymbol{\Gamma}\boldsymbol{\xi}+\boldsymbol{\zeta}) = \widetilde{\boldsymbol{B}}(\boldsymbol{\Gamma}\boldsymbol{\xi}+\boldsymbol{\zeta}) \tag{16-6}$$

其中，$\widetilde{\boldsymbol{B}}=(\boldsymbol{I}-\boldsymbol{B})^{-1}$。

根据(16-6)式，可得：

$$E(\boldsymbol{\eta\eta}')=\widetilde{\boldsymbol{B}}(\boldsymbol{\Gamma\Phi\Gamma}'+\boldsymbol{\psi})\widetilde{\boldsymbol{B}}' \tag{16-7}$$

根据(16-6)式和(16-7)式，可将(16-5)式表示为：

$$\boldsymbol{\Sigma}_{YY}(\theta)=\mathrm{Cov}(\boldsymbol{Y})=\boldsymbol{\Lambda}_Y\widetilde{\boldsymbol{B}}(\boldsymbol{\Gamma\Phi\Gamma}'+\boldsymbol{\psi})\widetilde{\boldsymbol{B}}'\boldsymbol{\Lambda}_Y'+\boldsymbol{\Theta}_\varepsilon \tag{16-8}$$

$\boldsymbol{X}$ 与 $\boldsymbol{Y}$ 的协方差矩阵为：

$$\begin{aligned}\boldsymbol{\Sigma}_{XY}(\theta)&=E(\boldsymbol{XY}')=E(\boldsymbol{\Lambda}_X\boldsymbol{\xi}+\boldsymbol{\delta})(\boldsymbol{\Lambda}_Y\boldsymbol{\eta}+\boldsymbol{\varepsilon})'\\&=\boldsymbol{\Lambda}_XE(\boldsymbol{\xi\eta}')\boldsymbol{\Lambda}_Y'=\boldsymbol{\Lambda}_X\widetilde{\boldsymbol{B}}\boldsymbol{\Gamma\Phi\Lambda}_Y'\end{aligned} \tag{16-9}$$

于是，$(\boldsymbol{X}',\boldsymbol{Y}')'_{(p+q)\times 1}$ 的总体协方差矩阵记 $\boldsymbol{\Sigma}$，可以表示为含参数的协方差矩阵 $\boldsymbol{\Sigma}(\theta)$，则有：

$$\boldsymbol{\Sigma}(\theta)=\begin{bmatrix}\boldsymbol{\Sigma}_{XX}(\theta) & \boldsymbol{\Sigma}_{XY}(\theta)\\ \boldsymbol{\Sigma}_{YX}(\theta) & \boldsymbol{\Sigma}_{YY}(\theta)\end{bmatrix}=\begin{bmatrix}\boldsymbol{\Lambda}_x\boldsymbol{\Phi\Lambda}'_x+\boldsymbol{\Theta}_\delta & \boldsymbol{\Lambda}_X\widetilde{\boldsymbol{B}}\boldsymbol{\Gamma\Phi\Lambda}'_Y\\ \boldsymbol{\Lambda}_Y\boldsymbol{\Phi\Gamma}'\widetilde{\boldsymbol{B}}'\boldsymbol{\Lambda}'_X & \boldsymbol{\Lambda}_YE(\boldsymbol{\eta\eta}')\boldsymbol{\Lambda}_Y'+\boldsymbol{\Theta}_\varepsilon\end{bmatrix} \tag{16-10}$$

其中，$\boldsymbol{\Phi}$ 为潜变量 $\boldsymbol{\xi}$ 的协方差矩阵；$\boldsymbol{\Theta}_\delta$ 为误差向量 $\boldsymbol{\delta}$ 的协方差矩阵；$\boldsymbol{\Psi}$ 为误差向量 $\boldsymbol{\zeta}$ 的协方差矩阵；$\boldsymbol{\Theta}_\varepsilon$ 为误差向量 $\boldsymbol{\varepsilon}$ 的协方差矩阵。

通过前面的分析，可以看出，一个完整的结构方程模型的求解，需要估计的主要有八个参数矩阵，即 $\boldsymbol{\Lambda}_X$、$\boldsymbol{\Lambda}_Y$、$\boldsymbol{B}$、$\boldsymbol{\Gamma}$、$\boldsymbol{\Phi}$、$\boldsymbol{\Psi}$、$\boldsymbol{\Theta}_\delta$、$\boldsymbol{\Theta}_\varepsilon$。

(二) 模型设定与识别

利用 SEM 分析数据时，首先要进行模型设定。将所研究的理论模型用路径图画出，然后把路径图"翻译"成 LISREL 的方程式语言，确定各参数矩阵的形式。一般对同一组数据同时设定几个不同的、互相嵌套的模型，通过比较不同模型对数据的拟合程度来选择最优模型。此时还涉及模型识别的问题。根据方程的个数和模型中待估参数的个数，SEM 可以分为不可识别的、恰好可识别的和过度识别的。不可识别模型的待估参数个数多于样本中所能得出的方程个数，此时包含的信息不充足，进行参数估计时可得到无穷多个解。恰好识别模型的待估参数的个数恰好与方程个数相等，该模型虽然可求出参数的估计，但无法检验模型的合理性，因为此时自由度与卡方值均为零。过度识别模型的方程个数超过待估参数的个数，实际上是对待估参数附加不同的条件而产生的，它可以对参数进行检验。

由于 SEM 的复杂性，尚没有一个可识别的标准判别方法，往往需要根据模型的具体形式进行判断。常用的检查模型识别的基本规则是 t 法则。

在 SEM 中，共有 $(p+q)$ 个观测变量，可产生 $[(p+q)(p+q+1)/2]$ 个不同的方差和协方差。由 $\sum(\theta)=\boldsymbol{\Sigma}$，可得到 $[(p+q)(p+q+1)/2]$ 个不同的方程。因此，结构方程模型中需要求解的参数个数 t 应满足：

$$t\leqslant(p+q)(p+q+1)/2 \tag{16-11}$$

其中，n 为观测变量的数目，t 为待估模型的自由参数个数。

上述法则就是模型的 t 法则，它是模型可识别的一个必要条件。若设定的模型不满足该法则，则该模型是不可识别的，因此需要根据问题重新设定。

（三）模型的参数估计

SEM 参数估计的基础是方差差异最小化的思想。利用样本观测数据的协方差矩阵 $\boldsymbol{S}$ 估计模型成立时的理论协方差矩阵 $\boldsymbol{\Sigma}$，若模型设定正确，则 $\boldsymbol{\Sigma}(\theta)=\boldsymbol{\Sigma}$。由于总体协方差矩阵 $\boldsymbol{\Sigma}$ 往往是未知的，因此通常用样本协方差矩阵 $\boldsymbol{S}$ 来代替总体协方差矩阵 $\boldsymbol{\Sigma}$。这要求根据模型求出的参数使得样本观测数据的协方差矩阵 $\boldsymbol{S}$ 与 $\boldsymbol{\Sigma}(\theta)$ 的差异尽可能小。对于两者的差异，可定义一个拟合函数来表示，记为 $F(\boldsymbol{S},\boldsymbol{\Sigma}(\theta))$。检验模型对数据拟合的好坏，就归结到 $\boldsymbol{\Sigma}(\theta)$ 与 $\boldsymbol{S}$ 的差异是否足够小。参数估计就是要求得参数 θ 的估计值 $\hat{\theta}$，使得 $F(\boldsymbol{S},\boldsymbol{\Sigma}(\hat{\theta}))$ 最小化。为便于记忆，令 $\boldsymbol{C}=\boldsymbol{\Sigma}(\theta)$。

模型对数据拟合程度的综合指标常记为 F，

$$F = 0.5t_r[\boldsymbol{W}^{-1}(\boldsymbol{S}-\boldsymbol{C})^2] \tag{16-12}$$

其中，t_r 表示矩阵对角线上的元素之和，$\boldsymbol{W}$ 矩阵是人为指定的，不同的 $\boldsymbol{W}$ 对应不同的拟合方法，具体如下：

1. 非加权最小二乘法(Unweighted Least Squares，ULS)

通过拟合函数 $F_{\text{ULS}}=0.5t_r[(\boldsymbol{S}-\boldsymbol{C})^2]$ 的最小化，可以得到参数的估计值。ULS 比较直观，拟合函数容易理解，对观测变量的分布无特殊要求，但 F 值随观测变量的单位不同而变化，即分别用相关矩阵和协方差矩阵分析时，其估计值可能不同。而且，ULS 假定所有的变量具有相同的方差、协方差，当违反了这一假定时，ULS 是有偏的，此时常采用广义最小二乘法。

2. 广义最小二乘法(Generally Least Squares，GLS)

通过拟合函数 $F_{\text{GLS}}=0.5t_r[\boldsymbol{S}^{-1}(\boldsymbol{S}-\boldsymbol{C})^2]$ 最小化来估计模型的参数，等价于用样本协方差矩阵 $\boldsymbol{S}$ 的逆矩阵作为加权矩阵。

3. 极大似然函数法(Maximum Likelihood，ML)

通过拟合函数 $F_{ML}=t_r(\boldsymbol{SC}^{-1})-n+\ln(\det(\boldsymbol{C})-\ln(\det(\boldsymbol{S}))$ 最小化来估计模型的参数，其中 n 为显在变量的个数，$\det(\cdot)$ 为矩阵的行列式。ML 要求观测变量服从多元正态分布，变量之间的关系是线性可加的。但很多研究表明，在数据偏离上述假定不太严重时，LISREL 参数估计与统计检验仍是稳健的。

4. 加权最小二乘法估计(Weighted Least Squares，WLS)

评价拟合优度的准则是：

$$F_{\text{WLS}} = \text{Vec}(s_{ij}-c_{ij})'\boldsymbol{W}^{-1}\text{Vec}(s_{ij}-c_{ij})$$

其中，$\text{Vec}(s_{ij}-c_{ij})$ 表示对称矩阵 $(\boldsymbol{S}-\boldsymbol{C})$ 下三角的 $[n(n+)l/2]$ 个元素组成的向量，$\boldsymbol{W}$ 是正定矩阵，其元素为矩阵 $\boldsymbol{S}$ 的渐近协方差估计量。WLS 对观测变量分布的偏度和峰度要求不严，多元正态分布的假定可以放松，故称为不依赖于分布的广义最小二乘法。

5. 对角加权最小二乘法(Diagonally Weighted Least Squares，DWLS)

当变量数目特别大时，用 WLS 对权重矩阵进行存储和求逆，往往会耗费很多的机时，占用计算机大量的内存，此时可用 DWLS。该估计方法仅使用权数矩阵 $\boldsymbol{W}$ 的对角元素，其最小化准则为：

$$F_{\mathrm{DWLS}} = \mathrm{Vec}(s_{ij} - c_{ij})' \mathrm{diag}\,(\boldsymbol{W})^{-1} \mathrm{Vec}(s_{ij} - c_{ij})$$

其中,diag(·)表示仅由矩阵的对角元素构成。

(四)模型的评价

SEM的目标是估计一个协方差矩阵 $\boldsymbol{C}$,使之与样本协方差矩阵 $\boldsymbol{S}$ 尽可能接近,同时采用一些指标来评价模型对数据的拟合程度。在叙述评价指标前,先规定一些符号:$\boldsymbol{S}=(s_{ij})$,表示输入的协方差矩阵或相关矩阵,$\boldsymbol{C}=(c_{ij})$,表示预测的模型矩阵,$\boldsymbol{W}$ 是权数矩阵,n 表示显在变量的个数,t 表示待估参数的个数,df 是自由度,N 表示样本的大小。

一般按照输出结果的先后,对模型着重检查下列内容:

1. 参数估计值的合理性

若出现不合理的估计结果,如方差为负值或相关系数的绝对值大于1,说明模型存在误设。

2. 度量模型的适当性

考察模型中潜在变量之间的关系是否有意义之前,必须先检查度量模型的可靠性和有效性。根据经典的测试理论,单个变量 Y 的可信性为:

$$\frac{\mathrm{var}(T)}{\mathrm{var}(T) + \mathrm{var}(\varepsilon)} = 1 - \frac{\mathrm{var}(\varepsilon)}{\mathrm{var}(T)} \tag{16-13}$$

其中,T 表示潜在的真实得分,ε 为测量误差。因此,度量模型中第 i 个观测变量的可信性可以写作:

$$1 - \frac{\hat{\theta}_{ii}}{c_{ii}}$$

$\hat{\theta}_{ii}$ 为误差方差的估计,c_{ii} 为第 i 个观测变量的方差。其又可看作平方复相关系数,整个度量模型的可信性用决定系数表示为:

$$1 - \frac{\det(\hat{\boldsymbol{\Theta}})}{\det(\boldsymbol{C})}$$

$\det(\hat{\boldsymbol{\Theta}})$和 $\det(\boldsymbol{C})$分别为误差的协方差矩阵估计量 $\hat{\boldsymbol{\Theta}}$ 和所拟合的观测变量的协方差矩阵 $\boldsymbol{C}$ 的行列式。平方复相关系数和决定系数一般均在0与1之间。它们分别表示单个观测变量和全部观测变量作为潜在变量的度量指标的可靠程度,较大值对应较好的模型。

3. 对结构方程式的评价

对于第 i 个结构方程式,可以用平方复相关系数来评价:

$$1 - \frac{\widehat{\mathrm{var}}\,(\zeta_i)}{\widehat{\mathrm{var}}\,(\eta_i)}$$

$\widehat{\mathrm{var}}\,(\zeta_i)$和 $\widehat{\mathrm{var}}\,(\eta_i)$分别为残差和内生潜在变量的方差估计量。评价全部结构方程式的总决定系数为:

$$1 - \frac{\det(\hat{\boldsymbol{\Psi}})}{\det(\widehat{\mathrm{Cov}}\,(\eta))}$$

以上两个系数也在0与1之间,较大的值对应较好的模型。

4. 对整个模型的评价

通常有多个统计量，其中比较常用的是卡方统计量。

卡方统计量等于$(N-1)$乘以拟合函数的最小值，其对应的自由度为：

$$df = 1/2n(n+1) - t$$

卡方统计量是衡量拟合优度的一种统计量，一般地，较大的值对应较差的模型，较小的值对应较好的模型。卡方统计量的另一个用途是比较修改后的模型有无实质性的改善，即新模型和原模型的卡方统计量之差与两模型对应自由度之差的界值比较，如果有统计学意义，说明模型有实质性改善。

各种研究表明，样本量小于 100 时，即使正态分布条件严格满足，仍很容易出现不收敛，计算结果反常(如估计出来的残差方差是负的)，或者解的精度很差等情况。因此，大样本是必需的。但另一方面，卡方检验对样本大小又太敏感了：当样本量很大时，即使 $\boldsymbol{C}$ 与 $\boldsymbol{S}$ 之间的差异很小，它也会拒绝一个很合理的模型；而对于小样本，它又常常不拒绝一个明显错误的模型。因此，目前比较一致的看法是：在大样本时，不宜用卡方检验作为是否拒绝一个模型的理由。从而提出一些准则，把卡方统计量修改成与样本量关系不太密切的指标，亦有文献认为 x^2/df 应小于 5。

实际研究中很难确定哪个准则全面地反映了拟合优度的好坏，所以需要对各种准则综合考虑后再对模型做出评价。

(五) 模型的修正与再验证

若对模型的评价结果不够满意，则应对理论模型进行修正，使其能更好地拟合数据，更接近客观现实。因此，SEM 也具有探索性的功能。模型修正可以单纯地根据模型评价提供的线索来进行，如度量模型的信度、拟合残差的形状、t 值和修正指数等。更重要的是结合这些线索，重新考虑整个理论模型的构建、样本大小及对总体的代表性、删掉或增加某条路径的实际意义等，这样才能保证理论修正的合理性，不至于使人脑成为计算机的奴隶。当变量数目不多时，要慎重地修改模型，一般每次只增加或删除一条路径，重新验证后再对模型进行评价，如果不满意则再修改，直到满意为止。

综上所述，一般的 SEM 分析分为模型发展和模型估计与评价两个阶段。其中，模型发展阶段包括模型设定与识别，模型估计与评价阶段包括调查、参数估计、模型评价、模型修正与再验证几个步骤。

第二节　案例分析

例 16-1　ACSI 是美国于 1994 年启动的一项全国性计划，它旨在反映顾客对产品(服务)消费过程的满意程度。瑞典是世界上第一个建立全国性的顾客满意度指标体系的国家，他们的指标体系被称为 SCSB(Swedish Customer Satisfaction Barometer)(Eugene W. Anderson et al，1994)(本案例引自参考文献 52)。

ACSI在SCSB的理论模型的基础上进行了一些修订，它的理论基础如下：

ACSI共考虑了六个变量之间的关系：顾客期望、感知质量、感知价值、顾客满意、顾客抱怨、顾客忠诚。六者之间的理论关系(Class Fornell et al.,1996)如下(见图16-1)：

顾客期望被定义为顾客对产品(服务)的未来表现的期望，因为它在评价过程中充当一个感知基础，因此我们认为它对顾客满意有影响。感知质量是顾客对产品(服务)的实际表现质量的评价，它没有考虑产品(服务)价格的因素；感知价值则考虑的是单位货币所对应的感知质量，它考虑了产品(服务)价格的因素。感知质量和感知价值存在内在联系，我们认为感知质量对感知价值有影响；另外，感知质量和感知价值对顾客满意都存在影响。

顾客有从他们的消费经历中学习并预测他们将来接受到的感知质量和感知价值的能力，他们会对自身的期望进行理性的调整，因此我们认为顾客期望对感知质量和感知价值都存在影响。顾客满意的结果来自赫斯曼(Hirschman)的"exit—voice"理论：满意的顾客会继续维持这种经济关系，这就形成了顾客忠诚。当顾客不满意时，企业通过两种信号来发现失误：顾客的抱怨或者退出。顾客要么停止从提供者处购买产品(服务)，要么告知提供者他对服务的不满意。顾客满意度的增加结果是减少的顾客抱怨和增加的顾客忠诚。因此，顾客满意对顾客抱怨和顾客忠诚都有影响。

如果提出抱怨的顾客能够因为得到企业的补偿而变为满意，他们会维持这种经济关系，从而形成顾客忠诚。

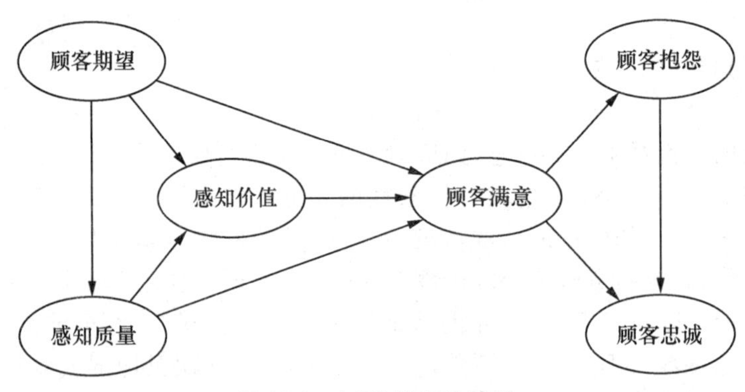

图16-1　ACSI的理论基础

在上述理论模型中，顾客期望为外生变量(自变量)，其他的变量均为内生变量(因变量)。因为只有一个外生变量，我们就以ξ表示顾客期望。其余的变量都为内生变量，我们依次用η_1、η_2、η_3、η_4、η_5来表示感知质量、感知价值、顾客满意、顾客抱怨和顾客忠诚。

我们以感知价值(η_2)和顾客满意(η_3)为例来说明理论模型的结构方程表达式。在图16-1中我们可以看到有两个单向的箭头指向感知价值，这说明感知价值(η_2)受到顾客期望(ξ)和感知质量(η_1)的影响。

我们将这种关系表达为：$\eta_2=\beta_{21}\times\eta_1+\gamma_{21}\times\xi+\zeta_1$。其中，$\beta_{21}$代表感知质量($\eta_1$)对感知价值($\eta_2$)的影响，$\gamma_{21}$代表顾客期望($\xi$)对感知价值($\eta_2$)的影响，$\zeta_1$代表残差。

同理，我们也可以写出顾客期望(ξ)、感知质量(η_1)和感知价值(η_2)对顾客满意(η_3)的影响的数学表达式：$\eta_3=\beta_{31}\times\eta_1+\beta_{32}\times\eta_2+\gamma_{31}\times\xi+\zeta_2$。其中，$\beta_{31}$代表感知质量($\eta_1$)对顾客满意($\eta_3$)的影响，$\beta_{32}$代表感知价值($\eta_2$)对顾客满意($\eta_3$)的影响，$\gamma_{31}$代表顾客期望($\xi$)对顾客满意($\eta_3$)的影响，$\zeta_2$代表残差。

同样，我们可以写出其他内生变量的理论数学表达式：各个内生变量的理论数学表达式最后可以用 $\boldsymbol{\eta}_3=\boldsymbol{B}\times\boldsymbol{\eta}+\boldsymbol{\Gamma}\times\boldsymbol{\xi}+\boldsymbol{\zeta}$ 的矩阵来表示，具体如下：

$$\begin{pmatrix}\eta_1\\\eta_2\\\eta_3\\\eta_4\\\eta_5\end{pmatrix}=\begin{pmatrix}0&0&0&0&0\\\beta_{21}&0&0&0&0\\\beta_{31}&\beta_{32}&0&0&0\\0&0&\beta_{43}&0&0\\0&0&\beta_{53}&\beta_{54}&0\end{pmatrix}\begin{pmatrix}\eta_1\\\eta_2\\\eta_3\\\eta_4\\\eta_5\end{pmatrix}+\begin{pmatrix}\gamma_1\\\gamma_2\\\gamma_3\\0\\0\end{pmatrix}\xi+\begin{pmatrix}\xi_1\\\xi_2\\\xi_3\\\xi_4\\\xi_5\end{pmatrix}\tag{16-14}$$

上面就是 ACSI 理论模型的结构方程形式，也就是 SEM 中的结构模式。

ACSI 理论模型中的外生变量和内生变量都是隐变量，它们不能直接进行测量。为了衡量这些变量，我们用 2—3 个测量变量来对它们逐个进行衡量。如对于外生变量顾客期望(ξ)，我们用整体期望程度(x_1)、产品(服务)可靠性的期望程度(x_2)、产品(服务)定制化的期望程度(x_3)来进行衡量。三种期望都由所调查的顾客通过 1—10 分的量表来进行打分，10 分表示顾客对单独某项的期望值非常高，1 分表示顾客对单独某项的期望值非常低。其他内生变量的测量方程可以同理写出，下面是 ACSI 中各个隐变量的测量变量表(见表 16-1)。

表 16-1　ACSI 的测量变量表

测量变量	隐变量
整体期望程度(x_1)	顾客期望
产品(服务)可靠性的期望程度(x_2)	
产品(服务)定制化的期望程度(x_3)	
对质量的整体评价(y_1)	感知质量
对产品(服务)可靠性的质量评价(y_2)	
对产品(服务)定制化的质量评价(y_3)	
给定质量下的价格(y_4)	感知价值
给定价格下的质量(y_5)	
总体满意程度(y_6)	顾客满意
与期望的符合程度(y_7)	
与理想产品(服务)的差距(y_8)	
正式或非正式的抱怨行为(y_9)	顾客抱怨
重购意愿(y_{10})	顾客忠诚
价格容忍度(重购下的价格上升程度或非重构下的价格降低程度)(y_{11})	

ξ 和 x_1、x_2、x_3 之间的关系如图 16-2 所示：

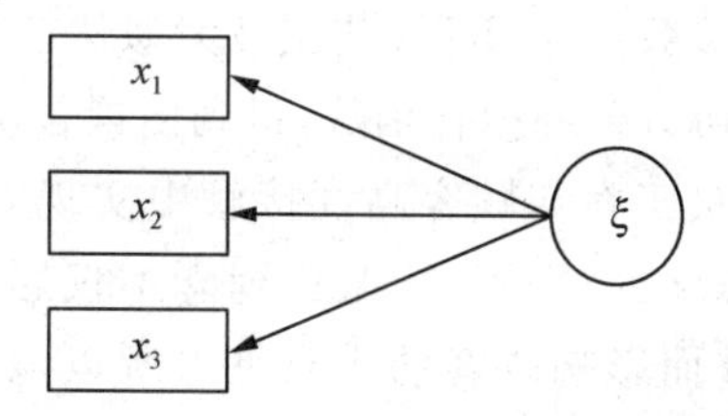

图 16-2　ξ 和 x_1, x_2, x_3 之间的关系图

所示，这种测量关系用测量方程表达为：

$$\begin{bmatrix} x_1 \\ x_2 \\ x_3 \end{bmatrix} = \begin{bmatrix} w_1 \\ w_2 \\ w_3 \end{bmatrix} \xi + \begin{bmatrix} \delta_1 \\ \delta_2 \\ \delta_3 \end{bmatrix} \tag{16-15}$$

因为 ACSI 只有一个外生变量，这实际上就是 $\boldsymbol{X}=\boldsymbol{\Lambda}_X\boldsymbol{\xi}+\boldsymbol{\delta}$ 的矩阵表示形式。

同理，其余六个内生变量我们也可以写出它们各自的测量方程表达式，各个内生变量的表达式最后可以用 $\boldsymbol{Y}=\boldsymbol{\Lambda}_Y\boldsymbol{\eta}+\boldsymbol{\varepsilon}$ 的矩阵方式来表示，具体如下：

$$\begin{bmatrix} y_1 \\ y_2 \\ y_3 \\ y_4 \\ y_5 \\ y_6 \\ y_7 \\ y_8 \\ y_9 \\ y_{10} \\ y_{11} \end{bmatrix} = \begin{bmatrix} w_{11} & 0 & 0 & 0 & 0 \\ w_{21} & 0 & 0 & 0 & 0 \\ w_{31} & 0 & 0 & 0 & 0 \\ 0 & w_{21} & 0 & 0 & 0 \\ 0 & w_{22} & 0 & 0 & 0 \\ 0 & 0 & w_{13} & 0 & 0 \\ 0 & 0 & w_{23} & 0 & 0 \\ 0 & 0 & w_{33} & 0 & 0 \\ 0 & 0 & 0 & w_{14} & 0 \\ 0 & 0 & 0 & 0 & w_{15} \\ 0 & 0 & 0 & 0 & w_{25} \end{bmatrix} \begin{bmatrix} \eta_1 \\ \eta_2 \\ \eta_3 \\ \eta_4 \\ \eta_5 \end{bmatrix} + \begin{bmatrix} \varepsilon_1 \\ \varepsilon_2 \\ \varepsilon_3 \\ \varepsilon_4 \\ \varepsilon_5 \\ \varepsilon_6 \\ \varepsilon_7 \\ \varepsilon_8 \\ \varepsilon_9 \\ \varepsilon_{10} \\ \varepsilon_{11} \end{bmatrix} \tag{16-16}$$

至此，测量方程和结构方程都得到了建立，整个 SEM 也得以建立。

需要说明的是 ACSI 是一个比较特殊的 SEM。首先，ACSI 理论模型中只有一个外生变量，因此和外生变量有关的矩阵结构比较简单。其次，ACSI 理论模型中的变量关系都是单向的，这是 ACSI 的理论基础所造成的，并非所有的 SEM 中的变量关系都是单向的。在其他学科如社会学、组织行为学等的研究中，因为基础理论不同，变量之间的关系有可能是双向的，这需要我们对结构方程进行相应的变换。

对这类模型进行计算及验证的过程，就是我们使用收集到的数据对模型及其参数进行估计的过程。SEM 的估计常使用两种方法：偏最小二乘法（Partial Least Square，PLS）和线性结构关系法（Linear Structural Relationships，LISREL）（梁燕，2003）。PLS 将主成分分析和多元回归分析的统计思想结合起来。这种方法对不同隐变量的观测变量抽取主成分、建立回归模型，然后通过调整主成分权数的方法来进行参数估计。而 LISREL 建立在协方差结构的基础上，它从变量之间的协方差结构入手，通过拟合模型估计协方差与样本协方差来估计模型参数。LISREL 使用极大似然估计、广义最小二乘法等方法，构造模型估计协方差与样本协方差的拟合函数，得到使拟合函数值最优的参数估计。

例 16-2　接待业服务是员工在与顾客高度接触中实现着体验性精神产品的生产与消费过程，因此员工的工作态度、心理资本、服务理念不仅影响到服务质量，而且影响到顾客对产品的体验与感知，进而影响顾客的满意度。所以，员工满意度和员工所提供服务的质量密切相关。然而，目前我国接待业员工满意度不高（张明，2004），有必要对此问题进行研究（本案例引自参考文献 41）。

最早研究员工满意度的霍波克(Hoppoek)认为影响员工满意度的因素包括疲劳、工作单调、工作条件和领导方式等。我国学者俞文钊(1996)认为影响员工满意度的因素有个人因素、领导因素、工作特性、工作条件等。借鉴已有研究,我们认为影响员工满意度的前置因素有:企业形象、工作回报、工作内容与环境、个人发展前景、员工期望。它们之间的关系见图 16-3。

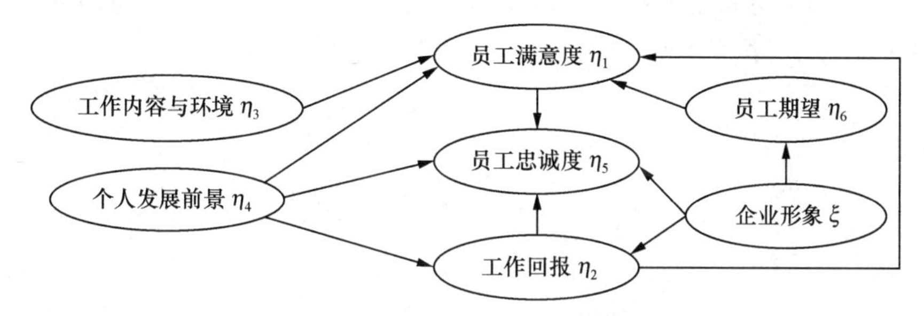

图 16-3　接待业员工满意度的变量关系图

图 16-3 描述了六个潜在变量(Latent Variable)的内涵及相互关系,但潜在变量无法直接测量,需要用观测变量来衡量。本研究中潜在变量与观测变量设计如下:

(1) 企业形象 ξ(① 企业的社会影响程度 x_1;② 企业在员工心目中的地位 x_2;③ 企业的社会形象 x_3)。

(2) 员工满意度 η_1(① 员工对工作本身的满意度 y_1;② 员工对企业经营的满意度 y_2;③ 员工对社会评价满意度 y_3)。

(3) 工作回报 η_2(① 实际收入 y_4;② 各种福利 y_5;③ 精神回报 y_6)。

(4) 工作内容与环境 η_3(① 工作的重要性与挑战性 y_7;② 工作的稳定性与安全性 y_8;③ 与上级相处 y_9;④ 与同事合作 y_{10})。

(5) 个人发展前景 η_4(① 企业发展前景 y_{11};② 职务晋升与接受培训的机会 y_{12})。

(6) 员工忠诚度 η_5(① 在本企业留任的可能性 y_{13};② 企业工作自豪感 y_{14})。

(7) 员工期望 η_6(① 对物质回报的期望 y_{15};② 对精神回报的期望 y_{16})。

根据以上分析设计问卷调查表,并在重庆市 12 家酒店随机进行,共发放问卷 700 份,回收有效问卷 545 份,回收率为 80%。最后,采用 SPSS 12.0 和 LISREL 8.70 对数据进行分析。根据 SEM 对员工满意度指数进行测量和评价。

员工满意度的结构模型可以表示为:

$$E(\boldsymbol{\eta}_1 \boldsymbol{\eta}, \boldsymbol{\xi}) = \boldsymbol{B}\eta + \boldsymbol{\Gamma}\boldsymbol{\xi} + \boldsymbol{\zeta} \quad (\boldsymbol{\zeta}\text{是测量误差}, E(\boldsymbol{\zeta}) = \boldsymbol{0}) \tag{16-17}$$

其中,$\boldsymbol{\eta}$ 为内生潜在变量,$\boldsymbol{\zeta}$ 为外生潜在变量,$\boldsymbol{B}$ 为内生潜在变量间的相关系数矩阵,$\boldsymbol{\Gamma}$ 为外生变量对内生变量影响系数的矩阵。本研究的具体结构模型如下:

$$\begin{bmatrix} \eta_1 \\ \eta_2 \\ \eta_3 \\ \eta_4 \\ \eta_5 \\ \eta_6 \end{bmatrix} = \begin{bmatrix} 0 & \beta_{12} & \beta_{13} & \beta_{14} & 0 & \beta_{16} \\ 0 & 0 & 0 & \beta_{24} & 0 & 0 \\ 0 & 0 & 0 & 0 & 0 & 0 \\ 0 & 0 & 0 & 0 & 0 & 0 \\ \beta_{51} & \beta_{52} & 0 & \beta_{54} & 0 & 0 \\ 0 & 0 & 0 & 0 & 0 & 0 \end{bmatrix} \begin{bmatrix} \eta_1 \\ \eta_2 \\ \eta_3 \\ \eta_4 \\ \eta_5 \\ \eta_6 \end{bmatrix} + \begin{bmatrix} \gamma_{11} \\ 0 \\ 0 \\ 0 \\ \gamma_{51} \\ \gamma_{61} \end{bmatrix} \xi + \begin{bmatrix} \zeta_1 \\ \zeta_2 \\ \zeta_3 \\ \zeta_4 \\ \zeta_5 \\ \zeta_6 \end{bmatrix} \tag{16-18}$$

其中，β_{12}是第二个潜在变量工作回报(η_2)对第一个潜在变量员工满意度(η_1)的影响系数，系数越大，影响程度越大；γ_{11}是外生潜在变量企业形象(ξ)对第一个内生潜在变量员工满意度(η_1)的影响，其余系数以此类推。0 表示相应的潜变量之间没有相关。

测量模型分为两种：一种是外生变量 $\boldsymbol{\xi}$ 的测量；另一种是内生变量 $\boldsymbol{\eta}$ 的测量，分别是 $\boldsymbol{x}=\boldsymbol{\lambda}_x\boldsymbol{\xi}+\boldsymbol{\delta}$；$\boldsymbol{y}=\boldsymbol{\lambda}_y\boldsymbol{\eta}+\boldsymbol{\varepsilon}(\boldsymbol{E}[\boldsymbol{\delta}]=\boldsymbol{E}[\boldsymbol{\varepsilon}]=\boldsymbol{0})$。其中，$\boldsymbol{x}$ 表示外生观测变量向量组合，本研究只有 3 个；$\boldsymbol{\lambda}_x$ 为外生变量负载矩阵；$\boldsymbol{\lambda}_y$ 为内生变量负载矩阵；$\boldsymbol{\delta}$、$\boldsymbol{\varepsilon}$ 分别是外生和内生观测变量的测量误差。具体到本研究，结合以上变量建模，就有以下两个方程：

$$\begin{bmatrix} x_1 \\ x_2 \\ x_3 \end{bmatrix} = \begin{bmatrix} \lambda_{x11} \\ \lambda_{x21} \\ \lambda_{x31} \end{bmatrix} \xi + \begin{bmatrix} \delta_1 \\ \delta_2 \\ \delta_3 \end{bmatrix} \tag{16-19}$$

$$\begin{bmatrix} y_1 \\ y_2 \\ y_3 \\ y_4 \\ y_5 \\ y_6 \\ y_7 \\ y_8 \\ y_9 \\ y_{10} \\ y_{11} \\ y_{12} \\ y_{13} \\ y_{14} \\ y_{15} \\ y_{16} \end{bmatrix} = \begin{bmatrix} \lambda_{y11} & 0 & 0 & 0 & 0 & 0 \\ \lambda_{y21} & 0 & 0 & 0 & 0 & 0 \\ \lambda_{y31} & 0 & 0 & 0 & 0 & 0 \\ 0 & \lambda_{y12} & 0 & 0 & 0 & 0 \\ 0 & \lambda_{y22} & 0 & 0 & 0 & 0 \\ 0 & \lambda_{y32} & 0 & 0 & 0 & 0 \\ 0 & 0 & \lambda_{y13} & 0 & 0 & 0 \\ 0 & 0 & \lambda_{y23} & 0 & 0 & 0 \\ 0 & 0 & \lambda_{y33} & 0 & 0 & 0 \\ 0 & 0 & \lambda_{y43} & 0 & 0 & 0 \\ 0 & 0 & 0 & \lambda_{y14} & 0 & 0 \\ 0 & 0 & 0 & \lambda_{y24} & 0 & 0 \\ 0 & 0 & 0 & 0 & \lambda_{y15} & 0 \\ 0 & 0 & 0 & 0 & \lambda_{y25} & 0 \\ 0 & 0 & 0 & 0 & 0 & \lambda_{y16} \\ 0 & 0 & 0 & 0 & 0 & \lambda_{y26} \end{bmatrix} \begin{bmatrix} \eta_1 \\ \eta_2 \\ \eta_3 \\ \eta_4 \\ \eta_5 \\ \eta_6 \end{bmatrix} + \begin{bmatrix} \varepsilon_1 \\ \varepsilon_2 \\ \varepsilon_3 \\ \varepsilon_4 \\ \varepsilon_5 \\ \varepsilon_6 \\ \varepsilon_7 \\ \varepsilon_8 \\ \varepsilon_9 \\ \varepsilon_{10} \\ \varepsilon_{11} \\ \varepsilon_{12} \\ \varepsilon_{13} \\ \varepsilon_{14} \\ \varepsilon_{15} \\ \varepsilon_{16} \end{bmatrix} \tag{16-20}$$

其中，λ_{x11} 为外生潜在变量对它的第一个观测变量 x_1 的影响系数，系数越大，影响越大。λ_{y11}为第一个内生潜在变量对它第一个观测变量的影响系数；λ_{y12}为第二个内生潜在变量对它的第一个观测变量的影响系数。以此类推。0 表示无影响。

使用 LISREL 8.70 软件对上面的模型进行运算，参数估计采用极大似然估计法，得到对应解。首先是结构变量的关系解：

$$\begin{bmatrix} \eta_1 \\ \eta_2 \\ \eta_3 \\ \eta_4 \\ \eta_5 \\ \eta_6 \end{bmatrix} = \begin{bmatrix} 0 & 5.91 & 0.13 & 4.81 & 0 & -0.13 \\ 0 & 0 & 0 & 0.68 & 0 & 0 \\ 0 & 0 & 0 & 0 & 0 & 0 \\ 0 & 0 & 0 & 0 & 0 & 0 \\ 1.49 & 38.01 & 0 & 30.05 & 0 & 0 \\ 0 & 0 & 0 & 0 & 0 & 0 \end{bmatrix} \begin{bmatrix} \eta_1 \\ \eta_2 \\ \eta_3 \\ \eta_4 \\ \eta_5 \\ \eta_6 \end{bmatrix} + \begin{bmatrix} 0.29 \\ 0 \\ 0 \\ 0 \\ 0.38 \\ 0.31 \end{bmatrix} \xi + \begin{bmatrix} 0.51 \\ 0.02 \\ 0.11 \\ 0.42 \\ -1.22 \\ 0.34 \end{bmatrix} \tag{16-21}$$

员工满意度(η_1)的影响因素中,工作回报(η_2)的影响系数最大($\beta_{12}=5.91$)。其次是工作内容与环境($\beta_{14}=4.81$),它们的 T 检验值为 2.32 和 2.11,是显著的。这说明员工是否满意主要源于收入的高低和工作内容与环境的优劣。员工期望(η_6)对员工满意度(η_1)的影响为负($\beta_{16}=-0.13$),即员工的期望越高,其满意度越低。员工忠诚度(η_5)的影响因素中,工作回报(η_2)的影响系数最大($\beta_{52}=38.01$),其次是个人发展前景(η_4)。在外生变量对内生变量的影响中,企业形象(ξ_1)对员工忠诚度(η_5)的影响最大,影响系数为 0.38,对员工期望(η_6)的影响系数(0.21)不显著,这说明员工虽看重企业外在形象,但不过分依赖它。

结构变量与观测变量的关系解分别是:

$$\begin{bmatrix} x_1 \\ x_2 \\ x_3 \end{bmatrix} = \begin{bmatrix} 1.00 \\ 1.44 \\ 1.27 \end{bmatrix} \xi_1 + \begin{bmatrix} 0.42 \\ 0.25 \\ 0.58 \end{bmatrix} \tag{16-22}$$

$$\lambda y_{11} = 1.00; \quad \lambda y_{21} = 1.31; \quad \lambda y_{31} = 0.90$$

$$\lambda y_{12} = 1.00; \quad \lambda y_{22} = 1.28; \quad \lambda y_{32} = 1.13$$

$$\lambda y_{13} = 1.00; \quad \lambda y_{23} = 0.99; \quad \lambda y_{33} = 1.60; \quad \lambda y_{43} = 1.32$$

$$\lambda y_{14} = 1.00; \quad \lambda y_{24} = 0.69$$

$$\lambda y_{15} = 1.00; \quad \lambda y_{25} = 1.29$$

$$\lambda y_{16} = 1.00; \quad \lambda y_{26} = 1.95$$

LISREL 软件给出了模型的主要检验指标:GFI(拟合优度)=0.9527(大于 0.9);AGFI(调整后的拟合优度)=0.9055(大于 0.9);RMSR(均方根残差)=0.041(小于 0.05),说明模型可以通过整体检验。另外,以上所有系数 λ_x 和 λ_y 的 T 检验值都大于 2(最大值为 16.44,最小值为 4.61),均是显著的,说明观测变量设计合理,能够反映潜在变量的本质属性。

员工满意度由三个观测变量组成(y_1, y_2, y_3),以上求出了它们的负荷系数(未标准化),再由它们之间的回归方程可以得到:$\eta_1=0.348y_1+0.256y_2+0.387y_3+0.11$。这是员工满意度由 3 个观测变量表示的线性组合,观测变量前面的标准化系数就是权重。有了以上数据,我们采用百分制表示员工工作满意度指数(它是一个介于 0—100 的数值):$\text{ESI}=\dfrac{E[\text{ES}]-\text{Min}[\text{ES}]}{\text{Max}[\text{ES}]-\text{Min}[\text{ES}]}\times 100$,$E[\cdot]$、$\text{Min}[\cdot]$和 $\text{Max}[\cdot]$代表员工满意度的平均值、最大值和最小值。其中,最大值和最小值也可由员工满意度的观测变量来表示,即:

$$\text{Min}[\text{ES}] = \sum_{j=1}^{n} \lambda_i \text{Min}[x_i]; \quad \text{Max}[\text{ES}] = \sum_{j=1}^{n} \lambda_i \text{Max}[x_i] \tag{16-23}$$

其中,x_i 是员工满意度的观测变量;λ_i 表示权重;n 代表观测变量的数目。在本研究中,观测变量的刻度为 1—10,员工满意度的观测变量数目为 3,因此,员工满意度指数也可以表示为:

$$\begin{aligned} \text{ESI} &= \frac{\sum_{i=1}^{3}\lambda_i \bar{x} - \sum_{i=1}^{3}\lambda_i}{9\sum_{i=1}^{3}\lambda_i} \times 100 \\ &= (0.348\times 5.86+0.256\times 6.16+0.387\times 5.91-1)\div 9\times 100=53 \end{aligned} \tag{16-24}$$

总体而言，接待业员工满意度指数较低。从回归方程可以看出，员工社会评价的高低对其满意度的影响最大(相对权重为0.387)，而社会评价的高低主要取决于公众舆论，由于公众对接待业员工认识不足，致使员工社会评价不高，总体满意度较低。其次，一部分员工没有固定工资，福利较差，而且企业经营欠佳，所以对自身工作不太满意。因此，要提高接待业员工满意度指数，除了要提高员工的合理收人，更重要的是提高员工社会评价。

例16-3 莫迪利安尼(Modigliani)和米勒(Miller)在完全市场假设下提出资本结构无关论，认为在不考虑所得税的前提下，资本结构不会影响公司价值。然而，现实市场并非是完全市场，因此莫迪利安尼和米勒在考虑所得税的前提下，提出利息支出可以产生抵税的效果，从而促使公司的现金流量增加，进而提升公司价值。Staking和Babble的实证结果也支持这样的结论，在不考虑其他因素的前提下，负债比例越高的公司，其现金流量会因税盾的产生而增加。根据财务理论，公司的价值取决于未来现金流量的折现值，显然获利能力越高可支配的现金流量也越多，因此本研究提出第一个研究假设(本案例引自参考文献61)：

假设1 我国财产保险业的资本结构对获利能力具有正向影响。

根据资本结构理论，随着负债比例的提高，公司破产的风险也相应加大，因此债权人会因公司破产风险的增加而提高融资成本，抵消了公司借债所带来的税盾效果。Staking和Babble以托宾Q比率来衡量财产保险公司的价值，发现公司价值会随着负债比率的提高而先增后减。卡明斯(Cummins)和萨默(Sommer)建立了期权定价模型，认为资本比例与风险均是保险公司在追求最大利润时的决定变量，两者呈现显著的负相关关系，风险与资本结构是互相影响的，对财产保险公司的实证结果也证明了这一点。当公司风险增加时，为避免遭受过多的损失以及由此衍生的破产成本，公司会选择较低的负债率。而巴拉诺夫(Baranoff)和休格(Sugar)发现，资本结构与资产风险和产品风险均存在正相关关系。可见，学者们的研究结论不尽一致。我们认为，目前我国财产保险公司经营的大多是短期业务，负债比率的提高将加大未来损失理赔的不确定性，从而增加其承保风险，因此提出第二个研究假设。

假设2 我国财产保险业资本结构与承保风险呈正向相关。

根据费尔利(Fairley)建立的保险资产定价模型，保险公司所面临的风险越高，则给予保单持有人的资金补偿也会越高，同时保险公司也会因承担较高的风险而收取较高的保费，以降低保单持有人对保险产品的需求，由此造成保费收入的减少，对保险公司的获利能力有负面影响。卡明斯和哈林顿(Harrington)利用CAPM模型对财产保险业进行实证研究，发现财产保险公司的期望报酬率除了与系统风险显著相关外，也与非系统风险高度相关。我们认为，承保风险的提高将增加公司的经营成本，对财产保险公司的获利能力有负面影响；当公司的负债比例增至一定程度时，因其风险增加而产生的破产成本与代理成本，也会对公司的获利能力有负面影响。因此提出第三个研究假设。

假设3 我国财产保险业的承保风险对获利能力具有负面影响。

综上所述，我们认为财产保险公司资本结构的变化可能对公司价值产生正反两方面的影响。财产保险公司会因业务的增长而使其负债比率提高，当负债比率提高时会因税盾的产生而提升其现金流量与获利能力。但随着负债比率的提高和承保风险的加大,财产保险公司发生财务危机的机会也会增加,可能对财产保险公司的获利能力产生负面影响。

(一) 研究变量与样本数据来源

1. 研究变量选择

由于资本结构、承保风险和获利能力实际上是一些无法直接观测的变量,必须以适当的可观测变量加以反映,为此我们分别选取代表资本结构、获利能力与承保风险的可观测变量,定义如表 16-2 所示。在表 16-2 中,我们用单一指标——资产负债率来表征公司的资本结构,这与大多数文献中对资本结构的讨论是相一致的。对于获利能力,由于相关的公开数据较少,因此我们采用常用的资产报酬率和权益报酬率两个指标来衡量公司的获利能力。

表 16-2 研究变量表

潜变量	可观测变量	定义
资本结构(η_1)	资产负债率(y_1)	负债/资产
承保风险(η_2)	再保比例(y_2)	分出保费/保费收入
	自留保费成长率(y_3)	(本期自留保费-上期自留保费)/上期自留保费
	保险暴露(y_4)	保费收入/所有者权益
	保险杠杆(y_5)	责任准备金/所有者权益
	业务结构(y_6)	Herfindahl 指数:各险种保费收入占总保费收入的百分比的平方和
获利能力(η_3)	资产报酬率(y_7)	总利润/资产总额
	权益报酬率(y_8)	总利润/所有者权益

我们用再保比例、自留保费非成长率、保险暴露、保险杠杆和业务结构来衡量保险公司的承保风险。原因如下:(1) 保费规模扩张过快是我国财产保险业的普遍现象,当保费增长过快时,承保风险也同时加大,资本金会成为其进一步扩张市场的瓶颈,因此我们用自留保费成长率来衡量公司业务增长对承保风险的影响。(2) 保险公司的风险偏好和避险程度也是影响公司承保风险的因素之一,因此我们用再保比例来衡量公司的风险态度,因为恰当的再保险安排可以促使公司在既定权益资本的条件下扩大承保能力,并且通过风险转移,起到控制经营风险的目的。(3) 根据《中华人民共和国保险法》第九十九条规定,经营财产保险业务的保险公司当年自留保费,不得超过其实有资本金加公积金总和的四倍,尽管业务量的增长可能会提高公司的获利能力,但同时也会使资本暴露于相当大的风险中,因此我们通过保险暴露和保险杠杆两个指标来衡量承保业务增加所带来的承保风险,可以预期保险暴露和保险杠杆越大,承保风险越高。(4) 我们用 Herfindahl 指数来表征公司的业务结构,衡量财产保险公司承保风险的集中程度,业务越分散,承保风险越低,由于"把鸡蛋分装在不同的篮子",公司利润的波动要比承保单一业务(或集中承保少数业务)时的情形稳定。另外,财产保险业务的理赔受经济环境、法律法规和

自然灾害等众多因素的影响，不同业务间的盈利模式各不一样，业务的分散可以促使公司的亏损在不同业务之间相互弥补或抵消，最终体现为公司获利能力的稳健提升。

2. 样本数据来源

数据来自2001—2004年国内保险市场上所有的财产保险公司，各变量的数据分别来源于《中国金融年鉴》(2002—2005)、《中国保险年鉴》(2002—2005)和各公司网站。由于某些数据在《中国金融年鉴》和《中国保险年鉴》上有所不同，本文以《中国保险年鉴》上公布的数据为准。对一些新开业的公司或者首次在《中国保险年鉴》上公布财务数据的公司，由于相关变量的数据不完整，从其他公开资料上无法查到相关数据，我们只能将其排除在样本之外。这样，具备完整数据的财产保险公司的样本共有79个。

（二）研究方法与模型

在研究资本结构、承保风险和获利能力之间的关系时，必须通盘考虑无法直接观测的变量间的关系和各个可观测变量与各自所反映的不可直接观测变量之间的关系，本研究利用SEM探讨我国财产保险业资本结构与承保风险对获利能力的影响。

SEM由测量模型和结构模型两部分构成：(1) 对于显在变量与潜在变量间的关系，即测量模型部分，其矩阵表达式为：$\boldsymbol{Y}=\boldsymbol{\Lambda}_y\boldsymbol{\eta}+\boldsymbol{\varepsilon}$。其中，$\boldsymbol{Y}$是内生观测变量所构成的向量，$\boldsymbol{\eta}$是内生潜在变量所构成的向量，$\boldsymbol{\varepsilon}$是$\boldsymbol{Y}$测量上的误差向量，$\boldsymbol{\Lambda}_y$表示$\boldsymbol{Y}$与$\boldsymbol{\eta}$之间的关系。(2) 对于潜在变量之间的关系，即结构模型部分，其矩阵表达式为：$\boldsymbol{\eta}=\boldsymbol{B\eta}+\boldsymbol{\zeta}$。其中，$\boldsymbol{B}$表示内生潜在变量之间的关系，$\boldsymbol{\zeta}$表示模型内未能解释的部分(即模型中所包含的变量间关系所未能解释的部分)。

根据我们的研究假设，即有如下模型：

$$\begin{bmatrix} y_1 \\ y_2 \\ y_3 \\ y_4 \\ y_5 \\ y_6 \\ y_7 \\ y_8 \end{bmatrix} = \begin{Bmatrix} \lambda_1 & 0 & 0 \\ 0 & \lambda_2 & 0 \\ 0 & \lambda_3 & 0 \\ 0 & \lambda_4 & 0 \\ 0 & \lambda_5 & 0 \\ 0 & \lambda_6 & 0 \\ 0 & 0 & \lambda_7 \\ 0 & 0 & \lambda_8 \end{Bmatrix} \begin{bmatrix} \eta_1 \\ \eta_2 \\ \eta_3 \end{bmatrix} + \begin{bmatrix} \varepsilon_1 \\ \varepsilon_2 \\ \varepsilon_3 \\ \varepsilon_4 \\ \varepsilon_5 \\ \varepsilon_6 \\ \varepsilon_7 \\ \varepsilon_8 \end{bmatrix} \tag{16-25}$$

$$\begin{bmatrix} \eta_1 \\ \eta_2 \\ \eta_3 \end{bmatrix} = \begin{Bmatrix} 0 & \beta_{12} & \beta_{13} \\ \beta_{21} & 0 & \beta_{23} \\ 0 & 0 & 0 \end{Bmatrix} \begin{bmatrix} \eta_1 \\ \eta_2 \\ \eta_3 \end{bmatrix} + \begin{bmatrix} \zeta_1 \\ \zeta_2 \\ \zeta_3 \end{bmatrix} \tag{16-26}$$

上述模型可以用如下的路径图(见图16-4)来表示。

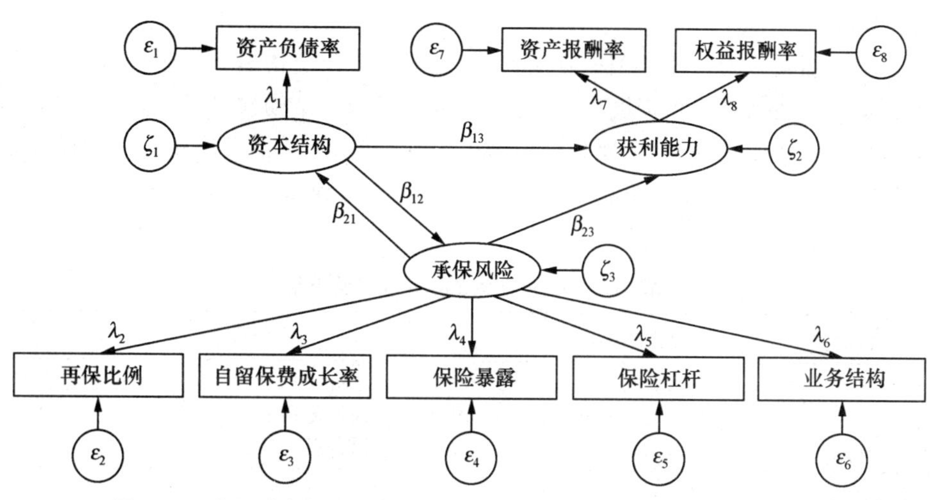

图 16-4　我国财产保险公司资本结构、承保风险和获利能力结构关系图

任何方法的使用都必须预先符合其假定条件，才能确保研究结果的可信度。在样本个数方面，通常样本越多越好，但是 SEM 的拟合度会随着样本数的增加而使其被拒绝的概率提高，因此有些学者建议采取每一个变量需 10—20 个样本的规定。本文共计 8 个变量，因此 79 个样本应该可以满足基本要求。

（三）实证结果分析

1. 描述性统计

首先对各内生观测变量的分布情况有一个直观认识，我们计算各内生观测变量的描述统计量如表 16-3 所示。表 16-3 显示，各财产保险公司的财务变量差异还是比较大的。如自留保费成长率均值为 0.4695，但标准差达到了 0.5299，说明各公司的成长速度有显著差异。保险暴露、保险杠杆、权益报酬率和资产报酬率也有类似的问题存在。采用极大似然估计法进行参数估计可能对变量的正态假设比较敏感，本文将利用广义最小二乘法进行参数估计，采用拟牛顿算法进行非线性优化。

表 16-3　各内生观测变量的描述性统计分析

变量	均值	标准差	偏度	峰度
资产负债率(y_1)	0.4887	0.2275	0.0047	−1.1740
再保比例(y_2)	0.4599	0.2765	0.8021	0.2805
自留保费成长率(y_3)	0.4695	0.5299	1.1692	0.8345
保险暴露(y_4)	1.4693	1.7179	1.6202	1.4771
保险杠杆(y_5)	0.7343	0.9880	1.8934	2.6054
业务结构(y_6)	0.4280	0.1330	1.2331	1.8479
资产报酬率(y_7)	0.0368	0.0426	1.2307	1.7466
权益报酬率(y_8)	0.0588	0.0657	0.5630	3.6928

2. 模型的拟合度

拟合度的衡量分为整体模型拟合度检验、测量模型与结构模型拟合度检验。当整体模型拟合度检验达到可接收程度时，才能进行测量模型与结构模型的检验与解释。整体模型拟合度衡量指标有很多，主要分为绝对拟合度指标、增量拟合度指标与精简度指标。整体模型的拟合度检验结果如表 16-4 所示，可以看出模型三方面的拟合度检验全部通过。

表 16-4　整体模型的拟合度检验结果

拟合度	拟合度指标	判断准则
绝对拟合度	GFI＝0.922	GFI 介于 0 至 1 之间，GFI 大于 0.9 表示模型有良好的拟合度。RMSEA 小于或等于 0.05 表示模型拟合度良好，大于 0.1 则表示拟合度不佳。
	RMSEA＝0.060	
增量拟合度	AGFI＝0.871	AGFI、NNFI、NFI 与 CFI 的值均介于 0 至 1 之间，越大表示拟合度越好。
	NNFI＝0.923	
	NFI＝0.883	
	CFI＝0.950	
精简度	AIC＝2.140	AIC 的值越接近 0 越理想。PNFI 大于 0.5 为通过检验。
	PNFI＝0.520	

3. 模型的参数估计

测量模型中潜在变量与观测变量之间的参数估计如表 16-5 所示。

表 16-5　测量模型中潜在变量对观测变量的参数估计

潜在变量	观测变量	参数	参数估计	标准误差	t 值
资本结构	资产负债率	λ_1	1.0000	—	—
承保风险	再保比例	λ_2	0.5577	0.1315	4.2411
	自留保费成长率	λ_3	0.8128	0.1790	4.5408
	保险暴露	λ_4	5.4801	0.0620	88.3890
	保险杠杆	λ_5	2.8405	0.0941	30.1860
	业务结构	λ_6	0.4451	0.1156	3.8503
获利能力	资产报酬率	λ_7	0.9571	0.0328	29.1800
	权益报酬率	λ_8	0.6294	0.0571	11.0230

由于本研究只以资产负债率来衡量我国财产保险公司的资本结构，并假设没有测量误差的存在，也就是将误差方差设定为 0，因此其估计系数为 1。从表 16-5 可以看出，模型的所有观测变量与其对应的潜在变量间的系数都达到了显著水平，能够充分反映其对应的潜在变量的情况。首先，就财产保险公司的承保风险而言，再保比例越高表示承保风险越高，这是因为我国保险公司采用传统的避险方式，高比例再保险，并不能对承保风险起到应有的规避作用。其次，自留保费成长率、保险暴露、保险杠杆与业务集中度越高表示所面临的承保风险越高，其估计系数分别为 0.8128、5.4801、2.8405 和 0.4451，且均显著，显示出以保险暴露与保险杠杆等变量来衡量财产保险公司承保风险的效果较好。最后，就获利能力而言，权益报酬率与资产报酬率越高表示获利能力越好，其估计系数分

别为 0.9571 与 0.6294，且均显著，表示权益报酬率与资产报酬率能充分解释获利能力。

表 16-6 是结构模型中潜在变量间的参数估计，从中可以看出，在 1%的显著性水平下，各个内生潜在变量之间的关系具有统计上的显著性，各潜在变量之间的因果关系符合本研究所提出的研究假设。首先，由于财产保险公司的负债主要以责任准备金为主，因此当负债比率越高时，其所面临的承保风险相对也较高（$\beta_{12}=0.6745$）；而当承保风险越高时，其负债比例也越高（$\beta_{21}=1.2007$），结构模型中的参数估计均呈现统计上的正向显著性，支持假设 2。因此，监管部门要求财产保险公司增加资本以降低经营风险，提高财务稳健性，是能够得到实证支持的。其次，在不考虑承保风险的情况下，我国财产保险公司资本结构中的负债比率越高，对获利能力有正面的影响（$\beta_{13}=2.2142$），研究结果支持假设 1。一般而言，财产保险公司会因为业务的增长而使其负债比率提高，虽然不同于一般公司由于负债有利息支出所产生的税盾而增加公司的价值，但因理赔支出的费用扣抵会产生与利息支出同样的效果，因此负债比率的提高促使财产保险公司的获利增加。再次，随着负债比率的提高，其承保风险显著增加，对财产保险公司的获利能力有负面的影响（$\beta_{23}=-2.2068$），研究结果支持假设 3。一方面，财产保险公司在追求业务扩张或市场占有率增加时会带来保费的增长，但相应地必须承担更多的承保风险，过高的经营风险会使其面临偿付能力不足的风险加大，由于监管部门与保单持有人对偿付能力的高度重视，监管部门会执行某些干预措施，保单持有人对公司保险商品的需求也会降低，因此对财产保险公司的获利能力会有显著的负面影响。另一方面，当财产保险公司过度举债以及过度拓展业务时，意味着公司可能因为举债的融资成本增加或准备金过高造成资金流动性不足而致使经营风险提高，进而影响公司的获利能力。

表 16-6　结构模型中潜在变量之间的参数估计

变量关系	参数	参数估计	标准误差	t 值
资本结构—承保风险	β_{12}	0.6745	0.0050	134.360
承保风险—资本结构	β_{21}	1.2007	0.0801	14.990
资本结构—获利能力	β_{13}	2.2142	0.0820	27.002
承保风险—获利能力	β_{23}	−2.2068	0.0698	−31.620

由表 16-6 可知，公司的获利能力会随着资产负债比例的提高而先增后减，该实证结果与 Staking 和 Babbel(1995)的结论相一致。

（四）结论与建议

本研究利用 SEM 探讨我国财产保险公司资本结构变化与承保风险对获利能力的影响，结果发现，资本结构的变化对我国财产保险公司的获利能力有正负两方面的影响。当不考虑风险的影响时，资本结构中负债比率的提高将会增加公司的经营获利能力，但随着资产负债比例的提高和承保风险的增加，其对财产保险公司的获利能力有负面的影响，表明越高的偿付能力越不利于公司业务的拓展，从而影响公司的长期获利能力。因此，财产保险公司不应一味地通过提高资产负债率来短期获利，还应注意控制风险，通过新兴避险工具(如巨灾债券)的运用有效地分散特定的风险,从而降低对资本的要求。

本研究中的实证结果还显示,各观测变量均能显著反映潜在变量,如保险暴露与保险杠杆等变量能够显著反映财产保险公司的承保风险,资产报酬率和权益报酬率能够显著反映财产保险公司的获利能力,说明特定的财务因素适合以多个财务指标来衡量,以降低测量误差。目前我国保险业实施的风险基础资本制度,主要通过将保险公司的资本要求与风险结合,以对保险公司的偿付能力不足进行早期预警,为监管机构采取相关监管行动提供依据。但从国外实施该制度的效果来看,风险基础资本制度本身的预测效果并不理想,对风险难以精确度量是主要原因之一(Grace、Harrington 和 Klein,1998)。本文以各财务指标来衡量相应财务因素的效果较好,因此建议在风险基础资本制度实施的同时,应该以其他的财务指标作为辅助检查工具,如衡量承保风险时,可以考虑加入保险暴露、保险杠杆和自留保费成长率等指标供监管机构参考,以更准确地度量财产保险公司的承保风险,降低不适当的干预措施所产生的社会成本。

最后,由于财产保险业所面临的主要风险除了承保风险外,还有资产风险、信用风险等,因此,未来的研究可以进一步考虑将资产风险等变量包含在风险因素中,考查其对获利能力的影响。

本章小结

本章介绍了结构方程模型的基本思想、基本原理和应用。通过本章的学习,读者应能了解:结构方程模型的基本思想、特点,结构方程模型的基本流程,并能结合实例进行相应的应用。重点掌握结构方程模型的基本思想和应用。

进一步阅读材料

1. 郭志刚等:《社会统计分析方法——SPSS 软件应用》,北京:中国人民大学出版社,1999。
2. 孙尚拱:《医学多变量统计与统计软件》,北京:北京医科大学出版社,2000。
3. 侯杰泰、温忠麟:《结构方程模型及其应用》,北京:教育科学出版社,2006。
4. 易丹辉:《结构方程模型:方法与应用》,北京:中国人民大学出版社,2008。

练习题

1. 试述结构方程模型的基本思想。
2. 试述结构方程模型的特点。
3. 试述结构方程模型的基本功能。
4. 试寻找一个实例运用结构方程模型进行分析。

第十七章 多元评价分析

教学目的

本章系统介绍了多元评价分析的基本原理。首先介绍了多元评价分析的基本思想，并对德尔菲法、模糊综合评判法、主成分分析法、层次分析法的原理进行了总结，并对优劣解距离法、综合指数法、熵值法、数据包络分析法和组合评价法的原理和应用进行了总结。通过本章的学习，希望读者能够：

1. 掌握多元评价分析的基本思想；
2. 了解德尔菲法、模糊综合评判法、数据包络分析法的基本原理；
3. 掌握层次分析法、优劣解距离法和综合指数法的基本原理和应用；
4. 了解组合评价法的基本思想；
5. 区分不同的多元评价分析方法及其相应的应用。

本章的重点是层次分析法、优劣解距离法、综合指数法和数据包络分析法。

在当今社会思想大爆炸的时代，多元化和一体化令众多社会经济现象和实际问题都要从多角度进行理解。评价作为一个判断的过程，有着非常重要的作用。首先，评价给出了判定的标准；其次，依据判定标准对事物做出评价，根据评价结果判定事物的优劣，并在潜移默化中改变人们的关注方向。比如考察学生的优秀水平，如果只看学生成绩，那么大部分学生甚至家长潜意识里会更加注重学校里的考试，而忽略其他品质，比如实践能力、合作能力和道德品质等。因此，多元评价分析应运而生。

多元评价分析是研究如何对研究对象，按照多个方面的特征进行评价的一种多元统计方法。多元评价分析的内容十分丰富，一般包括评价主体多元化、评价内容多元化和评价方法多元化。

在传统的评价分析中，人们主要依据前人的经验和专业知识，从感性上认为最重要的角度出发进行评价，但是人为的选择评价因素，具有较大的主观性和随意性。随着科学和社会的发展，人类的研究不断细化、专业化以及考虑问题的全面性、周到性，推动多元评价研究受到越来越多人的重视，多元评价分析在近年来成为一个相对新颖的分析领域。

多元评价分析最著名的运用当属对学习者的学习能力进行评价，其建立在"多元智能理论"上并应用的。从评价主体多元化的角度来看，其主要体现在：参与评价活动的人除了教师外，还可以包括专职的评价机构、教育决策机构、学校管理人员、学生家长、学生群体和个体以及学校以外的其他有关人员。充分发挥评价主体的作用，可以使评价结果更为客观，激发学生的学习积极性。从评价内容多元化的角度来看，20 世纪初，法国心理学家比奈创造了智力测验，用来测量人的智力的高低；1916 年，德国心理学家施太伦提出了"智商"的概念：智商即智力商数，它是用数值来表示智力水平的重要概念；美国哈佛大学教育研究院的心理发展学家霍华德·加德纳认为过去对智力的定义过于狭窄，未能正确反映一个人的真实能力，1983 年提出了著名的"多元智能理论"。多元智能理论指人类的智力不应局限于课堂上数学、语文的知识，还应包括语言、数理逻辑、空间、身体—运动、音乐、人际、内省、自然探索和存在等九个方面，从多角度对学生甚至人类的智力进行评价。根据霍华德·加德纳的理论，学校在发展学生各方面智力的同时，必须留意是否有学生只在某一两个方面的智能特别突出，而当学生未能在其他方面追上进度时，不要让学生因此而受到责罚，这就是多元评价方法所带来的与以往不同的结果。例如，建筑师及雕塑家的空间感（空间智能）比较强，运动员和芭蕾舞演员的体力（肢体运作智能）较强，公关人员人际智能较强，作家的内省智能较强等，不能因为建筑师的肢体运作智能较弱，就认为建筑师不如芭蕾舞演员优秀。从评价方法多样化的角度来看，依据评价主体不同，可采用自我评价和他人评价；依据评价内容不同，可采用定量评价和定性评价；依据评价手段不同，可采用人工评价和计算机评价等评价方法。

多元评价分析中的评价主体和评价内容的多元化属于专业背景知识的范畴，本书暂不进行过多阐述。本章主要介绍常用的多元评价方法供读者掌握，包括德尔菲法、模糊综合评判法、层次分析法、优劣解距离法、综合指数法、熵值法和数据包络分析法和组合评价法。

第一节 常用的多元评价方法

由于评价内容的多元化，为了使多属性评价更加科学、准确，要运用多指标进行多元评价。所谓多元评价方法，是指把描述评价对象的多项指标依据一定方法加以汇集合成，从而在整体上认识评价对象的优劣的活动。常用的多元评价方法依据评价方法的个数，又可以分为单一评价方法和组合评价方法。多元评价方法包括定性评价方法（如德尔菲法）、分类评价方法（如模糊综合评判法）、排序评价法（如主成分分析、层次分析法、人工神经网络、数据包络分析、综合指数法、逼近理想解的排序法/优劣解距离法）等单一评价方法和进行自由组合的组合评价方法。

在多元评价分析中，单一评价方法是用一种评价方法从多个维度对系统做出评估，针对性较强但全面性不足。因此人们想到对各类单一评价方法进行组合，吸取各种单一评价方法的优点，得到更为科学合理的评价结果，由此便产生了组合评价方法。总体来说，组合评价方法是单一评价方法结果的组合，单一评价方法是组合评价方法的基础。本章主要讲解八种较为常用的单一评价方法，并对组合评价方法进行简单的介绍。

一、德尔菲法

德尔菲(Delphi)方法是美国兰德公司在 20 世纪 40 年代末提出的，又称专家函询调查法，是专家会议调查法的一种发展，于 1964 年首先用于技术预测。德尔菲法是一种客观上综合多数专家的经验及主观判断的方法，是系统分析法在意见及价值判断领域的一种有益延伸，它本质上是一种反复匿名函询法。这种方法经过不断改进、完善，它已成为在技术预测和社会预测方面的日常方法。与专家个人判断法和专家会议法相比，它有三个明显的特点：资源利用的充分性、最终结论的可靠性以及预测结果的统计特性，这主要依据其匿名性、多次有控制的反馈的特性。

德尔菲法主要针对战略层次的决策分析对象，不能或难以量化的大系统，简单的小系统。其一般步骤为：

第一，根据咨询目的向各专家发出第一轮专家咨询，请专家各自填写表格表述自己的意见；

第二，收集咨询表加以整理汇集各专家意见；

第三，进行第二轮咨询，同时将第一轮咨询结果反馈给每位专家；

第四，经过几轮反复咨询，意见逐渐收敛，接近于正态分布，此时咨询活动可以结束；

第五，对数据进行处理后得到最终结果。

德尔菲法的优点是：操作简单，可以利用专家的知识，结论易于理解，便于使用。其缺点是：这种方法系统性不强，受主观因素的影响大，难以保证评价结果的客观性和准确性，特别是对时间、人力、物力的耗费较多。

二、模糊综合评判法

模糊综合评判法(Fuzzy Comprehensive Evaluation，FCE)，又称多元统计综合评价，是以模糊数学为基础，应用模糊关系合成的原理，将一些边界不清、不易定量的因素定量化，利用多个因素对被评价事物隶属等级状况进行综合评价的一种方法。

模糊综合评判法的基本原理是：它首先确定被评判对象的因素(指标)集和评价等级集；然后确定评判因素权向量 $\boldsymbol{A}$，并进行单因素评价从而确立模糊评判矩阵 $\boldsymbol{R}$；最后选择适当的合成算子，通过 $\boldsymbol{A}*\boldsymbol{R}$ 得出评判结果向量 $\boldsymbol{B}$，并以此做出决策。

一般情况下，模糊综合评判法包含六个基本要素：(1) 评判因素论域，记为 U，可代表评判中指标体系(各个评判因素)所组成的集合；(2) 评语等级论域，记为 V，代表评判中评语所组成的集合；(3) 模糊关系矩阵，记为 $\boldsymbol{R}$，是单因素评判的结果所组成的矩阵；(4) 评判因素权向量，记为 $\boldsymbol{A}$，代表评价因素在被评判事物中的重要程度；(5) 合成算子，记为 $*$；(6) 评判结果向量，记为 $\boldsymbol{B}$，表示被评判事物综合状况分等级的程度。这六个要素中，V 和 $\boldsymbol{A}$ 要根据被评判事物的具体情况，通过认真分析后确定，在确定了 V 之后，再确定 $\boldsymbol{R}$ 及选择合成算子。$\boldsymbol{R}$ 的确立是模糊综合评判法中的一个重要环节，它涉及许多方面的知识及方法。同时合成算子的选择也非常困难，它对评判结果将会产生极大的影响。

模糊综合评判法的基本模型一般情况下为：$\boldsymbol{B}=\boldsymbol{A}*\boldsymbol{R}(I=l,2,\cdots,n)$($*$ 为算子符号)。其中，$\boldsymbol{A}$ 为 p 项指标的权向量 $\boldsymbol{A}=(A_1,A_2,\cdots,A_p)$，$\boldsymbol{B}$ 为评判结果向量，是某一个参评单位的模糊合成值。$\boldsymbol{R}$ 为参评单位的模糊隶属系数矩阵，它是根据被评价单位 p 项指标的实际值确定的一个隶属系数(隶属于各个评语等级)矩阵。

此模型表示 $\boldsymbol{B}$ 是由 $\boldsymbol{A}$ 与 $\boldsymbol{R}$ 在适当的算子下合成而得。

模糊综合评判法的优点是：

第一，隶属函数和模糊统计方法为定性指标定量化提供了有效的方法，实现了定性和定量方法的有效集合。

第二，在客观事物中，一些问题往往不是绝对的肯定或绝对的否定，涉及模糊因素，模糊综合评判法能很好地解决判断的模糊性和不确定性问题。

第三，所得结果为一向量，即评语集在其论域上的子集，克服了传统数学方法结果单一性的缺陷，结果包含的信息量丰富。

模糊综合评判法的缺点是：

第一，不能解决评价指标间相关造成的评价信息重复问题。

第二，各因素权重的确定带有一定的主观性。

第三，在某些情况下，隶属函数的确定有一定困难。尤其是多目标评价模型，要对每个目标、每个因素确定隶属度函数，过于繁琐，实用性不强。

三、主成分分析法

主成分分析法，最早应用于非随机变量，由卡尔（Karl）和皮尔逊（Pearson）提出。霍特林（Hotelling）将这个概念推广到随机向量。它通过恰当的数学变换，利用降维的思想，将多个指标转化为较少个数的综合指标的一种多元统计方法。

主成分分析法是一种数学变换的方法，它的基本原理是：用数量极少的互不相关的新变量来反映原变量所提供的绝大部分信息，使分析简化，通过对新变量的分析达到解决问题的目的。这些新变量按照方差依次递减的排序分别成为第一主成分、第二主成分，以此类推。在进行综合评价时，以累计贡献率 85％为界限和主因子个数少于五个为原则，决定主因子个数，做出最后的评价，具体参见本书相关章节。

四、层次分析法

层次分析法（The Analytic Hierarchy Process，AHP）最早是由美国匹兹堡大学数学系教授、著名的运筹学家萨迪（Satty）于 20 世纪 70 年代提出。它是将决策问题的有关元素分解成目标、准则、方案等层次，在此基础上利用较少的定量信息，将定性分析和定量分析相结合，把人的主观判断用数量形式表达和处理的一种决策方法。因而，在很多情况下，决策者可以直接使用 AHP 进行决策，大大提高了决策的有效性、可靠性和可行性。

层次分析法的基本原理是：根据问题的性质和要达到的目标，将问题分解为不同组成因素，并按照因素间的相互关联影响以及隶属关系将各因素按不同层次聚集组合，形成一个多层次的分析结构模型。最终把系统分析归结为最底层（供决策的方案、措施等），相对于最高层（总目标）的相对重要性权值的确定或相对优劣次序的排列问题，排序名次越好，则认为其评价越高。

在排序的计算中，每一层次的因素相对于上一层次某一因素的单排序问题又可简化为一系列成对因素的判断比较。为了将判断定量化，层次分析法引入了 1—9 标度法，并写成判断矩阵的形式。形成判断矩阵后，即可通过计算判断矩阵的最大特征根及其对应的特征向量，计算出某层因素相对于上一层次某一因素的相对重要性权值，以及层次总排序权值。这样，依次由上而下即可计算出最底层因素相对于最高层因素的相对重要性权值或相对优劣次序的排序值。综上所述，层次分析法的步骤可简述如下：构造层次分析结构→构造判断矩阵→判断矩阵的一致性检验→层次单排序→层次总排序→总排序。

应用层次分析法进行决策时，大体可以分为四个步骤进行：

第一，分析系统中各因素之间的关系，建立系统的递阶层次结构，需要包括目标层、准则层和方案层。

第二，对同一层次的各元素关于上一层次中某一因素的重要性进行两两比较，构造两两比较判断矩阵 $\mathbf{A}$。比较判断矩阵用于比较第 i 个元素与第 j 个因素相对上一层次某个因素的重要性，使用数量化的相对权重 a_{ij} 来描述。设共有 n 个因素参与比较，则 $\boldsymbol{A}=(a_{ij})_{n\times n}$ 称为成对比较矩阵。成对比较矩阵中 a_{ij} 的取值可参考萨迪的提议，按如下标度进行赋值（a_{ij} 在 1—9 及其倒数中间取值）：

$a_{ij}=1$，表示因素 i 与因素 j 对上一层次因素的重要性相同；

$a_{ij}=3$，表示因素 i 比因素 j 略重要；

$a_{ij}=5$，表示因素 i 比因素 j 重要；

$a_{ij}=7$，表示因素 i 比因素 j 重要得多；

$a_{ij}=9$，表示因素 i 比因素 j 极其重要；

$a_{ij}=2n$，$n=1,2,3,4$，因素 i 与 j 的重要性介于 $a_{ij}=2n-1$ 与 $a_{ij}=2n+1$ 之间；

$a_{ij}=1/n$，当且仅当 $a_{ij}=n$。

成对比较矩阵的特点是：

$$a_{ij}>0,\quad a_{ii}=1,\quad a_{ij}=1/a_{ij}$$

第三，层次单排序及一致性检验，得出同一层次相应因素对于上一层次某因素相对重要性的排序权值，较客观地反映出一对因子影响力的差别。

从理论上分析得到：如果 $\boldsymbol{A}$ 是完全一致的成对比较矩阵，应该有：

$$a_{ij}a_{jk}=a_{ik},\quad 1\leqslant i,j,k\leqslant n$$

但实际上在构造成对比较矩阵时要求满足上述众多等式是不可能的。因此，退一步要求成对比较矩阵有一定的一致性，即可以允许成对比较矩阵存在一定程度的不一致性。

对完全一致的成对比较矩阵，其绝对值最大的特征值等于该矩阵的维数。对成对比较矩阵的一致性要求，转化为绝对值最大的特征值与该矩阵的维数相差不大。

检验成对比较矩阵 $\boldsymbol{A}$ 一致性的步骤为：计算衡量一个成对比较矩阵 $\boldsymbol{A}$（$n>1$ 阶方阵）不一致程度的指标 CI：

$$\mathrm{CI}=\frac{\lambda_{\max}(\boldsymbol{A})-n}{n-1}$$

RI 为平均随机一致性指标，它只与矩阵阶数 n 有关，计算方法为：对于固定的 n，随机构造成对比较矩阵 $\boldsymbol{A}$，其中 a_{ij} 是从 $1,2,\cdots,9,1/2,1/3,\cdots,1/9$ 中随机抽取的。这样的 $\boldsymbol{A}$ 是不一致的，取充分大的子样得到 $\boldsymbol{A}$ 的最大特征值的平均值即为 RI（见表 17-1）。

表 17-1　RI 的取值

n	1	2	3	4	5	6	7	8	9
RI	0	0	0.58	0.90	1.12	1.24	1.32	1.41	1.45

CR 为一致性比率指标，计算如下：

$$\mathrm{CR}=\frac{\mathrm{CI}}{\mathrm{RI}}$$

判断方法为：当 CR<0.1 时，判定成对比较矩阵 $\boldsymbol{A}$ 具有满意的一致性，或其不一致程度是可以接受的；否则就调整成对比较矩阵 $\boldsymbol{A}$，直到达到满意的一致性为止。

排序权重则由矩阵 $\boldsymbol{A}$ 最大的特征根所对应的特征向量给出，为了方便比较，一般均采用标准化后的特征根作为权重。

第四，进行层次总排序，给出评价和决策。

五、优劣解距离法

优劣解距离法，又称理想点法（TOPSIS）。其思路是根据各被评估方案分别与理想解和负理想解的距离来作为评价方案的优劣的依据。理想解为最优方案，它的各属性值为所有被评估方案中的最优值。负理想解则为最劣解，它的各属性值是所有被评估方案中的最坏值。其主要步骤如下：

第一，同趋势化。用 TOPSIS 法进行评价时，要求将高优指标和低优指标进行相应指标变换，使指标方向一致。通常将低优指标高优化，具体是对相对数低优指标使用差值法（$1-X$），对绝对数低优指标使用倒数法（$1/X$）。

第二，指标无量纲化。为了使计量单位不同的数值进行比较、运算，需要对指标进行无量纲化处理。设$(\boldsymbol{X}_{ij})_{n\times m}$为同趋势化后的指标矩阵，$(\boldsymbol{Z}_{ij})_{n\times m}$为归一化后的数据矩阵，则 $\boldsymbol{Z}_{ij}=\boldsymbol{X}_{ij}\Big/\left(\sum_{i=1}^{n}\boldsymbol{X}_{ij}^{2}\right)^{1/2}$，$i=1,2,\cdots,n,j=1,2,\cdots,m$。

第三，确定有限方案中的最优方案 $\boldsymbol{Z}^{+}$ 和最劣方案 $\boldsymbol{Z}^{-}$。若原始数据经同趋势化统一为最优指标，则：

$$\boldsymbol{Z}^{+}=(Z_1^{+},Z_2^{+},\cdots,Z_m^{+})$$
$$\boldsymbol{Z}^{-}=(Z_1^{-},Z_2^{-},\cdots,Z_m^{-})$$

其中，$Z_j^{+}=\max\limits_{1\leqslant i\leqslant n}\{Z_{ij}\}$，$Z_j^{-}=\min\limits_{1\leqslant i\leqslant n}\{\boldsymbol{Z}_{ij}\}$，$j=1,2,\cdots,m$。

第四，计算各评价对象分别与理想解和负理想解之间的距离 D_i^{+} 和 D_i^{-}，一般采用欧式距离：

$$D_i^{+}=\sqrt{\sum_{j=1}^{m}\left[\boldsymbol{W}_j(\boldsymbol{Z}_{ij}-\boldsymbol{Z}_{ij}^{+})\right]^2}$$
$$D_i^{-}=\sqrt{\sum_{j=1}^{m}\left[\boldsymbol{W}_j(\boldsymbol{Z}_{ij}-\boldsymbol{Z}_{ij}^{-})\right]^2}$$

其中，$\boldsymbol{W}_j$ 为各指标权重，$i=1,2,\cdots,n$。

第五，计算各评价对象与理想解的接近程度 C_i：

$$C_i=\frac{D_i^{-}}{D_i^{+}+D_i^{-}}$$

其中，$i=1,2,\cdots,n$。$C_i\in[0,1]$，C_i 越接近于 0，表示第 i 个评价对象越接近于最劣水平；反之，C_i 越接近于 1，表示第 i 个评价对象越接近于最优水平。即 C_i 值越大，评价结果越优。

六、综合指数法

综合指数法便于将各项经济效益指标综合起来，以综合经济效益指数为企业间综合经济效益排序的依据。各项指标的权数根据其重要程度决定，体现了各项指标在经济效益综合值中作用的大小。

综合指数法，又称平均数指数法，这种方法是先将各项经济效益指标转化为同度量的个体指数，在此基础上再用加权算术平均法对各单项效益的个体指数进行平均汇总，得出综合平均的指数数值，对其进行比较、排序，作为评价经济效益的依据。综合指数法以基础统计原理中的统计指数理论为指导，利用层次分析法计算的权重和模糊评判法取得的数值进行运算，已经被广泛地应用于我国综合经济效益评价的实践中。我国工业经济效益综合评价体系的核心即围绕综合指数法展开的。

运用综合指数法对综合经济效益做出评价，一般有以下几个步骤：

第一，根据研究对象的特点以及数据的可获取性，确立能够系统、客观地反映经济效益状况的指标体系，并以此作为综合评价的基本标准；

第二，由于各单项经济效益指标的量纲不同，不能直接进行综合比较，所以需要消除量纲，这也是综合指数法的核心部分，主要运用对比的方法；

第三，分析各单项经济效益指标在综合经济效益中的重要性，在各指标权数之和等于100%的前提下，运用定量或定性的方法给出各单项指标相对重要程度的权数；

第四，依据如下公式进行加权平均，得出综合经济效益的指数值。

$$\text{综合经济效益指数} = \frac{\Sigma KW}{\Sigma W}$$

其中，K 表示各单项经济效益指标的个体指数，$K=\frac{x_1}{x_0}$，x_1 和 x_0 分别表示计算期和基期(或其他标准值)的单项经济效益指标值；W 表示各指标的权数，$\Sigma W = 1$。

七、熵值法

在信息论中，熵是系统无序程度的度量，某项指标的值变异程度越大，信息熵越小，该指标提供的信息量越大，该指标的权重也越大；反之，某项指标的值变异程度越小，信息熵越大，该指标提供的信息量越小，该指标的权重也越小。

熵值法以指标的离散程度来确定该指标对问题的贡献程度，进而确定其权重，其提供了一个客观的指标权重的确定方法，解决了主观赋值的不确定性。其原理是评价对象在某项指标上的值相差越大越重要，权重相应也越大。根据各项指标的变异程度，可以客观地计算出各项指标的权重，为多指标综合评价提供依据。

计算熵值的具体步骤如下：

第一，建立评价矩阵。设有 m 个评价对象，n 个评价指标，则评价矩阵为：

$$\boldsymbol{X} = \begin{bmatrix} x_{11} & \cdots & x_{1n} \\ \vdots & \ddots & \vdots \\ x_{m1} & \cdots & x_{mn} \end{bmatrix}$$

第二，指标标准化。为消除指标间量纲和数量级的差异，需要对原始数据做标准化处理。例如，城镇化指标值越大说明城镇化水平越高，因此采用最大值、最小值标准化的方法。即：

$$d_{ij}=\frac{x_{ij}-\min\{X_j\}}{\max\{X_j\}-\min\{X_j\}}$$

其中，$\min\{X_j\}$和$\max\{X_j\}$分别表示评价指标X_j的最小值和最大值。

第三，计算第j项指标的熵值：

$$e_j=-k\sum_{i=1}^{m}P_{ij}\ln P_{ij}$$

其中，$P_{ij}=d_{ij}\Big/\sum_{i=1}^{m}d_{ij}$，是第$i$个评价对象的第$j$个指标的比重；$k=\frac{1}{\ln m}$是大于0的恒量；$e_j$为信息熵，是对指标的不确定性和随机性的度量，且$0\leqslant e_j\leqslant 1$。

第四，计算第j个指标的变异系数：$g_j=1-e_j$。g_j越大表明指标越重要。

第五，确定评价指标的熵值：$r_j=g_j\Big/\sum_{j=1}^{n}g_j$。

第六，计算综合得分：$F_{ij}=\sum_{j=1}^{n}r_j\cdot d_{ij}$。

八、数据包络分析

数据包络分析(Data Envelopment Analysis，DEA)是由著名的运筹学家查纳斯(Charnes)和库珀(Cooper)等人提出的一种对多投入、多产出的同类决策单元的效率评价方法。DEA方法广泛应用于运筹学、管理科学与数理经济学及其交叉领域。

数据包络分析的基本思路是把每个被评价单位作为一个决策单元(Decision Making Units，DMU)，确定DMU的主导原则是：就其“耗费的资源”和“生产的产品”来说，每个DMU都可以看作相同的实体，亦即在某一视角下，各DMU具有相同的输入和输出。再由众多DMU构成被评价群体，通过对投入和产出比率的综合分析，确定有效生产前沿面，并根据各DMU与有效生产前沿面的距离，确定各DMU是否DEA有效。简而言之，在评价某个DMU时，将其排除在DMU的集合之外。根据其思想和基本原理，DEA特别适用于具有多输入、多输出的复杂系统。

九、组合评价法

组合评价法包括两种思路：一种是对评价值进行组合的方法，包括简单的组合评价、基于方差最小化技术的组合评价、基于方法偏移度的组合评价、基于统计相关性的组合评价和基于博弈论的组合赋权评价；另一种是评价排序结果组合法，这是一种对几种单一评分法的评价排序结果进行组合的方法，基本思路是“少数服从多数”，也就是多方法评价排序值中有多数方法的结论比较一致，少数方法排序不一致，应用时取前者的结论。常用的方法有平均值法、Borda法、Copeland法、相对位次求合法等。

1. 平均值法

设 r_{ik} 为方案 x_i 在第 k 种方法下所排的位次，$i=1,2,\cdots,n,k=1,2,\cdots,p$。运用排序打分法将每种方法排序的名次转换成分数，$R_{ik}=n-r_{ik}+1$，即第 1 名得 n 分，……，第 k 名得 $n-k+1$ 分，第 n 名得 1 分，若有相同的名次，则取相同位置的平均分，然后计算不同方法得分的平均值：

$$\overline{R_i}=\frac{1}{p}\sum_{k=1}^{p}R_k$$

按平均值重新排序，分高者为优。若有两个方案平均值相同，即$\overline{R_i}=\overline{R_j}$，则计算在不同方法下得分的标准差，标准差小者为优。

$$\sigma_i=\sqrt{\sum(R_{ik}-\overline{R_i})^2/p}$$

2. Borda 法

这是一种少数服从多数的方法。若认为 x_i 优于 x_j 的评价方法个数大于认为 x_j 优于 x_i 的评价方法个数，记为 x_iSx_j；若两者个数相等，则记为 x_iEx_j。定义 Borda 矩阵 $\boldsymbol{B}=\{b_{ij}\}_{n\times n}$，其中，当 x_iSx_j 时，$b_{ij}=1$；其他情况，$b_{ij}=0$。再定义方案 x_i 的得分为 $b_i=\sum_{j=1}^{n}b_{ij}$，b_i 即是方案 x_i 为优的次数，依据 b_i 的大小，再给方案 x_i 排序，若出现 $b_i=b_j$ 的情况，则方差小者为优。

3. Copeland 法

Borda 法的优点是比较简单，但因没有区别“相等”和“劣”，略显粗糙。Copeland 法与 Borda 法的不同之处在于计算“优”的次数的同时还要计算“劣”的次数，即当 x_iSx_j 时，$c_{ij}=1$；当 x_iEx_j 时，$c_{ij}=0$；当 x_jSx_i 时，$c_{ij}=-1$。再定义方案 x_i 的得分为 $c_{ij}=\sum_{j=1}^{n}c_{ij}$，依据 c_i 的大小，再给方案 x_i 排序；若出现 $c_i=c_j$ 的情况，则方差小者为优。

4. 相对位次求和法

这一方法的基本思想是：在同一评价方法之下，将不同评价单元在评价名次和评价值的差异均匀化，从而使一个名词的差距对应固定的评价值差距，得到相对排序，通过对同一评价单元在所有评价方法之下的“相对位次”进行加权，得到“相对位次和”，利用“相对位次和”进行排名。具体步骤如下：

第一，计算相对位次：

$$r_{ij}=\frac{\max\{x_{ij}\}-x_{ij}}{\max\{x_{ij}\}-\min\{x_{ij}\}}\times(n-1)+1$$

在同一评价方法之下，评价值最大和最小的评价单位得到的位次仍为 1 和 n，但除此以外的各个评价值得到的位次不一定为整数，其取值为区间$(1,n)$之间的任意数，这一步骤实际上是一个无量纲化的过程。

第二，计算最终位次：

$$R_i=\sum_{j=1}^{m}r_{ij}\times p_j$$

其中，p_j 为第 j 种评价方法的权重，对第 i 个评价单位在所有评价方法之下的“相对位次”进行加权汇总。然后以等权的原则进行赋予权重。最后，根据 R_i 值对所有评价单位进行最终排序，按升序排名，即第一名赋给最低分。

第二节　案例分析

对三个干部候选人 y_1、y_2、y_3 进行评价，并做出最优的任命。选拔干部的五个标准分别是品德(x_1)、才能(x_2)、资历(x_3)、年龄(x_4)和群众关系(x_5)。试用层次分析法对三个候选人进行排序、评价，并给出决策。

第一，构建层次结构。

由题干已知，层次结构图如图 17-1 所示：

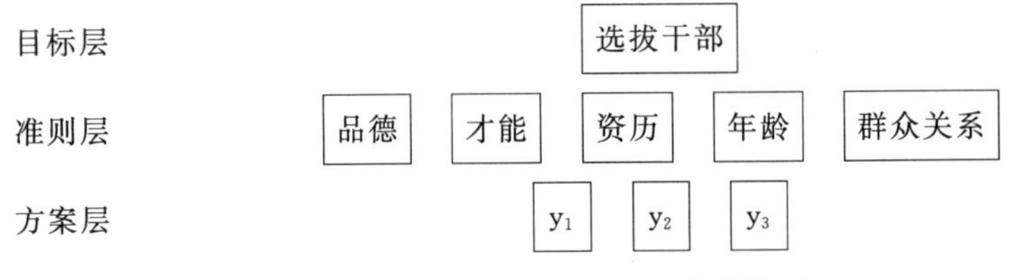

图 17-1　层次结构图

第二，构造成对比较矩阵。

依据萨迪的提议，运用成对比较法对 a_{ij} 进行赋值，得到成对比较矩阵 $\boldsymbol{A}$：

$$\boldsymbol{A}=\begin{bmatrix}1 & 2 & 7 & 5 & 5\\ 1/2 & 1 & 4 & 3 & 3\\ 1/7 & 1/4 & 1 & 1/2 & 1/3\\ 1/5 & 1/3 & 2 & 1 & 1\\ 1/5 & 1/3 & 3 & 1 & 1\end{bmatrix}$$

比如，$a_{24}=3$ 表示才能与年龄的重要性之比为 3，即决策人认为才能比年龄略重要；$a_{14}=5$ 表示品德与年龄的重要性之比为 5，即决策人认为品德比年龄重要。

第三，做一致性检验。

经计算，$\lambda_{\max}(\boldsymbol{A})=5.073$，　$\mathrm{CI}=\dfrac{\lambda_{\max}(\boldsymbol{A})-5}{5-1}=0.018$。

$n=5$，查表可得 $RI=1.12$，则

$$\mathrm{CR}=\frac{\mathrm{CI}}{\mathrm{RI}}=\frac{0.018}{1.12}=0.016<0.1$$

因此，这说明 $\boldsymbol{A}$ 不是一致阵，但 $\boldsymbol{A}$ 具有满意的一致性，$\boldsymbol{A}$ 的不一致程度是可接受的。

矩阵 $\boldsymbol{A}$ 最大的特征根所对应的经标准化后的特征向量为：

$$\boldsymbol{U}=(0.475,0.263,0.051,0.103,0.126)^T$$

此时，计算出五个准则层的权重。

类似地，分别给出三个候选人分别关于品德(x_1)、才能(x_2)、资历(x_3)、年龄(x_4)和群众关系(x_5)的成对比较矩阵 $\boldsymbol{B}_1,\boldsymbol{B}_2,\boldsymbol{B}_3,\boldsymbol{B}_4,\boldsymbol{B}_5$。以 $\boldsymbol{B}_1$ 为例，

$$\boldsymbol{B}_1=\begin{bmatrix}1 & 1/3 & 1/8\\ 3 & 1 & 1/3\\ 8 & 3 & 1\end{bmatrix}$$

经计算，$\boldsymbol{B}_1$ 的权向量：

$$\boldsymbol{W}_{x1}(Y)=(0.082,0.244,0.674)^{\mathrm{T}},\quad \lambda_{\max}(\boldsymbol{B}_1)=3.002,$$

$$CI=0.001,\frac{\mathrm{CI}}{\mathrm{RI}}=\frac{0.001}{0.58}<0.1$$

$$\boldsymbol{B}_2=\begin{bmatrix}1 & 2 & 5\\ 1/2 & 1 & 2\\ 1/5 & 1/2 & 1\end{bmatrix},\quad \boldsymbol{B}_3=\begin{bmatrix}1 & 1 & 3\\ 1 & 1 & 3\\ 1/3 & 1/3 & 1\end{bmatrix}$$

$$\boldsymbol{B}_4=\begin{bmatrix}1 & 3 & 4\\ 1/3 & 1 & 1\\ 1/4 & 1 & 1\end{bmatrix},\quad \boldsymbol{B}_5=\begin{bmatrix}1 & 4 & 1/4\\ 1 & 1 & 1/4\\ 4 & 4 & 1\end{bmatrix}$$

通过计算得到相应的权向量：

$$\boldsymbol{W}_{x2}(Y)=(0.606,0.265,0.129)^{\mathrm{T}},\quad \boldsymbol{W}_{x3}(Y)=(0.429,0.429,0.143)^{\mathrm{T}}$$

$$\boldsymbol{W}_{x4}(Y)=(0.636,0.185,0.179)^{\mathrm{T}},\quad \boldsymbol{W}_{x5}(Y)=(0.167,0.167,0.667)^{\mathrm{T}}$$

它们可分别视为各候选人的才能分、资历分、年龄分和群众关系分。经检验可知 $\boldsymbol{B}_2,\boldsymbol{B}_3,\boldsymbol{B}_4,\boldsymbol{B}_5$ 的不一致程度均可接受。

第四，可计算各候选人的总得分，y_1 的总得分为：

$$\begin{aligned}\boldsymbol{W}_z(y_1)=&\sum_{j=1}^{5}\mu_y\boldsymbol{W}_{xj}(y_1)=0.456\times0.082+0.263\times0.606+0.051\times0.429\\&+0.104\times0.636+0.162\times0.167\\=&\,0.312\end{aligned}$$

从计算公式可知，y_1 的总得分实际是各项得分的加权平均，同理可得

$$\boldsymbol{W}_z(y_2)=0.243,\quad \boldsymbol{W}_z(y_3)=0.452$$

比较后可得：候选人 y_3 是第一人选。

本章小结

本章系统介绍了多元评价分析的基本思想，对德尔菲法、模糊综合评判法、主成分分析法、层次分析法、优劣解距离法、综合指数法、熵值法和数据包络分析法等多元评价方法以及组合评价法的原理和应用进行了总结。通过本章的学习，读者应能了解：德尔菲法、模糊综合法、熵值法和数据包络分析法的基本思想，组合评价法的基本原理，并能进行相应的应用。重点掌握层次分析法、优劣解距离法、综合指数法和数据包络分析法的基本思想和应用。

附　录　常用统计表

标准正态分布表 $\left(\Phi(Z) = \frac{1}{\sqrt{2n}}\int_{-\infty}^{Z} e^{-\frac{t^2}{2}} dt\right)$

Z	0.00	0.01	0.02	0.03	0.04	0.05	0.06	0.07	0.08	0.09
0.0	0.5000	0.5040	0.5080	0.5120	0.5160	0.5199	0.5239	0.5279	0.5319	0.5359
0.1	0.5398	0.5438	0.5478	0.5517	0.5557	0.5596	0.5636	0.5675	0.5714	0.5753
0.2	0.5793	0.5832	0.5871	0.5910	0.5948	0.5987	0.6026	0.6064	0.6103	0.6141
0.3	0.6179	0.6217	0.6255	0.6293	0.6331	0.6368	0.6406	0.6443	0.6480	0.6517
0.4	0.6554	0.6591	0.6628	0.6664	0.6700	0.6736	0.6772	0.6808	0.6844	0.6879
0.5	0.6915	0.6950	0.6985	0.7019	0.7054	0.7088	0.7123	0.7157	0.7190	0.7224
0.6	0.7257	0.7291	0.7324	0.7357	0.7389	0.7422	0.7454	0.7486	0.7517	0.7549
0.7	0.7580	0.7611	0.7642	0.7673	0.7704	0.7734	0.7764	0.7794	0.7823	0.7852
0.8	0.7881	0.7910	0.7939	0.7967	0.7995	0.8023	0.8051	0.8078	0.8106	0.8133
0.9	0.8159	0.8186	0.8212	0.8238	0.8264	0.8289	0.8315	0.8340	0.8365	0.8389
1.0	0.8413	0.8438	0.8461	0.8485	0.8508	0.8531	0.8554	0.8577	0.8599	0.8621
1.1	0.8643	0.8665	0.8686	0.8708	0.8729	0.8749	0.8770	0.8790	0.8810	0.8830
1.2	0.8849	0.8869	0.8888	0.8907	0.8925	0.8944	0.8962	0.8980	0.8997	0.9015
1.3	0.9032	0.9049	0.9066	0.9082	0.9099	0.9115	0.9131	0.9147	0.9162	0.9177
1.4	0.9192	0.9207	0.9222	0.9236	0.9251	0.9265	0.9279	0.9292	0.9306	0.9319
1.5	0.9332	0.9345	0.9357	0.9370	0.9382	0.9394	0.9406	0.9418	0.9429	0.9441
1.6	0.9452	0.9463	0.9474	0.9484	0.9495	0.9505	0.9515	0.9525	0.9535	0.9545
1.7	0.9554	0.9564	0.9573	0.9582	0.9591	0.9599	0.9608	0.9616	0.9625	0.9633
1.8	0.9641	0.9649	0.9656	0.9664	0.9671	0.9678	0.9686	0.9693	0.9699	0.9706
1.9	0.9713	0.9719	0.9726	0.9732	0.9738	0.9744	0.9750	0.9756	0.9761	0.9767
2.0	0.9772	0.9778	0.9783	0.9788	0.9793	0.9798	0.9803	0.9808	0.9812	0.9817
2.1	0.9821	0.9826	0.9830	0.9834	0.9838	0.9842	0.9846	0.9850	0.9854	0.9857
2.2	0.9861	0.9864	0.9868	0.9871	0.9875	0.9878	0.9881	0.9884	0.9887	0.9890
2.3	0.9893	0.9896	0.9898	0.9901	0.9904	0.9906	0.9909	0.9911	0.9913	0.9916
2.4	0.9918	0.9920	0.9922	0.9925	0.9927	0.9929	0.9931	0.9932	0.9934	0.9936
2.5	0.9938	0.9940	0.9941	0.9943	0.9945	0.9946	0.9948	0.9949	0.9951	0.9952
2.6	0.9953	0.9955	0.9956	0.9957	0.9959	0.9960	0.9961	0.9962	0.9963	0.9964
2.7	0.9965	0.9966	0.9967	0.9968	0.9969	0.9970	0.9971	0.9972	0.9973	0.9974
2.8	0.9974	0.9975	0.9976	0.9977	0.9977	0.9978	0.9979	0.9979	0.9980	0.9981
2.9	0.9981	0.9982	0.9982	0.9983	0.9984	0.9984	0.9985	0.9985	0.9986	0.9986
3.0	0.9987	0.9987	0.9987	0.9988	0.9988	0.9989	0.9989	0.9989	0.9990	0.9990
3.1	0.9990	0.9991	0.9991	0.9991	0.9992	0.9992	0.9992	0.9992	0.9993	0.9993
3.2	0.9993	0.9993	0.9994	0.9994	0.9994	0.9994	0.9994	0.9995	0.9995	0.9995
3.3	0.9995	0.9995	0.9995	0.9996	0.9996	0.9996	0.9996	0.9996	0.9996	0.9997
3.4	0.9997	0.9997	0.9997	0.9997	0.9997	0.9997	0.9997	0.9997	0.9997	0.9998
3.5	0.9998	0.9998	0.9998	0.9998	0.9998	0.9998	0.9998	0.9998	0.9998	0.9998

t 统计量的临界值表（$p(t>t_\alpha)=\alpha$）

自由度	α=0.25	0.1	0.05	0.025	0.01	0.005
1	1.000	3.078	6.314	12.706	31.821	63.657
2	0.816	1.886	2.920	4.303	6.965	9.925
3	0.765	1.638	2.353	3.182	4.541	5.841
4	0.741	1.533	2.132	2.776	3.747	4.604
5	0.727	1.476	2.015	2.571	3.365	4.032
6	0.718	1.440	1.943	2.447	3.143	3.707
7	0.711	1.415	1.895	2.365	2.998	3.499
8	0.706	1.397	1.860	2.306	2.896	3.355
9	0.703	1.383	1.833	2.262	2.821	3.250
10	0.700	1.372	1.812	2.228	2.764	3.169
11	0.697	1.363	1.796	2.201	2.718	3.106
12	0.695	1.356	1.782	2.179	2.681	3.055
13	0.694	1.350	1.771	2.160	2.650	3.012
14	0.692	1.345	1.761	2.145	2.624	2.977
15	0.691	1.341	1.753	2.131	2.602	2.947
16	0.690	1.337	1.746	2.120	2.583	2.921
17	0.689	1.333	1.740	2.110	2.567	2.898
18	0.688	1.330	1.734	2.101	2.552	2.878
19	0.688	1.328	1.729	2.093	2.539	2.861
20	0.687	1.325	1.725	2.086	2.528	2.845
21	0.686	1.323	1.721	2.080	2.518	2.831
22	0.686	1.321	1.717	2.074	2.508	2.819
23	0.685	1.319	1.714	2.069	2.500	2.807
24	0.685	1.318	1.711	2.064	2.492	2.797
25	0.684	1.316	1.708	2.060	2.485	2.787
26	0.684	1.315	1.706	2.056	2.479	2.779
27	0.684	1.314	1.703	2.052	2.473	2.771
28	0.683	1.313	1.701	2.048	2.467	2.763
29	0.683	1.311	1.699	2.045	2.462	2.756
30	0.683	1.310	1.697	2.042	2.457	2.750

F 统计量的临界值（$P(F > F_{\alpha}) = \alpha$，$\alpha = 0.10$）

分母的自由度	分子的自由度																	
	1	2	3	4	5	6	7	8	9	10	12	15	20	25	30	40	60	120
1	39.86	49.50	53.59	55.83	57.24	58.20	58.91	59.44	59.86	60.19	60.71	61.22	61.74	62.05	62.26	62.53	62.79	63.06
2	8.53	9.00	9.16	9.24	9.29	9.33	9.35	9.37	9.38	9.39	9.41	9.42	9.44	9.45	9.46	9.47	9.47	9.48
3	5.54	5.46	5.39	5.34	5.31	5.28	5.27	5.25	5.24	5.23	5.22	5.20	5.18	5.17	5.17	5.16	5.15	5.14
4	4.54	4.32	4.19	4.11	4.05	4.01	3.98	3.95	3.94	3.92	3.90	3.87	3.84	3.83	3.82	3.80	3.79	3.78
5	4.06	3.78	3.62	3.52	3.45	3.40	3.37	3.34	3.32	3.30	3.27	3.24	3.21	3.19	3.17	3.16	3.14	3.12
6	3.78	3.46	3.29	3.18	3.11	3.05	3.01	2.98	2.96	2.94	2.90	2.87	2.84	2.81	2.80	2.78	2.76	2.74
7	3.59	3.26	3.07	2.96	2.88	2.83	2.78	2.75	2.72	2.70	2.67	2.63	2.59	2.57	2.56	2.54	2.51	2.49
8	3.46	3.11	2.92	2.81	2.73	2.67	2.62	2.59	2.56	2.54	2.50	2.46	2.42	2.40	2.38	2.36	2.34	2.32
9	3.36	3.01	2.81	2.69	2.61	2.55	2.51	2.47	2.44	2.42	2.38	2.34	2.30	2.27	2.25	2.23	2.21	2.18
10	3.29	2.92	2.73	2.61	2.52	2.46	2.41	2.38	2.35	2.32	2.28	2.24	2.20	2.17	2.16	2.13	2.11	2.08
11	3.23	2.86	2.66	2.54	2.45	2.39	2.34	2.30	2.27	2.25	2.21	2.17	2.12	2.10	2.08	2.05	2.03	2.00
12	3.18	2.81	2.61	2.48	2.39	2.33	2.28	2.24	2.21	2.19	2.15	2.10	2.06	2.03	2.01	1.99	1.96	1.93
13	3.14	2.76	2.56	2.43	2.35	2.28	2.23	2.20	2.16	2.14	2.10	2.05	2.01	1.98	1.96	1.93	1.90	1.88
14	3.10	2.73	2.52	2.39	2.31	2.24	2.19	2.15	2.12	2.10	2.05	2.01	1.96	1.93	1.91	1.89	1.86	1.83
15	3.07	2.70	2.49	2.36	2.27	2.21	2.16	2.12	2.09	2.06	2.02	1.97	1.92	1.89	1.87	1.85	1.82	1.79
16	3.05	2.67	2.46	2.33	2.24	2.18	2.13	2.09	2.06	2.03	1.99	1.94	1.89	1.86	1.84	1.81	1.78	1.75
17	3.03	2.64	2.44	2.31	2.22	2.15	2.10	2.06	2.03	2.00	1.96	1.91	1.86	1.83	1.81	1.78	1.75	1.72
18	3.01	2.62	2.42	2.29	2.20	2.13	2.08	2.04	2.00	1.98	1.93	1.89	1.84	1.80	1.78	1.75	1.72	1.69
19	2.99	2.61	2.40	2.27	2.18	2.11	2.06	2.02	1.98	1.96	1.91	1.86	1.81	1.78	1.76	1.73	1.70	1.67
20	2.97	2.59	2.38	2.25	2.16	2.09	2.04	2.00	1.96	1.94	1.89	1.84	1.79	1.76	1.74	1.71	1.68	1.64
21	2.96	2.57	2.36	2.23	2.14	2.08	2.02	1.98	1.95	1.92	1.87	1.83	1.78	1.74	1.72	1.69	1.66	1.62
22	2.95	2.56	2.35	2.22	2.13	2.06	2.01	1.97	1.93	1.90	1.86	1.81	1.76	1.73	1.70	1.67	1.64	1.60
23	2.94	2.55	2.34	2.21	2.11	2.05	1.99	1.95	1.92	1.89	1.84	1.80	1.74	1.71	1.69	1.66	1.62	1.59
24	2.93	2.54	2.33	2.19	2.10	2.04	1.98	1.94	1.91	1.88	1.83	1.78	1.73	1.70	1.67	1.64	1.61	1.57
25	2.92	2.53	2.32	2.18	2.09	2.02	1.97	1.93	1.89	1.87	1.82	1.77	1.72	1.68	1.66	1.63	1.59	1.56
30	2.88	2.49	2.28	2.14	2.05	1.98	1.93	1.88	1.85	1.82	1.77	1.72	1.67	1.63	1.61	1.57	1.54	1.50
40	2.84	2.44	2.23	2.09	2.00	1.93	1.87	1.83	1.79	1.76	1.71	1.66	1.61	1.57	1.54	1.51	1.47	1.42
60	2.79	2.39	2.18	2.04	1.95	1.87	1.82	1.77	1.74	1.71	1.66	1.60	1.54	1.50	1.48	1.44	1.40	1.35
120	2.75	2.35	2.13	1.99	1.90	1.82	1.77	1.72	1.68	1.65	1.60	1.55	1.48	1.44	1.41	1.37	1.32	1.26

F 统计量的临界值（$P(F > F_\alpha) = \alpha$，$\alpha = 0.05$）

分母的自由度	分子的自由度																	
	1	2	3	4	5	6	7	8	9	10	12	15	20	25	30	40	60	120
1	161.45	199.50	215.71	224.58	230.16	233.99	236.77	238.88	240.54	241.88	243.91	245.95	248.01	249.26	250.10	251.14	252.20	253.25
2	18.51	19.00	19.16	19.25	19.30	19.33	19.35	19.37	19.38	19.40	19.41	19.43	19.45	19.46	19.46	19.47	19.48	19.49
3	10.13	9.55	9.28	9.12	9.01	8.94	8.89	8.85	8.81	8.79	8.74	8.70	8.66	8.63	8.62	8.59	8.57	8.55
4	7.71	6.94	6.59	6.39	6.26	6.16	6.09	6.04	6.00	5.96	5.91	5.86	5.80	5.77	5.75	5.72	5.69	5.66
5	6.61	5.79	5.41	5.19	5.05	4.95	4.88	4.82	4.77	4.74	4.68	4.62	4.56	4.52	4.50	4.46	4.43	4.40
6	5.99	5.14	4.76	4.53	4.39	4.28	4.21	4.15	4.10	4.06	4.00	3.94	3.87	3.83	3.81	3.77	3.74	3.70
7	5.59	4.74	4.35	4.12	3.97	3.87	3.79	3.73	3.68	3.64	3.57	3.51	3.44	3.40	3.38	3.34	3.30	3.27
8	5.32	4.46	4.07	3.84	3.69	3.58	3.50	3.44	3.39	3.35	3.28	3.22	3.15	3.11	3.08	3.04	3.01	2.97
9	5.12	4.26	3.86	3.63	3.48	3.37	3.29	3.23	3.18	3.14	3.07	3.01	2.94	2.89	2.86	2.83	2.79	2.75
10	4.96	4.10	3.71	3.48	3.33	3.22	3.14	3.07	3.02	2.98	2.91	2.85	2.77	2.73	2.70	2.66	2.62	2.58
11	4.84	3.98	3.59	3.36	3.20	3.09	3.01	2.95	2.90	2.85	2.79	2.72	2.65	2.60	2.57	2.53	2.49	2.45
12	4.75	3.89	3.49	3.26	3.11	3.00	2.91	2.85	2.80	2.75	2.69	2.62	2.54	2.50	2.47	2.43	2.38	2.34
13	4.67	3.81	3.41	3.18	3.03	2.92	2.83	2.77	2.71	2.67	2.60	2.53	2.46	2.41	2.38	2.34	2.30	2.25
14	4.60	3.74	3.34	3.11	2.96	2.85	2.76	2.70	2.65	2.60	2.53	2.46	2.39	2.34	2.31	2.27	2.22	2.18
15	4.54	3.68	3.29	3.06	2.90	2.79	2.71	2.64	2.59	2.54	2.48	2.40	2.33	2.28	2.25	2.20	2.16	2.11
16	4.49	3.63	3.24	3.01	2.85	2.74	2.66	2.59	2.54	2.49	2.42	2.35	2.28	2.23	2.19	2.15	2.11	2.06
17	4.45	3.59	3.20	2.96	2.81	2.70	2.61	2.55	2.49	2.45	2.38	2.31	2.23	2.18	2.15	2.10	2.06	2.01
18	4.41	3.55	3.16	2.93	2.77	2.66	2.58	2.51	2.46	2.41	2.34	2.27	2.19	2.14	2.11	2.06	2.02	1.97
19	4.38	3.52	3.13	2.90	2.74	2.63	2.54	2.48	2.42	2.38	2.31	2.23	2.16	2.11	2.07	2.03	1.98	1.93
20	4.35	3.49	3.10	2.87	2.71	2.60	2.51	2.45	2.39	2.35	2.28	2.20	2.12	2.07	2.04	1.99	1.95	1.90
21	4.32	3.47	3.07	2.84	2.68	2.57	2.49	2.42	2.37	2.32	2.25	2.18	2.10	2.05	2.01	1.96	1.92	1.87
22	4.30	3.44	3.05	2.82	2.66	2.55	2.46	2.40	2.34	2.30	2.23	2.15	2.07	2.02	1.98	1.94	1.89	1.84
23	4.28	3.42	3.03	2.80	2.64	2.53	2.44	2.37	2.32	2.27	2.20	2.13	2.05	2.00	1.96	1.91	1.86	1.81
24	4.26	3.40	3.01	2.78	2.62	2.51	2.42	2.36	2.30	2.25	2.18	2.11	2.03	1.97	1.94	1.89	1.84	1.79
25	4.24	3.39	2.99	2.76	2.60	2.49	2.40	2.34	2.28	2.24	2.16	2.09	2.01	1.96	1.92	1.87	1.82	1.77
30	4.17	3.32	2.92	2.69	2.53	2.42	2.33	2.27	2.21	2.16	2.09	2.01	1.93	1.88	1.84	1.79	1.74	1.68
40	4.08	3.23	2.84	2.61	2.45	2.34	2.25	2.18	2.12	2.08	2.00	1.92	1.84	1.78	1.74	1.69	1.64	1.58
60	4.00	3.15	2.76	2.53	2.37	2.25	2.17	2.10	2.04	1.99	1.92	1.84	1.75	1.69	1.65	1.59	1.53	1.47
120	3.92	3.07	2.68	2.45	2.29	2.18	2.09	2.02	1.96	1.91	1.83	1.75	1.66	1.60	1.55	1.50	1.43	1.35

F 统计量的临界值（$P(F > F_\alpha) = \alpha$，$\alpha = 0.01$）

分母的自由度	分子的自由度																	
	1	2	3	4	5	6	7	8	9	10	12	15	20	25	30	40	60	120
1	4 052.18	4 999.50	5 403.35	5 624.58	5 763.65	5 858.99	5 928.36	5 981.07	6 022.47	6 055.85	6 106.32	6 157.28	6 208.73	6 239.83	6 260.65	6 286.78	6 313.03	6 339.39
2	98.50	99.00	99.17	99.25	99.30	99.33	99.36	99.37	99.39	99.40	99.42	99.43	99.45	99.46	99.47	99.47	99.48	99.49
3	34.12	30.82	29.46	28.71	28.24	27.91	27.67	27.49	27.35	27.23	27.05	26.87	26.69	26.58	26.50	26.41	26.32	26.22
4	21.20	18.00	16.69	15.98	15.52	15.21	14.98	14.80	14.66	14.55	14.37	14.20	14.02	13.91	13.84	13.75	13.65	13.56
5	16.26	13.27	12.06	11.39	10.97	10.67	10.46	10.29	10.16	10.05	9.89	9.72	9.55	9.45	9.38	9.29	9.20	9.11
6	13.75	10.92	9.78	9.15	8.75	8.47	8.26	8.10	7.98	7.87	7.72	7.56	7.40	7.30	7.23	7.14	7.06	6.97
7	12.25	9.55	8.45	7.85	7.46	7.19	6.99	6.84	6.72	6.62	6.47	6.31	6.16	6.06	5.99	5.91	5.82	5.74
8	11.26	8.65	7.59	7.01	6.63	6.37	6.18	6.03	5.91	5.81	5.67	5.52	5.36	5.26	5.20	5.12	5.03	4.95
9	10.56	8.02	6.99	6.42	6.06	5.80	5.61	5.47	5.35	5.26	5.11	4.96	4.81	4.71	4.65	4.57	4.48	4.40
10	10.04	7.56	6.55	5.99	5.64	5.39	5.20	5.06	4.94	4.85	4.71	4.56	4.41	4.31	4.25	4.17	4.08	4.00
11	9.65	7.21	6.22	5.67	5.32	5.07	4.89	4.74	4.63	4.54	4.40	4.25	4.10	4.01	3.94	3.86	3.78	3.69
12	9.33	6.93	5.95	5.41	5.06	4.82	4.64	4.50	4.39	4.30	4.16	4.01	3.86	3.76	3.70	3.62	3.54	3.45
13	9.07	6.70	5.74	5.21	4.86	4.62	4.44	4.30	4.19	4.10	3.96	3.82	3.66	3.57	3.51	3.43	3.34	3.25
14	8.86	6.51	5.56	5.04	4.69	4.46	4.28	4.14	4.03	3.94	3.80	3.66	3.51	3.41	3.35	3.27	3.18	3.09
15	8.68	6.36	5.42	4.89	4.56	4.32	4.14	4.00	3.89	3.80	3.67	3.52	3.37	3.28	3.21	3.13	3.05	2.96
16	8.53	6.23	5.29	4.77	4.44	4.20	4.03	3.89	3.78	3.69	3.55	3.41	3.26	3.16	3.10	3.02	2.93	2.84
17	8.40	6.11	5.18	4.67	4.34	4.10	3.93	3.79	3.68	3.59	3.46	3.31	3.16	3.07	3.00	2.92	2.83	2.75
18	8.29	6.01	5.09	4.58	4.25	4.01	3.84	3.71	3.60	3.51	3.37	3.23	3.08	2.98	2.92	2.84	2.75	2.66
19	8.18	5.93	5.01	4.50	4.17	3.94	3.77	3.63	3.52	3.43	3.30	3.15	3.00	2.91	2.84	2.76	2.67	2.58
20	8.10	5.85	4.94	4.43	4.10	3.87	3.70	3.56	3.46	3.37	3.23	3.09	2.94	2.84	2.78	2.69	2.61	2.52
21	8.02	5.78	4.87	4.37	4.04	3.81	3.64	3.51	3.40	3.31	3.17	3.03	2.88	2.79	2.72	2.64	2.55	2.46
22	7.95	5.72	4.82	4.31	3.99	3.76	3.59	3.45	3.35	3.26	3.12	2.98	2.83	2.73	2.67	2.58	2.50	2.40
23	7.88	5.66	4.76	4.26	3.94	3.71	3.54	3.41	3.30	3.21	3.07	2.93	2.78	2.69	2.62	2.54	2.45	2.35
24	7.82	5.61	4.72	4.22	3.90	3.67	3.50	3.36	3.26	3.17	3.03	2.89	2.74	2.64	2.58	2.49	2.40	2.31
25	7.77	5.57	4.68	4.18	3.85	3.63	3.46	3.32	3.22	3.13	2.99	2.85	2.70	2.60	2.54	2.45	2.36	2.27
30	7.56	5.39	4.51	4.02	3.70	3.47	3.30	3.17	3.07	2.98	2.84	2.70	2.55	2.45	2.39	2.30	2.21	2.11
40	7.31	5.18	4.31	3.83	3.51	3.29	3.12	2.99	2.89	2.80	2.66	2.52	2.37	2.27	2.20	2.11	2.02	1.92
60	7.08	4.98	4.13	3.65	3.34	3.12	2.95	2.82	2.72	2.63	2.50	2.35	2.20	2.10	2.03	1.94	1.84	1.73
120	6.85	4.79	3.95	3.48	3.17	2.96	2.79	2.66	2.56	2.47	2.34	2.19	2.03	1.93	1.86	1.76	1.66	1.53

χ^2 统计量的临界值（$P(\chi^2 > \chi^2_\alpha) = \alpha$）

n	α=0.995	0.99	0.975	0.95	0.05	0.025	0.01	0.005
1	0.0000393	0.000157	0.001	0.004	3.841	5.024	6.635	7.879
2	0.010	0.020	0.051	0.103	5.991	7.378	9.210	10.597
3	0.072	0.115	0.216	0.352	7.815	9.348	11.345	12.838
4	0.207	0.297	0.484	0.711	9.488	11.143	13.277	14.860
5	0.412	0.554	0.831	1.145	11.070	12.833	15.086	16.750
6	0.676	0.872	1.237	1.635	12.592	14.449	16.812	18.548
7	0.989	1.239	1.690	2.167	14.067	16.013	18.475	20.278
8	1.344	1.646	2.180	2.733	15.507	17.535	20.090	21.955
9	1.735	2.088	2.700	3.325	16.919	19.023	21.666	23.589
10	2.156	2.558	3.247	3.940	18.307	20.483	23.209	25.188
11	2.603	3.053	3.816	4.575	19.675	21.920	24.725	26.757
12	3.074	3.571	4.404	5.226	21.026	23.337	26.217	28.300
13	3.565	4.107	5.009	5.892	22.362	24.736	27.688	29.819
14	4.075	4.660	5.629	6.571	23.685	26.119	29.141	31.319
15	4.601	5.229	6.262	7.261	24.996	27.488	30.578	32.801
16	5.142	5.812	6.908	7.962	26.296	28.845	32.000	34.267
17	5.697	6.408	7.564	8.672	27.587	30.191	33.409	35.718
18	6.265	7.015	8.231	9.390	28.869	31.526	34.805	37.156
19	6.844	7.633	8.907	10.117	30.144	32.852	36.191	38.582
20	7.434	8.260	9.591	10.851	31.410	34.170	37.566	39.997
21	8.034	8.897	10.283	11.591	32.671	35.479	38.932	41.401
22	8.643	9.542	10.982	12.338	33.924	36.781	40.289	42.796
23	9.260	10.196	11.689	13.091	35.172	38.076	41.638	44.181
24	9.886	10.856	12.401	13.848	36.415	39.364	42.980	45.559
25	10.520	11.524	13.120	14.611	37.652	40.646	44.314	46.928
26	11.160	12.198	13.844	15.379	38.885	41.923	45.642	48.290
27	11.808	12.879	14.573	16.151	40.113	43.195	46.963	49.645
28	12.461	13.565	15.308	16.928	41.337	44.461	48.278	50.993
29	13.121	14.256	16.047	17.708	42.557	45.722	49.588	52.336
30	13.787	14.953	16.791	18.493	43.773	46.979	50.892	53.672
31	14.458	15.655	17.539	19.281	44.985	48.232	52.191	55.003
32	15.134	16.362	18.291	20.072	46.194	49.480	53.486	56.328
33	15.815	17.074	19.047	20.867	47.400	50.725	54.776	57.648
34	16.501	17.789	19.806	21.664	48.602	51.966	56.061	58.964
35	17.192	18.509	20.569	22.465	49.802	53.203	57.342	60.275

T^2 分布表(显著性水平为0.05)

n/p	1	2	3	4	5	6	7	8	9	10	11	12
2	18.51											
3	10.13	57.00										
4	7.71	25.47	114.99									
5	6.61	17.36	46.38	192.47								
6	5.99	13.89	29.66	72.94	289.45							
7	5.59	12.00	22.72	44.72	105.16	405.92						
8	5.32	10.83	19.03	33.23	62.56	143.05	541.89					
9	5.12	10.03	16.77	27.20	45.45	83.20	186.62	697.36				
10	4.96	9.46	15.25	23.54	36.56	59.40	106.65	235.87	872.32			
11	4.84	9.03	14.16	21.11	31.20	47.12	75.09	132.90	290.81	1 066.77		
12	4.75	8.69	13.35	19.38	27.66	39.76	58.89	92.51	161.97	351.42	1 280.73	
13	4.67	8.42	12.72	18.09	25.15	34.91	49.23	71.88	111.68	193.84	417.72	1 514.18
14	4.60	8.20	12.22	17.09	23.28	31.49	42.88	59.61	86.08	132.58	228.53	489.70
15	4.54	8.01	11.81	16.30	21.84	28.95	38.42	51.57	70.91	101.50	155.23	266.03
16	4.49	7.86	11.46	15.65	20.71	27.01	35.12	45.93	60.99	83.12	118.14	179.62
17	4.45	7.72	11.18	15.12	19.78	25.47	32.59	41.77	54.04	71.13	96.25	136.00
18	4.41	7.61	10.93	14.67	19.02	24.22	30.59	38.59	48.93	62.75	82.00	110.30
19	4.38	7.50	10.72	14.28	18.37	23.19	28.97	36.08	45.02	56.59	72.05	93.59
20	4.35	7.41	10.53	13.95	17.83	22.32	27.64	34.05	41.95	51.88	64.75	81.95
21	4.32	7.33	10.37	13.66	17.36	21.59	26.52	32.38	39.46	48.18	59.18	73.41
22	4.30	7.26	10.22	13.41	16.95	20.95	25.58	30.99	37.42	45.20	54.80	66.90
23	4.28	7.20	10.10	13.18	16.58	20.40	24.76	29.80	35.71	42.75	51.27	61.79
24	4.26	7.14	9.98	12.98	16.27	19.92	24.05	28.78	34.26	40.70	48.38	57.68
25	4.24	7.09	9.87	12.80	15.98	19.49	23.43	27.89	33.01	38.96	45.96	54.31
26	4.23	7.04	9.78	12.64	15.73	19.11	22.88	27.11	31.93	37.47	43.91	51.49
27	4.21	7.00	9.69	12.49	15.50	18.77	22.39	26.43	30.99	36.18	42.15	49.10
28	4.20	6.96	9.61	12.36	15.29	18.46	21.95	25.82	30.15	35.04	40.62	47.05
29	4.18	6.92	9.54	12.24	15.10	18.18	21.56	25.27	29.41	34.04	39.29	45.28
30	4.17	6.88	9.47	12.12	14.92	17.93	21.20	24.78	28.74	33.16	38.11	43.73

（续表）

n/p	13	14	15	16	17	18	19	20	22	24	26	28
2												
3												
4												
5												
6												
7												
8												
9												
10												
11												
12												
13												
14	1 767.12											
15	567.36	2 039.56										
16	306.34	650.71	2 331.50									
17	205.76	349.46	739.74	2 642.93								
18	155.08	233.64	395.40	834.46	2 973.86							
19	125.28	175.38	263.27	444.15	934.86	3 324.28						
20	105.92	141.17	196.90	294.64	495.72	1 040.94	3 694.20					
21	92.44	118.97	157.98	219.65	327.76	550.10	1 152.71	4 083.61				
22	82.57	103.54	132.76	175.72	243.61	362.62	607.29	1 270.16				
23	75.06	92.24	115.23	147.28	194.38	268.80	399.23	667.29	4 920.93			
24	69.16	83.65	102.42	127.53	162.52	213.95	295.22	437.58	1 522.11			
25	64.42	76.92	92.68	113.10	140.42	178.50	234.46	322.85	795.74	5 836.23		
26	60.53	71.50	85.05	102.14	124.29	153.92	195.21	255.88	519.52	1 796.81		
27	57.29	67.06	78.92	93.56	112.04	135.98	168.02	212.65	381.78	935.45	6 829.51	
28	54.54	63.36	73.89	86.67	102.45	122.38	148.19	182.71	301.49	608.45	2 094.24	
29	52.18	60.22	69.70	81.02	94.76	111.73	133.15	160.89	249.72	445.61	1 086.41	7 900.77
30	50.14	57.54	66.16	76.32	88.46	103.18	121.38	144.35	213.91	350.79	704.36	2 414.40

参考文献

1. T. W. Anderson: *An Introduction to Multivariate Statistical Analysis*, New York: John Wiley & Sons, Inc., 1984.

2. Andrew J. Tomarken, and Niels G. Waller: "Structural Equation Modeling: Strengths, Limitations and Misconceptions", *Annu. Rev. Clin. Psyehol*, 2005, 1: 31—65.

3. Dallas E. Johnson:《应用多元统计分析方法》,北京:高等教育出版社,2005。

4. D. J. Hand: *Discrimination and Classification*, New York: John Wiley & Sons, Inc., 1981.

5. D. F. Morrison: *Multivariate Statistical Methods*, New York: McGraw-Hill, 1976.

6. Niels G. Waller, and Paul E. Meeh: Risky Tests: "Verisimilitude and Path Analysis", *Psychological Methods*, 2002,7(3).

7. Pang-Ning Tan, Michael Steinbach, and Vipin Kumar:《数据挖掘导论》,北京:人民邮电出版社,2006。

8. Richard A. Johnson, Dean W. Wichern 著,陆璇译:《实用多元统计分析》,北京:清华大学出版社,2001。

9. H. Wold: *Partial Least Squares*, *Advanced Methods of Marketing Research*, Cambridge: Basil Blackwell, 1994.

10. www.qstat.net.

11. 卜向东、钱宇平:《通径分析及其在流行病学中的应用.流行病学进展》,北京:人民卫生出版社,1986。

12. 陈峰:《医用多元统计分析方法》,北京:中国统计出版社,2007。

13. 陈希孺、王松桂:《近代回归分析——原理方法及应用》,合肥:安徽教育出版社,1987。

14. 陈正昌、程炳林等:《多变量分析方法统计软件应用》,北京:中国税务出版社,2005。

15. 方开泰、潘恩沛:《聚类分析》,北京:地质出版社,1982。

16. 方开泰:《实用多元统计分析》,上海:华东师范大学出版社,1989。

17. 方开泰:《实用回归分析》,北京:科学出版社,1988。

18. 高惠璇:《应用多元统计分析》,北京:北京大学出版社,2005。

19. 高铁梅:《计量经济分析方法与建模》,北京:清华大学出版社,2006。

20. 郭妍、张立光:"中国城市竞争力与基础设施的典型相关分析",202.117.203.231:23/lunwen/中国城市竞争力与基础设施的典型相关分析.doc。

21. 郭志刚等:《社会统计分析方法——SPSS软件应用》,北京:中国人民大学出版社,1999。

22. 韩家炜、堪博著,范明、孟小峰译:《数据挖掘概念与技术》,北京:机械工业出版社,2007。

23. 何晓群:《多元统计分析》,北京:中国人民大学出版社,2000。

24. 何晓群:《回归分析与经济数据建模》,北京:中国人民大学出版社,1997。

25. 何晓群、刘文卿:《应用回归分析》,北京:中国人民大学出版社,2001。

26. 洪文学:《基于多元统计图表示原理的信息融合和模式识别技术》,北京:国防工业出版社,2007。

27. 黄晓兰、沈浩:“结合分析在汽车市场研究中的应用”,《北京广播学院学报(自然科学版)》,2002年第1期。

28. 柯惠新、黄京华、沈浩:《调查研究中的统计分析方法》,北京:北京广播学院出版社,1992。

29. 肯德尔著,中国科学院中心概率统计组编译:《多元分析》,北京:科学出版社,1983。

30. 雷钦礼:《经济管理多元统计分析》,北京:中国统计出版社,2002。

31. 李卫东:“企业竞争力评价理论与方法研究”,北京交通大学博士论文,2007。

32. 李伟明:《多元描述统计方法》,上海:华东师范大学出版社,2001。

33. 刘延平、李卫东:《物流统计学》,北京:北京交通大学出版社,2006。

34. 卢纹岱:《SPSS for Windows 统计分析》,北京:电子工业出版社,2006。

35. P. A. 拉亨布鲁克著,李丛珠译:《判别分析》,北京:群众出版社,1988。

36. 任若恩、王惠文:《多元统计分析数据分析——理论、方法、实例》,北京:国防工业出版社,1997。

37. 孙建军、成颖:《定量分析方法》,南京:南京大学出版社,2005。

38. 孙尚拱、潘恩沛:《实用判别分析》,北京:科学出版社,1990。

39. 唐守正:《多元统计分析方法》,北京:中国林业出版社,1986。

40. 陶凤梅:“对应分析的数学模型”,吉林大学博士论文,2005。

41. 田喜洲:“基于结构方程模型的我国接待业员工满意度指数研究”,《北京理工大学学报(社会科学版)》,2008年第1期。

42. 童忠勇:《统计中的计算机应用》,北京:中国统计出版社,2001。

43. 王汉生:《应用商务统计分析》,北京:北京大学出版社,2008。

44. 王惠文:《偏最小二乘回归方法及其应用》,北京:国防工业出版社,1999。

45. 王惠文、吴载斌、孟洁:《偏最小二乘回归的线性与非线性方法》,北京:国防工业出版社,2006。

46. 王吉利、何书元、吴喜之:《统计学教学案例》,北京:中国统计出版社,2004。

47. 王吉利、张尧庭:《SAS 软件与应用统计》,北京:中国统计出版社,2000。

48. 王济川、郭志刚:《Logistic 回归模型——方法与应用》,北京:高等教育出版社,2001。

49. 王学民:《应用多元分析》,上海:上海财经大学出版社,2004。

50. 王学仁、王松桂:《实用多元统计分析》,上海:上海科学技术出版社,1990。

51. 吴诚鸥、秦伟良:《近代实用多元统计分析》,北京:气象出版社,2007。

52. 吴兆龙、丁晓:“结构方程模型的理论、建立与应用”,《科技管理研究》,2004年第6期。

53. 向东进等:《实用多元统计分析》,湖北:中国地质大学出版社,2005。

54. 易丹辉:《结构方程模型:方法与应用》,北京:中国人民大学出版社,2008。

55. 于秀林、任雪松:《多元统计分析》,北京:中国统计出版社,1999。

56. 余家林、肖枝洪:多元统计与 SAS 应用。湖北武昌:武汉大学出版社,2007。

57. 余锦华、杨维权:《多元统计分析与应用》,广州:中山大学出版社,2005。

58. 约翰·内特、威廉·沃塞曼:《应用线性回归模型》,北京:中国统计出版社,1990。

59. 张恒喜、郭基联等:《小样本多元数据分析方法及应用》,西安:西北工业大学出版社,2002。

60. 张尧庭、方开泰:《多元统计分析引论》,北京:科学出版社,1982。

61. 赵桂芹、王上文:“产险业资本结构与承保风险对获利能力的影响——基于结构方程模型的实证分析”,《财经研究》,2008年第1期。

62. 周复恭、黄运成:《应用线性回归分析》,北京:中国人民大学出版社,1989。

63. 朱道元、吴诚鸥、秦伟良:《多元统计分析与软件 SAS》,南京:东南大学出版社,1999。

64. 朱建平:《应用多元统计分析》,北京:科学出版社,2006。

教师反馈及教辅申请表

北京大学出版社本着“教材优先、学术为本”的出版宗旨，竭诚为广大高等院校师生服务。为更有针对性地提供服务，请您认真填写以下表格并经系主任签字盖章后寄回，我们将按照您填写的联系方式免费向您提供相应教辅资料，以及在本书内容更新后及时与您联系邮寄样书等事宜。

书名		书号	978-7-301-	作者	
您的姓名				职称职务	
校/院/系					
您所讲授的课程名称					
每学期学生人数		______人_____年级		学时	
您准备何时用此书授课					
您的联系地址					
邮政编码			联系电话（必填）		
E-mail（必填）			QQ		
您对本书的建议：				系主任签字 盖章	

我们的联系方式：

北京大学出版社经济与管理图书事业部

北京市海淀区成府路 205 号，100871

联系人：徐冰

电话： 010-62767312 / 62757146

传真： 010-62556201

电子邮件：em_pup@126.com   em@pup.cn

Q Q：5520 63295

新浪微博：@北京大学出版社经管图书

网址： http://www.pup.cn